成功处世方略

正 思 维

王金锋 刘元喜 编著

民主与建设出版社
·北京·

© 民主与建设出版社，2020

图书在版编目（CIP）数据

正思维 / 王金锋，刘元喜编著 . -- 北京：民主与建设出版社，2020.1

（成功处世方略）

ISBN 978-7-5139-2863-2

Ⅰ.①正… Ⅱ.①王…②刘… Ⅲ.①成功心理—通俗读物 Ⅳ.① B848.4-49

中国版本图书馆 CIP 数据核字 (2020) 第 012916 号

正思维
ZHENG SI WEI

出 版 人	李声笑
编 著	王金锋 刘元喜
责任编辑	刘树民
封面设计	大华文苑
出版发行	民主与建设出版社有限责任公司
电 话	（010）59417747 59419778
社 址	北京市海淀区西三环中路 10 号望海楼 E 座 7 层
邮 编	100142
印 刷	三河市德利印刷有限公司
版 次	2020 年 6 月第 1 版
印 次	2020 年 6 月第 1 次印刷
开 本	880 毫米 ×1230 毫米　1/32
印 张	25
字 数	605 千字
书 号	ISBN 978-7-5139-2863-2
定 价	128.00 元（全 5 册）

注：如有印、装质量问题，请与出版社联系。

前言

生活在现代社会，每个人都会有自己的难处，这些难处有的是事业上的困境，有的是生活琐事。在面对这些困境时，若不懂得处世为人的一些道理及应对方法，人生将会更加不易。俗话说，成功的人都是相同的，而失败的人总是各有各的理由，生而为人，不应该只羡慕嫉妒那些成功人士，而是要学习他们为人处世的方法，使自己也变成成功的人。因为，有时成功是可以复制的。

为人处世是一门学问，不同人士的处世之道不可复制，但只要我们用心学习就能拥有。人与人的交往是一门独特的艺术，也是一场伴随人生的漫长修行。交往处事过程中的很多细节都反映出一个人的情商高低。高情商的人办事效率高，成功概率大；反之，低情商的人一般都很难办成大事。

情商是情绪商数的简称，它是一种能力，也是一种技巧。只要我们多点勇气，多点机智，多点磨炼，多点感情投资，就能营造一个有利于自己生存的宽松环境，建立一个属于自己的交际圈，创造一个更好发挥自己才能的空间。

美国哈佛大学的教授丹尼尔·戈尔曼认为，情绪智商包含五个方面的内容：

一是了解自我，时刻监视情绪的变化，这是情绪智商的核心。一

个人只有认识自己,才能成为自己生活的主宰;二是自我管理,调控自己的情绪,使之适时适度地表现出来;三是自我激励,能够依据活动的某种目标,调动、指挥情绪的能力,使人走出生命中的低潮,重新出发;四是识别他人的情绪,即通过细微的社会信号、敏感地感受到他人的需求与欲望,实现与人顺利地沟通和交往;五是处理人际关系,调控自己与他人的情绪反应。

这五个方面是测试情商能力高低的试金石。拥有这些能力的人自信而不自满,乐观兼有幽默,他们心理承受能力强,能站在别人的角度想问题,有较好的人际关系,做起事来不怕困难,能够应对大多数人难以应对的问题,能处理好很多人处理不了的难题。

高情商的人处世,从不把自己放在生活的泥淖里,哪怕琐事繁多,也会井井有条,有理有节。高情商的人待人,从不将自己陷入交际的漩涡里,只会心无旁骛,一心一意经营自己的事业。现代社会,人们面对的是快节奏的生活,高负荷的工作和复杂的人际关系,不懂处世技巧,不懂人情世故的人是难以获得成功的。

本套丛书从正向思维、精准识人、幽默风趣、办事能力以及修炼心态等多方面对日常生活中的处世方法进行了诠释,它既是一本提升情商的智慧之书,又是一本关于待人处世的交际之书。书中通过教你把握做人的分寸和处世的技巧,将做人与处事有机统一起来,以塑造成功的人格魅力,进而让你的生活更加充实,让你的事业更加成功!

目录

第一章　正思维的巨大能量

正思维的强大力量 \ 002

思维不同，结果也不同 \ 006

你最应该相信的人是自己 \ 009

好的暗示让你更优秀 \ 012

赞美是构成自信的重要元素 \ 015

自信是成功的第一秘诀 \ 016

自信源于积极的心理暗示 \ 019

相信自己能够创造奇迹 \ 023

第二章　发挥你的创造性

创新思维助你成长 \ 028

创意是机会的源泉 \ 031

让梦想使创意开花 \ 033

智慧隐藏在行动之中 \ 035

　　美好品质催化创新能力 \ 037

　　提高创造力的技巧 \ 039

　　测测你的创造力如何 \ 041

第三章　使思维更有逻辑

　　创新离不开逻辑思维 \ 046

　　启动大脑的思考装置 \ 048

　　培养独立思考的能力 \ 051

　　善于分析强化思维 \ 053

　　归纳总结获得新知识 \ 055

　　从比较中获得新想法 \ 057

　　锻炼你的逻辑思维能力 \ 059

　　测测你的逻辑性强弱 \ 061

第四章　给思想插上翅膀

　　让左右大脑同时开动 \ 068

　　张开你想象的翅膀 \ 071

　　让想象在脑海自由翱翔 \ 075

　　从阅读中汲取创新营养 \ 077

　　"异想天开"是创新温床 \ 080

　　测测你的想象力如何 \ 081

第五章　让创意开花结果

　　让创新思维开花结果 \ 088

　　从相似情景中产生联想 \ 090

　　两物对比，一定有收获 \ 093

　　移花接木，触类旁通 \ 095

　　多进行联想思维的训练 \ 097

　　测测你的联想能力怎么样 \ 099

第六章　捕捉住你的灵感

　　突发灵感是一种什么感受 \ 104

　　灵感不是一天产生的 \ 106

　　神奇的梦中灵感 \ 108

　　抓住头脑中的一闪念 \ 111

　　灵感来自放松的心情 \ 114

　　好奇心会让你走好运 \ 116

　　测测你的灵感指数 \ 119

第七章　不要放走第六感

　　直觉思维奇妙之处 \ 122

　　请学会跳跃性思考 \ 125

　　直觉思维的训练方法 \ 127

　　获得直觉的小秘诀 \ 129

测测你的直觉能力如何 \ 132

第八章　让思维发散开来

　　发散思维有何魔力 \ 136

　　答案并不只有一个 \ 138

　　分解组合的变化大 \ 140

　　何不把思维换个轨道 \ 143

　　不同视角有不同的风景 \ 145

　　与人交流碰撞的智慧火花 \ 147

　　测测你的发散思维能力 \ 149

第一章
正思维的巨大能量

正思维是一种积极向上的思维方式。用正思维进行思考,能使你产生积极的人生态度,它有助于我们在遭遇挫折和困难时,不惧艰难,克难勇进,最终发挥自身的潜力和能量,创造人生的辉煌。

正思维的强大力量

什么是正思维？正思维是一种世界观，是指积极的、面向目标的、力图解决问题的思维方法。它是区别于悲观的、消极的或与达成某个目标、解决某个问题无关的思维活动。

正思维也就是一种正确的思考。人的思考与人的认识有关系，一个无知的人，一个对人生充满困惑的人，一个带着错误观念的人，他不可能有合理的思维。

正思维是要你的思考符合真理，与真理相应，这就必须要在正确的基础上始能产生。古人道：听闻正法，如理思维。也是这个道理。正思维又称正志。志，就是有志向，正志是树立崇高的人生目标，以此引导自己的行为。

有人说，思维是人生最大的财富。爱因斯坦也说："人们解决世界的问题，依靠的是大脑和智慧。"思维方式是人们大脑活动的内在程式，它对人们的言行起着决定性作用。

也就是说，你怎么想，就会怎么做；你想做到什么程度，只要努力，你就能做到。相反，你连想法都没有，怎么可能会去做呢？我们可以从拿破仑的故事中见识思维的力量。

在抗击第二次反法同盟期间，法国军队的统帅拿破仑·波拿巴带领法国军队和当时几乎所有的邻国作战。为了扭转战局,拿破仑非常迫切地想把军队开进意大利。

但是在法国和意大利之间,横亘着一座阿尔卑斯山,山顶上覆盖着积雪,是一座难以逾越的天险。

"能越过阿尔卑斯山吗?"拿破仑问。

被派去查看山道的人都摇头,其中一个人说:"也许可能,但是……"

"别让我再听到这些,"拿破仑说,"向意大利前进!"

人们都觉得他的这种想法有些不可思议,一支六万人的军队想翻越没有道路的阿尔卑斯山谈何容易?

与此同时,当反法同盟中的英国人和奥地利人听到拿破仑想要跨过阿尔卑斯山的消息时,也都轻蔑地撇了撇嘴,报以无声的冷笑:那可是一个从未有任何车轮碾过,也从不可能有车轮能够从那儿碾过的地带。

出乎所有人预料的是,拿破仑在部队做好准备后,就下令翻越阿尔卑斯山。

大队人马和大炮绵延20英里,当他们来到一处看似无路可走的地带时,吹起了冲锋号。

"冲啊!"这时所有人都不惧生死,终于顺利冲过了陡峭地带。

就这样,法国军队"前无古人,后无来者"地翻过了阿尔卑斯山。四天后,他们就在意大利的平原上行军了。

"下定决心要取得胜利的人,"拿破仑说,"永远不会说'不可能'。"

而反法同盟军也绝没想到，高喊"我比阿尔卑斯山高"口号的拿破仑率领六万大军，翻越险峻的阿尔卑斯山，抄近道进入了意大利。随后，从天而降的法国军队给了奥地利军队出其不意的打击，仅仅一个月的时间便顺利结束了战争。

拿破仑率军翻越阿尔卑斯的壮举，堪与公元前3世纪迦太基统帅汉尼拔大败罗马军队和公元8世纪查理曼大帝征战意大利的战绩相媲美。这次行动的成功，也极大地提升了拿破仑的地位和威望，为他日后登上权力巅峰打下了坚实的基础。

在看似不可能逾越的天然障碍面前，拿破仑没有丝毫怯意与退却，而是勇敢地向其发起挑战，翻越了看似无法通过的障碍，最后给了敌人以出其不意的重击。而这种敢想敢干、勇于冒险的思维在很大程度上促成了拿破仑日后的辉煌。

在现实中，我们看到许多的人尽管才华横溢，但却无法取得卓越的成就，其中一个主要原因就是他们面对问题时的思维方式是正面的还是负面的。工作之中问题丛生，这是不可回避的现实。

如果一碰到问题，就想逃避，一遇到困难就自怨自艾，那么你就永远不要奢望取得什么好的工作成果了。持这种负面思维的人，永远都不可能取得大的成就。

而那些职场中的平庸之辈却不明白这个道理，一遇到他们未曾经历过的问题，他们就会不假思索地说：

"这事根本行不通。"

"现在解决这个问题，条件还不成熟。"

"我不行了，我战胜不了这个困难。"

这些颓废消极的想法，不仅限制了他们潜能的发挥，而且根本无益于问题的解决。问题解决不了，他们也就永远与成功无缘了。

只有改变思维方式，用正面思维去应对，一切问题才能迎刃而解。俗话说，车到山前必有路，生活中没有过不去的坎，同样，工作中也没有解决不了的问题。

当年有幸凭借智慧逃出奥斯维辛法西斯集中营的犹太人父子俩，漂泊到美国休斯敦，做铜加工生意。父亲对儿子说："我们现在唯一的财富就是智慧了，别人说一加一等于二时，你应该想一加一大于二。"

一天，父亲问儿子："一磅铜的价格是多少？"儿子答："35美分。""对。"父亲说，"全得克萨斯州都知道每磅铜价是35美分，但我们应该说成是3.5美元。你试着把一磅铜做成门把手，看看价格是不是成了3.5美元。"

父亲死后，儿子独自经营铜器店。他用铜做铜鼓、做奥运会奖牌，他能把一磅铜加工升值卖到3500美元。他成了麦考尔公司的董事长。

1974年，美国政府清理由新"自由女神"像丢弃的废料，公开招标却数月无人应标。他闻讯从法国飞往纽约，实地察看堆积如山的铜块、水泥块、木料等废弃物后，当即签了清理合同。

当时许多运输公司对他的做法暗自发笑，都等着看他的笑话。而他立即组织人力对废料进行了分类，把废铜熔化后铸成小"自由女神"像，把水泥块、木料加工成底座。两个月后,这堆废料竟奇迹般变成350万美元。

马克思说:"思维是智慧的花朵。"没错,充满智慧的思维,使一堆废料的价值翻了一百万倍。这再一次向我们展示了思维的伟大力量。

思维不同,结果也不同

每个人都是不同的个体,所以人与人之间的思维方式也千差万别。同件事物,不同的人去看,会得出不同的结论。只要一做比较,我们就能看出其中的差别。

一个亚洲鞋厂想开发非洲市场。老板先派了第一个人去非洲考察。他到了非洲后,看到非洲人都是赤脚的,于是马上给老板打电话,说非洲人都是赤脚的、不穿鞋的,这里没有市场。随后,他便打道回府了。

老板派了第二个人去非洲考察。他同样看到了非洲人都是赤脚的,于是马上给老板打电话,说非洲人都是不穿鞋的,把鞋子运过来肯定会有很大的利润空间,让老板赶紧生产鞋子。

老板按照他的说法把鞋子运到非洲,结果却没有成功,而且败得一塌糊涂。因为非洲人长期以来都是赤脚的,根本就没有穿鞋的习惯,况且长期的赤脚使得他们脚趾的间距分开得非常大,亚洲人设计的鞋子根本就不适合他们穿。所以,他盲目地把鞋子拉到非洲,根本就卖不出去。

接着,老板又派了第三个人去非洲开发市场。到非洲之后,他首先做了一个非常详细的市场调查,不但了解了非洲人的脚型特征,还了解了非洲人的生活风俗和习惯。

做完市场调查之后,他给老板打电话,让老板照他反馈的信息,定制出适合非洲人穿的鞋子,然后先运送一些样品到非洲。另外,他还实施了一系列的营销策略。

他在非洲一个非常出名的中央广场制作了一个人物的雕像,用一块幕布盖着,选择了非洲一个很重要的节庆日,请了一个非洲知名的主持人主持这场揭幕礼。

随着主持人喊三、二、一,幕布揭开。幕布下面原来是一位非洲人非常崇拜的人的塑像穿着他们所设计的鞋子,而且他们身边还有很多人穿着他们公司设计的鞋子在翩翩起舞。于是,这家鞋厂的鞋很快就在非洲打开销路。

三个人去开发相同的市场,由于不同的思维方式,得到的结果也是不一样的。第一个人去后只是完成了一个任务,按照他的思维方式,不穿鞋子的地方就没有鞋子的市场;第二个人去后,他看到了这是一个大的商机,但却没有做好充分的调研工作,盲目地让厂家生产了一大批产品,最后造成了严重的损失;第三个人去后,从不同的角度分析当地的环境与市场,又做了充分的调研,最终一举成功。

不同的思维方式还能决定我们今后的人生道路,所谓"思维决定人生"。站得高,才能看得远,这是千古不变的真理。

有两个研究生，一位叫吉斯特，一位叫提尔曼。在即将毕业的时候，他们跟随导师去一家大公司参观。参观完毕，导师问吉斯特："此刻你想到了什么？"吉斯特说："我想，如果能够在这里工作，真是人生最大的享受啊！因为这里有豪华的办公楼、舒适的宿舍、宽敞明亮的饭厅。"导师摇了摇头，没说什么。

导师又问提尔曼；"此刻你想到了什么？"提尔曼说："我想，这家公司的市场还需要加大力度开拓。因为这里的产品虽然是世界上最先进的产品，但它的市场却不大，所以要开拓。而要想开拓出更大的市场，不但需要更加专业的知识，还需要更加执着的精神。"导师点了点头，也没说什么。

几年后，吉斯特成了该公司的一名正式员工，享受着不错的待遇。而提尔曼却当上了该公司的总裁。当他们再次见到导师，并向导师报告自己的工作情况时，导师说："几年前，我就猜到了你们的今天。"

俩人不解，忙问何故。导师说："那是因为，眼里只有虫子的是山雀，而眼里只有天空的才是雄鹰啊。豪华的办公楼、舒适的宿舍、宽敞明亮的饭厅，这些都是人的享受之物，也就是山雀眼中的虫子。而公司的产品和产品的销售市场，才是值得追求的东西，也才能够提升人的价值，它们才是雄鹰眼中的天空。"

这家公司就是美国的劳氏公司，该公司的总裁名叫罗伯特·提尔曼。

吉斯特第一时间想到的是享受，所以他成了一名员工；而提尔曼的眼里只有产品和市场，所以他成了总裁。有什么样的思维，就会做出什么样的选择，也就决定了我们从事什么样的工作，命运也就是这样被注定的。所以我们说，思维方式不同，站的角度不同，获得的结果也是完全不同的。

你最应该相信的人是自己

自信是一个人成功的开始。自信的人相信自己，并会为此付出不懈的努力。哈佛的教育启示我们，你可以仰慕别人，但是绝对不能忽略了自己；你可以相信别人，但最应该相信的人就是你自己。

每个人都是自己成功人生的缔造者。在一个人的一生中，能力并不是决定成败的关键因素。只有内心相信自己很优秀，才能够走出成功人生的第一步。

所以，哈佛的学子们从迈入哈佛校园的那一天起，他们就把自己当成了未来的冠军，也正是因为这份信心，使他们在人生的道路上把握住了一次又一次的机会。

像哈佛学子那样，许多成功的人士，往往也是那些相信自己的人，他们因为相信自己，所以才能把握一切机会。

哈佛医学院的一位著名教授曾遇到过一个名叫威尔逊的人。威尔逊在创业之初，全部家当只有一台分期付款赊来的爆米花机，价值50美元。

第二次世界大战结束后,威尔逊做生意赚了点钱,便决定从事地皮生意。如果说这是威尔逊的成功目标,那么,这一目标的确定,就是基于他对自己的市场需求预测充满信心。

当时,在美国从事地皮生意的人并不多,因为战后人们一般都比较穷,买地皮修房子、建商店、盖厂房的人很少,地皮的价格也很低。当亲朋好友听说威尔逊要做地皮生意时,异口同声地反对。

而威尔逊却坚持己见,他认为反对他的人目光短浅。他认为虽然连年的战争使美国的经济很不景气,但美国是战胜国,它的经济会很快进入大发展时期。到那时买地皮的人一定会增多,地皮的价格会暴涨。

于是,威尔逊用手头的全部资金再加一部分贷款在市郊买下很大的一片荒地。这片土地由于地势低洼,不适宜耕种,所以很少有人问津。可是威尔逊亲自观察了以后,还是决定买下这片土地。

他的预测是:美国经济会很快繁荣,城市人口会日益增多,市区将会不断扩大,必然向郊区延伸。在不远的将来,这片土地一定会变成黄金地段。

后来的事实正如威尔逊所料。不出三年,城市人口剧增,市区迅速发展,大马路一直修到威尔逊买的土地的边上。这时,人们才发现,这片土地周围风景宜人,是人们夏日避暑的好地方。

于是,这片土地价格倍增,许多商人竞相出高价购买,但威尔逊不为眼前的利益所惑,他还有更长远的打算。后来，威尔逊在自己这片土地上盖起了一座汽车旅馆，命名为"假日旅馆"。由于它的地理位置好，舒适方便，开业后，顾客盈门，生意非常兴隆。从此以后，威尔逊的生意越做越大，他的假日旅馆逐步遍及世界各地。

由此可见只有自信的人才能把握住机会，才有勇气做出别人想都不敢想的事情。很多情商高的人也都像威尔逊那样是充满自信的人。

  肯尼迪先后毕业于哈佛大学和斯坦福大学。他极富个人魅力，年轻英俊，言谈举止风趣有活力，即使在局势动乱的年头也给美国民众带来极大的希望和勇气。人们称他是美国历史上最有魅力的总统。
  然而大家只看到他表面上是个有魅力的总统，却很少有人看到他为什么能够成为总统，他能成为总统既不是因为他的年轻英俊，也不是因为他出身名校，而是因为他的自信，使他抓住了一次次的机会，到最后终于登上了总统的宝座。
  因为很少有人知道，肯尼迪曾对家族中另一位成员说过这么一句幽默的话："在我看来，我除了当总统，别的什么也干不了！"可见，自信在他的政治生涯中发挥了多么大的作用。

自信是引导生命的一盏明灯，一个人没有自信，只能脆弱地活着，甚至会把到手的机会让给别人；而自信的人往往因为他们自信的惊人力量，从而把握住一个又一个的机会，并走向成功。

好的暗示让你更优秀

灵感并不是在逻辑思考的延长线上产生,而是在破除逻辑或常识的地方才有灵感。

暗示是一个奇妙的心理学现象,它每天都在不同程度地影响着我们的生活。积极的心理暗示能调动人的巨大潜能,使人变得乐观、自信。从现在开始,不妨每天花上几分钟时间,全身放松,对自己进行积极的自我心理暗示——"我能行""我是最棒的"……时间久了,"事实"就会朝着那个方向发展。

一个人想着成功,就可能成功;想的都是失败,就会失败。自我暗示对人的心理作用很大,有时甚至会创造出奇迹。苏联有一位出色的演员名叫华甫佐夫,平时总是口吃,但是当他演出时就能克服这个缺陷。他所用的办法就是利用积极的自我暗示,暗示自己在舞台上讲话和做动作的不是他,而是另一个人——剧中的角色,这个人是不口吃的。

除此之外,积极的暗示还可以改变你的心理习惯,当你习惯去想一好事儿的时候,你的心情也会随之晴朗,那么暗示就起到了帮助你的作用。

哈佛大学心理学专业的学生吉姆给自己找了一份兼职工作——照顾独居的威尔森太太,并帮她做一些家务。吉姆为人热忱,做事认真负责,深得老太太的信任。

这天晚上,老太太敲响了吉姆的门:"吉姆,很抱歉这么晚来打扰你。我的安眠药吃完了，怎么也睡不着觉，不知道你身边有没有？"

吉姆睡眠很好，从来就不吃安眠药，突然他灵机一动，对老太太说："上星期我朋友从法国回来，刚好送我一盒新研制出的特效安眠药，我这就找出来。您先回去，我一会给您送过去。"

老太太走后，吉姆找出一粒维生素片，然后送到了威尔森太太的房间，告诉她："这就是那种新出的特效药，您吃了之后一定能睡个好觉。"老太太高兴地服下了那粒"特效安眠药"。

第二天吃早餐的时候，老太太对吉姆说："你的安眠药效果好极了，我昨晚吃完很快就睡着了，而且睡得很好，好久都没有这么舒服地睡觉了。那个安眠药你能不能再给我一些？"

吉姆只好继续让老太太服用维生素片，直到服完一整盒。事情过去一年多之后，老太太还时常念叨吉姆给她的"特效安眠药"。

吉姆用一粒维生素片就让老太太进入了梦乡，这其实就是心理暗示的作用，由于老太太平时对吉姆十分信任，因此丝毫没有怀疑吉姆给她的"特效安眠药"，在强烈的心理暗示的影响下，产生了服用安眠药之后才有的效果。

研究发现，积极的自我暗示能调动人的巨大潜能，使人变得自信、乐观。当你习惯地想象快乐的事时，你的神经系统便会习惯地令你处在一个快乐的心态。所以，我们要对自己进行积极的自我暗示，给自己输入积极的语言。

做任何事，不要在心里制造失败，我们都要想到成功，要想办法把"必定会失败"的意念排除掉。那么如何进行积极的自我暗示呢？有没有什么技巧呢？以下是培养积极自我暗示的几种方法。

（1）每天刻意用充满希望的语调谈每一件事，谈你的工作、你的健康、你的前途，对每件事采用乐观的说法。

（2）想着"我将要成功"而不是失败。当你建立成功的信念后，你的才智会积极帮你寻找成功的方法。

（3）乐于接受各种创意。要丢弃"不可行""办不到""没有用""那很愚蠢"等思想渣滓。

（4）与自己亲近的人或好朋友谈谈心，请他们帮助你告别过去，让他们在你犯老毛病时提醒你注意。

（5）不要说"我就是这样"，而说"我以前曾经是这样"。

（6）不要说"我也没办法"，而说"只要努力一下，我就可以改变自己"。

积极的自我暗示蕴藏着一股神奇的力量，每个人都可以尝试运用自我暗示的方法来改变自己的人生。美国历史上的麦克阿瑟将军曾经勉励我们："你有信仰，你就年轻；你若疑虑，你就衰老。你有自信，你就年轻；你若恐惧，你就衰老。你有希望，你就年轻；你若绝望，你就衰老。"

自我暗示总能给人一种向前的动力，利用自我暗示，可以帮助自己更加坚定地靠近目标，并让你在改变自己的同时，激发潜能。自我暗示的力量之所以源源不绝，就因为那最锐利的武器——你比自己想象得更优秀。

赞美是构成自信的重要元素

站在泰勒面前的海军上校大约身高 2 米，他的体重大约有 120 公斤，他看起来像一个职业举重运动员。他是泰勒从听众中选出来的一位志愿者。泰勒试图通过人肌肉的变化了解人的活力所受到的影响。

泰勒向听众解释，只要你活着，你就会有活力，你的活力会受到周围许多事情的影响，诸如食物、衣服、艺术、诗歌、音乐等等，但活力充沛与否完全取决于你自己。

你生活中的许多因素都有可能会增加你的活力和自信，或者降低你对自己的信心。比如说，一个消极的念头便会降低你的活力。

现在，泰勒就要通过这位站在自己面前的将信将疑的上校来证明这一点。

"举起你的左手与肩平，举稳别动。"泰勒说道，他站在远的地方看着上校。上校左手平举，那样子好像一个人可以吊在上面。

泰勒告诉他自己会通过向他输入一个消极的念头而减少他手臂的力量，听众席中立刻发出窃窃的嗤笑，上校也轻蔑地笑了笑。

首先，泰勒给他传递了一个乐观的积极的信息，泰勒抓住他的胳膊说："上校先生，你无疑是一个令人羡慕的军官。很显然你是一位具有领导气质、意志坚决、毫不动摇的人。"泰勒试着把他的胳膊往下按，但是他丝毫不放松。

上校非常高兴泰勒的努力失败了。

接着，泰勒用一种十分严肃的口吻说："但是，有一个问题，上校，科学证明，一般说来，军人的智力水平普遍低于一般人。"于是，泰勒再次试着用同样大的力气把他的手向下压，他的肌肉向泰勒妥协了，泰勒竟然一下子就把他的手压了下去。观众席中一个个目瞪口呆。

泰勒数百次反复进行这个实验，在剧场里，在讨论课上，结果总是一样的。那些持怀疑态度的人，当看完了后半个实验，即当泰勒发出一个消极的信息并大大地影响人的信念，而使活力消减时，对泰勒的论点就会坚信不疑了。

或许从表面看，在面对别人对自己的赞美或批评的时候，我们可以表现得毫不在意；实际上，这些话语已经触及了我们的心灵，并且还发生着一些不可思议的作用。

自信是成功的第一秘诀

通常会有这样的情况：一个人可以毫不费力、轻而易举地得到某个职位；而另一个人，虽然可能更有才能，但或许费了九牛二虎之力依旧是徒劳无功。

这是为什么呢？如果我们愿意停下来，好好地想一想，调查一番，我们往往会发现，那个成功获得职位的人往往有着更强的自信，这种自信以一种潜意识的形式改变着别人对他的看法、态度和信念，没有人能够抗拒它，因为它来得悄无声息，等你察觉时，早已经被它俘虏。

作为一个普通人，如果我们对自己很有信心，那么往往会觉得自己才干出众，精力充沛，在一些困难面前，我们不但不会丧失掉信心，反而会生发出顽强的斗志，而别人看到我们这种自信的精神，也会对我们充满信任。

对于一个统帅来说，自信就显得更为重要，如果他们对自己有信心，不但可以激发自己的斗志，还可以使自己的下属对其充满信心，从而可以力克万难。

据说同样一支军队，若由艾森豪威尔率领，战斗力便会增强一倍。艾森豪威尔的自信，使他的军队所向披靡。

世上有很多人，他们总是缺乏自信，认为很多东西他们都不配拥有，久而久之，这些东西对他们来说就变得真的遥不可及了。伟大的人之所以伟大，不在于别的，往往只是因为他们有着异于常人的自信。

印度诗人泰戈尔写过这样的诗句，"可能"问"不可能"道："你住在什么地方呢？"它回答道："在那无能为力者的梦境里。"

高尔基曾经说过，人类已经千百次地证明，一个人想成为怎样的人，就能成为怎样的人。

"人生是为成功，不是为失败。"美国哲学家亨利·戴维·梭罗说，"自信是成功的第一秘诀。"

上面名人们的那些话从不同侧面表达了自信的重要性，自信不仅仅是面对生活和困境时的态度，它还体现在当自信的人受到质疑时，他们那种胸有成竹的表现。

他是英国一位年轻的建筑设计师，很幸运地被邀请参加了温泽市政府大厅的设计。

他运用工程力学的知识并根据自己的经验，很巧妙地设计了只用一根柱子支撑大厅天顶的方案。

一年后，市政府请权威人士进行验收时，对他设计的一根支柱提出了异议。他们认为，用一根柱子支撑天花板太危险了，要求他再多加几根柱子。

年轻的设计师十分自信，他说："只要用一根柱子便足以保证大厅的稳固。"他通过精细的计算和列举相关实例加以说明，拒绝了工程验收专家的建议。

他的固执惹恼了市政官员。年轻的设计师因此险些被送上法庭。

在迫不得已的情况下，他只好在大厅四周增加了4根柱子。不过，这四根柱子全部都没有接触天花板。其间相隔了无法察觉的两毫米。

时光如梭，岁月更迭，一晃就是300年。

300年的时间里，市政官员换了一批又一批，市政府大厅坚固如初。直到20世纪后期，市政府准备修缮大厅的天顶时，才发现了这个秘密。

消息传出，世界各国的建筑师和游客慕名前来，观赏这几根神奇的柱子，并把这个市政大厅称作"嘲笑无知的建筑"。最为人们称奇的，是这位建筑师当年刻在中央圆柱顶端的一行字：自信和真理只需要一根支柱。

这位年轻的设计师就是克里斯托·莱伊恩，一个很陌生的名字。如今，能够找到有关他的资料实在微乎其微了，但在仅存的一点资料中，记录了他当时说过的一句话："我很自信。至少100年后，当你们面对这根柱子时，只能哑口无言，甚至瞠目结舌。我要说明的是，你们看到的不是什么奇迹，而是我对自信的一点坚持。"

这个例子说明自信的人总是充满魅力，使我们在几百年后还能感受的自信所带来的强烈冲击力。

哈佛教育学生，要有自信，因为有自信的人，才最有希望冲向成功的终点。西班牙作家塞万提斯认为："丧失财富的人损失很大，可是丧失信心的人什么都完了。"

有自信往往表现为一种自我肯定、自我鼓励、自我强化，坚定自己一定能成功。没有自信，就谈不上热爱生活，谈不上有探索拼搏的勇气和力量。自信是人生不竭的动力，它能帮你战胜自卑和恐惧。只有自信的人，才能让别人也信赖你。

因此，我们也要树立自己的自信心，用足够的勇气面对生活，展现自己的个人魅力。

自信源于积极的心理暗示

有信心的人，可以化渺小为伟大，化平庸为神奇。

哈佛告诉学生，自信源于积极的心理暗示，为了使自己变得自信，必须时不时地激励自己，给自己打气。

事实确实如此，心理学研究表明，当你在潜意识中制造消极的观念后，潜意识便会将制造过的此类错误想法，不分时候地任意归还于你，因此在你的思考过程中，极可能会被误导。

而自信也是一种心理暗示，只不过它是一种积极的心理暗示。也就是说，如果你在脑海中不断培养积极的想法，久而久之，潜意识也会不自觉地用这些积极的想法影响你的思维和行为。

从这个角度来看，每天早晨给自己打气非常重要。许多情商高的成功人士都是一些善于利用积极心理暗示的人。

对于自己能够赢得比赛的原因，拳击手杰克·登普西先生是这样说的：

在我的拳击生涯中，我发现最强劲的敌人不是那些重量级的选手，而是自己内在的情绪困扰，因为情绪上的忧虑不但会消耗体力，还会影响比赛的进行。所以。我为自己制定了一套原则借以保持充沛的体力与旺盛的精力。这一套原则就是：

自我鼓励

为了让自己有充分的勇气，每当拳赛开始前我都会自我鼓励一番，反复地对自己说："不要怕，没有什么可以伤得了我的，他击不倒我。"这种积极的鼓舞确实产生了不少作用。

例如，在我和佛波比赛的时候，我不断地对自己说："没有人敌得过我，他伤不了我，他的拳头伤不了我，我不会受伤，不管发生什么事，我一定要勇往直前。"像这样为自己打气，使想法趋向积极，对我帮助很大，甚至使我不觉得对方的拳头在攻击我。

在我的拳击生涯中，我的嘴唇曾被打破，眼睛被打伤，肋骨被打断，而佛波的一拳将我打得飞出场外，摔在一位记者的打字机上，把打字机压坏了，但我对佛波的拳头却并无感觉。

只有一次，那天晚上李斯特·强森一拳打断了我的三根肋骨，那一拳虽不致让我倒下，但影响到了我的呼吸。我可以坦白地说，除此之外，我在比赛中未对任何一拳有过知觉。

这种鼓励看起来很傻，但它给我增强了信心，确实很有用。

努力摆脱忧虑

我一再地提醒自己，忧虑不但于事无补，反而还会产生相反效果。我的大部分忧虑，都出现在我参加重大比赛之前，也就是接受训练期间。

我经常在半夜醒来，一连好几个钟头，心里十分忧虑，辗转反侧，无法成眠。我担心会在第一回合中被对方打断手，或扭了脚踝，或眼睛被严重打伤，如果是这样的话我就不能充分发挥攻势。

所以，每次我因为担心第二天的赛程而睡不着觉时，就会下床时着镜子中的自己说："你真是个傻瓜，何必为了尚未发生的事或根本不会发生的事而担忧呢？人生如此短暂，应该好好把握、享受生命才是啊，还有什么比开心更重要呢？"

这样日复一日、年复一年地提醒自己，久而久之，这些话好像印到我的骨髓里，经常不自觉地就浮现在脑海中，帮助我克服了许多情绪上的困扰，给了我不少自信。

看来一个人最大的敌人是自己，胜利属于那些在失败时不断地为自己打气，对自己说"我能行"的人。

阿廉·方索斯是美国密苏里州东南地区某农场的一个体弱多病的孩子。他在小学遇到了一位优秀老师，这位老师鼓励小阿廉·方索斯去改变自己的世界。

老师用挑战的方式鼓励他："你一定能成为学校中最健康的孩子！'我一定能……'"成了阿廉·方索斯一生自我激励的语句。他果真变成了学校中最健康的孩子。

他在85岁逝世之前，帮助了数以千计的青年获得良好的健康，他还帮助他们立志高远、做事刚勇、与人为善。

"我一定能……"激励着他建立了美国最大的公司之一——若尔斯通培里拉公司；"我一定能……"激励他从事创造性的思考，把负债转化为资产；"我一定能……"激励着他组织美国青年基金会——它的目的是训练男女青年独立生活的能力。

"我一定能……"激励着阿廉·方索斯写了一本书，名叫《我一定能》。

今天这本书正在激励着男子和妇女们勇敢地把这个世界改造成为更好的社会。

阿廉·方索斯作了多么好的一个证明啊！一句自我激励语有力地帮助人们建立积极的心态，树立了自信，走向了成功！

只要拥有积极的心态，就能树立自信，跨越人生的障碍，请你牢牢记住：障碍绝对没有你想象中的那般困难，而是可以设法克服的。无论在培养这种积极想法之初，你的信心是多么微小，只要持续保持这种想法，每天对自己说"我一定能！"你必能获得成功。

相信自己能够创造奇迹

哈佛告诉学生：人必须相信自己，才会对自己的人生充满希望。确实如此，很多时候，只因为我们失去了自信，就使得生活毫无意义。而只有重新找回自信，才能找到生活的希望和东山再起的机会。

哈佛大学的毕业生、美国著名学者爱默生有一句被世人传诵的名言："你，正如你所思。"很好地说明了自信的重要性。

米开朗琪罗创造了世界上最伟大的雕像作品之一《大卫》。全世界无数热爱艺术的人无不为之叹为观止。而关于《大卫》，这里面还有一段颇有意味的插曲。

在米开朗琪罗刚雕刻好大卫像的时候，主管这件事的官员跑去看，对于艺术一知半解的他为了显示一下自己的水平，对雕像也品头论足起来，觉得不满意。米开朗琪罗问他："有什么地方不对吗？"

"鼻子太大了！"那位官员说。

"是吗？"米开朗琪罗站在雕像前面看了看，好像也赞同他的观点，大叫一声："可不是吗！鼻子大了一点，没关系，我马上改，等一会儿绝对让您满意。"

说着米开朗琪罗就拿起工具爬上架子，叮叮当当地修饰起来。这时候，只见许多的粉末从大卫的鼻子处飘落了下来，大卫的鼻子看上去似乎小了一点。

过了一会儿,米开朗琪罗就修好了雕像,他又问官员的看法:"您看,现在可以了吧!"官员见米开朗琪罗这么听话,高兴地说:"是啊,好极了!这样才对啊!"

米开朗琪罗在一旁的朋友问他:"我觉得你雕刻得很好啊,为什么他说不好,你就马上修改?艺术家应该坚持自己的原则,无论任何时候都不要妥协。"

米开朗琪罗笑了:"我刚才只是到上面做做样子,其实我根本没有改动原来的雕刻,只是官员自己的错觉。你看到的那些粉末只不过是我从手里故意撒落的一些而已。"

米开朗琪罗对自己的作品十分自信,他以自己的睿智应付了愚昧无知的官员,也使得《大卫》这件旷世奇作能够完好无损地保留下来。

不但米开朗琪罗是个自信的人,研究表明,世界上很多成功的人士都对自我有积极的认识和评价,从而产生一种相当的自信。

这种自信是在客观地认清自己的现状之后而仍保持的一种昂扬斗志,是成功者必须依赖的精神潜能。这种自信是这个世界上你最可依靠的力量,它能把你从失意和自卑中挽救出来。

每个人都有自身独具的天赋,但很少有人能令这份天赋传承于生命旅程,因为不自信。因为不自信,常常扼杀自己的才能;因为不自信,常常熄灭希望之烛。自信是成功的邮差,可以穿越艰难险阻到达你的心灵。

只要我们能够树立信心,唤起自己心中的雄狮,就可以和伟人一样获得成功的真正动力,取得令人瞩目的成就。

有一次，美孚石油公司董事长洛克菲勒到一家分公司去视察工作，在卫生间里，看到一位小伙子正跪在地上擦洗黑污的水渍，并且每擦一下，就虔诚地叩一下头。洛克菲勒感到很奇怪，问他为何如此？这位小伙子答道："我在感谢一位圣人。"

洛克菲勒问他为何要感谢那位圣人？小伙子说："是他帮助我找到了这份工作，让我终于有了饭吃。"

洛克菲勒笑了，说："我曾经也遇到一位圣人，他使我成了美孚石油公司的董事长，你愿意见他一下吗？"小伙子说："我是个孤儿，从小靠别人养大，我一直都想报答养育过我的人。这位圣人若能使我吃饱之后，还有余钱，我很愿意去拜访他。"

洛克菲勒说："你一定知道，南非有一座高山，叫胡克山。据我所知，那上面住着一位圣人，能为人指点迷津，凡是遇到他的人都会前程似锦。10年前，我到南非登上过那座山，正巧遇上他，并得到他的指点。假如你愿意去拜访，我可以向你的经理说情，准你一个月的假。"

这位年轻的小伙子是个虔诚的教徒，很相信神的帮助，他谢过洛克菲勒后就真的上路了。他风餐露宿，日夜兼程，最后终于到达了自己心中的圣地。然而，他在山顶徘徊了一天，除了自己，什么都没有遇到。

小伙子很失望地回来了。他见到洛克菲勒后说的第一句话是："董事长先生，一路上我处处留意，但直至山顶，我发现，除我之外，根本没有什么圣人。"

洛克菲勒说:"你说得很对,除你之外,根本没有什么圣人。因为,你自己就是圣人。"

后来,这位小伙子成了美孚石油公司一家分公司的经理。有一次,在接受记者采访时,他向记者讲述了上面的故事,并补充了这么一句话:"发现自己的那一天,就是人生成功的开始。任何人只要相信自己,就能够创造奇迹。"

确实如那个年轻人所说,任何人只要相信自己,就能够创造奇迹。因此,人生最大的损失莫过于失掉自信,如果你不甘平庸,就要摆脱自卑和自我怀疑的心理。这样,你才能渐渐走向成功,因为每一个不甘沉沦的人,都是造物主最伟大的杰作。

第二章
发挥你的创造性

尽管我们在浩渺的宇宙中是微不足道的,但我们的思想却能囊括整个宇宙。培养创造性思维,摆脱惯有的思维模式,让我们的思维独辟蹊径,让我们的智慧遍地开花。

创新思维助你成长

随着我们个头的不断长高,我们的思维也在不断地发展。现在的我们不再像爸爸妈妈那个时代的少年——我们知道的事情更多,思想更开放、更活跃。

步入青春期的我们,不再仅凭着表象去判断事物,而是已经有了一些"小心眼儿"——不仅会考虑如何解决问题,还能形成自己的思维方法。遇到问题的时候,我们还能不断提出新的假设、新的想法和创见来。

与童年时期相比,处于青少年时期的我们更喜欢与人辩论,有时还会钻牛角尖,甚至会打破砂锅问到底,开始敢于挑战老师和家长了,真的是"初生牛犊不怕虎",这就是叛逆的青春啊!其实,这也是我们的思维所展现出来的魅力。

我们都知道,这个时代是一个处处追求创新的时代,而在我们的体内就蛰伏着一头伺机出击的创新"猛兽"。青春期正是培养我们创新思维的黄金时期,怎么能错过呢?遗憾的是,因为某些因素,我们一直封存着自己的创新思维。事实上一旦有契机,我们每个人的创新思维都能得到发挥。那么,我们要如何激发出自身创新思维的威力呢?关键在于培养我们的创造性思维。

记得印度有一位学者曾写过一本讲述创造学的书,名为《第四只眼》。在书中,他有这样一个观点:"人有两只眼,神有三只眼,如果通过创造力开发,那么人就会比神还聪明,人就会有第四只眼。"显然,这里他所说的人的"第四只眼",就是创造力。

而创造力得益于我们的创造性思维。那么,到底什么是创造性思维呢?我们的创造性思维就是不受常规思路的约束,寻求对问题的全新的、独特性的解答和方法的思维过程。它与其他思维方式的最大区别在于:它是一种提供新颖、独特产物的思维活动,它难以在现有的知识仓库里找到现成的答案,相反,它要求人们摆脱习惯的思维方式,充分利用已有的信息进行重新组合,以探索出一种新的途径来。

很多青少年朋友对创新有一个很大的误解,总认为创造是科学家、发明家的专利。其实不然,创造力是每个人与生俱来的能力,与贫富、年龄等没有关系,关键在于大家是否善于开发自己的创造性思维。

上海有一位中学生,他有一件风衣,这件风衣上有一根绳子,绳的两头从风衣内穿出来,可以把衣服扎紧。有时,他不小心会将绳从一头拉出来,但要将绳的一头沿着细窄的穿绳洞穿回去可太难了。每次他都要找妈妈,妈妈用一根别针连在绳头上,由于别针是硬的,可以用它来"牵引"绳子。

有一天,绳子又"逃"出来了,可家里一时却找不到别针。他只好把风衣收进衣柜,很长时间都不能穿。有一天,他从冰箱中拿雪糕吃时,突然想到可以先把这根绳弄湿了放进冰箱里,把它冻成马蹄形,然后就能轻而易举地把已冻硬的"冰绳"穿过风衣上的穿绳洞了。

这里，这位同学就运用了"第四只眼"解决了问题。虽然这算不上什么大不了的事，但他的设想却有独创性。大家是否也会想到"把绳子也像雪糕一样冻硬"呢？

这种独创性思维恰恰是构成创新的基础。其实，在我们身边有很多同龄人都运用"第四只眼"做出了很多的发明和创造呢！

有一位名叫刘旭的同学，他的小姨是一位经理，经常为丢掉记事本而苦恼。刘旭便使用音乐门铃的元件、小磁块、塑料皮笔记本、女式手袋，发明了一种防丢失的笔记本。

它的原理是以小磁块为开关，把它装配在女式手袋中，塑料皮笔记本内安装上音乐门铃的线路，当人们从手袋中拿出塑料皮笔记本时，塑料皮笔记本就开始发出音乐声，直至当使用者将塑料皮笔记本放入手袋中时，音乐声才停止。

刘旭把它送给小姨，小姨很高兴，夸刘旭肯动脑筋。可不久，小姨把它又还给了刘旭。小姨说虽然不会丢，可写字的时候音乐吵人；另外，笔记本体积也较大，不便于携带。刘旭没有泄气，又继续进行探索，边观察边思考。

一天，刘旭看见小姨梳头时，扯下了一个漂亮的大发卡。梳好头后，她又赶紧把它别在头发上。这时刘旭想，小姨特别爱戴漂亮的发卡，设计一种能记事的发卡不就解决问题了吗？刘旭高兴极了。从此，他便悄悄地干起来。通过一个假期的努力，一个新颖别致的记事发卡便在刘旭的手中诞生了。

本来，发卡与笔、笔记本是毫不相干的事物，为了某种需要，刘旭硬是把它们联系起来，并获得了成功。他的创造能力真是太强了。这样的发明创造实在太多了，令众多专家学者都叹为观止！

看了上面的故事，大家是不是对自己很有信心呢？现在的社会讲求创新，青少年需要将自己培养成创新型人才，如果大家能够积极地开发和利用自己的"第四只眼"来学习和生活，那么创新能力必将迅速提升。

创意是机会的源泉

所谓"创新"，就是要有与常人大不一样的想法，有的甚至要叫人大吃一惊。在餐馆的一旁开一个窗口做外卖，有人想到过吗？有人敢这么尝试吗？然而恰恰是这个想法促成了麦当劳首家免下车餐馆的诞生。

在美国，有一个人在某空军基地附近经营一家麦当劳餐馆。按理说，这些军人是他最大的客源，然而令他困惑不解的是，这些军人似乎在抵制他的餐馆。

这是怎么回事呢？后来他发现，军人在值勤或身着制服时，是不能下车的，自然就没办法买吃的了。怎么办呢？送饭菜上门吗？不，他想了一个更妙的主意：在餐馆的一旁设立一个窗口，这样当人们开车过来后，不必下车就可以买到吃的了。毫无疑问，他的餐馆营业额剧增，由此，麦当劳的首家免下车餐馆正式诞生了。

如今,全球各地的快餐店中越来越多地提供免下车服务了。可见这主意真是妙不可言了。事实证明,创意是解决难题的前提。所以,我们要敢想敢做,敢于有不同于常人的想法,使创意结合自身特点,出奇制胜解决问题。

在英国有一个16岁的男孩,暑假的时候,他对父亲说他想找一份工作。然而当时很多成年人都找不到工作,一个16岁的孩子能行吗?他的父亲对他的想法并不抱太大的希望。

但男孩却笑着说:"有些人总是可以找到工作的。"

"哪些人?"父亲带着怀疑问。

"那些会动脑筋的人。"男孩回答。

男孩在广告栏上仔细寻找,找到了一个很适合他专长的工作。他按照广告上的要求,准备第二天去面试。广告上说面试8点开始,男孩想早点去,好排在靠前点的位置。结果,到面试地点后,发现已有20个人排在那里,他只是队伍中的第二十一名。

怎样才能引起注意而竞争成功呢?男孩就开始动脑筋了。他想出了一个办法:拿出一张纸,在上面写了一些东西,然后折得整整齐齐,走向秘书小姐,恭敬地对她说:"小姐,请您马上把这张纸条转交给你的老板,这非常重要。"

秘书本想拒绝,但她被男孩的自信和诚恳打动了,于是她收下纸条,起身走进老板的办公室,把纸条放在老板的桌上。老板疑惑地打开纸条看后却大笑起来，因为纸条上写着："先生，我排在队伍中第二十一位，在你没有看到我之前，请不要做决定。"

这个男孩是否得到了工作呢？答案当然是肯定的。因为他学会了动脑筋。一个会动脑筋思考的人总能抓住问题的关键，然后顺利解决它。我们要养成遇事多动脑的习惯，开动脑筋进行创新，寻找创意，有了创意便有了优势，有了优势，机会自然就属于自己了。

然而，创意的出现不是轻而易举的。一般人的创意，大都潜伏在脑海深处，不太容易被发觉，所以，必须有意识地激发自己的创意，并为创意的出现做好准备。

让梦想使创意开花

人人都有梦想，不管这个梦想是大是小，只要有了梦想，人们就等于拥有了希望之源，生命之柱。梦想的力量是巨大的。

创新天才乔布斯很早的时候就有一个梦想，就是改变世界，"我生来就是改变世界的"这句话已成为尽人皆知的名言。在这个梦想的牵引下，乔布斯说服斯蒂夫·沃兹尼亚克合伙成立了苹果电脑公司，并领导苹果公司开发出了一系列引领潮流的产品，改变了人们的生活方式和工作方式。可以说，如果没有梦想的指引，乔布斯就不可能有这么多的创新了。

可见，当一个人有了梦想，并为之努力的时候，大脑的潜能就会被激发出来,让这个人产生无数的创意去实现梦想。

用80美元完成周游世界的梦想,有人能做得到吗?有一位叫罗伯特·克里斯托弗的美国男孩就做到了。来看看他是怎么做的吧!

为了实现自己周游世界的梦想,罗伯特在一张纸上写下他为用80美元旅行应做的准备:

第一,设法领到一份可以上船当海员的文件。

第二,去申领无犯罪证明。

第三,考取一个国际驾驶执照,找来一套世界地图。

第四,与一家大公司签订合同,为之提供所经国家和地区的土壤样品。

第五,同一家航空公司达成协议,可免费搭机,但要拍摄照片为该公司做宣传。

完成了上述的准备后,罗伯特在口袋里装好80美元,兴致勃勃地开始自己的旅行。而且,他终于实现了自己的梦想。他是如何实现的呢?来看看他的一些经历:

在加拿大的一个小镇用早餐,他不付分文,条件是为厨师拍照。

在爱尔兰,他花4.8美元买了四箱香烟,从巴黎到维也纳,费用是送司机一箱香烟。

从维也纳到瑞士,列车穿山越岭,他只付了四包香烟算作车费。

给伊拉克的某运输公司经理和职员摄影,免费搭车到了伊朗的德黑兰。

在泰国，他给酒店老板提供了某一地区的资料，受到了酒店贵宾式待遇。

……

罗伯特的故事中，每一步都显现出了创意的巨大作用。可以说，罗伯特的梦想成真几乎全都是其善于利用创新思维的成果。罗伯特的成功实践告诉大家：梦想还能让创意开花！

许多人抱怨自己没有创意，不懂得创新，原因可能就在于缺少一个梦想。树立一个梦想，竭尽全力去追求它、实现它，那么，创意的火花就会不断地闪现，成功也就指日可待了！

智慧隐藏在行动之中

有位著名的教育家曾说："手和脑之间有着千丝万缕的联系，手使脑得到发展，使它更加明智；脑使手得到发展，使它变成思维的工具和镜子。"

由此可见，动手能力是帮助人们理解掌握抽象知识的一种有效途径，也是培养人们探索精神和创新精神的好方法。思维学家称此为"动作思维"，意思就是以实际动作为支柱而进行的思维。这种思维解决问题的方式是动手实际操作，一边操作一边思考。"边动作，边思考"是动作思维的特点。

人类的许多发明创造都是在实际操作中"试"出来的，而很少是空想得到的。在动手操作中人们不仅可以体会知识的形成过程，还可以在亲身实践中总结甚至创新一些解决实际问题的方法和策略。

爱迪生是举世无双的大发明家,他的所有发明都是在有了想法之后,通过实验变成现实的。他不仅自己如此做,还用行动给自己的助手上了一堂课:

有一次,爱迪生的实验需要计算一只灯泡的容积,于是,他把这只灯泡交给了他的助手阿普顿,让他计算一下灯泡的容积。

阿普顿是普林斯顿大学数学系的毕业生,数学水平是相当高的。他拿着这只梨形的灯泡,打量了好半天,又特意找来皮尺,上下量尺寸,画出了灯泡的剖面图、立体图,并列出了一道又一道的算式,这项复杂的分析计算工作真是使他忙得不亦乐乎!

在分析计算中,一个小时过去了,可问题还没有解决。阿普顿很着急,这时又跑来了急等着要数据的爱迪生。

"算出来没有?"爱迪生问道。

"正算到一半。"阿普顿头也不抬地边计算边慌忙回答,语气中似乎含有一些委屈。

"才算到一半?"爱迪生十分诧异,看着忙得满头大汗的助手,他迷惑不解。走近一看,在阿普顿的面前,摆着好几张写得密密麻麻的算式纸。

爱迪生忍不住笑了,对阿普顿说:"何必这么复杂呢?你把水装满在这只灯泡里,再将灯泡里的水倒在量杯里,量杯量出来的水的体积,不就是我们所需要的灯泡的容积吗?"

"哦！"阿普顿恍然大悟。他连忙跑进实验室，仅经过了两个装水的动作，不到几分钟，就把灯泡的容积准确无误地求出来了。在把结果交给爱迪生的时候，他难为情地笑了。

看到这里，大家会不由得赞叹：爱迪生不愧是科学研究的巨人，创造发明的巨人啊！人们有时会遇到一些需要动作思维解决的问题，这时如果用其他的思维方式来处理，就如同走进了自找麻烦的"死胡同"。

事实上，创新精神和动手能力是分不开的，任何想法和创意都需要在行动之后才有变成现实的可能。否则想法就永远只能是想法，根本谈不上创新了。现在大家知道动作思维的好处了吧？不论是在学习还是生活中，大家都要有意识地培养自己的动手能力，多实践，多劳动，慢慢地大家就能体会到其中的乐趣了！

美好品质催化创新能力

一个人的个性品质往往会决定他的思维和做事方式。良好的个性品质，可以激发、催化人的创新能力，例如自信、勇敢、勤奋、进取之心、好奇心、顽强的毅力、甘冒风险和不屈不挠的精神等。

在那些杰出的创新型人才身上，几乎无一例外地可以找出上述个性品质的一项或几项，性格越是鲜明优秀，创新的风格也越引人注目，创新的成就越辉煌。

有一位22岁的英国年轻人，是某名牌大学的高才生，大学毕业后却一直找不到工作。尽管他有一张英国伯明翰大学新闻专业的文凭，但在竞争激烈的人才市场上，却四处碰壁。为了求职，这位年轻人从英国的北方一直到伦敦，几乎跑遍全国。

有一天，他走进著名的英国《泰晤士报》的编辑部，自信又十分恭敬地问招聘主管："请问，你们需要编辑吗？"

对方看了看这位外表平常的年轻人，说："不要。"

他接着又问："那需要记者吗？"

对方回答："也不要。"

年轻人没有气馁："那么，你们需要排版工或校对吗？"

对方已经不耐烦了，说："你走吧，这些我们都不要。"

这时候，年轻人微微一笑，从包里掏出一块制作精美的告示牌交给对方，说："那你们肯定需要这块告示牌。"

对方接过来一看，只见上面写着："满额，暂不招聘。"

他的出人意料的举动引起了招聘主管的注意，招聘主管被这位年轻人真诚而又聪慧的求职行为打动了，破例对他进行全面考核。结果，他幸运地被报社录用了。

在这个故事中，主人公的求职方法真是太绝了。相信这种创意没有几个人能想得到。不过，更可贵的是，在求职过程中他所展现出来的那些个性品质：自信、坚持不懈、顽强的毅力等。

下面来看一下适于创新的个性品质都有哪些。

第一，独立的人格特征。也就是说要具有独立自主的精神，有自己的主见与认识，有自己的观点，不人云亦云；自信自尊，不盲目服从，不轻信他人；要勇于向常规发出挑战，不满足于已有的结论，善于并敢于怀疑权威的东西。

第二，出众的意志力。要有不服输的劲头。任何创新的过程都包含着对旧东西的"破坏"，当中必定充满着坎坷、阻碍以及各种艰辛。这就需要有顽强的毅力和不屈的精神，能够在挫折面前坚持既定的目标，坚韧不拔、百折不回、永不低头。

第三，强烈的求知欲和好奇心。对自己不知道的、知之不多的东西，有一种获取它的旺盛的欲望。

第四，冒险和进取精神，以及强烈的使命感和责任心。这是创新型人才应当具有的个性，这不但表明了人们对新事物的执着追求和对生活的美好憧憬，也决定着人们在挫折面前能否保持住足够的信心和耐心。

第五，相信并肯定自己。自卑是创新思维最大的杀手，它会像无底的黑洞一样，毫不留情地吞噬掉人们大脑内产生的任何具有新意的想法。相反，自信的人往往能排除万难，取得成功。

总之，良好的个性品质决定着人们创造能力的强弱。如果想成为一个真正的创新型人才，那么就请拿出活力和干劲来吧！

提高创造力的技巧

在学习和生活中，常常有人抱怨说："创新、发明，那只是天才和大人物的事。"事实是这样吗？当然不是。我国一位教育家曾说："天天是创造之时，人人是创造之人。"发明和创造能力是每个人都有的，绝不是天才的专利。

可是，现实生活中，为什么普通人多，创新者少；没有成果的人多，有成就的人少呢？原因就在于创造力是一种潜力，要加以开发才能有效利用。为了帮助大家了解创造力是如何被开发出来的，这里为大家提供了一些建议。

首先必须激发自己，要有一个明确的目的，一个强烈的愿望。最好的主意往往出自那些渴望成功的人。一个人如果有了强烈的创新意识，就会产生强烈的创新欲望，把全部心理能量，包括动机、人格、意志、情感等充分调动起来，形成强大的创新动力，推动自己战胜各种困难。因此，可以说，创新意识对于创造力的形成，起着至关重要的作用。

其次，必须为自己创造一种紧迫感。每个人都有拖延的惰性心理，不妨给自己规定一个期限以提出新的思想。当然，不能太为难自己。

再次，在情绪上要保持放松。富于创造力的人一般都会表现出一种善于使精神放松的气质：可以尝试散步、听音乐、看漫画等方式让自己放松下来就可以了。

最后，要扩大自己的思考范围，同时用知识充实自己。

下面来看一个"双线难题"。

两条彼此远离的线从天花板上垂下，如果伸开双臂无法同时接触两条线，是否可以仅用一把钳子将它们的两头连在一起呢？

很多人尝试去做，但都没有成功。有一位大学生却迅速找到了解决方法。他把钳子系在一根线上，又使它像钟摆那样运动起来。当它来回晃荡的时候，他快步走向另一根线，尽可能地将它往前拉。

然后,他一下抓住了那根从他身边荡过的线,将两根线头连在一起。有人问他是如何想出这个方法的,他说他刚刚上了一堂有关钟摆运动的物理课。这位大学生把在一个领域里所学到的知识应用到了完全不同的领域。

新鲜的东西会以新颖的、具有潜在魅力的方式与陈旧的东西进行交流。所以,除了正常的学习外,请大家多去尝试接触新生的事物或陌生的领域。人们都有着无穷的创造潜力,千万不要埋没了它,请学会抓住并发挥自己创造性的思维吧!

测测你的创造力如何

创造力对于当今这个瞬息万变、追求创新的世界来说是非常重要的。虽然说每个人都有与生俱来的创造力,但不同人的创造力也有高低之别。想知道自己的创造力如何吗?为此,有关专家设计了一些测试题,能帮助大家了解自己的创造力,不妨一试。

请凭自己的真实感觉,尽量在最短的时间内选出最适合自己的答案,这样得出的结果才更真实!

选项:A. 完全符合。B. 部分符合。C. 完全不符。

1. 在学校里,喜欢猜测某些事情或问题的结果,即使不一定都猜对也无所谓。

2. 经常用一些旧报纸、旧日历及旧衣服等废品来做成各种好玩的东西。

3. 我喜欢和朋友在一起，和他们分享我的想法。

4. 尝试新的游戏和活动是一件有趣的事。

5. 我不喜欢太多的规则限制。

6. 我喜欢唱大家还都不太熟悉的新歌。

7. 喜欢在班上同学面前发表意见。

8. 自己决定的事，绝不后悔。

9. 对于一件事情先猜猜看，然后再看是不是猜对了，这种方法很有趣。

10. 我喜欢尝试新的事情，目的只是为了想知道会有什么结果。

11. 玩游戏时，我通常是有兴趣参加，而不在乎输赢。

12. 对自己没见过的东西，总会仔细地观察，以了解详细的情形。

13. 做功课时喜欢参考各种不同的资料，以便得到多方面的了解。

14. 喜欢做许多新鲜刺激的事。

15. 喜欢交新朋友。

16. 常想要知道别人正在想什么。

17. 有许多事情都很想亲自去尝试。

18. 喜欢翻箱倒柜，看看有些什么东西在里面。

19. 画图时，很喜欢改变各种东西的颜色和形状。

20. 玩猜谜之类的游戏很有趣，因为很想知道结果如何。

21. 对机器有兴趣，很想知道它里面是什么样子以及它是怎样工作的。

22. 喜欢可以拆开来的玩具。

23. 喜欢翻阅书籍及杂志，但只想知道它的内容是什么。

24. 喜欢探寻事情发生的各种原因。

25. 喜欢问一些别人没有想到的问题。

26. 喜欢幻想一些我想知道或想做的事。

27. 喜欢想一些不会在我身上发生过的事。

28. 喜欢想象有一天能成为艺术家、音乐家或诗人。

29. 幻想有一天能在太空上生活。

30. 喜欢故事或电视节目所描写的事。

31. 读故事的时候，喜欢自己猜测和编造结果。

32. 长大后，想做一些别人从没想过的事情。

33. 读小说或看电视时，喜欢把自己想象成故事中人物。

34. 喜欢幻想两百年前人类生活的情形。

35. 常想自己编一首新歌。

36. 喜欢想一些新点子，即使用不着也无所谓。

37. 喜欢想一些别人常常谈过的事情。

38. 当看到一张陌生人的照片时，喜欢去猜测他是怎么样的一个人。

39. 喜欢听和看一些变化多端和富有想象力的故事。

40. 画图时我喜欢按自己的风格画，不喜欢临摹别人的作品。

41. 如果事情不能一次完成，会继续尝试，直到成功为止。

42. 总喜欢寻找新的方法解决问题。

43. 喜欢探究事情的真假。

44. 会因为一些令人兴奋的念头而忘记了其他的事。

45. 认为所有的问题都没有固定的答案。

46. 喜欢与众不同的事情。

47. 喜欢解决问题,即使没有正确的答案也没关系。

48. 认为一篇好的文章应该包含许多不同的意见或观点。

49. 为将来可能发生的问题找答案,并将此当作一件令人兴奋的事。

50. 无论在家里或在学校,总是喜欢做许多有趣的事。

评分方法: 选择A计3分,B计2分,C计1分。

解析:

133分~150分——创造力优秀。

你的创造力潜能相当强,在处理问题时总能想到与众不同的好点子。请坚持自己的创意,你会在将来得到更好的发展。

112分~132分——创造力良好。

你的创造力属于中等,你习惯采用现有的方法与步骤来考虑和处理问题,这样做虽然比较保险,但在生活中,往往很难有大的突破。建议你再大胆一些。

111分及以下——创造力一般。

你的创造力一般,需要加强学习和针对性的练习,以提高你的创造能力。

第三章
使思维更有逻辑

　　培养创新思维需要我们开拓非常规思路，但任何思路的转换、创新，又总是与演绎、分析和推理等息息相关。可见，创新自始至终都离不开逻辑思维。逻辑思维能力强的人，在对待事物和处理问题时，会沉着冷静，有条不紊。

创新离不开逻辑思维

提到逻辑思维，大家似乎很容易就想到这是哲学家的专利。事实并非如此。逻辑思维人人都有，人人都在用，只不过思考程度有深有浅罢了。例如人们总是强调说话要有条理，写作文的时候老师也要求有理有据，做数学、物理等理科习题的时候更离不开分析、推理和思考了……

那么，到底什么是逻辑思维呢？具体说来，"逻辑"一词是由英文"logic"音译过来的。它来源于希腊文，原意指思想、理性、规律性等，常被称为"抽象思维"或"闭上眼睛的思维"。换句话说，逻辑思维就是理性的思维，也就是有规则和规律的思维。

或许有人会问，这样看来，似乎逻辑思维与创新沾不上边儿。事实并非如此，逻辑思维不仅本身具有创新功能，而且还能为人们的创新活动提供必要的工具。为什么这么说呢？让我们先看一个小故事。

美国华盛顿广场上的杰斐逊纪念堂年久失修，建筑物表面斑驳陆离。后来还出现了裂缝。虽然美国政府采取了许多措施，还是没办法控制。后来，专家调查发现：冲刷墙壁所含的清洁剂对建筑物有腐蚀作用。而该纪念堂墙壁每天冲刷的次数，要大大多于其他建筑物，加剧了对外墙的腐蚀。

问题是该纪念堂为什么每天要进行冲洗呢？因为纪念堂每天被大量的鸟粪弄脏。为什么这栋纪念堂有那么多的鸟粪呢？因为纪念堂周围聚集了特别多的燕子。为什么燕子要聚在这里呢？因为这里有很多燕子爱吃的蜘蛛。为什么那里的蜘蛛多呢？因为那里有很多蜘蛛爱吃的飞虫。为什么那里的飞虫多呢？因为那里的灰尘适合飞虫繁殖。为什么这里的尘埃适宜繁殖呢？并不是这里的灰尘特别多，而是从窗子里照射进来的过于充足的阳光，升高了温度，加上灰尘中的有机物，就形成了特别适合飞虫繁殖的温床。有了温床，飞虫就以超常的速度繁殖，这给蜘蛛提供了大量的美餐，又引来了许多燕子，在纪念堂墙壁上留下了大量粪便。

问题的本源找到了，解决的方法非常简单：拉上窗帘，遮住过多的阳光。

这像不像我们熟知的食物链？其实就是，从某方面来说，逻辑思维就是这样一环扣一环的，最后找到新的方法。而这也恰恰是逻辑思维的真正魅力所在。

实际上，创新思维是一个过程，创新的过程离不开逻辑论证。一个人只有具有了较强的逻辑思维能力，才可以更好地发挥其直觉和灵感的作用。下面我们简单地看一下逻辑思维对于创新的积极作用。

首先，逻辑思维能对人们提出的创新性思想进行逻辑论证。当一个人偶然迸发出一个灵感后，紧接着就要用逻辑思维进行加工，这样才能有说服力。例如哥白尼的太阳中心说、达尔文的生物进化论、魏格纳的大陆漂移说等新的科学思想的形成过程都是如此。

其次，运用逻辑思维能直接提出一些比较具有创新性的新思想。例如，门捷列夫利用他发现的元素周期律，从理论上预测了许多当时化学界中未知元素的存在，并对这些元素的某些性质做了描述。后来，这些元素果然被发现了，并且它们的性质也和门捷列夫所预见的相符。

最后，逻辑思维还有利于人们筛选和评价新的思想。不管采取哪些创新思维的方法，都有可能提出两种以上甚至更多的新思想。这时就要借助逻辑思维对每个新的思想进行分析、比较和评价，进而做出判断，决定取舍，这就是逻辑思维的任务。

在日常学习和生活中，应当注重培养和发挥逻辑思维的力量。通过积累，大家会发现，创新无处不在！

启动大脑的思考装置

现实生活中，人们会常常听到这样的话："做事过过脑子""多用大脑想一想"。这些话无疑都表明了一个观点，那就是大脑具有天生的思考能力。而且，大脑会越用越灵活，就如同学外语，一旦掌握了一两门外语，再学第三门、第四门就容易多了。

大脑思考能力的强弱，取决于人们对它后天的开发与培养。能否成为一个创新型人才，最关键的还是在于是否从小养成勤于思考的习惯。综观世界上那些有杰出贡献的人，他们都有一个共同点，那就是善于思考。

世界巨富比尔·盖茨从小显露的最大特点就是不停地思

考。当母亲叫他吃饭时,盖茨置若罔闻,甚至整日躺在他的卧室里不出来。当母亲问他干什么的时候,比尔·盖茨总是说:"我正在思考!"

甚至有时他还责问家人:"难道你们从不思考吗?"

比尔·盖茨的头脑似乎时刻都在高速地运转。在微软公司流传着这样一种说法:"和大多数人谈话就像从喷泉中饮水,而和比尔·盖茨谈话却像从救火的水龙头中饮水,让人根本应付不过来,他会提出无穷无尽的问题。"

思考是比尔·盖茨取得今天巨大成就的秘诀之一。的确,思考具有一种神奇的力量,它可以开启人们的心灵,激发人们的灵感,从而使人们有所发现,有所发明,有所创造。

通过思考人们利用了水能,让冷酷的洪水变为温顺的奴仆;通过思考,人们加快了水汽化的速度,从而实现了人工降雨……这就是思考的力量。我们是不是也应该积极地开启大脑的思考装置,做一个思考者呢?也许有人会说:"有的人天生就思维敏捷,而我就是属于思维迟钝的那类,是培养不出来的。"

这种说法未免过于消极了。的确,人们的思考能力是有高低之分。因为人的思考能力的形成不是自然而然的,它的形成与生活、学习环境以及主观能动性是紧密相关的。也就是说,要培养思考能力,不但需要营造一个良好的生活与学习环境,还需要发挥自己的主观能动性。对个人而言,发挥主观能动性来培养自己的思考能力比营造良好的生活与学习环境要重要得多。

那么,如何培养自己的思考能力呢?如何发挥自己的主观能动性呢？请记住下面的小建议：

第一，增加学识和见识。学识越丰富的人，思考力越强。以渊博的知识为基础，才能抓住问题的实质，有的放矢地去解决问题。

第二，积极迎接挑战。要积极主动地运用自己的智力面对问题，迎接挑战，而不是简单地、被动地应付局面。

第三，要保持好奇心。对某些问题不妨刨根问底、深入钻研，蜻蜓点水式的思考是不足以解决问题的。

第四，要学会独立思考。不怕与他人的观点不一致，对于他人的观点要认真分析，而不是不加批判地去借鉴或简单地盲从。

第五，要善于讨论。能以有条理和理智的方式对他人和自己的看法开展讨论，即使大家对某些问题的看法有分歧，也能认真地听取与自己相反的意见，并在深思熟虑的基础上表达自己的看法，甚至能打破思考的常规，以创新的方式解决问题。

还有一个简单、有效地培养思考能力的方法，就是经常通过新的知识和信息去刺激脑细胞。例如读书、看报或注意听别人的谈话，对发生在身边的事勤于思索，多问"为什么"。养成这样的习惯，对保持灵活的头脑大有裨益。

另外，不妨每天给自己做一次"头脑风暴"，对象可以是任何事物。具体可以这样做：上学或者放学的路上，从自己所见到的、听过的任何一件事或物品开始这样的提问："对面大楼的墙面最适合贴什么样的广告？""这家茶馆除了卖茶，还可以卖什么？什么会是大家感兴趣的东西？""如果我是刚才那个人，我会怎么解决呢？"

在一次"头脑风暴"中，除非有了 20 个左右的想法，否则就不要停下来。此外，不要急着对这些想法进行过滤，不管这些想法有多么荒诞，都先把它们写下来，并试着接受这些想法。

还可以每周将自己的学习计划做一次改良，或者每天把各种改进的构想记录下来，在每星期一的晚上，花几个小时检视一遍写下的各种构想，同时考虑如何将一些可行的构想应用在学习上。

在思考的过程中，有一些想法可能是轻而易举能想到的，有一些会有一定的难度，另外一些会很难想——而这部分也正是精华所在，不能轻易放弃！

多多进行这样的思考，最终会形成一种新的思考习惯。不管是这种习惯本身，还是在头脑风暴中形成的构思，都可以运用到自己的学习和生活当中。

总之，思考，就像一个隐藏在人头脑中的空间，蕴含着无穷的力量。"遇到事情三思而后行"，应该成为我们头脑中的金科玉律。

培养独立思考的能力

有位科学家曾说过："学会独立思考和独立判断比获得知识更重要。不下决心培养思考习惯的人，将失去生活的最大乐趣。"遗憾的是，现在的人们或许生活太过安逸了，一切都依靠智能化，学习上有了问题点学习机、上网搜答案，却偏偏缺少了独立思考。而这恰恰与时代发展对人们的要求相悖。

要知道，人类之所以能一步步进化发展到今天这样高度文明的层次，皆有赖于无数个体的思考所汇聚的智慧积累和传承。那我们应该从哪些方面着手来锻炼自己的独立思考能力呢？下面就告诉大家一些小秘诀。

放慢思维速度

传统习惯认为思维的速度越快越好，其实这是不恰当的。有时"快"就意味着浮躁、心急，思考反而会变得肤浅。反之，遇到问题，如果能沉下心来深思熟虑，形成自己的思路和见解，自然就不会人云亦云了。

用自己的话讲知识

经常用自己的话，把一段时间内学到的知识讲出来。可以讲给父母或同学听，讲得越通俗、越简单越好。把课本的话变成自己的话，需要一个独立思考的过程，长期坚持下来，就会养成独立思考的习惯。

边学习边思考

在生活和学习的过程中，要养成边看边想的习惯。以学习为例，书本上常常是先讲定理，然后再讲推演过程。我们不妨倒过来想一想：为了得出定理，需要解决哪个问题？为了解决这个新问题，又需要解决哪个问题？以此类推，步步追根，最后引出证明这个定理的方法，这样就能更好地理解定理证法的关键所在。而这个过程恰恰就是一个思考的过程。

置于思考的氛围中

要培养独立思考的能力，就要给自己一个独立思考的空间。我们可以和同学、朋友一起开动大脑，共同思考，形成互动，创造共同努力、共同进步的氛围。

而提问就是一个很好的方法。独立思考就是从质疑提问、探索提问、好奇提问、假设提问、猜测提问等无数提问开始的，一个又一个的问题会让自己慢慢走上独立思考的道路。

为了进一步刺激自己的思考能力，在向他人请教问题时，有意识地留一点，不要把问题问透，请对方在关键地方指点一下，然后自己去思考。这样虽然费力些，但收获会大得多。

还可以收集动脑筋的故事。动脑筋的故事很多，有的是真人真事，有的是寓言故事。有空的时候翻阅这些资料，讨论感兴趣的问题，也是在锻炼思考能力。

创造性地思考

我们还要有意识地养成追根究底的习惯，凡事多问个"为什么"。同时要自己努力寻找答案，不要坐着等待别人来告诉自己答案。要学会不断地探索谜底，钻研问题。

善于思考的人会享受到丰收的喜悦。学会了思考，创新的灵感就会源源不断！在生活和学习中，请大家一定要学会独立思考！

善于分析强化思维

在学习和生活中，人们经常会遇到一些很复杂的问题。这些问题令人无法一眼就看出其特点，更无法找到解决事情的方法。这个时候，该怎么办呢？

最好的办法就是认真分析。很多事情经过层层分析之后，就会变得简单化、规律化，从而可以轻松、顺畅地解答出来。一位著名的哲学家曾感慨地说："从逻辑的角度来看，没有任何事情是值得奇怪的。"这说的就是分析能力的魅力，也是我们特别强调分析能力的原因。

事实也是如此，面对同一个问题，分析能力差的人往往会束手无策，而分析能力强的人则是应对自如。所以，分析能力强的人，容易取得成就。而且，他们往往有着独到的见解和创意，并进入常人所难以达到的境界。

一个处理问题条理清晰、分析能力出色的人，总是让人感到羡慕，这也是许多科学家、思想家的过人之处。作为普通人，特别是处在学习黄金期的青少年，拥有良好的分析能力，学习起来会顺畅许多。

然而，分析能力在很大程度上取决于后天的训练，那么，如何通过后天的努力提高自己的分析能力呢？培养分析能力并不需要什么特定的环境，也不需要什么巧妙的方法，只要抓住学习和生活中的一些小事就可以了。

例如，在同一片草坪上，每一棵草都长得不一样，这是为什么呢？由此我们就可以展开分析，分析后就会发现草的长势与阳光、土壤、水分等因素有关，长得不匀称是很正常的，而且这才是合理的。

再例如，当自己与同学闹别扭的时候，如果能冷静地分析一下，问问自己："这样做到底值不值得？是自己的错还是双方的错？"想一想这样做会产生的后果，例如失去了与对方之间的友情，少了一个能帮助自己的人，会对他人造成麻烦。再想想，自己要如何解决这个矛盾呢？如果向对方道歉，用什么样的方式，既能保住自己的面子，又能让对方接受呢？经过这样的分析，你不但不会再冲动地做事，反而可能会找到一个富有创意的道歉方式呢！

下面与大家分享几个常用的分析问题的方法。

第一，探因分析法，也叫因果分析法。这种分析法就是对某种事物或行为，沿着"为什么"这条思路，探求其根源，发现其本质，然后得到解决方案。

第二，意义分析法。通过某种行为所蕴含的意义，或予以高度评价，或揭示其危害，从而证明自己提出的看法和主张的影响、价值、效果等。

第三，归纳分析法。例如写议论文时，在列举多个典型论据之后，对这些论据比较分析，归纳总结出它们的共同点，回归到要证明的论点上。这种分析方法称之为"归纳法"。

我们应该有意识地锻炼自己的分析能力。养成善于分析的习惯，会让自己受益终生。有了它，我们能更好地掌控生活，驾驭自己的思维！

归纳总结获得新知识

有一位著名企业家说过这样一段话："能力有很多种，但我最看重的是归纳总结的能力，就是看他能否在所做过的事情中提炼、总结规律性的东西。"由此可以看出，归纳总结能力是一个人必备的基本能力，也是成为一个创新型人才必备的素质。在上面这段话中，同样解答了什么是归纳总结能力。

对于青少年来说，通过对所学知识进行梳理、归纳，不仅可以巩固旧的知识，还可以达到预习新知识的目的。同时，通过总结可以加强记忆、加深理解，有利于大家将知识转化为能力，让学习变得更轻松。

事实上，归纳总结的过程，就是创新学习的过程。为什么这么说呢？看看下面的故事大家就明白了。

在一堂数学课上，老师给同学们出了这样一道题：50、54、49、52、58、40、44，求这组数的和。

同学们看完题，纷纷拿起笔来开始计算，但有一位同学却没有动笔，马上就说出了答案：347。

同学们非常震惊，数学老师笑着点点头，让该同学说说自己的计算方法。这位同学说："我的方法很简单，就是 $50\times7+4-1+2+8-10-6=347$。"

听完这位同学的计算方法，同学们恍然大悟。这时，数学老师要求大家再找一找其他的方法，结果大家又说出了很多简单又快速的计算方法来。

按照常规，通常大家会把几个数一个一个加起来。这样的方法一不小心，就可能加错了。而那位同学的方法却比较巧妙，先观察特点，然后再计算。真的很有创意！这个创意就源于他的归纳总结能力。而且，这样的方法既高效又记忆深刻。

其实，在学习和生活中，我们完全可以利用归纳总结的方法去解决一些问题。针对题目进行观察和思考，找到解题规律，这不仅有助于我们的学习，同时，观察、思考的过程很好地锻炼了我们的归纳能力。

如果再将问题延伸一下，我们还会有更大的收获：上面的数学题可以这样计算，那么，这个方法是不是通用、适合不适合其他题型呢？如果适合，那就是一类题的通用解法，称为算法，也就是解这类题的一种模型。以后遇到与此相类似的问题时，就可以套用这种模型来计算了。

看吧，这就是归纳总结的魔力。很多高考状元在介绍自己的学习方法时，也都提到了这种方法。他们锻炼自己归纳总结能力的方法很简单：

首先，及时对学过的知识进行总结。例如在学完某一门课程的一章或者几章后,把课本上写的、老师在课堂上补充的知识和自己在课外书中学到的相关知识,进行分析、比较、归纳、分类,有条理地整理起来,形成自己的知识体系。通过这样的归纳总结,自己将会对学过的知识理解得更深、记得更牢。有时,还能促使自己发现一种新的学习方法,不要小瞧这样的发现,创新思维就是这样一点一点地锻炼出来的。

其次,可以在阅读中培养自己的归纳总结能力。每读完一本书,自己都应该自觉地对书中的内容进行归纳总结,梳理出书中所讲的重要内容、故事梗概等,不妨写一篇读书笔记,或者与家长、老师和同学一起谈论。这个过程实际上就是对自己所了解内容的一种归纳总结。

最后,不要忽略了生活中一些可以锻炼自己归纳总结能力的机会。例如,在听父母与别人聊天的时候,可以有意识地总结他们的谈话内容。在看电视节目的时候,不妨看一看谈话类节目,跟着主持人一起归纳总结嘉宾的说话思路,这样在无形中就锻炼了自己!

通过上面的介绍,大家了解到归纳总结的好处了吧?那还犹豫什么呢,赶快行动起来,有意识地开始锻炼自己的归纳总结能力吧!

从比较中获得新想法

有比较才有鉴别。一位著名教育家曾说:"比较是一切理解和思维的基础,我们正是通过比较来了解世界上的事物的。"

实际上,比较法也是提高人们逻辑思维能力的一个重要方法。任何事物的特点都是在相互比较中才显示出来的。例如研究呼吸作用与光合作用的联系和区别，就需要运用比较法。在比较过程中，无形间增强了人们认识和理解事物的能力。

对于青少年来说，比较法有利于大家产生创造性思维。因为比较思维能全面科学地深入事物的本质，把握事物之间的异同点。而异同点的积累将产生新的规律总结，激发思维的行动性，最后再与灵感发生规律嫁接，这样新事物、新方法就会由此而产生。

在比较思维中，类比法最为可贵。通常大家所熟悉的比较是同类事物或某一事物所属几个现象间的比较，而类比不但可以如此比较，还可以在非同类事物或某一事物非同一现象间进行对比。

举个例子，当看到空中飞舞的蜻蜓时，大家会想到什么呢？相信很多人自然而然地就联想到了飞机——事实上，飞机就是科学家从蜻蜓身上受到启发并通过类比发明的。

在现实生活中，通过类比方法产生的发明不胜枚举。例如，著名的大发明家本杰明·富兰克林曾把天空中的闪电与地面上的电火花进行比较，推导出闪电也能用导线传导，从而发明了避雷针。再如电脑，也是根据人脑的特点通过类比法设计成功的。还有从人走路到步行机，从蛙眼到电子蛙眼，从手臂到新式掘土机……这些发明创造都是人们在日常的工作、生活中，通过仔细观察，利用类比法研发出来的。

可见，类比法是一种富有创造性的方法，人们通过对各种不同的事物进行类比，从类比中不断地产生出新的创造设想，才获取了更多的创造成果。

类比能启迪人们的思维，促进联想，从而扩大人们的视野，激发创新。有一个农民去山上砍柴，品尝了一种酸枣子后，联想到果子能酿酒，酸枣子是不是也能酿酒呢？于是他把自己的想法告诉了一家酿酒厂。经过多次实验，酒厂终于获得了成功，酿出了美味的酸棘子酒。

类比推理在科学技术的发明和发展方面也具有重要的作用。上面提到的很多发明都是这样诞生的。通过介绍，大家是不是觉得比较思维很神奇呢？那么，就请积极地培养自己的比较思维吧。

锻炼你的逻辑思维能力

逻辑能力是一个人创造、发明、取得事业成功不可或缺的重要因素。青少年的知识体系、检验能力等方面还不成熟，因此大家的逻辑能力可能还有欠缺。这不应是大家让自己的大脑闲置起来的理由，因为有心理学家的研究表明：7岁~12岁时抽象逻辑思维处于始初阶段，其中9岁~11岁时辩证逻辑思维开始萌芽。由此可知，青少年时期正是大家培养自己逻辑能力的黄金时期，不可错过。

那么，到底要如何培养和提高自己的逻辑思维能力呢？下面就告诉大家一些小秘诀，不妨试一试。

推陈出新法

当大家接触到一件事物时，要有意识地尽可能赋予它们新的性质，摆脱旧有方法束缚。可以运用新观点、新方法、新语言、新结论等反映出事物的独创性。按照这个思路进行思维方法训练，往往能收到推陈出新的效果。

生疑提问法

简单地说，这种方法就是敢于并且善于提出新观点和新建议，去质疑人们固有的观点。

具体的方法是每当观察到一件事物或一个现象时，无论是初次还是多次接触，都要问个"为什么"，并且养成习惯。另外，每当遇到一个棘手问题时，都要尽可能地找出其规律性，或从不同角度来观察，以免被知觉假象所迷惑。慢慢地，大家的逻辑思维能力就提升了。

集思广益法

俗话说，集体力量大。集中众多人的集体智慧，广泛吸收有益意见，是提高思维能力的好方法。当很多人聚集在一起的时候，由于每个人的起点、观察问题角度不同，研究方式、分析问题的水平不同，就会产生各种各样不同的观点和解决问题的办法。

然后，通过比较、对照、讨论，在这之间就会学习到对方思考问题的方法，从而使自己的思维能力得到潜移默化的改进。

头脑实践法

这里所说的头脑实践，就是积极地利用一些活动或者游戏等调动自己的逻辑思维。在日常生活中，这样的游戏活动有很多，例如国际象棋、围棋等既好玩，又能提升自己的逻辑能力。

弈棋可以有效地培养和提高大家的逻辑思维能力。在对弈过程中，虽说与对方对面无言，但心理斗争、智力的较量却异常激烈。对弈时常会遇到危急和困难局面，此时究竟是"弃子争先"还是"稳固防守"，都需要对弈者绞尽脑汁、深思熟虑，竭尽逻辑推理之能，方能摆脱困境。

此外，还可以多看一些逻辑推理性较强的课外书，例如《福尔摩斯探案集》等。但要注意，看推理小说、听破案故事时，不能只是机械地看或听，一定要让自己的头脑动起来，自己去推理结果，答案可能不一定正确，但要做到有理有据。通过长久的磨炼，大家的逻辑思维能力必然会有很大的提升。

测测你的逻辑性强弱

有研究成果表明，一个人进行推理的速度可以相当准确地表明他的推理能力。想知道自己的逻辑思维能力如何吗？不妨做做下面的测试题，了解一下自己的逻辑推理能力。

具体做法是：每一题题干后都有一个或若干个结论，假设这些题的说法是正确的，请根据题干的说法判断结论是否正确。如果认为根据这些说法所得出的结论是真实和符合逻辑的，就打"√"，否则打"×"。举个例子来说：

例一：我比约翰高，约翰比乔高。所以：

◆ 我比乔高　（ √ ）

例二：我兄弟是棒球队的队员，棒球队有棒球投手。所以：

◆ 我兄弟是棒球投手　（ × ）

例三：如果今夜星光灿烂，明天将很暖和，今夜星光灿烂。所以：

◆ 明天天气不会暖和　（ × ）
◆ 明晚将会星光灿烂　（ × ）
◆ 明天将会很暖和　（ √ ）

看明白例题后，请开始做题吧，请注意控制在 20 分钟左右。

1. 大象是动物，动物有腿，因此：
   ◆ 大象有腿　　（　　）

2. 我秘书还未到参加选举的年龄。我秘书有着漂亮的头发。所以：
   ◆ 我的秘书是个未满 2 1 周岁的姑娘　　（　　）

3. 商店几乎都没有霓虹灯，但商店都有遮篷。所以，
   ◆ 有些商店有遮篷或霓虹灯　　（　　）
   ◆ 有些商店既有遮篷又有霓虹灯　　（　　）

4. 所有的 A 都有三只眼睛，这个 B 有三只眼睛。所以：
   ◆ 这个 B 与 A 是一样的　　（　　）

5. 土豆比西红柿便宜，我的钱不够买两磅土豆。所以：
   ◆ 我的钱不够买一磅（1磅＝0.4536千克）西红柿　　（　　）
   ◆ 我的钱可能够，也可能不够买一磅西红柿　　（　　）

6. 韦利·美斯是个和斯坦·茂斯尔一样强的棒球击手。斯坦·茂斯尔是个比大多数人都要强的棒球击手。所以：
   ◆ 韦利应是这些选手中最出色的　　（　　）
   ◆ 斯坦应是这些选手中最出色的　　（　　）
   ◆ 韦利是个比大多数人都要强的棒球击手　　（　　）

7. 水平高的音乐家演奏古典音乐，要成为水平高的音乐家就得练习演奏。所以：
   ◆ 奏古典音乐比奏爵士乐需要更多时间练习　　（　　）

8. 如果你有个孩子，你的孩子被宠坏了，打他屁股会使他发怒；如果他没有被宠坏，打他屁股会使你懊悔。但是

要么是被宠坏了，要么是没有宠坏。所以：

◆打他屁股要么会使你懊悔，要么使他发怒　（　）

◆打他屁股也许对他没有什么好处　　　　　（　）

9. 正方形是有角的图形，这个图形没有角。所以：

◆这个图形是个圈　　　　　（　）

◆无确切的结论　　　　　　（　）

◆这个图形不是正方形　　　（　）

10. 格林维尔在史密斯城的东北，纽约在史密斯城的东北。所以：

◆纽约比史密斯城更靠近格林维尔　（　）

◆史密斯城在纽约的西南　　　　　（　）

◆纽约离史密斯城不远　　　　　　（　）

11. 绿色深时，红色就浅。黄色浅时，蓝色就适中。但是要么绿色深，要么黄色浅。所以：

◆蓝色适中　　　　　　　　（　）

◆黄色和红色都浅　　　　　（　）

◆红色浅，或者蓝色适中　　（　）

12. 你正在开车行驶，如果你突然停车，那么跟在后面的一辆卡车将撞上你的车。如果你不这么做，你将撞倒一个过马路的妇女。所以：

◆行人不应在马路上行走　　　　　　　　（　）

◆那辆卡车车速太快　　　　　　　　　　（　）

◆你要么被后面的车撞上，要么撞倒那个妇女（　）

13. 我住在乔的农场和城市之间的那个地方。乔的农场

位于城市和机场之间。所以:

◆乔的农场到我住处的距离比到机场的距离近（   ）

◆我住在乔的农场和机场之间　　　　　　　（   ）

◆我的住处到乔的农场的距离比到机场的距离近（   ）

14. 聪明的赌徒只有在形势对他有利时才下赌注，老练的赌徒只有在他有大利可图时才下赌注。所以:

◆他要不是个老练的赌徒，就是个聪明的赌徒（   ）

◆他可能是个老练赌徒，也可能不是个老练赌徒（   ）

◆他既不是个老练赌徒，也不是个聪明赌徒（   ）

15. 当B等于Y时，A等于Z；当A不等于Z时，E要么等于Y，要么等于Z。所以:

◆当B等于Y时，E既不等于Y也不等于Z（   ）

◆当A等于Z时，Y或者Z等于E　　　　（   ）

◆当B不等于Y时，E既不等于Y也不等于Z（   ）

16. 当B大于C时，X小于C；但是C绝不会大于B。所以:

◆X绝不会大于B　　（   ）

◆X绝不会小于B　　（   ）

◆X绝不会小于C　　（   ）

17. 只要X等于红色，Y就一定等于绿色；只要Y不等于绿色，Z就一定等于蓝色。但是，当X等于红色时，Z绝不会等于蓝色。所以:

◆ 只要 Z 等于蓝色，Y 就可能是绿色　　　（　　）

◆ 只要 Y 不等于红色，Z 就可能不是蓝色　（　　）

◆ 只要 Y 不等于绿色，X 就不可能是红色　（　　）

18. 有时印第安人是阿拉斯加人，阿拉斯加人有时是律师。所以：

◆ 有时印第安人不见得一定是阿拉斯加人的律师（　　）

◆ 印第安人不可能是阿拉斯加人的律师　（　　）

19. 前进不见得死得光荣，但是后退没死也不见得是耻辱。所以：

◆ 后退意味着死得光荣　　　　　（　　）

◆ 前进意味着不死就是耻辱　　　（　　）

◆ 前进意味着死得光荣　　　　　（　　）

20. B 排士兵向敌军进攻时被敌人消灭了，也许 B 排只有一个叫史密斯的士兵在基地医院身体康复了。所以：

◆ B 排的其他人都被消灭了　　　（　　）

◆ B 排的所有人都被消灭了　　　（　　）

◆ B 排的所有人不见得都被消灭了（　　）

计分方法

答错一题得 1 分，答漏一题也得 1 分。将得分相加就是你的成绩。此测试题平均成绩是 23 分。

答案

1. √ 2. × 3. × √ 4. × 5. × √ 6. × × √ 7. × 8. × ×
9. × × √ 10. × √ √ 11. × × √ 12. × × √ 13. × × ×
14. √ × × 15. √ × × 16. √ × × 17. × × √ 18. √ ×
19. × × × 20. × × √

解析

0 分 ~ 13 分——逻辑思维能力优秀。

14 分 ~ 19 分——逻辑思维能力良好。

20 分 ~ 25 分——逻辑思维能力中等。

26 分 ~ 48 分——逻辑思维能力不佳。

第四章
给思想插上翅膀

想象是思维的翅膀,是创新的源泉。想象是心灵的一种能力。"想象是创造之始"。让我们展开想象的翅膀,大胆地在思维的领域中自由地翱翔吧!

让左右大脑同时开动

人的大脑分为左右两个半球，人们习惯于称它们为左脑和右脑。大家知道左右脑的不同功能吗？美国生理学家经过研究发现：左脑是语言脑，它具有语言、数字推理等功能，对应着人们的逻辑思维；而右脑则是非语言脑，俗称"艺术脑"，它负责鉴赏音乐、图像、绘画等，掌管着人们的形象思维。因此，形象思维也被称之为"右脑思维"。

有位科学家曾这样描述他的思维过程："我思考问题时，不是用语言进行思考，而是用活动的跳跃的形象进行思考，当这种思考完成以后，我要花很大力气把它们转换成语言。"这句话非常生动地描绘出新思想诞生过程中左右脑是如何协同工作的，右脑的形象思维产生了新思想，左脑用语言的形式把它表述了出来。

由此就可以知道，形象思维对于人们进行创新活动的意义有多么重大了。的确，当右脑活跃起来时，它有助于打破各种各样的思维定式，提高人们的想象力和形象思维能力。但现实是，左脑往往是优势半球，而右脑功能普遍得不到充分发挥。这也许就是发明家总比普通人少得多的原因。那么，青少年要怎样开发自己的右脑，提高自己的创新能力呢？下面就是一些使用右脑的方法。

智力练习

智力练习和活动可以直接影响右脑思维。不过，这类练习和活动不同于一般的智力测验，而是要求大家能充分发掘自己的知觉和想象力。例如，"列举木头都能做什么用？"如果只列举木头的一般用途，显然反映出想象力不够。其实扩展一下自己的想象空间就可以发现，除通常用途外，木头还可做木柴、做木筏、做木槌、做木雕，挖空后做垃圾桶、做木拖鞋……

这样的智力练习题太多了，课间休息的时候，放学路上，等车的时候，都可以跟朋友们一起做做这样的练习，不但有趣，还能增进与朋友间的友谊，更重要的是，它能开发自己的右脑。

学习外语

学习外语是训练右脑的一个有效途径。一般来说，当人们学习母语的时候，开动的仅是左脑。而当一个人学习几种语言以后就会启用右脑。

例如，在学习英语时，要将英语翻译成汉语。这个时候，翻译层次就高低有别了。有人把它分为这样三个级别，五个档次。

第一级别是低级。低级为"译形"，只是译出字、句、段，表达出讲话的字面意思。这时只使用左脑。

第二级别是中级。中级为"译意"，分为高中低三个档次：低档只译出句子、文本，表达出讲话的具体意思，这时仍只用左脑；中档译出语意，传达出讲述者表达的信息，这时是左右脑并用；高档指译出讲话者的志和情，体会出讲话者内心的状态，这时基本用右脑。

第三级别是高级。高级为"译神"，即译出讲话者的真情实感。

翻译层次的提高，实际上是右脑逐步开启使用的过程，是由绝对左脑、左右脑并用、在左脑的基础上使用右脑，到绝对右脑的大脑使用的转化过程。现在大家可能还无法达到"译神"的境界，但是大家要有意识地一步一步去翻译，经过不断地磨炼，境界自然而然就提高了。

涂鸦法

涂鸦法是世界权威专家创立的一种开发右脑的方法，就是利用色彩激发右脑的功能。这个方法的重点在于要集中精神，大力激发右脑功能。

涂鸦法的具体做法是：用画笔蘸上不同颜色的颜料，随意地、毫无目的地在纸上乱涂乱画。等乱涂乱画一阵子后，再静下心来观看自己的"作品"。这时要用海阔天空的联想和漫无边际的想象力去观看、理解和分析自己的"作品"，有时就能在乱画或在观赏中激发新的设想。

乱涂乱画的过程，一方面促进精力集中，一方面可以使精神放松、情绪稳定。这其实是让左脑处于抑制状态而右脑处于活跃状态，激发了右脑的创意功能。

左侧体操法

其实，人们的大脑是很有意思的。人们的右脑支配左半身、控制左手运动，而左脑支配右半身、控制右手运动。平常人们用右手的时候最多，右半身更灵活，因此，通常人们的左脑很发达。

那么，反过来想一想，右脑控制左手，那多运动左手，多做左半身器官的运动是不是也能刺激右脑呢？答案是肯定的。有研究证明，有意识地调动左手、腿、眼、耳，特别是左手和左手指的运动，能有效增强右脑的功能。右脑的功能增强，人的灵感、想象力就会增加。

因此，在日常生活中不妨尽可能多地使用身体的左侧。例如在打羽毛球、乒乓球的时候，不妨用左手握球拍；拍照时用左眼；打电话时用左耳，写字、拿筷子、刷牙、梳头等，都可以用左手去做。还可以练习用左腿站立，用左手去拿东西……只要用心，任何时候都能找到运用左手、左侧身体的方法。

此外,开拓右脑的方法还有非语言活动,如跳舞、美术、欣赏音乐、下棋、画画、种植花草、手工技艺、珠心算等。这些活动既利用左脑,又运用了右脑。同时,尽可能地摄取一些对右脑有益的食物,例如蔬菜、水果、豆类、牛奶等,提供丰富的蛋白质和维生素,为右脑补充营养。

说到这里,有必要提醒大家,强调右脑的重要性,并不是要用右脑思维取代左脑思维,事实上右脑思维也不可能取代左脑思维。左脑的作用是极为重要的,右脑储存的大量信息、它的知觉都必须经左脑的语言描述和逻辑加工才具有最终的价值,左右脑的通力合作构成完整的思维活动。然而在现阶段,右脑毕竟是人们使用的"弱项"。

要想有新奇的创意产生,就必须依赖右脑的大力支持。所以,别再让我们的右脑继续沉睡,赶快唤醒它吧!

张开你想象的翅膀

有一只猴子,有一双火眼金睛,能看穿妖魔鬼怪的伪装,一个筋斗能翻十万八千里,一根毫毛能有七十二般变化,一根如意金箍棒,能大能小,随心变化。它能上天入地,腾云驾雾……它影响了我们一代又一代人。这只猴子是谁呢?

还有一个戴着眼镜的小男孩,骑着他的飞天扫帚,在世界各地掀起一股魔法旋风,全世界都为之疯狂。在他的世界里,奇迹、神话、魔法……什么都不会过分。这个小男孩又是谁呢?

也许大家心里早已有了答案,没错,那只猴子是孙悟空,那个小男孩是哈利·波特。

可是,《西游记》的作者吴承恩,并没有亲自到西天取过经,也无法上天宫目睹神仙面目,那他为什么能够栩栩如生地描述这些动人的故事呢?"魔法妈妈"罗琳并不会魔法,也无法去魔幻世界亲自感受,那她为什么能描绘出一个神奇的魔幻故事呢?答案就在于,他们都有着非凡的想象力。

那么,到底什么是想象力呢?想象力是人在已有形象的基础上,在头脑中创造出新形象,一个新念头或思想画面的能力。例如说起汽车,大家马上就能想象出各种各样的汽车形象来,就是这个道理。在大部分的日常生活中,大家都在运用想象力——不管是计划一次班会或一次旅行,还是学习安排,我们都要运用它。

想象力是人类大脑中孕育智慧潜能的超级矿藏,能使思维充满创造的活力。想象力更存在于人类的一切创造与创新领域。发明一个仪器,设计一件服装,设计一幢大厦,描绘一幅图画,写一本书,都离不开想象力。

英国一位诗人说:"想象是有益于心灵的伟大乐器。"大科学家爱因斯坦更是大胆指出:"想象比知识更重要。"英国一位数学家在题为《想象的天地》的演讲中指出:"所有伟大的科学家都自由地运用他们的想象,并且听凭他们的想象得出一些狂妄的结论,而不叫喊停止前进!"

成功学大师拿破仑·希尔说:"想象力是一个人的灵魂的创造力,是每个人自己的财富。"中国大连出版社在出版少儿读物时就提出了"保卫想象力"的口号。既然想象力如此重要,那该如何放飞自己的想象力呢?不妨试试以下的小技巧。

扩大知识面

丰富的想象力一般是在掌握一定的知识和经验的基础上完成的，也是以记忆为基础的。而一切科学的创造、技术上的革新和艺术上的创作，都是在丰富知识经验的基础上，通过创造性想象而获得的。

因此，一个人的知识、经验、信息储备，对于发挥自己的想象力有着重要的影响。但这并不意味着想象力与知识经验成正比。缺乏独立思考、满足已有知识的人，同样无法充分发挥出自己的想象力。

青少年要放飞自己的想象力，就必须加强知识储备，拓宽自己的知识视野，学会独立思考，这是最基本的要求！

保持好奇心

好奇心是发挥想象力的起点，因此，请保持你的好奇心。遇事多问几个"为什么"，这能使大脑的想象功能在思考中升腾。而要使大脑的想象功能奔驰起来，还要保持丰富的情感，因为乐观的情绪能让人的大脑高度兴奋和活跃起来，这时想象力自然就会高度发挥出来了。

培养开阔的思路

人的头脑只有处于时刻生生不息的运动之中，才能克服思维的阻塞，不断保持和提高思维的流畅性，通过经常有意识地训练，可以使思路开阔。在日常学习和生活中，大家可以通过构想某一物体尽可能多的用途来训练自己开阔思路。

大家可以让自己在两分钟内写出尽量多的纸的用途、汽车的用途、煤的用途、土的用途等。在思考每一种东西的多种用途时，就是在尽力扩展自己的思维，不断增加思考的角度和思路的数量，长此以往，就会从多方面把握自己的思维能力。

而且当自己了解到别人列举出了自己所未曾想到的用途时，无疑会给自己某种具有开阔性的启示，于是在不知不觉中，自己便掌握了开阔思路的新方法。

记住，大脑越用越灵活，只要你坚持随时进行有意识的训练和练习，思路就会越来越开阔，在生活中的选择余地就大为增加，就等于为自己拓宽了成功之路。

开启想象力

想象力和其他所有的能力一样，需要人们有意识地去启发。为了保持想象的连续性，可以借助一定的介质，例如把一个构想画出来。因为图画能记录、储存头脑中的意象，使其更清晰化、具体化。用于自我想象训练的图可以是草图、无意识的涂鸦或其他奇怪的图，只要自己看得懂就行了。

激发想象

有研究表明，大多数人没有展现自己的想象力，并不是因为缺乏想象力，而是因为害怕听到他人对自己想象的看法，于是他们习惯于压制自己那些偏离一般准则、让人瞠目的思维。对此，有人认为："没有大胆的猜想就没有伟大的发现。"

因此，在学习和生活中，大家要大胆地去想象，激发出自己的潜力。例如，对于一般问题，只要将它用"怎样能……"的形式表达出来，然后寻找答案就能产生许多想法。对于引起争议的问题，思维要更开阔些，不仅要直接回答"是什么""会怎样"，还应总结所有有助于解决问题的思路。通常，解决此类问题的独立创见，在一开始都几乎是些风马牛不相及的想象。

请大家放飞自己想象力的翅膀吧！这不但能让自己变得更聪明，让生活变得更精彩，还能让自己收获意想不到的惊喜。

让想象在脑海自由翱翔

大家有没有发现这样一个现象呢？运动员在正式比赛前，会先预热。例如跳高运动员，会模拟起跑、起跳以及落地的情景。这是为什么呢？看完下面这段话，你就会明白了。

一位著名的高尔夫球运动员在谈到自己的挥杆秘诀时，这样解释："首先，我会'看到'自己需要击打的高尔夫球，那个漂亮的白色精灵静静地躺在翠绿的草地上。接着，场景快速转换，我'看到'了小球在空中飞行的样子：它的路线、轨迹、外形，甚至它落地时的姿态。接下来，头脑中的场景逐渐消失，现实重回眼前……"

这样想象之后，这位运动员总会轻松准确地将球漂亮地击出，而且那场景与他想象的一模一样。现在，这种想象法已经成为引导大多数人成功的秘诀。

心理学家希尔做过一个有名的投篮试验。这项试验是针对学生的运动成绩进行的。

试验者将受试者分为三组：第一组学生在20天内每天练习实际投篮20分钟，并把第一天和最后一天的成绩记录下来；第二组学生记录下第一天和最后一天的成绩，但在此期间不做任何练习；第三组学生记录下第一天的成绩，然后每天花20分钟做想象中的投篮，并在想象中做出相应的纠正。

试验结果可能把你吓一跳：第一组学生进球增加了24%；第二组学生因为没有经过练习，毫无进步；第三组学生每天想象练习20分钟，进球增加26%。

看见了吗？想象的力量真是太大了！美国一位著名的篮球教练有一个训练秘诀，那就是每天让队员用五分钟的时间站在罚球线上进行想象罚球练习，然后再用五分钟想象投篮命中的练习，想象每次投篮都是命中的。结果，他所训练的球队都是顶呱呱的。

也许大家会问，这到底是怎么回事呢？科学家们给了答案：当人在想象的时候，整个脑海都会跟着他的想象发出信号，那信号虽没变成真正的动作，却能训练他肌肉之间的协调。

其实，我们的人生也一样，它会按照我们的想象一步一步向前走，这一切总有一天会变成现实。我们来看下面的小故事。

有一个小男孩，他的父亲是位马术师，他从小就跟着父亲东奔西跑，一个农场接着一个农场地去训练马匹。

初中时，有一次老师叫全班同学写作文，题目是长大后的梦想。那晚他洋洋洒洒写了七张纸，描述他的伟大志愿——那就是想拥有一座属于自己的牧马农场，并且他仔细画了一张200亩农场的设计图，上面有马厩、跑道，还有漂亮的房子。

第二天，他高兴地将作文交给了老师。但老师却认为他的梦想不着边际。不过,这个男孩没有放弃自己的梦想。20多年后,这个男孩真的拥有了一个大农场。

在追寻梦想的道路上,大家可能没有优越的家境,没有高深的学识,没有良好的机遇……但无论怎样,大家都要去想象,给自己积极的心理暗示。请开动想象的列车前进吧,成功就在不远处。

从阅读中汲取创新营养

古人说多读书可以"开茅塞,除鄙见,得新知,增学问,广识见,养性灵"。有人曾说:"似乎每一本书都在我面前打开了一扇窗户,让我看到一个不可思议的新世界。"

一位作家也曾说过:"只有书籍,能把辽阔的空间和漫长的时间浇灌给你,能把一切高贵生命早已飘散的信号传递给你,能把无数的智慧和美好对比着愚昧和丑陋一起呈现给你。区区五尺之躯,短短几十年光阴,居然能驰骋古今,经天纬地,这种奇迹的产生,至少有一半要归功于阅读。"

对于大家来说,阅读的好处就更多了。

首先,阅读可以丰富自己的知识量。多读一些好书,能让自己了解许多科学知识。同时,阅读可以励志。读一些有关历史的书籍,一些励志书籍,可以激起自己的爱国热情,激励自己健康成长。

其次,读书可以让大家拥有一双"千里眼"。人们常讲的"秀才不出门,便知天下事""运筹帷幄,决胜千里"说的都是这个道理。可见,多读一些好书，能通古今，达四方。

再次，阅读可以提高大家的认读和写作水平。人们常说："书到用时方恨少"，这"少"字的含义有两方面：一是读的少，二是记住的少。如果能多读点书，多积累些，天长日久，等到使用时便能呼之即出，信手拈来，随心所欲。"熟读唐诗三百首，不会作诗也能吟"说的就是这个道理。

最后，阅读可以开拓大家的视野。因为书读多了，思路自然就比较广阔了，思考问题时思路也就不再单一了，就可能找到更好的方法解决问题，提高做事和学习成效，从这个层面上说，阅读一本好书，可以撞击出内心的智慧火花，从而取得惊人的成绩。读书的力量就在于此啊！

事实上，几乎所有的心理学家都非常强调阅读对培养、提高想象力的作用。一位著名的心理学家曾说："阅读文艺作品，这是想象的最好学校，这是培养想象力的最有力手段。"

文学艺术作品一方面可以给人们提供丰富的形象，特别是典型形象；另一方面，欣赏文艺作品，又要求人们必须展开想象的翅膀，而在运用想象的过程中，自然也就锻炼了想象力。

以诗为例，诗人的想象力总是很丰富的，他们笔下出现的形象大多非凡脱俗，使人耳目一新。平时多读些诗作，尽情体验诗中的意境，这对锻炼想象力是十分重要的。

如果想让自己与众不同，就必须培养阅读习惯，从书中汲取营养。那么要如何阅读，才能提高自己的创新思维呢？

读好书

大家要在有限的时间里多读好书，以获取更有价值的知识，提高学习效率，这样才能获得新的收益。

一本好书，一种好的阅读方式，一个好的阅读习惯，会影响大家的成长。在繁忙的学习生活中大家阅读的时间极为有限，更要有选择地去读书。那么要读哪些书呢？大致可以把握以下几个原则。

第一要值而不费。读书是为了进步，为了提高自己，所以要读那些对自己有帮助的书，这样才值得，才有效。偶尔读一些消遣的书没关系，但不能忘了读书的初衷。

第二要易而不难。要选择那些语言通俗、内容较浅显的读物。例如《少年百科》丛书、《青年文库》等。另外还可以参考《青少年阅读指南》杂志。

第三要好而不劣。所谓好书，就是书的思想内容好、知识多、文笔好。劣书则是指那些内容不健康、文笔差、错误多的书。对于劣质书刊要坚决抵制。

第四要全而不偏。大家在读课外书时，是不是偏爱看小说、漫画，不爱看修养读物呢？如果是这样，就要有意识地改变一下了。应该广读各方面的书籍，以求全面发展，提高各个方面的素质。

边读边思考

有些人在阅读时候总喜欢停留在浅显的、过于形象的读物上，这样就容易缺乏思考性。建议在选择阅读内容时，多选择一些贴近生活、有深度、读物语言水平略超过自己知识积累、认知水平和理解能力内容的书。只有这样，才能激活感性，磨炼理性，在阅读中受益。同时，还要学会带着问题读书，养成边读书边思考的习惯，这样的阅读才能真正有所收获。

学以致用

读书、学习的目的在于应用。读书且能够运用自如是读书的最高境界。只有把读书与实际应用结合起来，才能提高自身解决实际问题的能力、激发自身的创新能力。

若想成为适应社会发展的创新型人才，就不能丢掉阅读的习惯。最后送给大家一句话："书籍是人类进步的阶梯。"请大家牢记这句话，在阅读中享受成长的乐趣。

"异想天开"是创新温床

大家喜欢"异想天开"吗？当你看到天上的白云和飞鸟时，你会幻想着自己也能那样飞上天空吗？当你看到夜晚的月亮，想着"嫦娥奔月"的故事时，你会幻想自己也去月球游玩一次吗？当你看到海洋里自由游动的鱼时，你会幻想自己也能生活在水下吗？当你劳动的时候，是否会幻想着有一种东西能够代替自己劳动吗？当你觉得很饿，又不愿意做饭的时候，是否幻想过人能不能不吃饭，或者吃一点儿食物就可以管好几天？你是否曾经幻想过自己能有一个"魔镜"，能够看到距离自己很远的人？

很多人年幼时都有过这样的幻想，也许有人会说，这些还算什么幻想，已经是现实了。没错，但是，在几千年或几百年前，这些在人们眼里都曾经是"异想天开"，正因为有了这些"异想天开"，人类才有了现在的成就。

很显然，大胆幻想、敢于"异想天开"的价值是非常大的。世界就是在人们的各种各样的幻想中改变着原来的面貌，人类也正是在把一个个被视为"异想天开"的幻想变成了现实的过程中不断前进的。

很多的发明家、科学家的事例也都证明了幻想对于创新的巨大价值。幻想是想象的升华，虽然有时幻想近似神话，看似荒诞，却往往能给人以创新灵感，在人类创新活动中起着重要作用。大家要学习改造世界、创造世界的本领，就应该有幻想精神和幻想思维。幻想不仅能引导大家发现新事物，而且还能激发大家作出新的努力、探索，去进行创造性劳动。

很多时候，幻想在人们眼里被视为"离谱""异端""白日梦""水中捞月"而受到各种非议。这是因为幻想往往是打破陈规、破旧立新的做法，为此，大家必须要有勇气坚持。

创造力让人去"胡思乱想"，想那些常人不敢想的、做常人认为怪异而不敢做的事情。开始时也许是空想，但如果能全力以赴、持之以恒地为之奋斗，理想就可能变成现实。也就是说，幻想不应该只停留在"想"的阶段，而应该努力将幻想变成现实。

青少年正处于爱幻想、思维活跃的黄金时期，请珍惜自己的这一宝贵财富。千万不要轻视和遏制自己的想象力，说不定有一天，你们的异想天开变成现实，让所有的人目瞪口呆呢！

测测你的想象力如何

想象力是人不可缺少的一种智力，是人们培养创新思维的有效方法。大家的想象力如何呢？做做下面的测试就能得出结果。说明：请

依据题干描述,在选项中选出与自己行为最为接近的一项。(时间为30分钟)

1. 你不得不说一个毫无恶意的谎言时,你的表现如何?

   A. 总是慌乱,不抱希望,结果让对方听出自己在说谎

   B. 编造得过于详细,结果引起对方怀疑

   C. 话讲得恰到好处,令人信服

2. 当你受到表扬时,你会怎么想?

   A. 完全拒绝表扬

   B. 认为这些表扬是合理的、正当的

   C. 觉得自己做事总是正确的

3. 你相信自己的谎言吗?

   A. 相信

   B. 不相信

   C. 差不多相信

4. 你来的时候,人们骤然不语,你会怎么想?

   A. 他们准是在谈论你

   B. 这是谈话中的正常间断

   C. 他们是在对你打招呼

5. 与某人见面,到了约定的见面时间,对方还没到,这时你怎么想?

   A. 担心他出了什么事故

   B. 假定他被什么平常事耽误了

   C. 至少在一个小时内不会担心

6. 你在影院看电影哭过吗?

A. 哭过

B. 没哭过

C. 已多年不哭了

7. 如果你晚上孤身一人回家,你会害怕吗?

A. 会感到害怕

B. 并不觉得害怕

C. 有点怕,但又能消除

8. 当你面对着一张有图案的墙纸时,你通常会怎么样?

A. 看了很长时间,你才能看得出其中的格局

B. 不怎么注意它

C. 只不过单纯地注意它的设计图样

9. 你在空闲的时候,经常做什么?

A. 以思考为自娱

B. 要是能找到什么事做的话,你觉得很快活

C. 很高兴对特别有兴趣的问题进行思考

10. 你会如何讲述自己的有趣经历?

A. 总是夸大其词,以便把自己的经历说得更好一些

B. 坦率地讲述自己的经历

C. 只修饰某些细节

11. 你幻想的时候,能幻想到什么程度?

A. 能虚构出大量的错综复杂的情节

B. 只能模糊地想出一些中意、合乎需要的情节

C. 偶尔能把某些细节安插进去

12. 你对别人倒霉、失意经历的反应如何？

A．流泪

B．同情

C．厌烦

13. 你在一处陌生的地方睡觉，突然被奇怪的声音弄醒时，你会有什么反应？

A．会想到鬼

B．会想到是夜盗

C．会想到可能是下水管道坏了

14. 你对一本书或一部电影的情节描述、内容结构上还有什么更好的主意吗？

A．经常有

B．有时有

C．从来没有

15. 你在心里改写过电影或小说的结局吗？

A．在这个故事给自己很深的印象时才想过

B．经常如此

C．从来没有

16. 你幻想吗？

A．经常

B．有时

C．很少

17. 你晚上外出散步时，习惯到哪些地方去？

A．总是喜欢在你熟悉的地方

B. 每次都试试不同的地方

C. 有时换换新地方

18. 听灵异故事时,你会有怎样的反应呢?

A. 会使你发笑

B. 会使你感到毛骨悚然

C. 会使你对超自然的事感兴趣

19. 当你看到自己熟悉的小说改编成影片时,你会如何?

A. 觉得看电影更能享受其中的乐趣

B. 觉得很失望

C. 发现这个故事由于电影的特点而改变了

计分方法

1~2题,选择A计1分,B计2分,C计3分。

3~11题,选择A计3分,B计1分,C计2分

12~16题,选择A计3分,B计2分,C计1分。

17~20题,选择A计1分,B计3分,C计2分。

解析

20分~30分——想象力较弱。

你的想象力较弱。你好像一点也不能进入想象境界,你的生活将变得呆板。或许你会很注重实际,讲究实惠,不喜欢幻想。

31分~40分——想象力弱。

你不太喜欢想象,但你具有一定想象力,只要有可能,你总尽力消除幻想。建议你去大胆幻想吧,你会发现不一样的世界。

41 分~50 分——想象力较好。

你的想象力较好。你还能站在别人的立场思考，这使你做事更有效果。想象给你带来好处是显而易见的，但你的想象力还是被你的见识和阅历所限制，你应努力扩大视野，向更高级的想象迈进。

51 分~60 分——想象力好。

你具有很强的想象力。但由于你的想象过于丰富，所以对周围的事物十分敏感，你可能具有较高的艺术天分。每当你设法利用自己的想象力时，你便产生一系列丰富的想象。这真的很不错，要继续保持！

第五章
让创意开花结果

　　一个好的创意是从联想开始的,通过联想的万花筒,就会有千千万万个创意涌现出来。万事万物总是相互联系的,只是某些联系隐含在事物内部,只要善于发现、善于思考,总能找到它。联想是发明创造的启动器。一个想有所成就的人,必须善于联想。

让创新思维开花结果

当看到飘飘而落的雪花时,大家会联想到什么呢?请用心想一想,然后看看下面这个故事。

东晋时期著名的政治家谢安有一次和他的家人一起吃午饭,窗外纷纷扬扬下起了雪,这么大的雪,在南方还是少见的,孩子们都瞪着眼睛向外看着。

谢安乘机问道:"你们看这飘飘的雪花像什么?"他的侄子谢朗说:"撒盐空中差可拟。"他的侄女谢道韫说:"未若柳絮因风起。"

在这个故事中,谢朗把飘飘而落的雪花比作了盐粒,谢道韫则把它比作柳絮。无论是盐粒还是柳絮,都是他们因看到眼前的雪花而想到的。这就是联想。

联想是人们在观察的基础上,由当前的某一事物回忆起或想到另一有关事物的思维活动,是一个由此及彼的过程。那么,谢朗与谢道韫的联想哪一个更好一些呢?

相信很多同学都感觉到了,沉甸甸的盐粒除了形状颜色与雪花相似以外,再无共同之处,谢朗的联想就显得很一般。而"柳絮因风起"

则传神地描绘出了雪花轻柔飞旋之状，轻灵而美丽，谢道韫的联想真的很令人惊叹！

实际上，联想是人类的天赋，不一样的是，不同的人联想的深度、广度、强度和层次很不一样。联想是人们进行创造的催化剂和导火索，许多奇妙的观念常常由联想的火花点燃。任何发明创造都离不开联想，它是孕育发明幼芽的温床。

大家都用过食物夹吧？有没有感觉这些食物夹的结构、颜色、使用方法都很单调呢？

有一个叫郑文静的女孩，有一次看电视时，无意中被体操运动员弯腰拱桥动作的优美造型深深地吸引了，她突发联想：何不将这种造型用到食物夹的夹体上，并且赋予它各种颜色和图案呢？这样即使在不用的时候也可作为装饰品，美化厨房。

后来，她将自己的联想付诸实践，还根据不同的用途需要设计出了一套形状各异的夹脚。这些夹脚利用内外螺纹的配合可随时更换安装在夹体上，使用起来非常方便。

看，这就是联想的魔力，怎么样？大家有没有联想到别的东西呢？联想思维和想象思维可以说是孪生姐妹，在人的思维活动中都起着基础性的作用。为什么这么说呢？下面一起来看看联想思维的作用。

第一，通过联想，可以在较短时间内在问题对象和某些思维对象间建立起联系来，这种联系，会帮助大家找到解决问题的答案。正如《科学研究的艺术》一书的作者贝弗里奇在书中所说，独创性常常在于发现两个或两个以上对象或设想之间的联系或相似点,而原来以为这些对象或设想彼此没有联系。

第二,联想思维可以活化人们创新思维的活动空间。联想思维有一个很重要的特性,就是可以由此及彼、触类旁通,因此,联想思维为人们提供了更加广阔的思维天地,导致想象思维的形成,甚至产生灵感或直觉。

一个人如果不会运用联想思维,那么他的知识是零碎的、孤立的;可如果他善于运用联想思维,就会由此及彼扩展下去,做到举一反三,闻一知十、触类旁通,从而使思维跳出现有的圈子,突破思维定式而获得创新的构思。遗憾的是,在大多数人的观念里,无限制的联想与幻想常被当成"无稽之谈""荒诞之举",被作为他人的笑料,常与"不务正业""不安分守己"之类的词联系起来。

事实是,没有丰富的联想,人类无法取得当今的成就。之所以要进行"无限制"的联想,是因为在无限制的情形下,人脑的活力将得到最大的加强,也最容易闪现出新的灵光。

善于联想是创新的基础。只有联想丰富了,人的思维才能由单一变为多元,由强迫接受转变为自主选择,才能创作出新颖、独特、具有生命力的东西来。

从相似情景中产生联想

很多时候,人们很用心地去做一件事,去想一件事,却往往很长时间没有结果。突然有一天,他看到了相似的情景……问题竟然迎刃而解了，这时候的感觉可以用两句话来形容：第一句话是"有心栽花花不开，无心插柳柳成荫"，还有一句话是"踏破铁鞋无觅处，得来全不费工夫"。

事实上，这就是相似联想带来的美妙感觉。相似联想是联想思维中的一种常见方式。顾名思义，相似联想是指从对某一事物的感知、认识或回忆而引起与它在性质上接近或相似事物的感知和认识。

这样说，可能大家会感觉比较抽象，不如看几个例子：看到飞鸟，我们会想到飞机；闻到某种香水味，我们就会联想到与之气味相似的花香；看到黑白条纹的衣物，我们就会联想到斑马……这就是相似联想。

> 世界玩具大王路易·马克斯，觉得要发明一种畅销的新玩具很困难，但要推广一种已有游戏却很容易就能做到。他每年都到世界各地去考察，了解各民族、各地区的玩具和游戏。他到我国台湾看到山里的孩子常玩一种叫作"悠悠"的玩具，非常有意思，于是他便把这种玩具带到了西方国家，结果赚了大钱。
>
> 后来他又去东南亚考察当地人的游戏方式，看见有一种套在腰间转着玩的木圈很有意思，回国后他马上改用塑料制造，并在市场上大量出售。这就是大家熟知的"呼啦圈"。

这个故事里，路易·马克斯实际上就运用了相似联想的创新方法。大发明家爱迪生曾经这样劝导他的助手："留意别人的新颖有趣的设想，只要把它们用到你现在正要解决的问题上，你的设想就是创造性的。"

乔布斯也说过这样一段话："并不是每个人都要种粮食给自己吃，

也不是每个人都需要自己做衣服穿，我们说着别人发明的语言，使用别人发明的数学，我们一直在使用别人的成果。使用人类已有的经验和知识来创造是一件了不起的事。"

其实，乔布斯这段话的意思就是鼓励大家将别人的东西进行联想，转移到自己的想法中来。

苹果公司推出的MacBook笔记本电脑有项令人称奇的新创意。这个创意是什么呢？原来，苹果公司设计了一个名为"MagSafe"的功能，它在连接笔记本和电源线的接口处加装了磁铁，通过这样的吸附式装置，可以轻松地从接口处将电源线和电脑进行分离——人们终于不用再担心会被电源线绊倒了。

而这个创新却是乔布斯从日本人生产的电饭煲上联想而来的。日本人生产的电饭煲多年来一直采用磁铁门闩锁的设计，就是为了防止人们绊到电源线时，滚烫的电饭煲掉在地上。电饭煲和笔记本是两个风马牛不相及的东西，却被乔布斯联想在了一起。事实上，它们之间是有联系的，它们的联系便是所用动力的相似……

但要注意的是，进行相似联想，掌握下面两点是很重要的：一是思路要灵活多变，善于调整思考的角度，适时地改变思维方向；二是要有敏锐的洞察力，善于从不同事物中找出相同点和相似点。

生活中，相似联想比比皆是，只要大家用心，就可能有所发现。从现在开始，让我们一起联想吧！

两物对比，一定有收获

现在，地铁已经成为很多大城市的主要交通工具。那么，大家知道地铁是如何发明的吗？大家能想到地铁的发明竟然源于老鼠打洞吗？一起来看一下地铁诞生的故事吧。

19世纪中叶，英国伦敦飞速发展，在窄小的马路两边，林立着许许多多的房屋、商店、办公楼、工厂和学校，并且数目在不断增加。加上如潮的人流，伦敦的交通变得十分拥挤。一旦有马车通过，整条街道便被堵得水泄不通。这给人们的正常生活和工作带来很大的麻烦。伦敦政府虽然忧心忡忡，但一时却拿不出更好的办法。

当时，有一名叫查理斯的法官，每年都要处理很多因车辆拥挤引起的纠纷和事故。因此，对解决伦敦交通问题也更加上心。很多次，他站在伦敦街头，注视着那些穿梭往来的马车，心想：马车载人少，而且行走速度慢，自然容易引起交通堵塞。要是城市的交通工具是火车，那该有多好啊！可是，火车又怎么能跑进城市呢？

为了能让火车跑进城市，查理斯寝食不安。有一次，他在半夜起床上卫生间，发现墙角边有一个老鼠洞，而且一直通到墙外，有一只老鼠正在洞里跑进跑出。

查理斯不由自主地说："老鼠真厉害，不但能在地上活动,还能在地下跑……"忽然,查理斯脑袋里冒出来了一个想法:为什么不在地下打洞,让火车像老鼠那样在地下跑呢?

查理斯兴奋极了,随后开始按照这个想法进行研究,终于成功地建造了世界上第一条地下铁路。

从老鼠打洞到地下铁路,从地上到地下,查理斯运用了相似联想和对比联想两种思维方式。相似联想为他打开了灵感之窗,对比联想让他找到了方向。这里,对比联想起到了关键作用。

那么,到底什么是对比联想呢?所谓对比联想就是由上想到下,由美想到丑,由高的想到矮的,由白的想到黑的。发生联系的双方是一对矛盾体。然而这样的矛盾体,却常常能让人们找到创新思路。

在学习和生活中,大家完全可以用对比联想的思维方式去解决问题,例如,在写议论文的时候,先用一个正面例子说明,再用一个反面例子证明,这样写出的作文,论点就更加鲜明了。

为了提高对比联想能力,大家可以从以下几方面进行训练:一是多观察,多认识不同的事物,在头脑中积累大量形象,这种积累越多越丰富,就越能给联想打下好的基础;二是通过反义词的学习和训练,使自己加深对事物对比的认识和理解,同时也增强了相反联想的能力。

这些方法其实很简单,只要能坚持下去、养成习惯,就一定会让自己受益匪浅的。

移花接木，触类旁通

书能当成水果一样处理吗？如果大家觉得这不可能，那就看看下面的故事。

在加拿大的一所大学里。有一次，学校图书馆的自来水设备出现故障，水溢得满地都是，致使许多珍贵的图书浸泡在积水中。事故发生之后，"如何挽救被水泡湿的书籍"成了大家的议题。若采取一般的干燥方法，就等于毁掉这些珍品。除此之外，难道再没有别的办法了吗？

大家都在思考着，其中有一位曾经从事过罐头生产的图书管理员提出了一个设想：在制造罐头时，为排除水果中多余的水分，会采用低温存放和真空干燥的手段。如果把这些湿透的图书当成水果，能不能在同样的条件下，既能散发出浸湿图书中的水分，又能使图书完整无损呢？

大家按照这个主意，先将浸湿的图书放入冰箱冷冻，然后再放入真空干燥箱中。经过五个昼夜，奇迹出现了：湿淋淋的书籍散尽了水分，这批珍贵的图书竟然奇迹般地恢复了原貌。

从浸湿的图书想到水果，又由果品中水分的散发想到有待解决的问题。根据二者之间相似的关系，借鉴水果的低温存放和真空干燥的方法来处理浸湿的图书，结果，创造出一种干燥湿书的好方法。这一创造过程不仅受到了加工水果的启发，更直接采用了工厂加工水果的方法。

像这种把某一事物的原理、特性、方法、现象、结构等，用在另一事物上做出的发明创造，人们将其称为移植创造法。为了切实体会一下移植联想，请大家再来看看下面的故事。

有一个学生发现电风扇上有一个定时功能——只要提前定好时间，到时间电风扇就会停止，半夜就不必再爬起来去关闭了。由此，他想到能不能在电热棒上安一个定时器呢？于是他就创造出定时电热棒；他又将定时器移到了抽水机上，又创造出定时抽水机；移到煤气罐上就创造出定时煤气灶……

看了这个故事，大家是不是感觉创新其实也很简单啊！关键是大家必须学会使用这种思维，要灵活地运用迁移法，提高自己思维的联想能力，要善于从"不相关"的事物中寻找启示和线索。

那么，要如何更好地利用移植创造法，去解决问题、发现新的思路呢？应先对某一事物的原理、特性、方法、现象、结构等感兴趣，了解它、掌握它。然后再大胆地把它应用到另外的事物中去，如果不可行，可以再找一个事物去试一试，直到产生一个具有新的意义的事物，就产生了发明。

此外，改变描述问题的方式也是开发大家创新思维的一个重要的方法。例如，学习时常用的笔，从一个角度看，它是一件书写工具，若从其他角度来描述，它还可以是一件武器、一根教鞭。这其中的玄妙就在于看到该事物的不同组成部分，发挥想象自由地改变描述方式，一旦这样做了，大家就会产生很多新的联想来。

多进行联想思维的训练

大家已经知道联想思维在人们创新活动中的重要作用，也知道联想思维能力是人类大脑先天的一种思维功能，是人人都具有的。但是现实情况却告诉人们，并不是每个人的联想思维能力都很强，甚至有不少人完全不会很好地运用自己的这种思维能力。

那么，要如何发挥出自己天生的联想思维能力，从而促进自己成为创新者呢？不妨采用下面的方法试一试。

自由联想法

自由联想法是一种主动自由的积极联想，通常是在自由奔放、无所顾忌的情况下进行的。联想越丰富的人，作出创新的可能性往往也越大。大家在学习、坐车、上网、散步等任何时候都可以进行自由联想。可以随便找一个词汇起头，在规定的时间内快速联想，例如词语接龙游戏，想到的词组越多越好，这是训练思维联想的速度。

具体做法是：拿出一张白纸，写下自己想象的起点，例如"房子"，专心想房子时又想什么？例如炊烟，记下来写到纸上，然后专心想想炊烟会怎么样？可能又想到了白云……就这样，想起什么记下什么，看自己在五分钟的时间里能记下多少东西。

然后检查所记下的东西，大家可能会发现有一些事物带有一定逻辑关系，而有一些则是风马牛不相及的。大家会发现自己逐渐将喜欢的、害怕的事物写了出来。因为当人在联想时，人的潜意识会逐渐发挥作用，逐渐将其引向潜意识所关心的领域。这种方法打开了通向神奇潜能的大门，长期练习必有效果。

强制联想法

大脑有一种神奇的功能，它能将看似无关的东西联系在一起并产生丰富的联想，这些联想中蕴含着大量创意，而且强制在一起的事物彼此关联度越远，激发出来的联想就越奇异。

日本软件银行创办人兼行政总裁孙正义的成功就得益于他早年在美国留学时的"每天一项发明"。那时候不管多忙，他每天都要给自己五分钟的时间强迫自己想一项发明。

他发明的方法很奇特：从字典里随意找三个名词，然后想办法把这三样东西组合成一个新东西。一年下来，竟然有200多项"发明"。

在这些"发明"里，最重要的是"可以发声的多国语言翻译机"。这项发明后来被他以100万美元的价格卖给了日本夏普公司，为孙正义赚到了创业的资金。

在这里，孙正义所用的就是强迫联想法。大家也可以强制自己运用联想的思维，激发出大脑的想象力和联想力，从而提高创造性思维能力，产生有创造性的设想。当然，这样做的目的是要培养自己爱联想的习惯。大家可以随机找两个不相关的事物，然后要求自己尽可能多地想出它们之间的相关联系或相同点。例如高山和镜子，是两个风马牛不相及的事物，但联想思维可以使它们之间发生联系：高山到平地，平地到平面，平面到镜面，镜面到镜子，再如天空和茶：天空到土地，土地到水，水到喝，喝到茶。

假如每个词语都可以与十个词直接发生联系，那么第一步就有 10 次联想的机会，第二步就有 100 次机会，第三步就有 1000 次机会，第四步就有 10000 次机会，第五步就有 100000 次机会！既然有这么多的机会，还愁没有机会创新吗？

在日常学习生活中要做有心人，随时留意身边的事物，对即使是毫不相干的信息也不要轻易放过，因为它很可能就是诱发创新思维的"导火索"！

测测你的联想能力怎么样

现在，大家已经知道了联想思维对创新的重要作用，想必大家也很想了解一下自己的联想思维能力如何吧？的确，只有充分地了解了自己的联想思维水平，才有可能做到有的放矢，更好地去培养和提高自己的联想思维能力。

那么，大家现在的联想思维能力究竟如何呢？通过以下的自我测试题，大家就会有比较准确的答案了。

第一部分：第1题到第15题，每个题目只有一个正确答案，请选择最符合自己实际状况的选项，写在题号前。

答案选项：A．是　　　B．说不准　　　C．不是

1. 在命题作文练习中，你是否一看到题目就能联想到可以使用的大量素材？

2. 你喜欢比喻吗？

3. 新认识一个人，你常常一下子就从他的外貌联想到另一个认识的人或某位公众人物吗？

4. 想问题的时候，常常一次能想到很多思路吗？

5. 看小说时，你的大脑常常会浮现出主人公的形象吗？

6. 你善于举一反三吗？

7. 出了一件意外的事后，你常常能在短时间里就想到可能引起的一系列后果吗？

8. 做一件事时，如果一种办法没有取得效果，你很快就能想到另一些可以使用的方法吗？

9. 你善于旁征博引吗？

10. 你曾使用代数方法来解几何问题吗？

11. 你曾使用几何方法来解代数问题吗？

12. 一题多解对你来说是件轻松的事吗？

13. 在与人讨论时，你常用类比法来说明自己的观点吗？

14. 现实中一些人的作为常常令你想起小说或影视中的人物吗？

15. 你常给同学取绰号吗？

第二部分：请准备好纸笔和一个钟表。然后以每道题五分钟的速度开始完成以下问题，并做出选择。

16. 请你尽可能多地写出含有三角形的各种物品,并统计写出的数量。

　　A. 少于8个

　　B. 8个至15个

　　C. 16个至30个

　　D. 30个以上

17. 请你尽可能多写出小孩与杉树的共同点,并统计写出共同点的数量。

　　A. 少于5个

　　B. 5个至10个

　　C. 11个至20个

　　D. 20个以上

18. 尽可能地写出一对双胞胎姐弟的差异,并统计写出的差异数量。

　　A. 少于5个

　　B. 5个至10个

　　C. 11个至20个

　　D. 20个以上

19. 请你尽可能多地写出水的各种用途,并统计写出用途数量。

　　A. 少于5个

　　B. 5个至10个

　　C. 11个至20个

　　D. 20个以上

20. 请你尽可能多地写出人与牛各种可能的联系，并统计写出的联系数量。

  A．少于5个

  B．5个至10个

  C．11个至20个

  D．20个以上

计分方法

1～15题，选择A计2分，B计1分，C计0分。

16～20题，选择A计0分，B计2分，C计4分，D计6分。

解析

0分～40分——联想思维能力不佳。

你的联想思维能力不太好！你的思维内容贫乏，遇事常会陷入无计可施的尴尬境地。

41分～60分——联想思维能力一般。

你的联想思维能力一般。有时能有一些想法，但思路还不是很开阔，继续加以锻炼，你的联想能力将变得很强。

61分～80分——联想思维能力较好。

你的联想思维能力较好。你的联想丰富，心中常常有很多想法。这么多的想法有时反而会令你不知道该用哪种想法最好。不过没关系，可以试着再用逻辑思维分析一下，这样既提高了联想能力，又锻炼了逻辑思维，何乐而不为呢？

第六章
捕捉住你的灵感

在创新思维的世界里,有一种"来无影、去无踪"、神奇而又神秘的东西,它就是灵感。在所有创新思维中,灵感思维是非常具有生命力的思维。让我们与灵感约会,及时捕捉转瞬即逝的灵感火花吧,哪怕只是一个小小的火星儿,也可能变成足以燎原的智慧之火!

突发灵感是一种什么感受

大家有没有过突发灵感的经历呢？例如，有一道题百思不得其解，但在吃饭的时候，忽然之间就有了思路——这颇有点"有心栽花花不开，无意插柳柳成荫"的意境。

可以说灵感与创新是休戚相关的。灵感不是神秘莫测的，也不是心血来潮，而是人在思维过程中带有突发性的思维形式长期积累、艰苦探索的必然性和偶然性的统一。

实际上，灵感的思维机制一般是这样的：问题→思考想象→思考想象中断→触媒诱发→灵感→思想闪光或思想跃进。

17世纪法国著名的数学家笛卡儿，在很长一段时间内，都在思考这样一个问题：几何图形是形象的，代数方程是抽象的，能不能将这两门学科统一起来，用几何图形来表示代数方程，用代数方程来解决几何问题呢？为了解决这一问题，他日思夜想，但一直都找不到突破方向。

有一天，笛卡儿躺在床上，发现一只苍蝇正在天花板上爬动，他耐心地看着，忽然头脑中冒出这样一个念头：这只来回爬动的苍蝇不正是一个移动的"点"吗？这墙和天花板不就是"面"吗？墙和天花板相连的角不就是"线"吗？苍蝇这个

"点"与"线"和"面"之间的距离显然是可以计算的。

想到这里,笛卡儿一跃而起,找来纸和笔,迅速画出三条相互垂直的线,用它表示两堵墙和天花板相连接的角,又画了一个点表示来回移动的苍蝇,然后,用"x"和"y"分别代表苍蝇到两堵墙的距离,用"z"来代表苍蝇到天花板的距离。

后来,笛卡儿对自己设计的这张形象直观的图进行反复思考研究,终于形成这样的认识:只要在图上找到任何一个点,都可以用一组数据来表示它与另外那三条数轴的数量关系。同时,只要有了任何一组像以上这样的数据,也都可以在空间上找到一个点。这样,数和形之间便稳定地建立了联系。

于是,数学领域中出现了一个新分支——解析几何学。笛卡儿的这套数学理论体系,引起了数学界的一场深刻革命,有效地解决了生产和科学上的许多难题,并为微积分的创立奠定了坚实的基础。

灵感的珍贵之处突出地表现在高能高效、创新性和创造性上。就像笛卡尔对那个问题长期百思不得其解,而当他灵感突然爆发的瞬间,所有的问题都迎刃而解了,那些苦苦思索、求之不得的答案瞬间展现在他的面前,使人有一种茅塞顿开、豁然开朗之感。这就是灵感思维的魅力所在!

灵感的到来能够极大地调动和激励创造者的智力——头脑就像接通电流的灯泡一样,瞬间放射出璀璨的思维智慧之光,能使创造者感到情绪亢奋,思维异常敏捷,创造力倍增。很多的重大发现和发明创造往往就是靠这种灵感的顿悟,才奇迹般解决的。

任何能正常思维的人都可能随时产生各种各样的灵感。大家常听人说的"我一下子突然想到了……"还有所谓"灵机一动""急中生智",其实都与灵感思维相关。

据调查,承认自己曾获得过灵感的青少年比例为60%左右,这主要表现在解决各种难题、处理日常事务及发明创造活动的过程中。这足以说明,灵感思维绝不是某些天才、科学家、发明家所独有的专利。

所以,请大家注意保护自己大脑中随时产生的灵感,它会为大家的学习生活带来意想不到的帮助。

灵感不是一天产生的

曾有一个记者问著名的化学家门捷列夫:"您是怎么发现元素周期律的?"

门捷列夫回答道:"这个问题我考虑了近20年,而很多人却认为,坐着不动,突然成功了!事情并不是这样的!"

可见,灵感虽然是在一瞬间迸发出来的,但从灵感产生的过程来看,其实它是以长期的艰苦探索和思考酝酿为基础的。有些时候,表面上人们并没有思考,但潜意识思维仍然在悄悄地工作,这种以潜意识思维孕育灵感的时间段可以是数天、数月,也可能长达数年甚至更长时间。就如门捷列夫,一个问题想了近20年,才有了灵感。

因此,可以说,灵感不是凭空而生,它是在人们具有一定的知识、经历的基础上产生的，或许有些人在某段时间会突发奇想，但这并不是从天而降的，只能在一定的情境下，灵感才会像流水一样喷涌而出。正如一位著名科学家所说："灵感只偏爱那些有准备的头脑。"

这里所说的"有准备"，还有一个含义就是积累知识和技能。通常情况下，人们对某一难题进行长期紧张的思考，所想的问题大部分内容已经得到了澄清和解决，但在关键环节上却卡住了，这时大脑会呈现出高度的受激状态，很容易受到启示而获得灵感。这就好像由许多电子元件组成的电子设备，一旦接通电路就可以开始工作、产生效应。所以灵感的产生要有相当的知识储备和技能方法等实践经验的积累，要经历一个由量变到质变的过程。

清代作家曹雪芹有着极其丰富的知识，他的名著《红楼梦》涉及政治、经济、法律、宗教以及音韵学、中医学、民俗学、园林建筑学、烹饪学等许多领域，被人们称为"封建社会的'百科全书'"。

还有蒲松龄，每当金鸡唱晓、炊烟四起之时，就坐在一棵大树下，热情地邀请过路人闲坐谈天，不时献茶敬酒，听四方来客讲述天南地北的见闻。

他就是这样长期地收集神仙鬼怪的动人故事，然后精心编写成妇孺皆知的《聊斋志异》。

可见，知识是灵感的根基。如果没有长期的、丰富的知识和经验积累，是不可能产生灵感的。

对此，我国著名诗人刘湛秋做出了解释。

他说:"灵感是一个引爆进程中的绝妙指挥,它有不可言传之处,但它终究是一种依靠功夫和本领的超越神奇力。离开功夫本身,那种超越的神奇力将无所依靠。"

"一天,我在海边别墅度过大雷雨的夜晚。天上浓云密布,整个天空墨黑如锅。闪电开始时如瀑布泻下,霎时撕碎乌云,天空显得更为可怕,而雷的炸裂声简直就像宇宙要破裂一样,海在雷雨中狂暴不已,使整个空间更显得恐怖。"

"这时,我站在走廊上,注视这一切。我想写诗,但是我始终觉得没有灵感,进入不了。为什么会这样呢?我觉得是因为我缺乏这种类似生活的储蓄,只有瞬间的浮动,而无连锁反应。如果一个饱经战场的军人,肯定会由此契机诞生出壮丽的诗篇。"

可见,如果想激发自己的灵感思维,就必须要注意扩大自己的知识面,让大量的信息深深地烙印在脑海中,形成一种强大的势能,一经触发便会转化为思维突变的动力,在顷刻之间爆发灵感。正所谓:"读书破万卷,下笔如有神。"

请充实自己的知识宝库吧!这样,灵感的火花一旦点燃,便会在大家有着丰富能量积累的知识库里产生熊熊的创新火焰。

神奇的梦中灵感

在人们睡觉做梦的时候,也常常会有灵感出现呢!很多重大的发现和发明就是从梦中情景获得了有益的"答案"的。大家还记得有个关于"江郎"的故事吗？故事是这样的：

古代有一个读书人，名叫江郎。他少年时苦读诗书。一天夜里，他梦到一位仙人对他说："江郎，你如此用功，我送你一支毛笔吧！"

说着，仙人就拿出了一支光彩夺目的毛笔。江郎得到笔后，十分兴奋。他诗兴大发，提笔就要写诗，却发现自己没有纸。就这样，他一着急就从梦中醒了过来。自此以后，江郎的文章越做越好，受到人们的传诵。

虽然这只是一个故事，但暗含了梦可以开启人们的智慧的意思。这类例子还有很多，大家知道著名的《霓裳羽衣曲》是怎么来的吗？据记载，《霓裳羽衣曲》也是唐明皇根据自己的一个梦谱成的。

有一年中秋之夜，唐明皇做梦游月宫，看见桂树下很多仙女身着孔雀翠衣和月白色的长裙，翩翩起舞。他的耳边传来的是仙乐《紫云曲》，他如醉如痴地听着，并以双手击拍，暗记音律。

梦醒后，他以梦中的"仙曲"为基础，又参照印度传来的《天竺乐曲》，谱成了著名的《霓裳羽衣曲》，还为此编排舞蹈传给了杨贵妃。

直到现在，《霓裳羽衣曲》仍然是音乐舞蹈中的一颗璀璨的明珠。

在国外从梦中获得灵感的例子也是屡见不鲜的。有许多科学家回忆自己的创造与发明时,都谈到梦对他们的启迪。

德国一位药理学教授也曾记载了他在睡眠中获得灵感的一个例子:一天夜里,他看着小说睡着了。在半夜里他被梦中的情景惊醒,于是他匆忙地记下了梦中出现的一个非常宝贵的想法。

第二天早上起来,他无论如何也解释不了自己在匆忙之间所记下的东西,夜里的梦境他一点也回忆不起来了。当天夜里,他再睡时,又出现了同样的梦境。这次他吸取了教训,非常细心地在笔记本上写下了注释。后来,通过实验所获得的数据,证实了他梦中的发现。

美国生理学家坎农从青年时代起就经常借助于梦中灵感解决问题。他说:"长期以来,我靠着无意识的作用过程帮助自己已成习惯。例如,当我准备演讲的时候,我就先想好讲哪几点,写一个粗略的提纲。在这以后的几夜里,我经常会骤然醒来,涌入脑海的就是与提纲有关的鲜明的例子、恰当的词句和新鲜的思想。我把纸墨放在手边,便于捕捉这些倏忽即逝的思想,以免被淡忘。"

像上述那样从梦里得到灵感的事例实在是太多了。有人曾风趣地说:"让我们带着要解决的问题去做梦吧!"是的,梦幻思维可以启迪人的灵感,激发人们创造新想法、新东西。

这是为什么呢?因为在浓重的夜色中闭目而思,几乎完全避免了来自视觉的信息对大脑思维活动的干扰刺激,静卧于床上又能将触觉的信息对思维的干扰降到最低程度。这十分有利于最大限度地发挥大脑思维潜力,使人对问题的思考易于突破。如果再加上偶然和特殊因素激发,还有可能使大脑潜力超常发挥,即可产生"灵感"了。

另外,人在躺着的时候,由于大脑供血状况明显地得到了改善,这为大脑活动提供了最佳的营养保证。一觉醒来,由于大脑经过了一段时间的休息后,又进入了精力充沛的状态,这也为灵感火花在夜间爆发创造了有利的条件。

有研究者认为梦中灵感是由于大脑的左半球长期思考的结果。如果没有白天辛苦的思索问题,智慧的火花也不会在夜间出现在梦的世界中。

也有研究者认为,夜间大脑的左半球处于休息状态,而大脑的右半球却处于工作状态。所以他们认为梦中的灵感来自右半球视觉、听觉控制中心发出的各种信号。

不论是哪一种原因,如果没有平时的认真思考以及敏锐的判断力和洞察力,即使梦中有了某种启示,人们也不一定能捕捉得到,或者根本没有机会获得这种来自内心的"感悟"。

抓住头脑中的一闪念

灵感就像一个小精灵,奇特有活力而又神秘莫测,常常以出其不意"一闪念"的形式出现,抓住它,就可能有所创新;稍不留神,它就会调皮地偷偷溜之大吉。灵感是思维宇宙中的闪电迅雷,来不可遏、去不可止。能捕捉到灵感并迅速记录下来是幸运的。倘若毫无准备,灵感闪电一经消失就会无影无踪,而且往往是一去无回。

奥地利著名作曲家约翰·施特劳斯,就是一位抓住"一闪念"灵感的高手。

多瑙河是流经奥地利的著名河流,也是约翰·施特劳斯从小亲密接触、敬重有加的"母亲河"。那湛蓝的河水、旖旎的风光及围绕它的美丽传说和诗文,都令施特劳斯梦绕情牵。

施特劳斯一直想为多瑙河谱写一首歌曲,他将自己的想法告诉了好友——诗人格涅尔,格涅尔很快完成了一首名为《美丽的蓝色多瑙河》的诗。

有一天,施特劳斯站在河边,望着碧波拍岸、浪花盛开的优美景象,又想到了朋友的诗,顿时心潮澎湃、灵感喷涌,产生了一个妙不可言的音乐旋律。由于当时没有带纸,他便挥笔在衣袖上谱成一曲,这就是后来举世闻名的圆舞曲《蓝色多瑙河》。

有研究表明,只要人的智力和思维正常,随时随地都会有各种各样、大大小小的灵感在头脑中闪现。遗憾的是,由于主人预先没有做好捕捉的准备,大量的灵感、创意、妙策、奇想、思想火花甚至惊人的发现,就在人们漫不经心、来不及捕捉的情况下消失得无影无踪了。数学发展史上著名的费马大定理的证明就是典型的例子。

有一天,大数学家费马突然萌发灵感,提出了一个简单而新奇的数学定理：当整数 n＞2 时，方程式 "$x^n+y^n=z^n$" 没有正整数解。

就是说，没有一组正整数 x、y、z 能满足上面的方程式。费马在一本书的边页上写下了这个定理，并且自豪地说："我得到了这个断语的惊人的证明，但这页边太窄，不容我把证明写出来。"于是，费马把这事放下了。

但自那以后，费马自己再也没有重新想起这一难得的灵感，结果害得300多年来许多人为它绞尽了脑汁，直到1995年，费马逝世300多年后，英国数学家怀尔斯和他的学生泰勒才证明了"费马大定理"。

可见，及时抓住"一闪念"是多么的重要。正因为灵感思维的突发性、瞬时性和高速性，灵感才变得更为可贵。从对创新思维的培养与开发来看，善于抓住一闪念的灵感是学会创新思维的一项基本素质。

在大家日常学习生活中也会常常出现一闪念的灵感，例如等车的时候，穿衣服的时候，与人交谈的时候，阅读的时候，看电影的时候，散步的时候……

遗憾的是，往往由于大家的漫不经心，当灵感到来之际听之任之，或者总想着等忙完事情再说。结果事后，头脑却一片空白，这是很令人惋惜的。这种现象在学习中最常见，为此，大家必须学会抓住"一闪念"的灵感，而最好的方法就是将灵感随时记录下来。

很多科学家、发明家、作家都是这样做的。有位科学家认为随手携带纸笔是"捕捉灵感的一个普遍使用的好方法"。美国著名生理学家坎农说："我把纸笔放在手边，便于捕捉这些倏忽即逝的思想，以免被淡忘。"

一种突然闪现的联想、一个奇妙的句子、一个新的观点……只要在头脑中掠过,请即刻记录下来。当然,有些时候,身边可能没有笔和纸,那就尽量找一些可借用的手段,例如借助手机、录音笔等,形成印象,过后再用文字整理。

记录灵感的时候,可能时间和条件不允许详细进行,或者不能立即证明出来。此时,只要能将要点记录清楚,抓住有价值的点就足够了,但要注意不能太潦草,否则,当回头再想整理时,就可能因为找不到头绪,而功亏一篑了。

总之,灵感出现的机会对每个人都是公平的,灵感就在每一个人的身边。希望大家学会及时准确地捕捉住转瞬即逝的灵感火花,不放弃任何有用的、可取的闪光点,哪怕只是一个小小的"火星"也要牢牢地抓住,这颗小小的"火星"很可能就是足以燎原的智慧之火。

灵感来自放松的心情

综观很多科学家发明创造的过程,可以发现他们的灵感几乎都是在身心放松的情况下产生的。这是不是很有意思啊?

在放松的状态下,确实有助于灵感的产生。曾有人对821名发明家做过调查,发现他们在比较放松的情况下,特别是在休闲场合,产生灵感的比例非常高。其实,许多创造者正是有意或无意地利用了这一点,才有所创新的。

例如,一位苏格兰诗人曾说:"我的一生证明,睡醒和起床之间半小时非常有助于发挥我创造性的任何工作。奇特的想法，总是在我一眨眼的时候大量涌现。"

德国一位科学家曾表示，在对问题进行了各方面的研究以后，"巧妙的设想不费吹灰之力就意外地到来，犹如灵感"。他发现这些思想，就不是在精神疲惫或是伏案工作的时候，而往往就是在一夜酣睡之后的早上，或是当天气晴朗缓步攀登树木葱茏的小山之时。

有科学家曾说过灵感"往往在早晨当我醒来时就有了"。英国著名进化论学者华莱士在发疟疾时想到进化论中自然选择的观点。爱因斯坦有关时间空间的深奥概括也是在病床上想到的。凯库勒是在半睡半梦状态中想出苯环的结构的……

不过要注意的是，这里的放松是指暂时搁置问题的清闲状态，它是以解决思考某一个问题为基础的。看看下面的故事，或许大家将会有所感悟。

几个武器制造商在一起研究空军的新式武器，他们已经再也想不出任何新办法。于是，有一个人提议休息一下，做个游戏换换脑筋，他说："想象一下假如现在你在沙漠中，你能看到什么东西呢？"

有一个人说："我看见了仙人掌。"

另一个人说："我看见了绿洲。"

第三个人说："我看见了响尾蛇。"

响尾蛇是靠探测猎物体温进行捕食的一种蛇。这时候，一个工程师突然获得了灵感："我们是否能发明一种能探测到敌方发动机温度的新式武器呢？"在这个灵感的基础上，他们研发出了一种非常成功的热力搜索导弹——响尾蛇导弹。

暂时放松是创新者转移注意力、摆脱困境、产生灵感的一个重要方法。例如散步、沐浴、听音乐、运动、钓鱼、书法、绘画、跳舞、旅游、阅读一些与所要解决的问题无关的书刊、与专业以外的人闲谈、入睡前或刚醒时的休息、冥想等都属于放松。

当然,每个人放松的方法是不一样的,这就要看自己的情况。例如,法国物理学家皮埃皮·属里经常到森林中寻找灵感;美国物理学家费米喜欢躺在寂静的草地上想问题;法国数学家阿马达则常在喧哗中产生灵感;剧作家贝克则是躺在澡盆中;而赫尔姆霍茨是一大早或天气晴朗登山时,最有感觉。

大发明家爱迪生就有白天坐在椅子上打盹的习惯,据说许多好的念头就是这样产生的。

因此,每个人应根据自己的情况,找出诱发灵感的最佳方式与最好时机,从而更好地进行创造。当然,上述情况只是灵感产生的一般情况,具体灵感产生的过程中往往因人而异,不是千篇一律的。

总之,灵感多来源于那些拥有健康生活和乐观情绪的人。懂得"乐活"不仅是一种健康的生活方式,更是一种美好的生活态度——能让自己在学习和生活发挥出更多的灵感来!

好奇心会让你走好运

喜欢猫的朋友肯定都知道,猫有着非常强烈的好奇心。在西方还有一句谚语说"好奇害死猫",原因是一只猫四处觅食,由于好奇心太强了,结果吃了有毒的东西而丧命。这个谚语常被用来打击富有创造力和好奇心的人。

其实,这个故事应该改写为正因为猫有好奇心,最终才获得了食物,吃到了很多东西——也就是说好奇心会让人获得好运。为什么这么说呢?读了下面这个故事,大家就会明白了。

有一天,美国总统林肯在华盛顿大街散步。他看到一大伙人围在一家杂志社门前,便好奇地凑上去。结果发现:在华丽的墙壁上竟钻了一个小洞,洞旁写着几个醒目的大字:"不许向里看!"但好奇心还是驱使人们争先恐后地向里看,原来里面是用霓虹灯组成的《智慧》杂志的广告。

林肯觉得这个杂志的广告很有创意,就吩咐秘书为自己订了一份。果然,《智慧》杂志不论内容、版式装帧、封面设计,还是印刷质量,都称得上一流。

这一天,林肯处理完当天的公务,拿起一份新到的《智慧》杂志翻阅起来。翻着翻着,他突然发现这份杂志中间有几页未裁开,林肯感觉很扫兴,顺手将杂志放到了一边。

晚上,林肯躺在床上,又想起这本杂志的事:这既然是一本很有名气的杂志,在管理方面应该是十分严格的,按常理来讲是绝对不会出现这种连页现象的。然后,他突然想到杂志社在墙壁上钻洞做广告的事:"难道这里面又有什么新花样?"

于是,林肯翻身下床,找到这本杂志,小心翼翼地用小刀裁开了它的连页，又发现连页中的一节内容竟被纸糊住了。

林肯想，被糊住的地方大概是印错了。但印错的内容又是什么呢？好奇心又驱使他用小刀一点点地撬起了糊着的纸，最后发现下面写着这样几行字：

"恭喜您！您用您的好奇心和接受新事物的能力获得了本刊一万美元的奖金，请将本刊退还杂志社，我们将负责调换并给您寄去奖金。"

在上面的故事中，杂志社利用了人们的好奇心，取得了巨大的收益；林肯由于自己的好奇心，意外地获得了一笔奖金。更重要的是大家从中看到了林肯身上的不凡智慧与接受新事物的强烈好奇心。

强烈美妙的好奇心是诱人探秘、引人入胜的不竭动力，是驱动发明创造的智慧之门。英国著名的科学家、思想家培根说过："知识是一种快乐，而好奇则是知识的萌芽。"人们之所以有好奇心，是因为人们有强烈的求知欲。这是人们成长为创造型人才必备的素质之一。

好奇心最明显的表现就是对新事物的关注，以及为弄清这些纷繁复杂的事物内在关系而不断地提出各种各样的问题。它会促使大家积极主动地学习，让大家孜孜不倦地对自己觉得奇怪的事情认真思考。如果没有好奇心，认为一切都理所当然，那就可能在成长的道路上留下许多遗憾。

如果大家真诚渴望走进一个充满奇思妙想、色彩斑斓的世界，体验到发明与创造带来的无穷乐趣，那就请保持好奇心吧！

测测你的灵感指数

日常生活中,几乎做每一件事情的时候,人们都需要有足够的灵感支撑——灵感往往会使人们对一件平凡无奇的事情产生不同的兴趣。大家想知道自己是否拥有无尽的灵感源泉吗?那就做做下面的测试吧!

当提到绿色时,你首先会想到以下哪种事物呢?不要过多思考,凭自己的直觉来选择,看你的灵感将会闪现出什么?

A. 花花草草等绿色植物

B. 绿色环保,低碳生活

C. 生机勃勃的春天

D. 雪碧

E. 生活周遭的绿色物件

解析

A——灵感指数:76%。

你对生活的态度就犹如植物般清新纯粹,总是以温和的方式去面对问题。在提出好点子的时候,也会顾及所有人情绪。你的灵感源泉就如破土而出的嫩芽,需要你的精心呵护。

B——灵感指数:67%。

你的思维似乎有点OUT（落伍）了，因为"绿色环保低碳生活"这个观念如今已经深入到社会的每个角落，已经不是什么新鲜事了！所以不要再让自己的思想举步不前了，赶紧鞭策下吧！

C——灵感指数：83%。

选择春天的你，身上隐藏着一股自然而然的艺术家浪漫气质，你的灵感源泉始终生生不息，每当遇到难题时，你总是能够想出令人惊喜的idea（创意）。多多发挥你的灵感之源吧！

D——灵感指数：98%。

你的思维活跃、情感丰富，总是能够通过一些细微的线索找到问题的关键所在，你不仅细心，也拥有大胆的创意，一件并不新鲜的常事在你的妙手生花后总会带给人们另一番感受。你的灵感源泉就好像雪碧冰爽刺激的气泡，永远都会带给人们无限的活力和灵感。

E——灵感指数：90%。

你是个非常在乎生活细节的人，拥有非常不错的微观眼光，总是会从生活的细枝末节中找到灵感。你的灵感之源充沛，是个喜爱创意的灵感达人。

第七章
不要放走第六感

在日常生活中人们凭借听觉、视觉、嗅觉、触觉和味觉五种感觉认知大千世界。其实，人类还具有一种与生俱来的感觉，那就是直觉，也就是人们所说的"第六感"。它的神奇之处就在于它能够推动创新！

直觉思维奇妙之处

在学习和生活中,大家常常会有这样的体验:老师还没有解释完毕,或者题目刚刚出来,自己就懂了;做题的时候,凭感觉选择了一个答案,结果是正确的;在一个十字路口,不知道往哪个方向走的时候,自己往往也靠感觉选择;看到一个人,往往很快就能判断他是不是值得相信……这是怎么回事呢?也许大家已经知道答案了,没错,这就是人们所说的直觉思维在起作用。

那么,到底什么是直觉呢?先来看一个小故事。

很多年前的一天,日本东京帝国大学的化学教授池田菊苗与家人围坐在桌旁,津津有味地吃晚饭。

突然,池田菊苗停住咀嚼,目光落在黄瓜汤上。他觉得这汤的味道实在太鲜美了。他用汤匙在汤里搅了几下,发现这汤与往日的不同就在于多放了一些海带。凭直觉,池田菊苗认为这海带里一定有什么特殊的成分。

于是,从那天起,池田菊苗开始仔细地研究起海带的化学成分来。

半年后,他从海带中提取出一种叫"谷氨酸钠"的物质,放进菜肴里,能够大大提高菜肴的鲜味。他把这种物质取名为"味精"。后来,他还发现了从小麦和脱脂大豆中提取味精的方法,味精在全世界迅速普及开来。

可见,池田菊苗从黄瓜汤里发现海带的提味作用,进而从海带中提取出味精,靠的就是直觉。

顾名思义,直觉就是直接的感觉,是在经验和已有知识基础上,在面对某个事件时,不经逻辑推理而迅速直接地认知事物的思维活动。简而言之,直觉就是人类的本能知觉之一,也就是人们通常所说的"第六感"。

直觉作为一种心理现象贯穿于生活的始终,它能对突然出现的新事物、新现象、新问题及其关系进行迅速地识别、敏锐而深入地洞察,同时进行直接地、本质地理解和综合地判断。

如果大家能很好地利用自己的这种能力,就很容易发现别人看不见的东西,帮助自己知道不易知道的事,从而有新的发现。

大科学家爱因斯坦曾说"我相信直觉和第六感",并认为"直觉是人性中最有价值的因素"。美国科学家普拉特和贝克曾对许多化学家进行填表调查,在收回的232张调查表中,有33%的人承认,在解决重大问题时有直觉出现。

由此不难发现,直觉思维对于推进人们创新活动的作用是非常大的,具体表现为以下几个方面。

第一,直觉思维能有效地突破传统的思维定式,对认识创新具有开启和先导作用。

因为直觉思维是不倚重严密的逻辑判断的,它的想象是丰富、发散的,认知结构更具有独创性和原创性。正如一位哲人所说:"直觉就是科学知识的创造性根源。"

培养和激发直觉思维,更有利于发明和创造。有一项针对 13 名全球顶尖企业家的研究,对象包括微软、本田汽车和索尼等公司的创办人,研究结果令人惊奇——在某种角度上,他们竟都是同一类人:直觉思维型。

第二,借助直觉思维可以提高人们的思维速度和效率。这种直觉判断能力往往会有特殊的功效,常能达到平时判断不能达到的效果。特别是在情况紧急、思维时间有限的情况下,直觉思维直达本质,直接见效。人们常说的"急中生智"就是一种典型的表现。

之所以如此,是因为在处理突发事件时,人的潜能被充分地调动了起来,大脑细胞的活跃程度大大提高,思考敏捷度迅速攀升,这时候直觉判断的优势就显现出来了。

由此来看,人们的确有理由培养自己的直觉思维,有理由相信自己的直觉。

直觉思维在学习过程中,有时表现为提出怪问题,有时表现为大胆的猜想,有时表现为一种应急性的回答,有时表现为解决一个难题,设想出多种新奇的解题方法等。

为了培养自己的直觉思维,当直觉纷至沓来的时候,可千万别怠慢了它。大家在学习和生活中,可能会常常出现突如其来的新想法、新观念,要及时捕捉这种创新思维的产物,更要善于发展自己的直觉思维。

请学会跳跃性思考

有些人的脑子转得非常快，令旁人总是跟不上他的思维速度——明明还在说这件事，他忽然就转到另外一件事情上了，旁人还在思考这件事到底怎么做，他可能已经得到答案了。

所以，与他们交流的时候，需要高度集中精力，否则就只能在那儿附和着说"对，对"了！

这其实就是一种跳跃性思维。不过，习惯于跳跃思维的人说话往往前言不搭后语，让人摸不着头脑，有时候难免受到别人的非议。所以，很多人都抑制了自己的这种思维方式。

其实，跳跃思维对培养人们的直觉思维，提高人们思维的灵活性和创造性有很大帮助。

在一堂数学课上，数学老师让学生们做这样一道算术题：

"机床厂加工一批机床，计划每天加工120台，要6天完成任务。

但由于工人们积极性高，实际上5天就完成了任务，请问实际每天比计划多完成了多少台。"

大部分学生按常规解法列出了如下算式：$120 \times 6 \div 5 - 120 = 24$（台）。

但是有几个学生却别具一格，用120除以5直接求出了结果，快速又准确，引起了其他同学的惊讶。

原来，这几个同学的思路是这样的：提前一天完成任务，就意味着把原来一天的任务平分给现在的5天完成。他们的思考方式省去了几个分析步骤，直接跳到结果，真是太巧妙了！

事实上，跳跃性思考是创新思维的一个重要的原则。它的独特之处在于省略事物的次要步骤，抓住事物的本质和结论，或是善于超越思维的时间跨度，抓住不同时期事物的相同处，从而以最快的思维速度去揭示未知。

正确运用思维的跳跃性思考原则，不仅能提高思维效率和思维速度，更能够攻克思维堡垒，能够指导实践取得创造性的成就。

大家都知道，一个苹果下落砸到了牛顿，他才发现了万有引力定律。"苹果下落"是一个平常而又不平常的事件：说它平常，是因为在一般人看来，高处的东西若没有支撑，肯定是要下落的；说它不平常，是因为苹果下落是有其更深刻的原因的。

这两个方面就体现出了两种不同的思维方式，前一种是常规思维，即考虑的是，苹果下落可能是风刮掉的；后一种是创造性思维，即牛顿想到的是，苹果落地可能是一种物理原因——他以跳跃的方式，把两件事情联系在一起，而省掉了一些次要步骤和方面。

正是借助于创造性思维的跳跃性，牛顿发现了万有引力定律，攻克了思维堡垒。这就显示了跳跃性思考在创新实践中的力量。

这就给大家带来一个启示，在学习和生活中，大家要学会客观地应用扩大思维的方法。

在考虑问题时，不要局限于事物产生、发展的历史过程，逐一巡查，也不要局限于就事论事。因为这种做法，表面上看是非常认真、细致的，但实际上是缺乏联想能力，没有充分打开思路，自然就谈不上创新了。

当然，大家也不要主观、随意地加大思维跨度，那样反而会破坏了思维的跳跃性。另外，跳跃性思考也离不开基础知识的支撑——对事物一无所知，根本就谈不上对事物的思考，又怎么谈得上跳跃性思考呢？

直觉思维的训练方法

直觉是人类内心深处固有的一种能力。为什么有的人直觉能力很强，而有的人却会相对弱一些呢？有一个很重要的原因，就是他们没有挖掘出自己深层意识的直觉能力，总被固有的思维所控制。

因此，开发超人的直觉思维，就需要通过一些训练方法有意识地加以训练。

下面就给大家介绍一些简单的直觉思维训练方法。

集中注意力

开发直觉思维的关键是高度的专注。在任何事情上达到"知行合一"的境界都可以开启人的直觉潜能。

因此，训练直觉有一个非常简单的方法，就是集中注意力等待直觉自己出现。

当人们把注意力引向自己希望了解的事情时，要做到什么都不想，也不要去分析和猜测，等待从内心深处升起的感觉。这种等待可能要持续很久，需要人们有耐心。

充实自己

良好的直觉思维,取决于主动地获取广博的知识和丰富的生活经验。直觉的产生不是无缘无故、毫无根基的,它是凭借人们已有的知识和经验才得以出现的。

因此,直觉往往比较偏爱知识渊博、经验丰富的人。从这种意义上说,获取广博的知识和丰富的生活经验是直觉强化的基础。

因此,要训练直觉,就先要为自己充好电,积累和储备经验。虽然有时人们说不清究竟是哪些经验、知识在起作用,但是,已有的经验知识的数量和质量实实在在是产生直觉思维的基础。

正如有位心理学家所说:"我认为直觉和经验二者是密切相关的,所谓直觉,是把那些你已经了解得很充分的事物的认识拼起来形成一个完整的认识。"

西蒙也指出,直觉是"利用了已有的知识认识了当前的情景"。这也是为什么对于很多问题,相关专家就能依靠直觉做出准确判断,而其他的人却不可以的原因。

发挥洞察力

良好的直觉思维,要靠敏锐的观察力和洞察力。直觉思维的突出特点就是其具有极强的洞察力及穿透力。可见,直觉与人们的观察力息息相关,观察力敏锐的人,其直觉出现的概率更高。因此,大家要有意识地培养自己的观察力,提高自己的悟性。

享受孤独

训练良好的直觉思维能力,要学会放松独处。不管是散步、独自骑车、躺在床上休息或淋浴泡澡,都是体察内心深处、找回直觉的最好时刻。

画家达·芬奇在创作"最后的晚餐"时，会连日在画架上工作，也会强制自己利用较长的时间停下来休息。

达·芬奇善于让工作和休息轮番上阵，酝酿出美好的艺术作品。很多人都有类似的经验，"把一个问题带上床"，醒来时就得到解答。只有在放松、放慢脚步的时候，才有机会听到内心深处的声音，找到决策时所需要的"直觉"。

有意识地锻炼

学着使用直觉判断事情，可以从小事开始练习。只给自己几秒钟的时间决定事情，例如点什么菜？穿什么衣服？看哪一部电影？也可以用心里第一个反应去预测事情，当电话响起的时候，猜猜看是谁打来的？这些练习可以锻炼直觉的"肌肉"，帮助自己用直觉来决定事情，坚持下去，"第六感"就会不断出现！

请让直觉进入我们的生活，与思考的能力并行吧！这就像打开车子前面的两个大灯一样，会同时照亮我们左右两边的视野。

获得直觉的小秘诀

大家是否常常惊诧于他人高强的直觉能力呢？其实，那些直觉能力很强的人，并没有什么特别之处，但他们的确更有灵性，更具创造力。经过训练，所有人都可以有很强的直觉能力。也就是说，直觉思维是可以有意识地进行训练和培养的。

在生活中，总有很多偶然的事件，面对这些事件，大家无法控制。但大家可以做出最好的反应，让事情朝着有利于自己的方向发展，而这就需要大家从现在起，开始培养自己不凡的直觉能力。下面的这些方法都是很有效的。

松弛神经

找一处安静的地方，闭上眼睛，保持平稳的呼吸，然后摆脱一切私心杂念，慢慢进入"忘我"的境界。如果无法集中精力，不妨数数心跳的次数，这样能帮助自己放松，并且让敏锐的感觉和转瞬即逝的幻觉出现在处于半休眠状态的大脑里。

还可以把你的右手食指轻轻地放在鼻翼右侧，产生一种正在舒服地洗温水澡的感觉；或仰面躺在碧野上凝视晴空，以此进行自我松弛。这都有利于召唤直觉、改善右脑的机能。

回忆和联想

看着空中飘浮不定的朵朵白云，将它想象成各种形象，这能提高大家进行逻辑思维的左脑的功能，还能提高思维的集中力；或者尽量形象地回想以往美好愉快的情景，这对促进大脑的记忆功能也有积极效果。

还可以选一些自己喜欢的图片，仔细研究每个细节，然后闭上双眼，让看过的图片在大脑里浮现，想象一下，自己正在那些画面里散步。想象一下看到了什么？听到了什么？闻到了什么？然后睁开眼，再看一看那些图片，有什么新发现吗？

听听音乐

找一些自己爱听的音乐，注意将音量调低一些，闭上双眼，暂停一切直接的思考和判断，只是倾听音乐。把音乐当作背景声音，让乱七八糟的想法在大脑里流进流出，不要试图控制它们。

音乐结束了，就回忆刚才闪过的念头，留意大脑中冒出来的独特想法以及在聆听的过程中体验到的感受。然后再思考一下，这些感受意味什么？

还可以听一听莫扎特的曲子，直接接触他的感情，他的曲子会使人的直觉能力变得敏锐起来。我国的《梁山伯与祝英台》《汉宫秋月》《二泉映月》等乐曲，也都是很好的选择！

找到直觉酝酿的节奏

不妨运用好临睡前这段时间，想一件具体的事，或者想一道自己没能解决的作业题。当第二天早晨醒来时，想一想，梦中是否有了思路？

还可以试着回顾一下一天里的所作所为、所思所想或者回想一下自己一天所学的知识。这样做不仅能帮助大家与直觉取得联系，而且在这个过程中，大家还会本能地记住一些东西。

临睡前这段时间可是被专家称为"记忆的黄金时间"呢！利用这段时间进行一天行为的回顾，不仅有利于知识的沉淀，而且对于训练直觉思维非常有效，也非常有挑战性，非常值得一试。

养成用直觉正确判断的习惯

使用直觉判断事情时要注意成功地运用直觉。具体可以从小事开始练习，例如，在10秒钟内决定晚饭吃什么，上课是坐公交车还是骑车去。

也可以用心理第一个反应去预测事情，例如，在放学回家的路上，猜猜妈妈做什么饭。进门，听见电视的声音，猜猜是什么节目。

这些练习都可以锻炼大家的直觉思维，帮助大家用直觉来决定事情。而且做起来也很有意思！

测测你的直觉能力如何

有很多人不相信自己的直觉,但是不可否认的是有时候跟着自己的感觉走,最后的结果往往会出乎意料——即使未用心去做,结果也是正确的,这就是直觉的魅力。那么,你的直觉能力怎么样呢?可靠吗?

下面就为大家提供一个能测验自己直觉能力的问卷。赶快测试一下吧!注意,每个题目只有一个正确答案。

答案选项:

A．非常符合　　　B．有点符合　　　C．无法确定

D．不太符合　　　E．很不符合

1. 玩猜谜游戏的时候,你赢的时候多。
2. 喜欢与人打赌,而且总是自己赢。
3. 总是凭第一印象,判断一个人是否值得交往。
4. 曾经在电话铃响或者听到敲门声的时候,就能猜到是谁。
5. 经常听到某些"启示"的声音,指示自己怎么做。
6. 经常在别人尚未开口前,就知道他想说什么。
7. 很容易被他人的情绪所感染。
8. 经常感觉曾经到过某个陌生的地方,或好像做过某件第一次做的事情。
9. 可以不看表就能较准确地预测时间。

10. 能接口讲到别人未讲完的话。

11. 经常有了一个模糊的念头后,就会设法去验证自己的直觉。

12. 经常有这种经历:正在想念某个朋友时,突然接到对方给你的一张明信片、一条短信或一个电话。

13. 经常能在直觉的帮助下找到东西,或帮别人找到东西。

14. 出行迷路了,但是根据直觉的引导又成功地找回了正确的路线。

15. 常有对陌生人似曾相识的感觉。

16. 曾经因为感觉不好而取消某一次出行。

17. 某一天无缘无故感觉情绪低落,或者半夜突然惊醒,事后发现是你的亲人出现了一些麻烦。

18. 有时会没来由地讨厌某些人。

10. 经常一看到某件衣服,立刻就有非穿它不可的感觉。

20. 在没有地图的情况下,也能准确地辨认方向。

计分方法

选择A计5分,B计4分,C计3分,D计2分,E计1分。

解析

20分~40分——直觉能力差。

你一点也没有发展自己的直觉能力。你总是用理性的框框束缚自己,没有自己的思想,不喜欢创造。当遇到突发事件的时候,你的第一反应总是想如何逃避它,而不是勇敢面对它。建议你试着按直觉办事,发展直觉。

41分~60分——直觉能力一般。

你有一定的直觉能力,也已经开始认识到自己直觉的力量了。

不过,你还不太善于运用它,例如总会有一些好的想法和创意,有时却让它自生自灭,其实,要是再坚持一下的话,也许就可以成功了。所以,你需要进一步加强对直觉的培养,让它成为你学习和生活的好帮手。

61分~80分——直觉能力良好。

你的直觉能力不错!在生活中,你可能已经开始关注直觉了。但是你更多的是看到了别人身上的直觉,对于自身直觉力量的运用还不充分。

多花些时间聆听内心的呼唤,记录下你跟随心灵呼唤的做法和想法。你一定会对这些产生兴趣,同时也会帮助你更好地运用直觉的力量。

81分~100分——直觉能力非常强。

你的直觉能力真的很强,喜欢学习新知识和展望未来,有着惊人的判断力。因此,下一步你只需学会系统地运用直觉能力,在处理每一件事情上都渗透直觉的引导。当你将它用于创造时一定会取得巨大成功。

第八章
让思维发散开来

在现实世界中，太阳就像个"大魔球"，光芒四射，普照万物。其实，在人们的思维世界中，也有一个大魔球。只要愿意从多角度入手，敢于将自己的思维向四面八方扩散开来，大家就会惊奇地发现许多新奇的东西。

发散思维有何魔力

俗话说："条条大路通罗马。"这句话的意思就是，去罗马的道路许多条，没必要非走一条路。其实，人的思维又何尝不是如此呢？面对棘手的问题，如何处理？人们往往会提出多种措施。请看下面的问题。

假设现在有很多老鼠，要如何消灭它们呢？

也许有人会说，这还不简单，养一只猫捕捉、用老鼠药诱杀、用捕鼠笼或者捕鼠夹捕捉等方法都是可以的。除了这些方法，还有别的方法吗？有！而且有很多！只要能放开自己的思维去想就能找到。

例如，既然利用猫这个老鼠的天敌可以有效地消灭老鼠，那么自然界中的蛇、猫头鹰，也可以用来捕捉老鼠；既然能用捕鼠夹等机械装置，那么用电击、火烧、烟熏、水淹、粘胶等方式是不是也可以奏效呢？

这样一来，大家的思路明显增多了，思维也开始发散了。但这还不够，因为这些仍是一些常见的方法。如果抛弃常见的灭鼠方法，进一步寻觅，就可能找出一些人们不常想到的办法来。

例如，有人想到了用电子装置模仿老鼠的叫声，引诱老鼠出洞，再捕杀；给一只老鼠注射一种仅对老鼠有害且可在老鼠之间互相传染的病菌，然后把它放归鼠群，使老鼠大量染病死亡……

上述的方法其实都是运用发散思维得出的。这些方法大家想到了吗？大家还有什么方法呢？

人要想有所创造，就离不开发散思维。人的发散思维越强，在学习和生活中，越容易出类拔萃，获得不一样的成就。

那么，到底什么是发散思维呢？发散，顾名思义就是向四面八方展开、扩大、分散。发散思维就是思考者向四面八方想开去、多向观察、多路思考、打破思维定向性的一种思维方式。

发散思维既没有一定的方向，也没有一定的范围，不怕标新立异，随便人们海阔天空地想，以便找到更多意想不到的答案，出现一些奇思异想，所以发散思维也被称作"求异思维"或"开放式思维"。下面就从它的三个特点上来分析一下它的魅力所在。

第一，流畅性。是指发散的数量，即对刺激能够流畅地反应，迅速地产生大量的观点、意见、想法和办法，它是发散思维的基础。

第二，变通性。是指发散的灵活性，指的是思路灵活多变，善于随机应变，能够突破习惯性思路，寻找新的方法，它是发散思维的关键。

第三，独特性。是指发散的新奇成分，即对刺激作出不同寻常的反应，想法和见解新颖独特，它是发散思维的目的和本质。

这三个特征是相互关联的。思维的流畅性往往是产生其他两个特点的前提。灵活性则是提出创新思维的关键，灵活转换的能力越强，产生独特想法的可能性就越大。

总之，发散思维在创造活动中是十分重要的。发散思维既是创造性思维的重要组成部分，又是创造性思维的具体表现。为了寻求创造性的答案，就需要思维自由发散，也就是把头脑中的知识、经验与问题产生广泛的、有意义的联系。

当然，发散的结果并不是都有意义的，往往相当多的是无效的或是错误的。假设根据概率统计，100 个发散结果可能出现一个有意义的结果的话，那么发散得越多，有价值的答案出现的可能性就越大。所以，请大家发挥出发散思维的神奇魔力，这样会收获许多惊喜。

答案并不只有一个

有这样一个问题："树上有五只麻雀，猎人一枪打死了一只，树上还有几只？"相信很多人都回答过这道题。那么，答案是什么呢？一只，两只，三只，四只，还是一只也没有了？

请试着回答一下。不过，思考的前提是尽量发散自己的思维。稍稍发散一下思维，大家就会发现，上面的几个答案都是可能的，而且还可能不止这些答案。让我们一起来发散一下思维吧！

答案一：一只也没有了。原因是有一只麻雀被打死，掉在了地上，其他的麻雀被吓跑了，树上当然就没有了。这个答案没错。但是，这绝不是唯一的答案。

答案二：一只。原因是被打死的那只麻雀正好挂在树上，其余的被吓跑了。

答案三：两只。原因是树上是两只大麻雀和三只还不会飞的小麻雀，一只大麻雀中弹落地，另一只叼着一只小麻雀飞走了，还剩下两只不会飞的小麻雀。

答案四：三只。原因是一只大麻雀中弹落地，一只吓跑了，只剩下了三只不会飞的小麻雀。

答案五：四只。这个答案，可能是很多人选择的，那是因为他们的习惯性思维所致，即用五减一，得出还剩下四只。但如果只是这样想，只能说其缺乏想象力，理由不够充分。

对于这个答案，大家可以发散思维，假设猎人的枪是无声的，或者这几只麻雀都是"聋子"，那被打死的一只掉在地上了，其余四只没听见枪声，依然在树上。

答案六：五只。发散思维后，大家会发现，这个答案也说得通——无声猎枪没吓跑其余的鸟，死的那只也没掉在地上，还挂在枝头。

其实，如果再发散一下，大家还会指出，麻雀是受到保护的动物，不能随意猎杀，显然这更显示出了大家思维的创造性。

就是这样简单的一个问题，充分显示出了发散思维的魔力。其实，在学习中，很多时候也常常用到发散思维的，例如，数学中的一题多解，作文中的一物多写，都需要运用发散思维。

遗憾的是，由于受到惯性思维的影响，人们通常习惯于找寻"正确答案"，这样就使人们的思维被限定在寻求一个而且是唯一的一个答案上。而这恰恰扼杀了人们的创造力，实在是可惜。

因此，要想有所创新，就要打破惯性思维，远离"我们得找到一个解决办法"的想法，而要使大脑进入新的框架："我们需要为这个问题找出一些可行方案。"

例如在平时，遇到问题时，要多问自己："有哪些答案呢？有哪些结果呢？有哪些意义呢？"在做作业的时候，要多想想："还有没有其他的方法？如果那样做会如何？"时间久了，大家就会发现自己的思考更深入了，而且还找到了更多的答案。

注意，在思考的过程中，要敢于大胆敞开思路，不要先考虑实际不实际、可行不可行。创新活动本身是一种探索性的活动，创新设想的产生不应受到任何限制。人的思路只有尽可能广泛地发散，才可能导致创新。

有时候，一些问题可能会有多个答案，那么就千万别止步在这个问题的第一个答案上。就以"什么是创新"为例吧！有人可能会说创新就是创造新的东西，这没错。但是，创新远远不止这个含义。说别人不敢说的话，做别人不敢做的事，想别人没想的东西，想到改进某件事的方法，其实都可以算是创新。

可见，培养自己的创造力，需要打破思维惯性，过滤掉那些显而易见的答案！请记住："思维的宽度决定人生的广度。"

分解组合的变化大

生活中，无论做什么事都需要循序渐进，一步一步地来，然后完成整个过程。在这个过程中，人们就不自觉地利用了分解组合的思维方式。在进行创新思维培育时，运用分解组合思维往往可以达到曲径通幽的效果。

大家一定还记得曹冲称象的故事吧！

古代的科学技术不很发达，那时候使用的大秤一次最多只能称两百多斤（1斤＝500克）。

有一次，曹操要大家用秤称一称大象的准确重量。这可把大家难坏了，大象重达上千斤，又不能把大象活活劈开，上哪去找这么大的秤？聪明的曹冲，想出了个好主意：先用大木船装上大象，把大木船的吃水深度做上刻度标记。

然后，把大象牵下船，再装上石块，石块不断增加，当大木船的吃水深度达到同一刻度时，表明船上的石块与大象等重。最后，再用秤分多次称出石块的重量，把这些数值相加，其总和就是大象的重量。

曹冲可以巧妙地称出大象的重量，是因为他与众不同地运用了发散思维中分解组合的方法：

第一步，先找到替代物。大象不能劈开，但石头可以分开，因此，可以用等重的石块来代替大象多次称重。

第二步，打破传统意义上的"秤"概念，突破思维框框，运用发散思维的广阔性原理，把创新思维的目光转向比小木秤大数千倍的大船，以大木船为秤，借助媒介——船和水，用等值理念称出石块的重量。

第三步，运用分解思维逐一称出石头的重量，然后把这些数值相加，得出石头的总重量，大象的体重也就出来了。

可以说，生活中，几乎所有的东西都是组合而来的。既然如此，运用分解组合思维进行创新也就理所当然了。难怪会有这样一种观点："世界上没有创新的事物，只有创新的组合。"

以服装为例，服装颜色就那么几种色调，但高明的设计师总是擅长将图案的形状、色调、位置、大小等加以组合变换，实现变化无穷、永无止境的创新。

其实，只要发挥出自己的发散思维能力，将身边的东西进行小小改动，或者重新分解组合，就会创造出全新的东西。

现在市面上卖的碗，材料有木、瓷、塑料和不锈钢等，材料不同，价格也不同。实木碗防热但价格昂贵，也不美观；不锈钢碗价格合理但不防热；塑料碗虽然便宜，但因塑料中含有有毒物质，购买的人较少；只有瓷碗价格适中，在市面上颇受用户青睐。但是，瓷碗由于热量传递较快故只具有短暂的防热作用，而且瓷碗易碎，往往会一不小心使碗边残缺甚至碗体破碎。

为此，有一位同学就利用分解组合的方法发明了一种新型的防热碗。他的做法是：在普通瓷碗的碗口和碗底装上一道木边，这样即使食物滚烫，用手去拿也不会感觉烫手，起到了良好的防热效果，同时，木边也可以保护碗边不易破损。

在某电视台举办的发明设想比赛中，有一位同学同样是运用了"组合"这一思路，设计了"多功能新型路灯"而一举夺魁。他设计的多功能路灯是把路灯"加"上太阳能电池，"加"上自动取伞还伞机，"加"上监视器。他的设想是利用太阳能电池吸收太阳能供电，如果突然下雨可供行人取伞还伞，如果有小偷偷窃放在路边的自行车，监视器就可以及时报警……

从上述两个创新故事中不难看出，创新并不一定要制造什么全新的东西，而要善于重新组合。这真的应了一位著名作家的话："一个想法是旧成分的新组合，没有新的成分，只有新的组合。"

何不把思维换个轨道

在学习和生活中,大家是不是常常碰到这样一种情形:当一件事情或一个难题走入困境、用某种思维方法无法解决时,换一种思维方式,往往就能找到新的切入点,收到柳暗花明的效果?

很多年前,一个人只要欠了别人钱而无法偿还,就会被送进监狱。一个伦敦商人就很不幸地欠了高利贷者一大笔钱却无法偿还。

这个放高利贷的商人,又老又丑,但他却早已对伦敦商人美丽的妙龄女儿垂涎三尺。于是,他设计了一个阴谋:将一黑一白两块鹅卵石放进一个空的钱袋里,然后让少女取出一颗。如果取出黑色的,少女就要嫁给他,少女的父亲的债务也会被抹消;如果取出白色的,那么少女不但可以继续留在父亲身边,债务也将被抹消。但是,如果少女拒绝挑选鹅卵石,那么她父亲将会被送进监狱。

伦敦商人和女儿很不情愿地接受了这一提议。他们当时正站在高利贷商人的后花园里,脚下正好是一条由鹅卵石铺成的黑白相间的小路。于是,高利贷商人弯腰拾起了两颗鹅卵石。

当他拾起鹅卵石的时候,眼尖的少女吃惊地发现他拾起的两颗鹅卵石都是黑色的!高利贷商人对自己的阴谋被发现浑然不知,满心欢喜地把鹅卵石放进了钱袋。接着,高利贷商人要求少女选出一颗决定她和她父亲命运的鹅卵石。

面对此景,少女的心思千回百转,该怎么办呢?

如果拒绝挑选石头,父亲就会被送进监狱;如果揭穿高利贷商人的骗局,那高利贷商人肯定会另耍花招;要是挑选了,就一定会嫁给他。显然,这都不是少女想看到的。

但是最后这个少女还是选择了一颗,而且她并没有嫁给那个高利贷商人,她的父亲也没有被送进监狱。她是怎么做到的呢?

原来少女将她的手伸进钱袋并拿出了一颗鹅卵石,迅速扔到了满是鹅卵石的小路上。然后说:"真是对不起,我没拿好,不过没关系,只要看一看钱袋里剩下的那颗是什么颜色,就能推断出我刚才选出的鹅卵石是什么颜色的了。"

结果自然就不用说了。看到这里,大家是不是也为少女的聪明而拍手叫绝呢?原来还可以这样想。没错,这里少女跳出了惯常思路,把思维换了一个轨道,将焦点放到了剩下的那颗鹅卵石上。思考的轨道一换,问题迎刃而解。

由此可见,换轨思维真的是一种很有效的创新工具!当某一路径无法抵达目标时,及时换轨便成为突破的关键。到底什么是换轨思维呢?用一句通俗的话解释,就是指思维完全摆脱原有轨道,对思维路径作出更大的跳跃,它的本质是思维热点的扩散或转移,实际上这是一个人脑筋灵活的表现。

当大家面对一个难题、沿着某一固定方向思考却百思不得其解时,可以试着灵活地调整一下思维方向,换个轨道,这样也许会豁然开朗。

不同视角有不同的风景

我国大文学家苏轼写了一首大家耳熟能详的诗：

横看成岭侧成峰，远近高低各不同。
不识庐山真面目，只缘身在此山中。

这里苏轼提到的"横看""侧看""远看""近看""高看""低看"，都是"看"的不同角度。不同的视角，所看到的景物自然也不相同。发散性的思考状态，就如同苏轼看庐山一般，横、侧、远、近、高、低……从各个不同的角度去思考。

这种多角度、全方位思维的方法，人们称之为立体思维。在现实生活中，由于种种原因，有些人在思考问题的时候，思维太过单一，看到了问题的这一面，却看不到那一面，往往顾此失彼，自然就不会有什么新的发现。

有一位老师给自己的学生出了这样一道题："在一块土地上种植四棵树，怎样种植，使得每两棵树之间的距离都相等呢？"

学生们绞尽脑汁，在纸上画了一个又一个的几何图形：正方形、菱形、梯形、平行四边形……然而，无论什么四边形都不行。

到底要如何栽种呢？大家想到方法了吗？这里给大家一个提示：跳出平面思考的框框来，用立体的思路来思考，这个问题就会迎刃而解了。

其实方法很简单，只要把一棵树种在高处，与其余的三棵树构成一个正四面体，这样每棵树之间的距离就相等了。这种跳出平面的思维方法，能拓展人们的视野，激发人们智慧的火花。

立体思维是扩散思维的一种主要的方法。可以说，一个人的立体扩散思维能力越强，所表现出的智慧往往也越高，他的创新能力往往也越强。

据说爱因斯坦很喜欢在工作之余与他的儿子一起嬉戏。有一次，他的儿子突然问他："爸爸，你是不是很聪明？"

爱因斯坦感到很奇怪，便反问儿子："你怎么想到问这个问题？"

儿子说："我们的老师说你是世界上最伟大的科学家，只有你发现了相对论，如果你不如别人聪明的话，为什么别人没有发现相对论？"

听到这，爱因斯坦笑了，对儿子说："不是我比别人聪明，只是因为我善于使用立体思维来观察问题，这就像一只甲虫在一个篮球上爬行，由于它看到的世界都是扁平的，所以它永远也不会知道自己是在一个有限的球体上爬行。而如果飞来一只蜜蜂，它一只眼就会看到甲虫是在一个有限的球体上爬行，因为蜜蜂的视觉是立体的，这对它来说是轻而易举的事情。而你爸爸就像这只蜜蜂，所以我发现了相对论。"

爱因斯坦的话给了大家一个启示：在考虑一个问题的时候，要学会将问题置于一个立体空间之内，进行多角度、多途径、多层次、多视角、全方位地思考。这样一来，往往能激发出许多新颖的构想来。

要养成立体的思维习惯并不十分复杂，但是要想成为一个真正的立体思维者却并不太容易。这需要有相对丰富的经验和广博的学识作为基础。因此，从现在起，大家要尽量多看些书籍，多经历些事情，这样才能有助于大家养成立体思维的好习惯。

请大家试着从不同的角度入手，将思维无限延伸和扩散吧！相信有一天大家会惊奇地发现，自己是一个颇有创造力的人呢！

与人交流碰撞的智慧火花

有这么一段名言："倘若你有一个苹果，我也有一个苹果，而我们彼此交换这些苹果，那么，你和我仍然是各有一个苹果。但是，倘若你有一种思想，我也有一种思想，而我们彼此交换这些思想，那么，我们每个人将各有两种思想。"

这段话告诉人们，如果几个人在一起交流自己的知识，就会促进每个人多学到一些东西。通过交流，每个人很可能得到一个，甚至几个"金苹果"。

这个"金苹果"，就是创新的想法。没错，智慧与智慧交换，能得到更多的智慧。与他人交换想法，自己能从中得到意想不到的启发，这是有效利用发散思维的一种表现。

有一家工厂的冲床因为操作不当经常发生事故，使多名操作工手指致残。为了解决这一问题，技术人员设计了许多方案，都是要让冲床在操作工的手接近冲头时能够自动停车。他先后采用过红外线超声波、电磁波构成的许多复杂的检测控制系统，结果不是因为成本高，就是因为性能不可靠而放弃了。

技术人员一筹莫展，这时候他想为什么不听听操作工们的意见呢？于是，他带着自己的想法和工人们一块讨论。大家七嘴八舌，你一个点子，我一个点子，议论了半天，终于最后有一个人想出了一个绝妙的主意：让工人坐在椅子上操作，在椅子两边扶手上各装一个开关，只有它们同时接通时，冲床才能启动——操作工人两手都在按开关，还怎么会发生事故呢？

大家互相交换一下想法，共同讨论一下，复杂的事情变得简单多了。

所以，遇到问题时，不要闷着头自己去想，而是应该说出来与别人讨论一下，开放自己的思想，接受别人的思想，很多种思想互相碰撞、互相启发，大家的思维就会发散开来，往往就能找到新的方法了。

在交流的过程中，大家要注意学会倾听别人的意见，抓住关键处，听懂别人的意思，并认真地吸取别人的见解，调整自己的观点。同时，还要发表自己的观点，表达自己的意见。

另外，不要害怕争论，而应该力求在争论中求同存异，发展创造性的思维。

每个人都有自己的思想，都有自己擅长的领域，有自己的经验和智慧，但一个人的智慧毕竟是有限的，将大家的智慧聚集在一起，才会形成智慧的海洋。

创新智慧呼唤开放的意识、开放的心态,大家坐到一起来交流分享吧,创新或许会随后就来。

测测你的发散思维能力

发散思维对创新思维大有裨益,那么,大家是不是也想知道自己的发散思维能力如何呢?

一般来讲,大多数人都具有发散性思维能力,只不过有的人强一些,有的人弱一些,你的发散性思维能力如何呢?这里给大家提供一个简单易行的测试方法,不妨一试。

1. 请你用5分钟的时间,尽可能多地写出自己所能想到的带有"土"结构的字,写得越多越好。

2. 请用5分钟时间,列举砖头的各种可能用途。

3. 请用10分钟时间,列举出包含三角形的各种物品,写得越多越好。

4. 请用10分钟时间,尽可能想象"△"和什么东西相似或相近?

5. 把下列元素按照性质尽可能地分类:鸭、菠菜、石、人、木、菜油、铁。时间要求5分钟。

6. 请说出一只猫与一台冰箱相似的地方,说得越多越好。时间要求5分钟。

7. 给你两个圆(○○)、两条直线(∣∣)和两个三角形（△△），请在15分钟内，组成各种有意义的图案。

8. 请你根据以下故事情节，在40分钟内，用简洁的语言，写出故事的各种可能的结尾，注意不能超过100字，写得越多越好。

古时候，有兄弟三人。大哥、二哥好吃懒做，三弟勤劳聪明。三人长大后都成了家。有一天，三兄弟在一起喝酒，大哥、二哥提议："从现在起，我们三人说话，互相不准怀疑，否则罚米一斗。"

酒后，大哥说："你们总说我好吃懒做，现在家里那只母鸡一报晓，我就起床了……"

三弟直摇头说："哪有母鸡报晓之理？"

大哥嘿嘿一笑说："好！你不信我的话，罚米一斗。"

二哥接下去说："我没有大哥这么勤快，因此家里穷得连老鼠都把猫撵地吱吱叫……"

三弟又连连摇头，二哥得意地说："你不信，也罚米一斗。"

后来……

计分方法

第1题至第4题，每一个答案计1分。

第5题，每一个答案计2分。

第6题和第7题，每一个答案计3分。

第8题，每一个答案计5分。各题得分相加。

解析

100 分以上——发散思维的流畅性很好。

81 分 ~ 100 分——发散思维的流畅性较好。

61 分 ~ 80 分——发散思维的流畅性中等。

41 分 ~ 60 分——发散思维的流畅性较差。

40 分以下——发散思维的流畅性很差。

下面，结合每题的答案，分别加以解释，以帮助你进一步了解自己的发散思维能力。

1. "土"在右方，如灶、杜等；"土"在左方，如址、增等；"土"在下方，如尘、堂等；"土"在上方，如去、幸等；"土"在中间，如庄、匡等；全部由"土"构成的字，如土、圭等；或"土"蕴含在字中，如来、奔、戴等。

2. 列举砖头的用途，如果说出了造工房、造烟囱、造仓库、造鸡舍、造礼堂等，只能说明你的发散思维处于较低级的阶段，因为你所列举的各种用途，其实都属于同一类型，即用于建筑材料。如果你还回答出打狗、赶猫、敲钉子、做家具垫脚、铺路、压东西、自卫等，你的思维就具有一定的变通性。

3. 说出的种类越多，说明发散思维的变通性越好；每一种类中说出的物品越多，说明发散思维的流畅性越好。

4. 和"△"相似或相近的东西有：馒头、涵洞、峭石、山峰、堡垒等。回答得越多，发散思维的流畅程度越高。

5. 这些物体可分为以下类型：

植物：菠菜、木。

动物：鸭、人。

生物：菠菜、木、鸭、人。

食物：菠菜、菜油、鸭。

矿物：石、铁。

以上的分类肯定没有把全部可能的分类都包括在内，你可以运用自己的思维发散能力创造新的分类，创造的类别越多，你的发散思维能力越强。

6. 猫和冰箱的相似之处相当之多：两者都有放"鱼"的地方；都有"尾巴"，冰箱的"尾巴"是其后部的电线；都有颜色等。你想到的越多，证明你的发散思维能力越强。

7. 可以组成各种有意义的图案。例如：从具体形象出发，可组成"人脸"或组成"落日与山的倒影"等。上述图案组成得越多，表示你的发散思维的流畅性和变通程度越高。

8. 此题没有固定的答案，你可借题发挥，越离奇，说明你的总体发散思维能力越高。

成功处世方略

会幽默·吸引人

王金锋 刘元喜 编著

民主与建设出版社
·北京·

© 民主与建设出版社，2020

图书在版编目（CIP）数据

会幽默·吸引人 / 王金锋，刘元喜编著. -- 北京：民主与建设出版社，2020.1

（成功处世方略）

ISBN 978-7-5139-2863-2

Ⅰ.①会… Ⅱ.①王…②刘… Ⅲ.①心理交往—通俗读物 Ⅳ.① C912.11-49

中国版本图书馆 CIP 数据核字 (2019) 第 299796 号

会幽默·吸引人
HUI YOU MO·XI YIN REN

出 版 人	李声笑
编 　 著	王金锋　刘元喜
责任编辑	刘树民
封面设计	大华文苑
出版发行	民主与建设出版社有限责任公司
电　　话	（010）59417747　59419778
社　　址	北京市海淀区西三环中路 10 号望海楼 E 座 7 层
邮　　编	100142
印　　刷	三河市德利印刷有限公司
版　　次	2020 年 6 月第 1 版
印　　次	2020 年 6 月第 1 次印刷
开　　本	880 毫米 × 1230 毫米　　1/32
印　　张	25
字　　数	605 千字
书　　号	ISBN 978-7-5139-2863-2
定　　价	128.00 元（全 5 册）

注：如有印、装质量问题，请与出版社联系。

前言

生活在现代社会，每个人都会有自己的难处，这些难处有的是事业上的困境，有的是生活琐事。在面对这些困境时，若不懂得处世为人的一些道理及应对方法，人生将会更加不易。俗话说，成功的人都是相同的，而失败的人总是各有各的理由，生而为人，不应该只羡慕嫉妒那些成功人士，而是要学习他们为人处世的方法，使自己也变成成功的人，因为，有时成功是可以复制的。

为人处世是一门学问，不同人士的处世之道不可复制，但只要我们用心学习就能拥有。人与人的交往是一门独特的艺术，也是一场伴随人生的漫长修行。交往处事过程中的很多细节都反映出一个人的情商高低。高情商的人办事效率高，成功概率大；反之，低情商的人一般都很难办成大事。

情商是情绪商数的简称，它是一种能力，也是一种技巧。只要我们多点勇气，多点机智，多点磨炼，多点感情投资，就能营造一个有利于自己生存的宽松环境，建立一个属于自己的交际圈，创造一个更好发挥自己才能的空间。

美国哈佛大学的教授丹尼尔·戈尔曼认为，情绪智商包含五个方面的内容：

一是了解自我，时刻监视情绪的变化，这是情绪智商的核心。一

个人只有认识自己,才能成为自己生活的主宰;二是自我管理,调控自己的情绪,使之适时适度地表现出来;三是自我激励,能够依据活动的某种目标,调动、指挥情绪的能力,使人走出生命中的低潮,重新出发;四是识别他人的情绪,即通过细微的社会信号、敏感地感受到他人的需求与欲望,实现与人顺利地沟通和交往;五是处理人际关系,调控自己与他人的情绪反应。

这五个方面是测试情商能力高低的试金石。拥有这些能力的人自信而不自满,乐观兼有幽默,他们心理承受能力强,能站在别人的角度想问题,有较好的人际关系,做起事来不怕困难,能够应对大多数人难以应对的问题,能处理好很多人处理不了的难题。

高情商的人处世,从不把自己放在生活的泥淖里,哪怕琐事繁多,也会井井有条,有理有节。高情商的人待人,从不将自己陷入交际的漩涡里,只会心无旁骛,一心一意经营自己的事业。现代社会,人们面对的是快节奏的生活,高负荷的工作和复杂的人际关系,不懂处世技巧,不懂人情世故的人是难以获得成功的。

本套丛书从正向思维、精准识人、幽默风趣、办事能力以及修炼心态等多方面对日常生活中的处世方法进行了诠释,它既是一本提升情商的智慧之书,又是一本关于待人处世的交际之书。书中通过教你把握做人的分寸和处世的技巧,将做人与处事有机统一起来,以塑造成功的人格魅力,进而让你的生活更加充实,让你的事业更加成功!

目录

上编 会幽默

第一章 幽默使生活妙趣横生

幽默是一门说话的艺术 \ 002

幽默可以提升个人的魅力 \ 004

幽默展示你的知识和品位 \ 007

幽默是人与人沟通的法宝 \ 009

幽默能促使人际关系和谐 \ 012

幽默的人更容易接近 \ 016

幽默可以摆脱沉闷气氛 \ 019

幽默能够使人摆脱困境 \ 021

第二章 幽默使工作锦上添花

幽默能融洽上下级关系 \ 025

幽默可以缓解工作压力 \ 027

幽默能提高经济效益 \ 034

幽默使上司笑口常开 \ 036

获得领导赏识的幽默术 \ 038

幽默能使你苦中作乐 \ 042

用幽默的方式管理下属 \ 043

幽默为工作带来好人缘 \ 046

第三章　幽默智慧的运用提高

妙趣横生的装傻充痴法 \ 048

形象生动的比喻幽默法 \ 049

启发想象的假设幽默法 \ 053

耐人寻味的谐音幽默法 \ 054

借此喻彼的张冠李戴法 \ 056

一语两用的双关幽默法 \ 058

下编　吸引人

第一章　用你的外貌吸引人

让世界因为你而美丽 \ 062

打造美好形象的第一步 \ 065

让自己拥有俊美的脸庞 \ 069

让双眼为你增添无限魅力 \ 075

让你的红唇鲜嫩如花 \ 080

让你的秀发飞起来 \ 084

第二章　用你的服饰吸引人

穿出你的服饰色彩 \ 094

男人穿出自己的个性 \ 098

有格调男人的着装魅力 \ 102

男人配饰尽显风流 \ 105

打造男人腰上风景线 \ 109

有格调男人的香水享受 \ 112

时尚女人着装法 \ 115

服饰勾勒出气质美女 \ 117

女人配饰衬出高雅 \ 118

第三章　用你的气质吸引人

气质是吸引人的重要因素 \ 127

你的气质能够聚积人气 \ 133

男人的品位魅力四射 \ 137

花容月貌不等于优雅气质 \ 140

气质决定人生成败 \ 143

把最好的气质写在脸上 \ 147

微笑能拉近你和他人的距离 \ 149

上编

会幽默

　　幽默是一种轻松的人生态度。大凡幽默的人,往往生性豁达、洒脱恬淡,即使在人生路上遭受风雨,依然不改本色。大凡幽默的人,即使面临难以承受的挫折哀伤,仍会坦然地用执着裹住泪水,在成功的道路上轻舞飞扬。

第一章　幽默使生活妙趣横生

幽默是一门说话的艺术

正所谓，笑可以缓解人们的情绪，能表达出人类征服忧患的能力，也能增进人们的友谊、信任和联系。而幽默的笑，则是一种有趣的、高尚的、会心的、意味深长的笑。

在演说、谈话中，一些就地取材的诙谐语言；灵机一动的智慧闪光；不露痕迹插进的成语典故和幽默笑谈，即使讲话者调节了节奏，也使听者解除了疲劳，从而给人以美的享受。

在人际交往中，当矛盾发生时，对于那些缺少幽默感的人，会把事情弄得越来越糟；而幽默者则能使交际变得更顺利、更自然。

幽默是一种优美、健康的品质的体现。一个幽默感强的人，往往在悲苦时会显得轻松，欢乐时会显得含蓄；危险时而显得镇静，讽刺时不失礼，孤独时不绝望。

不仅如此，幽默还可作为一种避免得罪人的"火力侦察"。当一个人准备向自己的友人提出某项要求又摸不准对方态度时，可用幽默之语"放气球"，若对方由于某种原因不能或不愿满足你的要求的话，可以用开玩笑的方式加以推脱。

这样就不至于因为拒绝而陷于尴尬境地，双方的自尊心也都不会受到伤害，若以幽默含蓄的方式提出的要求被对方应允了，则可以继而转入进一步的讨论，落实此事就不在话下了。

大学寝室。新生初到，争排座次。老七心直口快，与老八争执了半天，见比自己稍小几日的老八终于排在末座，便说道："好啦，你排在最末，是咱们寝室的宝贝疙瘩。你又姓王，以后就叫你'疙瘩王'啦。"

说者无心，听者有意。原来老八长了满脸的疙瘩，俗称"青春美丽痘"，每每深以为恨，此时焉能不恼？

老七见又惹来了风波，心中懊悔不已，表面上却不急不恼，揽镜自顾道："'蜷在两腮分，依在耳翼间，迷人全在一点点'。唉，老八，我这真是'一波未平，一波又起'呀！"老八听了，不禁哑然失笑。原来，老七也长了一脸的雀斑。

老舍先生说过："幽默者的心是成熟的。"幽默的语言能使矛盾的双方摆脱困境，使僵局打破，并在笑语中消逝。

英国戏剧家萧伯纳堪称幽默大师。有一天，年迈的萧伯纳在街头被一辆自行车撞倒，虽然没发生可怕的事故，但毕竟这一惊吓非同小可。骑车者立即扶起戏剧家，并连连地大声向他道歉。

萧伯纳打断了他，说道："不，先生，您比我更不幸。要是您再加点劲儿，那就可以作为撞死萧伯纳的好汉而永远名垂史册啦！"

萧伯纳这几句戏谑，使本来紧张的气氛倏地消失于嬉笑之中。

有的幽默能启发人在忍俊不禁的大笑中引起思索，体会到蕴涵的哲理。有的幽默又能在人们嬉笑之后引以为自省。

有一次，生物学家格瓦列夫在讲课，突然，一个学生在下面学鸡叫，课堂里顿时一片哄笑。这时，格瓦列夫却镇定自若地看了看自己的挂表，不紧不慢地说："我这只表误事了，没想到现在已是凌晨。不过请同学们相信我的话，公鸡报晓是低等动物的一种本能。"

这种"张冠李戴"的幽默式批评，给学生们起到了警告的作用。

此外，幽默还有稳定情绪、减低愤怒、"化险为夷"的功能。在一个团队中，假如即将爆发尖锐的冲突，这时，如果有人插科打诨，运用几句妙趣横生的言辞，则很可能化干戈为玉帛，使剑拔弩张变为过眼烟云，从而避免发生一场"针尖对麦芒"的交锋。

幽默可以提升个人的魅力

具有怎样特征的人才更吸引他人呢？一般人会说出友善、热情、开朗、宽容、富有、乐于助人、幽默、有责任感、工作能力强等许多的特征，但相关专家提出："在这些所有特征中间，最重要的莫过于幽默了。"这并不是说其他的特征不可贵，因为在人与人的交往过程中，没有太多的机会展示那些特质。

假若把各种优良特质比作钻石的各个侧面,幽默感则是钻石直接面向我们的那一面,可以直接折射出智慧的光辉。

在古代,"桃李不言,下自成蹊"是为人称道的交往观念,意思是说:桃树、李树虽不说话,却因为它们的鲜花和果实而把人们都吸引过来,以至于树下都被踩出了小道。

在当今社会中,人与人的交往强调以吸引力为基础,即使你再优秀再能干,如果你不会"自我展示"也不太容易引起他人的注意。

在有限的时间和空间之内,哪怕是初次见面和一次晚餐上,幽默都能让你一展才华,从而给人留下深刻印象。

幽默的特征之一是温和亲切,富有平等意识和人情味。学会运用幽默的方式,能够提升你的个人品位和绅士风度。

> 巴顿将军由于职业和性格的关系,他对自己家庭的内部管理,也采取了准军事的模式,凸显巴顿的风格。
>
> 在儿子的卧室,他写的是"男兵宿舍";在女儿的卧室,他写的是"女兵宿舍";在客厅,他写着"会议室";在厨房,他写着"食堂"。那么,他们夫妻的卧室应该挂上一块"司令部"的牌子吧!
>
> 不是。那上面写的是——"新兵培训中心"。

能够在施展幽默时,保持平稳,有绅士风度,能够控制好各种情绪波动,将幽默的语言平淡地说出来,这是高手。因为越是这样越能和一般的幽默所产生的效果形成强烈反差。因此,温和亲切,不仅能提升自己的品位和风度,更能增强你的语言幽默效果。

幽默能带给你意想不到的吸引力。你总是可以在幽默中发现睿智的光芒。思路清晰、反应敏捷、妙语惊人，是具有幽默感的人的共同特征。他们总是可以从容地面对各种纷繁的场合，下面就以几个竞选的故事，来展现一下具有幽默感的人是怎样用其独特的魅力来保护自己，赢得胜利。

造谣中伤在欧美官场上是常有的事：

加拿大的一位外交官斯切特·朗宁，生于中国湖北的襄樊，是喝中国奶妈的乳汁长大的。他回国后，在30岁时竞选省议员，当时反对派多次诽谤、诋毁他说："你是喝中国人的奶长大的，你身上一定有中国人血统。"

朗宁沉着地回击道："据权威人士透露，你们是喝牛奶长大的，你们身上一定有奶牛的血统。"

这真是绝妙的反击，同时又展示了他的机智，朗宁最终赢得了竞选。

约翰·亚当斯参加美国总统竞选时，共和党人指控亚当斯曾派竞选伙伴平克尼将军到英国去挑选四个美女做情妇。其中两个给平克尼，两个留给他自己。

约翰·亚当斯听了哈哈大笑，说道："假如这是真的，那平克尼将军肯定是瞒过了我，全部独吞了！"

如果当时亚当斯怒不可遏指责对方的不义，不但不能解释清楚，反而会"越描越黑"。以幽默的语言作答，这种反击不是更加有效吗？

最终亚当斯凭借着他的机智、才干和令人羡慕的幽默感当选了,并且成为美国历史上著名的总统。

幽默展示你的知识和品位

有句谚语说:"笑是力量的亲兄弟。"而幽默的笑则是有趣的意味深长的笑。"幽默是一种优美的、健康的品质。"幽默也是一种修养,一门学问。知识是幽默的沃土,幽默是知识的产物。广博的知识使幽默得心应手,左右逢源。我们看下面一个例子:

两个乡下财主站在村头说私房话儿,农夫老田见了,同他们打过招呼就走了。忽然,其中一个财主喊道:"黑老田,站住!"

农夫站住了,对匆匆赶来的瘦财主说:"请问您有什么事儿?"

瘦财主喘了喘气无中生有地说:"你打断了我们的话把子,赔三石谷,折合洋钱五十块,必须三日之内交清。"

老田回到家里,愁眉苦脸,茶饭不进,只差寻短见了。他的妻子问怎么了,老田照实说了。他的妻子就说:"这有什么可怕的?到时由我对付!"

到了第三天,田妻叫老田上山打柴,自己便在家门口等着。瘦财主来了,劈头就问:"你家老田呢?"

田妻不慌不忙地回答说:"他上山挖漩涡风的根去了。"

瘦财主一听，喝道："胡说，漩涡风怎么还有根？"

田妻反问："那么，话还有把子吗？"

瘦财主无言以对，只得愤愤地走了。

幽默是建立在知识与经验的基础上，想成为一位幽默家，必须对古今中外、天南地北、历史典故、风土人情都有所了解，必须对天文地理、声光电化、文法经典、名人轶事、影星趣闻都有所关注。

"世事洞明皆学问，人情练达即文章"。只有多读书多阅世，多积累知识，扩大知识面，懂得并熟练地按技巧操作，才能登堂入室，修成正果。

隋朝时，有个人很聪明，但说话结巴。官高气盛的杨素，常常在闲暇无聊的时候，把那人叫来说说笑话。

年底的一天，两人面对面地坐着，杨素开玩笑地说道："有一个大坑，深一丈，方圆也一丈，让你跳进去，你有什么办法出来吗？"

那人低着头，想了想，问道："有有有有梯子吗？"

杨素说："当然没有梯子，若有梯子，还用问你吗？"

那人又低着头想了想，问道："是白白白白天，还是黑黑黑夜？"

杨素说道："不要管是白天还是黑夜，你能够出来吗？"

那人说道："若不是黑夜，眼眼眼又不瞎，为什么掉掉掉到里面？"

杨素不禁大笑。又问道："忽然命你当将军，一座小城,兵不满一千,只有几天的口粮,城外有几万人围困,若派你到城中,不知你有什么退兵之策?"

那人低着头想了想,问道:"有救救救救兵吗?"

杨素说道:"就因为没有救兵,才问你。"

那人又沉吟了一会,抬头对杨素说:"我审审审慎地分析了形势,如如如如像您说的,不免要要吃败败败败仗。"

杨素大笑了一阵,又问道:"你是很有才能的人,没有事情不懂得。今天我家里有人被蛇咬了脚,你能医治医治吗?"

那人应声答道:"用五月端午南墙下的雪涂涂涂涂上就好了。"

杨素道:"五月哪里能有雪?"

那人说:"五月既然没没没有雪,那么腊月哪里有有有有蛇咬?"

总而言之,幽默只有扎根知识的沃土,饱食知识的营养,才能茁壮地成长起来。所以,一个幽默高手,一定要提高自己的知识修养。

幽默是人与人沟通的法宝

幽默感,是一种高雅而可贵的情趣,是智慧和感情的结晶,幽默思维是一种愉快的思维。具有幽默感的人,往往是乐观主义者,为人处世比较灵活,能比较容易地与周围的人,包括上司和下属建立良好的人际关系。

人与人交往，难免发生矛盾、误会和摩擦。但只要我们来点儿幽默，就等于在摩擦得发烫的齿轮中，注入了几滴润滑剂，不致碰得火星四溅，撞得疤痕累累。这是因为幽默具有把人带出尴尬境地，引发笑声化干戈为玉帛的特殊功能。

大家都有这样的体会：和幽默风趣的人相处，会觉得非常轻松愉快，气氛融洽。枯燥的会议，因他在而谈笑风生；朋友聚会，因他而红火热闹；面对严肃的上司，他出语诙谐，松弛其拉长的面孔；面对拘谨的下属，他用轻松的妙语，缓和其紧张的心情。

假如是参与紧张的商业谈判，在激烈的讨价还价之余，来点儿幽默，将有助于顺利地达成协议。反过来，一个不苟言笑、缺乏幽默感的人，其人际关系也会大打折扣，人们见了他往往会"敬而远之"。

幽默对于事业的发展也很有帮助。得体的幽默有助于人们形成良好融洽的人际氛围，良好的人际关系又有助于事业的成功。

  幽默者最有人情味，与幽默者相处，每个人都会感到快乐。深受美国人民爱戴的美国前总统林肯的容貌很难看，这本来是讨人喜欢的一个障碍。林肯认识到这一点，但并没有回避它，反而利用它拉近了与人们的距离。
  一次，林肯的政敌说林肯是两面派。林肯以平和的态度说："现在，让听众来评评看，要是我有另一副面孔的话，我还会戴这副难看的面孔吗？"

幽默，显示了林肯对自己的达观态度，体现了他的真诚，赢得了人们的理解，更表露了人们所需要的人性和人情味。

幽默是心灵沟通的艺术。人们凭借幽默的力量，打碎自己的外壳，主动地与人交往，触摸一颗颗隔膜的心，通过幽默使人们感受到你的坦白、诚恳与善意。

在严肃的交谈和例行公事般的来往中，往往给人一种戴着假面具的感觉，也似乎只能让人了解你的外表，却无法探知你的内心，这样的交流是极难深入下去的。而没有心灵沟通的社交，不能算是成功的社交。幽默可以让人们看到你的另一面，一个似乎是本质的、人性的、纯朴的一面，这是人性的共同之处。

> 美国总统里根曾回到他的母校，在毕业典礼上致辞时，他嘲笑自己在学校的成绩。他说道："我返回此地，只是为了清理我在学校体育馆里的柜子……但获此殊荣，我心情十分激动，因为我过去总认为只有得到第一名才是荣誉。"

这一番展示自己另一面的讲演，取得了很好的效果。

奥地利精神分析大师弗洛伊德讲过："最幽默的人，是最能适应的人。"的确，幽默能使我们在社交场合应付自如，轻松化解各种各样的危机和困境。我们都知道丘吉尔那段著名的幽默：

> 有一次，英国首相、陆军总司令丘吉尔去视察一个部队。天刚下过雨，他在临时搭起的台上演讲完毕下台阶时候，由于路滑不小心摔了一个跟头。
>
> 士兵们从未见过自己的总司令摔过跟头，都哈哈大笑起来，陪同的军官惊慌失措，不知如何是好。

丘吉尔微微一笑说:"这比刚才的一番演说更能鼓舞士兵的斗志。"效果的确如丘吉尔所戏言的,士兵们对总司令的亲切感、认同感油然而生,必定会更坚定地听从总司令的命令,去英勇战斗。

可以说,幽默是社交成功的法宝。运用幽默的力量,我们就能通过成功的社交,走上成功的道路。

幽默能促使人际关系和谐

幽默在人际交往中的作用是不可低估的。美国一位心理学家说过:"幽默是一种最有趣、最有感染力、最具有普遍意义的传递艺术。"

幽默的语言,能使社交气氛轻松、融洽,利于交流。人们常有这样的体会:疲劳的旅途上,焦急的等待中,一句幽默话,一个风趣故事,能使人笑逐颜开,疲劳顿消。

在公共汽车上,因拥挤而争吵之事屡有发生。任凭售票员"不要挤"的喊声扯破嗓子,仍无济于事。

忽然,人群中一个小伙子嚷道:"别挤了,再挤我就变成相片啦。"

听到这句话,车厢里立刻爆发出一阵欢乐的笑声,人们马上便把烦恼抛到了九霄云外。

此时，是幽默润湿缓解了紧张的人际关系。

在人际交往中，还可以寓教育、批评于风趣的幽默表达之中，具有易为人所接受的感化作用。

在饭馆里，一位顾客把米饭里的砂子吐出来。一粒一粒地堆在桌上，服务员看到了很难为情，便抱歉地问："净是砂子吧？"

顾客摆摆头说："不，也有米饭。"

"也有米饭"形象地表达了顾客的意见，以及对米饭质量的描述。运用幽默语言进行善意批评，既达到了批评的目的，又可以避免使对方难堪的场面。

幽默还有自我解嘲的功用。在对话、演讲等场合，有时会遇到一些尴尬的处境，这时如果用几句幽默的语言来自我解嘲，就能在轻松愉快的笑声中缓解紧张尴尬的气氛，从而使自己走出困境。

一位著名的钢琴家，去一个大城市演奏。钢琴家走上舞台才发现全场观众坐了不到一半。见此情景他很失望。

但他很快调整了情绪，恢复了自信，走向舞台的脚灯旁对听众说："这个城市一定很有钱。我看到你们每个人都买了二三个座位票。"

音乐厅里响起一片笑声。为数不多的观众立刻对这位钢琴家产生了好感，开始聚精会神地欣赏他美妙的钢琴演奏。正是幽默改变了他的处境。

需要指出的是，幽默虽然能够促进人际关系的和谐，但倘若运用不当，也会适得其反，破坏人际关系的平衡，激化潜在矛盾，造成冲突。

在一家饭店，一位顾客生气地对服务员嚷道："这是怎么回事？这只鸡的腿怎么一条比另一条短一截？"

服务员故作幽默地说："那有什么！你到底是要吃它，还是要和它跳舞？"顾客听了十分生气，一场本来可以化为乌有的争吵便发生了。

所以，幽默应高雅得体，态度应谨慎和善，不伤害对方。幽默且不失分寸，才能促使人际关系和谐融洽。

要知道，每种幽默形式都有它的缺点和不足，当我们了解到它们的缺点和局限性后，在运用时，就会有很大的益处。

著名作家布莱特的仆人就很清楚这个道理。

有一次，布莱特因故迫不得已辞退那个仆人，并给他写了推荐信，他说："我在信中说你是个诚实的人，并且忠于职守，但是我不能写你是个清醒冷静的人。"

那个仆人说："您不能写上我经常是清醒的吗？"

有位不同意禁酒的人说话也有意思，他在引诱他人相信喝酒的害处后，却旗帜鲜明地表明了自己的观点。

有位演说家在讲到喝酒的害处时,不禁喊道:"我看应当把酒统统扔到海底深处去!"

听众之中有个人说:"我赞成。"

演说家更加激动:"先生,应恭喜你,我觉得你是一位富于牺牲精神的男士。请问你从事什么工作?"

"我是深海潜水员!"

以上的例子告诉我们,只要运用适当的幽默方式,不仅可以为人与人的沟通创造条件,而且有助于推销自己。

比如,在同事工作出现了失误时,千万不要用刻薄的语言去挖苦,那样你会失掉他的信任和支持。这时,不妨借助于幽默,如能和对方一道笑起来,效果就会更好些。

一位经理对下属说:"我急需4份报表,请立即复印,快一点!"

下属立即动手,按动了快速复印的按钮,印了14份报表。

经理说:"真笨!我用不着这么多!"

下属只好笑着说:"真对不起!可是您已经急到这种程度了。"

两人都笑了起来。

这个幽默顿时缓解了紧张的空气,使这位上级接受了下级巧妙的批评并且与下级建立了亲密的共事关系。

在日常的市场交易中,当公司与客户之间发生某种问题时,幽默也能起到作用。比如,"三角债"问题。客户欠账越来越多,偏偏这客户又是老主顾,只好由经理出面来解决。

经理在约对方吃饭时说:"感谢你同我们做了许多生意。只是你的账已延期了近一年,是不是留着钱给我们公司'下崽儿'?"

这样用半开玩笑的方式委婉地表达了经理"讨债"的话题,有助于问题得到解决。

幽默的人更容易接近

俗话说:在家靠父母,出门靠朋友。能够多交一些朋友,常与朋友交谈、聊天,就会心胸开阔,信息灵通,心情开朗;也能取人之长,补己之短。遇到烦恼的事情,朋友可以安慰你;遇到什么难题,朋友可以帮你出主意;有什么苦衷,也可以向朋友倾诉一番;遇到什么喜事和值得高兴的事,可以和朋友说说,分享快乐。

在拥挤的公交车上,即使身体互相挤压,人们之间一般也无话可说。可是有这么一个人他突然就耐不住寂寞了,他说道:"喂,各位,大家都吸一口气,缩小些体积,我挤得受不了啦,快成照片了!"大家就一起笑起来。

陌生人之间都变得亲近起来，交流便由此开始了。

要找到志同道合的朋友并不是一件容易的事情。交友难，其实难就难在交友的方法上，幽默交友不失为一种有效的方法。陌生的朋友见面，如果幽默一点，气氛将变得活跃，交流会更顺畅。

著名国画大师张大千与著名京剧艺术大师梅兰芳深交已久，相互敬慕。在一次张大千举行的送行宴会上，张大千向梅兰芳敬酒，出其不意地说："梅先生，您是君子，我是小人，我先敬您一杯！"

众人先是一愣，梅兰芳也不解其意，忙问："此语做何解释？"

张大千朗声答道："您是君子——动口；我是小人——动手！"

张大千机智幽默，一语双关，引来满堂喝彩，梅兰芳更是乐不可支，把酒一饮而尽。

大多数人都有广交朋友的心，苦的是没有行之有效的方法，如果我们能像张大千一样，注意感受生活，勤于思考，有一天我们也会变得和他一样幽默风趣，到那时候，对我们来说世界就不再是陌生的了，因为陌生人也会乐意成为我们的朋友。

两辆轿车在狭窄的小巷中相遇。车停了下来，两位司机谁也不准备给对方让道。

对峙了一会儿，其中一个拿出一本厚厚的小说看了起来,另一个见了,探出头来高声喊道:"喂,老兄,看完后借我看看啊!"

逗得看书的司机哈哈大笑,主动倒车让路。另一个司机则在车开过了小巷之后主动与看书的司机交换了名片,并真的向他借书看。

两人的家离的本就不远,后来两人就成了很好的朋友。

上面故事中向人借书看的那位司机真是将幽默的交友艺术发挥到了极致,因为本来用幽默的话语将矛盾的热度降低到零点,把车开出小巷之后就已经达到了目的,他却没有就此停止,而是通过进一步的幽默将两人发展成朋友关系。所以,当我们与陌生人发生冲突的时候,如果能幽默一点,大度一点,矛盾应该可以化解,敌意也能变成友谊。

朋友间的幽默,方式很多,只要"幽"得开心,"默"得可乐就可以了。

法国作家小仲马有个朋友的剧本上演了,朋友邀请小仲马同去观看。小仲马坐在最前面,总是回头数:"一个,两个,三个……"

"你在干什么?"朋友问。

"我在替你数打瞌睡的人。"小仲马风趣地说。

后来,小仲马的《茶花女》公演了。他便邀朋友同来看自己剧本的演出。这次,那个朋友也回过头来找打瞌睡的人,好不容易终于也找到一个,说:"今晚也有人打瞌睡呀!"

小仲马看了看打瞌睡的人,说:"你不认识这个人吗?

他是上一次看你的戏睡着的,至今还没醒呢!"

小仲马与朋友之间的幽默是建立在一种真诚的友谊的基础之上的,丢掉虚假的客套更能增进朋友之间的友谊。可见,交朋友要以诚为本。朋友之间要以诚相待,互相关心,互相尊重,互相帮助,互相理解。爱人者人恒爱之;敬人者人恒敬之。关心别人,才会得到别人的关心;尊重别人,才会得到别人的尊重;帮助别人,才会得到别人的帮助;理解别人,才能得到别人的理解。

掌握了幽默的交友技巧,我们的朋友就会遍布天下,陌生人会变成新朋友,更多的新朋友将变成老朋友。面对老朋友,我们将是没有隔膜,无话不谈了:过去的趣事、将来的打算、工作中的得意、家庭里的烦恼都可和朋友一起分享。

幽默可以摆脱沉闷气氛

在生活中,我们有可能要去应付不合理的要求、令人不快的行为,或者闹得不像话的场面。这时你如何应对呢?

当百货公司大拍卖,购货的人又推又挤的时候,每个人的脾气都犹如枪弹上膛,一触即发。有一位女士愤愤地对结账小姐说:"幸好我没打算在你们这儿找'礼貌',在这儿根本找不到。"

结账小姐沉默了一会儿,说:"你可不可以让我看看你的样品？"那位女士愣了片刻，笑了。

有人想平息餐桌上的争论，便提出了一个十分意外的问题："诸位，刚才是一道什么菜？大概是鸡！"

"是的。"一位客人回答。"一定是公鸡！"这人一本正经地说，"原来是鸡在作祟，难怪大家要斗起来。"说完他举起酒杯："来点灭火剂吧，诸位！"一场餐桌上的舌战顷刻间平息了。

作家欧希金也曾以幽默摆脱了一个困境。他在他的《夫人》一书中，写到了美容产品大王卢宾丝坦女士。

有一次，欧希金在家宴中，有一位客人不断地批评他，说他不应该写这种女人，因为她的祖先烧死了圣女贞德。其他客人都觉得很窘，几度想改变话题，但是都没有成功。

谈话越来越令人受不了，最后欧希金自己说："好吧，那件事总得有个人来做，现在你差不多也要把我烧死了。"

这句话马上使他从窘境中脱身出来，随后他又加上一句妙语："作家都是他的人物的奴隶，真是罪该万死！"

作为一个社会人，在与别人交往的过程中，难免会遇到一些尴尬的场合，如果在那种情况下，你能从容地开个玩笑，令人紧张的气氛就可能消失得无影无踪，你的朋友还会被你的魅力所吸引，被你的宽广胸怀所感动，进而钦佩你，真正接受你。

幽默能够使人摆脱困境

幽默的话语，可使人反败为胜，摆脱困境，赢得他人的尊重。

有一位叫阿芳的姑娘，虽然没有出众的容貌和迷人的身材，但为人性情开朗、正直、幽默，许多人在和她交往几次之后，往往就被她的幽默所吸引，不知不觉地感受到她的魅力。

有一次，阿芳参加同学聚会，和同学们回忆着大学时代的美好生活。不料主人在招呼客人时，一不小心将一盆水打翻，全洒在了阿芳的脚上，把她那双新皮鞋泼湿了。

主人不知所措，显得十分尴尬。阿芳却不慌不忙地说："一般正常情况是洗脚之前先脱鞋。"一句话，使满屋的人都笑了起来，难堪的气氛也一扫而空，大家更加佩服阿芳姑娘。

在社交场合，说话带些风趣和幽默更能体现出一个人的修养和礼仪，也表现出其人格魅力。在生活中，可依靠幽默化解尴尬的情况是非常多的。

某高校一位姓严的古汉语教师，学识渊博，治学严谨，教学时严格训练，严格要求。一日，当他走进课堂，见黑板上赫然写着"严可畏"三字。该老师不愠不怒，只见他停下来，对学生朗声说道："真正可畏的是你们！"

学生们一时不知所措。严老师接着说:"不是吗?后生可畏嘛!为了让你们这些后生真的可畏,超过我们这些老朽,我这严老师怎可名不副实呀!"(掌声笑声)。

由"严可畏"三字,严老师准确地捕捉到学生们因严格训练、严格要求而生发的"积怨"与"不满"。先是冷静地予以宽容,进而曲解"可畏"二字,并且一语双关,含蓄幽默地表达出必须"严"的道理以及要继续"严"下去的决心,既宽容有度,又严格适中。

一个冬晨,郊区开来的火车到站时又晚了25分钟,一位常遇见这种情形的旅客问列车长,这次又是什么缘故。列车长说道:"碰到下雪,火车总难免误点的。"

"可是今天并没有下雪啊。"旅客说。"不错,"列车长说道,"可是,根据天气预报今天下雪。"

虽然列车长并未回答旅客的问题,相信听了列车长的话,旅客一定生气不起来了。这就是幽默的力量之一。

下面这个例子,也是用幽默化解别人的指责的"经典之作":

在美国的一所学校里,一位女教师在课堂上提了个问题:"'要么给我自由,要么让我死',这话是谁说的?"

教室里鸦雀无声,女教师脸上一片失望。这时,有人用不熟练的英语答道:"1775年,美国国务卿巴特利克·亨利说的。"

"对,同学们,刚才回答的是一位日本同学。你们生长在美国却回答不出来,而来自遥远的日本的同学能回答,多么可怜哟!"

这时,从教室的一角突然发出一声怪叫:"把日本人干掉!"

女教师听到叫声,气得满脸通红,大声问道:"谁?这话是谁说的?"

静了一会儿,教室的一角有人答道:"1945年,杜鲁门总统说的。"

1945年,杜鲁门总统对日作战宣言,可说是美国人的精神原子弹。而教室里冒出的这句话,只能是笑的"原子弹"。妙的是,那位学生引用得那么贴切、合时。失言,是容易被人谅解的,因为有很多是出于无意的。正所谓"马有漏蹄,人有失言。"在日常交谈中,难免说滑了嘴,出现了纰漏而使自己陷入窘境。

有一个人在一次会议上和一位要人谈话,为了想使谈话活泼轻松,于是很随意地说道:"看那一位穿圆点花衣服的女人,看到她我就反胃!"

没想到对方这样说:"那是我的太太。"

可想而知,当时我的朋友听到这话时的处境是多么无地自容。

这也难怪,这样的窘境总是特别地难以补救,但并不是所有的困境都是这样。果戈理有一句话:"理智是最高的才能,但是如果不克制感情,它就不可能获胜。"如果说,我们在遇到尴尬的局面时都是心慌意乱,不能控制自己的感情的话,在这种特殊的场合下自然会穷于应付。这时,我们不妨来个将错就错。

清代著名学者纪晓岚机巧善辩,机智过人。有一次,乾隆想开个玩笑为难纪晓岚,便问他:"纪爱卿,忠孝怎么解释?"

纪晓岚答:"君要臣死,臣不得不死,为忠。"

乾隆立即说:"我以君的身份命你现在去死!"

"这……"纪晓岚没料到他竟然会这么说,"臣领旨!"

"你打算怎样死?"

"跳河。"

"好,去吧!"

但纪晓岚走了一会儿,又跑回来了。

乾隆问:"纪爱卿,你怎么没死?"

纪晓岚答:"碰到了屈原,他不让我死。"

"此话怎讲?"

"我到河边,正要往下跳时,屈大夫从水里出来,拍着我的肩膀说:'晓岚,这就不对了,想当年楚王是昏君,我不得不死。你应该先问问当今皇上是不是昏君,如果皇上说是,你再死也不迟啊!'"

就凭这一句,不仅抑制了皇帝的"圣旨",也化解了困境。一场尴尬就在轻松幽默中消失。

第二章　幽默使工作锦上添花

幽默能融洽上下级关系

身处高位的各企事业单位负责人，在人们的心目中往往有一种高不可及的印象，以至于使人有时避之唯恐不及，他们自己也要唏嘘感慨：高处不胜寒！

故而，有远见的高层人士，往往希望运用幽默力量来改变他们在公众之中的形象，改善大家对他所领导的公司的看法。

有一次，美国300多家大公司的行政主管，参加一项幽默意见调查，发现了许多人们以往所忽略的事实：

97%的主管人员相信："幽默在商业界具有相当的价值。"

60%的人相信："幽默感能使人决定一个人的事业成功的程度。"

美国一家汽车公司的总裁认为：幽默对于主管人员是十分重要的，"它是表示一个主管是否具有活泼的、有弹性的心态的重要指标。"他说："这样的人通常不会把自己看得太严重，而且比较能做出好的决策。"

当你作为一个部门的主管人或者一个组织的决策者，你也应以欣赏他人的方法来赢得部属的拥护。在这种情况下，你首先应该考虑，如何才能让下属真正喜欢你。所以，你就必须注意捕捉那些发生在下属身上的有趣的事情，并以有趣、幽默的方式加以赞赏，这样，就会增加部属对你的喜欢和爱戴。

  一家大公司的财务主管在开完业务会回到办公室时，发现职员们聚在办公桌旁，哼唱着，谈笑着，但他一出现在门口，职员们立刻各就各位，马上埋在公事堆里，仿佛一刻也没离开过各自的座位。
  这位主管人并没有表示不高兴，而只是笑着说："看来你们还不精于此道，还是让我发现了。"
  职员们不由得微笑着抬头望着他。

他这样做只是更增加了部下对他的喜欢和了解。同样，也就沟通了他和部下的交流。

如果你是个领导者，更应该表现出开明豁达的领导者风度。特别是当别人取笑你时，你就更应该用幽默的方式，以关心他人的方式，来邀请他人同你一起笑。

  一位经理对天天见面开电梯的小姐说："请尽快把我送到第19楼。"
  "对不起，经理，这座大楼只有18层啊！"小姐为难地说。
  "没关系，小姐！尽力而为。"经理充耳不闻地说。
  小姐先还一呆，马上不禁笑了起来。

这位很有幽默感的经理故意这样说，是想让这位工作单调的小姐能有轻松一下的时候。这样的上级谁不喜欢接触和尽力工作呢？只用一个小幽默，就融洽了上下级关系。当然，人们可以有理由认为，这位经理在处理更为重大的事情时，应该是有能力的。

通过幽默使自己的形象更人性化。幽默是一门社会交往的艺术，是人与人相处的润滑剂。幽默的上司不但受员工爱戴，公司的气氛也会为之开朗，从而提高员工的工作意念。在座谈会上就常有人表示："我的上司幽默有趣，深具开朗的气质，我做起事来也格外有干劲。"

幽默可以缓解工作压力

在当今竞争异常激烈的社会，工作压力已经成为上班族的主要压力，如果能处理好这方面的压力，那么压力有可能转化为动力。但如果处理不好，就会使人心烦意乱，失去工作积极性，压力就会成为阻力。因此，为了提高工作效率，使自己工作轻松一些，可以采取自我调节的方法来缓解一下工作压力。

幽默能消除紧张情绪

幽默作为自我调节方法中重要的一种，它能帮助我们消除因工作而来的紧张，驱逐挫折感，并有助于解决问题。

马氏一家人专门从事危险的行业，就是用炸药毁坏建筑物。我们可以理解他们做这一行工作，心理上会有多紧张。但是马氏一家人用幽默力量来消除紧张，他们常和当地记者聊天，说些荒谬的故事。

有一次在大爆破工作之前，新闻记者问他如何处理飞沙和残砾？马明一本正经地解释道："我们向一个生产包装袋的公司订制了一个特大的塑料袋，然后直升机在大楼上空把它扔下来。"

记者为这虚构的笑话笑弯了腰。而第二天马氏兄弟从报上读到这一则新闻时，也爆发出阵阵笑声而松弛了紧张的心情。

幽默的语言可缓解人们在工作中的紧张情绪。用它来缓解工作压力，会比一些抽象的理论更奏效，显示出语言的最佳效能。有时候，与同事开开玩笑也能缓解工作中的压力。

两位保险公司业务员争相夸耀自己的保险公司付款有多快。第一位说，他的保险公司十次有九次是在意外发生当天，就把支票送到保险人手里。

"那算什么！"第二位取笑说，"我们公司在李氏大厦的23楼。这栋大厦有40层高。有一天我们的一个投保人从顶楼跳下来，当他经过23楼时，我们就把支票交给他了。"

我们和同事开玩笑，与同事一同笑的过程中，我们在缓解了自己的工作压力的同时，也用幽默帮助同事用更轻松的态度工作。有时候，一个职员要负责的工作种类很多，头绪纷杂，很容易因工作压力过大而产生烦躁情绪。这时候他们尤其需要幽默的帮助。

小丽是一家大公司的总经理助理。她得应付访客、电话、同事和老板。空闲的时候，还必须打字。小丽在繁杂的工作中需要幽默，拥有它，并运用它。有时，某些自以为是的人来电话，还会给她出难题。

那人在电话中说："我要和你的老板说话。"

"我可以告诉他是谁来的电话吗？"小丽问。

"快给我接你的老板。"来电话的人坚持道，"我现在马上要和他说话。"

"很抱歉。"小丽温婉地说，"他花钱雇我来接电话，似乎很傻。因为十个电话中有九个是找他的。"来电话的那个人笑了，然后把他的名字和电话号码告诉了她。

小丽巧用幽默，恰当地帮自己缓解了工作压力。幽默可以在帮助人们缓解工作压力上起到一定的作用，但是幽默不是万能的，造成工作压力的原因也是多种多样的。

工作是我们赖以生存和发展的手段。工作中，我们有成功的欢乐，也有失败的酸楚；有晋职的喜悦，也有加薪的愉快。但更多的是人际关系的不协调，上下左右的不相容。如果运用幽默，我们的工作肯定会一帆风顺，卓有成效。

无论是在人事变动时被派到分公司，或转任较低职位的工作，都无须气馁颓丧。因为世事变化无常，就算被分至分公司，也是培养实力的大好机会。

某公司的职员被外调至分公司服务。决定人事变动的经理以安慰的口吻对他说："喂！你也用不着太气馁，不久以后,我们还是会把你调回总公司来的!"

那位被调的职员以第三者旁观的口气,毫不在乎地说道:"哪里?我才不会气馁呢!我只不过觉得像董事长退休时的心情而已。"

这才是一个能做精神上深呼吸的人,面对外调,他不气馁,他懂得靠幽默来调节自己,从而能够使自己以良好的心态投入到新的工作中去。面对工作中的困难,我们除了要调节好自己的心态外,还能通过运用幽默与人分享笑,寻找一个共同的目标。

不论你从事的是什么行业,不论你是个生手或熟手,老板或属下,幽默力量都能帮助你与他人的沟通和交往,帮助你解决工作中的问题并顺利渡过困难的处境。

工作中,面对自己的成就不能骄傲自夸,这会拉开你和别人的距离,使自己站在了所有人的对面,这时不妨运用幽默,调侃一下自己的光荣和优点。

1950年,当布劳先生被任命为美国钢铁公司董事长时,有人问他对这个新职位的感想。他不愿表示兴奋,也不准备庆祝一番。

"毕竟,"布劳先生说,"这不像匹兹堡海盗队赢了一场棒球。"

布劳先生的幽默以对,显示出他为人不骄傲不自夸,能以新的眼光看待自己的荣耀,强化了自我形象,也更能赢得别人的尊敬。

我们认为"谦虚是美德",并不是说凡事都要过于谦让,不与人争。在靠着自己的才能取得工作成绩时,我们一方面要强调那只是"幸运"或"大家的帮忙",另一方面也要用委婉的方式表明自己的努力也是取得成功的关键。必要时,甚至不妨幽默地吹嘘一番。

一位外语能力很强,兼通各国语言的人,他可以很幽默地自夸说:"我可以用英语、法语、德语、西班牙语来保持沉默,可是一旦有话要说,则只说英语。"

乍听之下,好像他说的仅仅是很谦逊的话,事实上他幽默的话语中却充满着自信的自我宣传。有时候,对于工作成绩非常明显的人来说,即便是幽默的自我夸耀也是不必的,因为,他所做的一切都早已经在别人的眼里和心里了。

这时候,他可以通过批评自己工作中的小失误的幽默方式来表现自己的谦虚,赢得员工、同事、上级等人的好感。

> 亨利在26岁时,担任了福特汽车公司的总裁,以前公司亏损严重,他上台后,大胆变革,扭亏为盈,虽然工作中也有许多小失误,但最终还是取得了很大成绩。
>
> 有人问他,如果从头做起的话,会是什么样子。他回答说:"我看不会有什么非同寻常的作为,人都是在错误和失败中学到成功的,因此,我要从头来过的话,我只能犯一些不同的错误。"

亨利回避问话者的语言重点,故意避开自己的成绩不谈,反而拿自己在工作中的失误做谈论的话题,给人谦虚和平易近人的感觉。

最后，还要注意，面对工作成就，当你以幽默的方式表达出来的谦虚应该是一种发自内心的，真诚的表达。

幽默能解决工作难题

在人们的日常工作中，常常会遇到这样那样的难题，这个时候，如果能够巧妙运用幽默，说不定无形中就解决了很多问题。

麦克·阿里斯特是某大航空公司的主管工程师，被派去参加会议，讨论要不要将新型喷气引擎装在逾龄的飞机上。会上争论非常激烈，装与不装对立的两方争执不下，最后讨论会的主席打破了这种沉闷的气氛。

他说："这些老飞机就像老祖母，为老飞机装新引擎就好像替老祖母隆乳，虽然可能很浪费，也可能不浪费……不管怎么样，老祖母一定觉得很开心。"

笑从口出，思绪也同着笑，而更加敏捷。

幽默帮助人们解决了工作中碰到的难题。实际上在我们的工作中常常会碰到像上面所举的例子或其他类型的难办的事，用正常的方法很难解决，有时还得向幽默求救。

有一家航空公司的统计工程师，每年依惯例要向飞行员简报飞机性能的标准。统计工程师担心飞行员不会注意到他制作的统计图表，甚至怀疑有的飞行员不了解图表上曲线的含义。

他灵光一现，就在曲线的一端画上耀眼的太阳，表示性能良好，曲线的另一端画雨云表示性能差。

飞行员对他这一招非常喜欢，因而特别注意他的讲解，从统计表图中学到更多的东西。这位工程师用幽默达到了他的目的。

幽默不仅能有效地解决问题,而且还能改变工作中与上级、下属和同事的关系,这对你出色的工作是万不可少的。

有时,做错了事情,如果一本正经地去解释,领导可能不会谅解,而使用幽默的态度,效果反而不错。

上班迟到了,用什么方法来解围呢?"哎呀!我昨天加夜班,今晨好累,搭车竟然睡过了站。"可能会得到上司的同情。

  杨杰所在公司的社长对下属非常严厉,公司员工都叫他雷公。

  杨杰到外面办事回来,看到社长位子是空的,以为社长不在,就对同事说:"雷公不在吗?"

  说完发现屏风另一边,社长正在与客户谈生意。社长听到了他的话。他坐立不安,以为大祸临头,客户走后,杨杰来到了社长身边,惊恐地向社长道歉。

  没想到社长微笑道:"我们的雷公并不一定夏天才会响的。"

  杨杰听到了这句话,比平常挨骂效果好上百倍。从此,他再也不敢叫他雷公了,因为他有了反省的机会。

由此可见,上司在责备下属时,最好在言语中带有幽默语气,面带笑容地说出,这样一方面保住了对方的自尊心,又能达到责备的效果,你的下属只会更爱戴你。

办公室是工作的场所,建立良好的工作环境是十分必要的,如果你常给人们带来幽默，带来笑声，不仅可以活跃气氛，还可以招来同事们的喜欢。

当然，也可以用俏皮话与同事开玩笑，比如可以说："你们这些家伙够快了，才来一星期，工作进度已经落后一个月了。"再有"你的工作算是轻松的，我们那儿人事变动太快，桌上不用年历，只有周历"等，都可树立你幽默风趣、讨人喜欢的良好形象，为与同事们的相互支持、相互协调打下好的基础。

幽默能提高经济效益

现代生活，是以经济组合的，利用风趣使生活充满幽默，有时可以达到经济的实现效益。

本田一郎是日本家庭配置药的推销员，负责配制药到各个家庭，几乎每半年就要拜访一次客户，如补充药物或是收取费用。本田一郎要访问家庭时，就会送些小孩的玩具，或是变些魔术，耍些小把戏，给那些人家的小孩欣赏，逗得他们哈哈一笑。

那些玩意都是很单纯的，不需要舞台道具就能表演，因为很受孩子欢迎，所以推销往往很成功。

他道出其中的秘诀，他说："我的口才不好，因此常常输给其他推销员，所以我就学会变魔术，逗他们乐，甚至教小孩子玩，这种魔术都是简单易学的，所以孩子们都喜欢我。"

本田一郎的口才并不好,但却取得成功,主要靠的是幽默手段,他通过变魔术这个逗人发笑的手段,取得了孩子们的信任与喜欢。好的人际关系,必然带来好的商业收获。

所以推销的时候,适当地发挥幽默,必能使对方印象良好,交易的成功率明显提高。

有一位王先生到李先生的公司拜访,当他二人一见面时简直吓了一跳,因为李先生的身高只有158厘米,而王先生大概有195厘米,这实在是相当大的距离。李先生马上说:"哇!你好高我真羡慕你。"

王先生也笑着说:"不!我太高了,应该跟你中和一下才刚好。"此言一出,二人都笑了起来,此后谈话便显得轻松又愉快,交易也很快谈成。

面带微笑的销售服务,不仅能给对方产生好感,同时,也可使你在顾客心中留下很好的印象。

有一位有些秃顶的男士在柜台前看商品,售货员走上去对他说:"先生,买顶游泳帽吧,好保护您的头发。"

顾客说:"笑话,我这几根头发,数都数得过来。"

售货员机智地说:"可戴上游泳帽,别人就数不清您的头发了。"

风趣幽默的最重要一点,就是能让彼此在笑声中,产生经济效果。

还有一位女士买了一条黑狐围巾,她去找商店说:"你们真是是奸商,我花了大价钱,买了你们一条黑狐围巾,不料遇到雨,黑色褪了,变成了褐色。"

皮货店经理并没有急于辩解,也不生气,而是幽默地一笑说:"狐狸精真厉害,做成了围巾,竟还能变化!"

幽默的话语,缓解了双方紧张对立的气氛,为下一步解决问题,奠定了良好的基础。

幽默使上司笑口常开

上司与下属的关系,首先是一种领导与被领导的关系,但是除此之外,双方还应该建立友爱合作的关系。作为一个下属,在恰当的时间、场合,和上司开一个富有幽默情趣的玩笑,在搞好同上司的关系方面,可以收到非常好的效果。

不过,俗话说:伴君如伴虎。在个人关系上还需要主动与上司保持合适的距离,距离太远了不好,距离太近了也可能会很糟。

其实,让老板笑口常开不仅仅是找到工作之后的事情,在找工作的过程中,求职者就可以运用幽默的力量逗得老板一开笑口。

找到一份称心如意的工作,是求职者最大的心愿。但求职不易,有时我们在苛刻挑剔的雇主面前一筹莫展。这时,何不借助幽默的魅力让面试你的老板笑一笑,这对你取得面试的成功必然会有助益。

一个人在外面找工作,他来到麦当劳。老板问他会做什么,他说我什么都不会,不过我会唱歌。

老板说你就唱一首试试,于是他就开始唱了:"更多选择更多欢笑,就在麦当劳!"

老板一听就乐了,接着问了他一些对麦当劳有什么了解之类的问题,最后,他被顺利录用了。

上面的例子中,求职者在面试中借助了幽默的力量,他首先就以唱歌的方式说出了麦当劳的广告语,表明了自己对麦当劳是很关注的,也有一定的了解。他在博得老板一笑的同时,获得了老板的好感。

工作太累的时候,难免会偷懒,这时候如果被老板看见了,你该怎么办呢?

有一个建筑工人在工地里搬运东西,每次只搬一点。工头不得不开口说话。工头以纠正的口吻对他说:"你想你是在做什么?你看看别人搬那样重的东西!"

"嗯哼,"工人说,"如果他们要懒到不像我搬这么多回,我也拿他们没办法。"老板被他逗笑了。

工人以幽默的口气为自己的偷懒行为辩解,老板即使会批评他,也会比较随和,责罚也会比较轻。假如你对于装疯卖傻的演技颇有心得,无妨也在对您颇有微词的老板面前,以若无其事的态度告诉他下面的小笑话,且看他的反应又如何呢:

"幸好我已经娶老婆了。"

当然，你的老板无法了解你这一句话的意思，必定会一副茫茫然的样子，莫名其妙地看着你！

就在这时候，你可以不声不响像自言自语地对自己说："所以我现在才习惯别人对我的唠叨了……"

如果你能够微笑着说的话，你的老板也必会露出会心的一笑！而就在你表现出沉着的大家风范，且老板又似乎对你放松敌意时，就正好有机会使他改变对你以往的错误观念。

让你的老板笑口常开，你的工作就能进行得更加顺利。

获得领导赏识的幽默术

勤奋工作的业绩是赢得荣誉的基础，而工作业绩的认可主要由上级领导决定，因此，能不能赢得上级领导的赏识、肯定和支持就决定着能不能获得荣誉。

对于许多职员来说，最大的苦恼莫过于工作努力，却得不到领导的赏识。美国人力资源管理学家科尔曼说过："职员能否得到提升，很大程度不在于是否努力，而在于老板对你的赏识程度。"

那么，怎么才能脱颖而出呢？对上述问题很苦恼的人或是想要有一番作为的人，可以试试在领导面前化严肃为幽默的交流方法，或许有收获。

某公司开始实施销售业绩倍增计划时,主管召集下属严厉地训话:"各位,现在是我们加油的时候了。从明天开始,早上七点半大家就要到这里集合。八点钟一响时,大家就要立刻向外去推销!"

大家都不满地抱怨时间太早。

这时有位凡事讲求效率和正确性的员工,不慌不忙地反问道:"请问……是时钟开始敲八下时,还是敲完八下才往外跑?"

主管过于严格的要求可能会招致他人的不满,这时上面这位聪明的员工就使用幽默的语言把众人的注意力转移到自己的身上,使尴尬紧张的气氛重新轻松下来。员工的这个幽默既帮了主管的忙,又使主管看到他较强的时间观念,从而使他获得主管的赏识。

领导不论身居什么样的要职,也都是人不是神,他一样会有普通人的喜怒好恶,也可能在个人喜怒好恶的支配下说出一些令人尴尬的话,做出一些有可能招致误解的举动。

此时,下属应抓住人们对领导言行错愕不解的心理,采取适当的举动顺水推舟,把领导无意说出的过于直白、犀利的话朝幽默的方向引导,使人们认为领导在开玩笑,从而放松了紧张的情绪。

这就让领导觉得你是和他站在一边的,你自然也就获得了领导赏识和信任。

要想获得领导的赏识,幽默有一定的作用,不过要想从根本上解决问题,还需要你对自己的客观情况进行深入思考。如果你工作得很辛苦,但却没有效率、没有成绩,则得不到领导的赏识也是可以理解的。

如果你的工作有成绩，同伴中谁都比不上你，还要考虑你的工作性质，是否属于那种经常加班、特别辛苦忙碌的工种，像文秘人员、勤杂人员等，该类人员在其他单位是否也如此。

而如果以上情况都不是，那你就有必须另想办法来引起领导的注意，拉近与上司的距离了。要消除与上司的距离感首先一定要把工作干好了，甚至做得十全十美，不要在上司感觉你是个没用的人，其次你可以用点小恩小惠，买点下午茶孝敬上司。

大多上司都是有文化之人，要是想拉近语言间的距离，你在语言的技巧中要下些功夫，一般说来，幽默语言的效果应该不错。

职员："经理，您实在是爱好工作的人！"

经理："我正在玩味这句话的含意。"

职员："因为您一直都紧紧地盯着我们，看我们是不是正在工作。"

职员通过开经理的玩笑，拉进了同经理之间的距离，何况经理也是一个幽默的人。与上司开玩笑还要注意把握好时机。最好时刻留意能够和上司面对面谈些风流俏皮话的时机，比如两人并列在一起方便或洗手时更加机不可失。

同时，那种时候也是你们日后能够说悄悄话，当上司心腹的大好时机。另外，幽默地"冒犯"上司也是拉近双方距离的好办法。

美国总统柯立芝就曾因为自己的沉默和严谨而被人用幽默的方式"冒犯"过。

有一次他去华盛顿国家剧院观看戏剧演出。当看了一半的时候，他就有些瞌睡了。演员马克停下歌唱，走到前面，朝总统喊道："喂，总统先生。是不是到了您睡觉的时间了？"

总统睁开眼睛，四下里望望，意识到这话是冲着自己来的。他站起来，微笑着说："不。因为我知道我今天要来看您的演出，所以一夜没睡好，请继续唱下去。"

这则幽默对话，表现了演员的直言不讳和幽默，也表现了柯立芝总统所具有的幽默感。演员根本没有开罪总统，相反，倒成了总统的好朋友。

由此可见，以下犯上的幽默使用得适时适度，往往能够拉近与上司的距离，赢得上司的理解和信任。在使用这种以下犯上幽默技巧时，利用贬谪，再以下一阶段的奉承做鲜明的对称，即可使其效果倍增。

"经理，你对酒家那个女孩太过分了吧！真是太过分了！让那种女孩子眼泪汪汪的，真是男人的奇耻大辱啊！不过，您也实在厉害呀！经理。"

这表面上虽是一句贬谪的话语，但实际上却是赞赏的好话："经理实在是个高手呀！"这就是明贬暗褒的奉承话。

幽默可以帮助我们拉进与上司的距离。不过生活中任何事情都不是绝对的，与上司之距离的远近也同样如此，这种距离不可太远也不可太近。如果一个人不认认真真地做好本职工作，成天围着上司转，说好话、空话，刻意拉近关系；或整天坐在那里等着上司安排工作，像个提线木偶一样,上司拽一下,你才动一动,无形中疏远了上司,都是不可取的。

幽默能使你苦中作乐

幽默,可以让人觉得醇香扑鼻,隽永甜美。幽默,可以把别人的心吸入你的幽默磁场,在一起笑的时候,使彼此的感情产生交流。

如果我们在工作中遇到了什么困难,难以解决,就可以适当地运用幽默这个武器,促进问题的解决。

一个居民的房屋漏雨,每次请求修缮都没有结果。一天,物业领导视察民情,也问及他的房子一事。

人们以为他会大诉其苦,却没想到他微微一笑说:"还好,不是经常,只是下雨时才漏。"他的妙语博得领导一阵大笑。几天后,修房问题妥善解决。

凡人的幽默,可以使愁眉不展者笑逐颜开,也可以使泪水盈眶者破涕而笑;可以为懒惰者带来活力,也可以为勤奋者驱除疲惫;可以为孤僻者增添情趣,也可以使欢乐者更加愉悦。

唐恩是牛津大学哲学系毕业的,毕业后找不到工作,一直失业在家。后来,一位大学同学介绍他到动物园打工,他很高兴地去了。原来动物园有只老虎生病送医院,要他穿上虎皮暂代一下。他想反正也没人看得出是他,就答应了。

穿上虎皮进了兽笼后,他就很尽职地走来走去装老虎。没多久,兽笼打开,竟然又进来一只老虎,他吓得一直往角落退;而那只老虎一直向他逼近……最后退到无路可退时,那只老虎说话了:"老兄别怕!我是剑桥哲学系的!"

工作中有苦有乐,这位牛津大学哲学系的唐恩同学在困窘之中的一份工作经历就让人忍俊不禁,他认为自己一个名校生去装扮动物有些不好意思,谁知另一个装扮老虎的竟然是剑桥的。名校生去动物园工作的现实,揭示了职场竞争的残酷。

用幽默的方式管理下属

美国克雷夫特公司总裁毕尔斯认为:"幽默感是衡量一个领导人员是否具有活泼、弹性心智的重要标志。有幽默感的人通常不会把自己看得太重要,而且比较能做出好的决策。"

身处高位的企事业负责人,在人们的心目中往往有一种高不可及的印象,而有远见的高层人士往往希望运用幽默力量来改变他们在公众中的形象,改善大家对他所领导的公司的看法。

而这种形象的树立,就是建立在高层领导人借助幽默对下属进行人性化管理的基础之上的。

一位女员工总习惯星期一上班迟到。有一天,主管问她:"小姐,星期天晚上有空吗?"

"当然有,先生!"姑娘乐了。

"那就请你早一点睡觉,省得你每个星期一的早上上班迟到!"

主管对女员工的提醒是善意的,又以幽默委婉的方式表达出来,使女员工更容易接受。

俗话说:"人要脸,树要皮。"每个人都有自尊心,伤害了他人的自尊心,必然会引起对方的反感。

上级在对下属进行管理中,批评与责备有时是必需的,不可缺少的。然而,事实上,一贯的指责和批评很难使自己的下属俯首称臣,也难以取得好的管理效果。

鉴于此,如果在管理中采用夹带着浓厚幽默语气的人性化批评,通过满面的笑容来进行管理,那就冲淡了批评与责备的意味,在说者无意、听者有心的情况下,保全了对方的自尊。

幽默地指出下属的缺点,还能够帮助他们更加积极地改善自己,达到惩前毖后、治病救人的管理目的。

调查研究表明:凡是自尊心强的人,不论在什么岗位上都会尽自己的努力而不甘落后于人。

所以,明智的领导要保护下属的自尊心,要想方设法加强下属的自尊心。比如,注重礼貌,让他们体会到自己与上级在人格上是平等的;或使用适当的褒奖,让他们有荣誉感,等等。

再来看一则故事,从中你会感悟到幽默管理的力量所在。

美国前总统柯立芝有一位漂亮的女秘书,人虽长得不错,但工作中却常粗心出错。一天早晨,柯立芝看见秘书走进办公室,便对她说:"今天你穿的这身衣服真漂亮,正适合你这样年轻漂亮的小姐。"

这几句话出自柯立芝口中,简直让秘书受宠若惊。

柯立芝接着说:"但也不要骄傲,我相信你的公文处理也能和你一样漂亮的。"

果然从那天起,女秘书在公文上很少出错了。

后来,一位朋友知道了这件事,就问柯立芝:"这个方法很妙,你是怎么想出来的?"

柯立芝得意洋洋地说:"这很简单,你看见过理发师给人刮胡子吗?要先给人涂肥皂水,为什么呀,就是为了刮起来使人不痛。"

的确,在工作中,有些下属由于工作能力较差,时常做不好事情,反而给领导添麻烦。这时候,作为领导千万别对下属说:"他要是能调走,我磕头都来不及!"

而对于那些本身并不低能,只是偶尔做错了事的下属更不应该说出令人难堪的话,比如:"你是什么东西?你以为我不知道你的老底吗?"或者说:"你这种家伙,成事不足,败事有余!"这种话一出口,不是叫人心灰意冷,就是引起大吵大闹。

事实上,即使是在工作场合中被视为无用的人也有他自己的长处。他或许看似低能,却在某一方面潜藏着特长;也许他很笨拙,却也因此比别人更勤奋卖力。偌大个单位,总该有适合他的工作可做,而不应对他抱嫌弃的态度。

对下属进行人性化的管理，幽默将会让你受益无穷！。

幽默为工作带来好人缘

幽默是一种最生动的语言表达手法，与幽默的人相处，谈话是一件非常有趣的事。在工作中遇到难题，如果这时以幽默调节，事情就很可能很快得以解决。如果你需要改善同事们的工作态度，就可以利用幽默的妙语来表明你的观点。

陈鹏在一个会计部门任职员。有一次发薪水的时候，他竟然收到了一个空的薪水袋。他没有气得暴跳如雷，也没有破口大骂。

他只是拿着空的薪水袋去问发薪部门的人说："怎么回事？难道说我这个月的工作，竟然不值一分钱吗？"当然，陈鹏得到了补发的薪水。

陈鹏表现了对同事偶犯的错误持一种宽容的态度，而不把它看成一件了不得的事情，批评谩骂同事的愚蠢。他以自己的幽默与同事分享了轻松愉快的果实。这也正是不为所动、泰然处之的幽默所要收取到的效果。

我们如果不能领略到别人的幽默对自己的裨益，也就不太可能以自己的幽默来激励别人。为了表现我们重视别人所带给的好处，应该时时保持乐观的态度,同别人一起欢乐。

一位男士对即将结婚的女同事打趣地说:"你真是舍近求远。公司里有我这样的人才,你竟然没发现!"她的女同事开心地笑了。

对上面这位男士的玩笑,女同事没有说他轻浮,反而感激他的友谊和欣赏。笑的热流流淌在两性之间,总是使人觉得弥足珍贵。当同事期望太多、要求太多之时,我们还是可以用幽默表达我们不同的意见。

有一位电影明星向著名导演希区柯克唠叨摄影机的角度问题。她一次又一次地告诉他,务必从她"最好的一边"来拍摄。"抱歉,做不到,"希区柯克说,"我们没法拍你最好的一边,因为你正把它压在椅子上。"

使用幽默语言的人,大都有温文尔雅的气质、亲切温和的处事态度。这样的幽默才使人感到轻松自然。

如果你已经利用幽默力量来帮助你取得成功,你也就能对挫折一笑置之,坦然开同事的玩笑,并且关心他们,更重要的是以轻松的心情面对自己,而以严肃的态度面对自己的新角色。

第三章　幽默智慧的运用提高

妙趣横生的装傻充痴法

装傻充痴法就是一个正常的人故意装傻充痴，从而达到幽默的喜剧效果。请看下面的例子：

一浴池招聘员工。

老板："若你走错了房间，进入了女浴室并看到一女士在淋浴，而且她也看到了你，你该怎么办？"

甲："什么也不说，赶快退出来。"

乙："对不起，小姐。"

丙："对不起，先生。"

结果丙被录取了。

有时最高的社交智慧在于显得一无所知。不必真是白痴，看来像就可以了。你懂得装蠢，你就并不蠢了。这种技巧最为简单：把你的聪明放在冰山下面，跟没有任何智力一样。

言语交际中，故意说"痴言呆语"，会使你的语言幽默风趣，妙趣横生，创造轻松、活泼、诙谐的交际氛围。故作"痴言呆语"会让人诧异，感到"荒唐至极"，瞬间思考后便恍然大悟，觉得巧妙绝伦，谐趣无穷，发出会心的微笑，赞美说话者超人的智慧和高雅的幽默。比如下面这个幽默：

一觉醒来后，妻子对丈夫说："我刚才做了一个梦，梦见你在情人节时送给我一串珍珠项链，你说这个梦是什么意思呢？""今晚你就会知道的。"她丈夫回答说。

这天晚上，她丈夫带回一个小包给她，她满怀喜悦地打开一看：里面是一本书，书名就是《梦的解析》。

这种"装傻"的办法无疑要比直截了当地说："我没钱""不许买"来得更艺术一些，更能表现出幽默感。

故作"痴言呆语"是高超的社交幽默技法，具有是痴非痴的特点。在具体运用时，必须注意三点：

一是扮演痴呆人角色。只有这样，才能使人产生疑问，继而加以思索，随之理解用意，捧腹大笑。

二是让人明白你的用意。如果别人不理解你"痴言呆语"背后隐藏的真实用意，幽默感就不会产生。

三是打破生活常规。顺着生活中固有的逻辑思考便不可能幽默。

形象生动的比喻幽默法

比喻是用有相似点的事物打比方，用具体、浅显、熟知的事物作比来说明抽象、深奥、生疏的事物的修辞手法。

比喻是幽默艺术中常用的修辞格式之一，有明喻、暗喻和借喻三种。幽默艺术在运用语言移植技巧时常采取明喻和暗喻手法，在运用语言交叉技巧时常采取借喻手法。

明喻由本体、喻体和喻词三部分构成，暗喻由本体和喻体两部分构成，借喻则是以喻体代替本体。

在语言移植技巧手段中，本体、喻体和喻词之间的差距极大，褒贬色彩也截然不同，含蓄而又出人意料的比喻给人以意料之外、情理之中的感觉，产生意味深长、忍俊不禁的幽默效果。

在语言交叉技巧手段中，巧妙的借喻使表面意义上的喻体和其所暗示的、带有一定双关意义的本体构成交叉，令人在领悟了比喻的真正含义后发出会心的微笑，因而具有很强烈的幽默效果。在口语表达中，运用恰当的比喻可使言谈话语既形象生动又风趣幽默。

1945年，当富兰克林·罗斯福第四次连任美国总统时，《先锋论坛报》的一位记者去采访他，请总统谈谈四次连任的感想。罗斯福没有立即回答，而是很客气地请记者吃一块三明治。

记者得此殊荣，便高兴地吃了下去。

总统微笑着请他再吃一块，他觉得这是总统的诚意，盛情难却，就又吃了一块。

当他刚想请总统谈谈时，不料总统又请他吃第三块，他有些受宠若惊了，虽然肚子里已不需要了，但还是勉强把它吃了。这时，罗斯福又说："请再吃一块吧！"

这位记者赶忙说："实在是吃不下了。"这时罗斯福方微笑着对记者说:"现在,你不会再问我对于这第四次的连任的感想了吧!因为你刚才已感觉到了。"

罗斯福采用的就是比喻的方法制造的幽默。下面的这个故事中的主人公运用的也是以事喻理的比喻幽默法。

摩根先生家来了一位客人,说是要向他请教做生意的学问。可是摩根先生还没有开口,客人自己却滔滔不绝地大讲起来。

摩根先生听了一会,实在没有办法,就往客人面前的茶杯里倒水。水倒满以后仍在继续倒,流得到处都是。

客人终于忍不住了。"您难道没有看见杯子已经满了吗?"他说,"再也倒不进去了!"

"这倒是真的。"摩根先生停下来,"和这只杯子一样,你的脑子里已装满了自己的想法。要是你不给我一只空杯子,我怎么给你讲呢?要知道,是你来向我请教的!"

比喻在逻辑思维中虽有局限性,但在形象思维中则是个战无不胜的法宝。钱钟书先生在日本东京早稻田大学演讲时,礼节性的开场白就不同凡响:

"到日本来讲学,是很大胆的举动。就算一个中国学者来讲他的本国学问,他虽然不必通身是胆,也得有斗大的胆。理由很明白简单:日本对中国文化各个方面的卓越研究，是世界公认的；通晓日语的中国学者也满心钦佩和虚心采用你们的成果，深深知道要讲一些值得向各位请教的新鲜东西实在不是轻易的事。我是日语的文盲，面对着贵国'汉学'的丰富宝库，就像一个既不懂号码锁，又没有撬开工具的穷光棍，瞧着大保险箱，只好眼睁睁地发愣。但是，盲目无知往往是勇气的源泉……"

钱钟书先生在肯定日本对中国文化各个方面的卓越研究的同时，用鲜明形象的比喻谦虚地表明自己是日语的文盲，并自然地导入正题。这段开场白既形象风趣，又不失礼节，主要得力于他素来对比喻的艺术功用钻研颇精，能灵活自如地运用比喻丰富自己的语言，使其言谈话语中妙譬巧喻，信手拈来，幽默陡增，成为"钱钟书风格"的一个显著特征。

比喻法是根据类似联想，选取乙事物（喻体）的某一种特征来描绘甲事物（本体）。它的主要功能便是造成语言的形象性。当然，一般的比喻与我们幽默范畴里的比喻是有区别的。

要使比喻体现出幽默感，就必须使比喻参与创造"以言语条件使崇高鄙俗化"的"语言心理"结构。那么，比喻法如何参与这个语言心理结构的创造呢？

首先，所要描绘的本体事物自身存在着一定的缺陷。比喻法可以用形象的手法强化这些缺陷，使其缺陷更加显眼可笑。

其次，所要描绘的事物本体，原本是属于尊贵的、崇高的或严肃、重要的，而讲述者故意用低贱、卑俗甚至令人恶心的喻体去描绘。本体事物因此而被降格，导致鄙俗、滑稽。

比如，有人问一位采购员说："采购工作好不好？"他这样回答："出门是兔子，办事是孙子，回来是骆驼。"

"兔子"是指出门为了抢时间，赶车赶船跑得快；"孙子"是指为了买到所需货物，不惜低头哈腰地向人家客客气气；"骆驼"是指回来的时候，不仅要办好货物托运还要给老婆孩子买东西，负载很重。他用形象的比喻说明采购工作是个吃苦受累的活。

比喻法的应用有一个原则，就是对一些人和事物的"降格"处置可能会招来反对或反感，所以故事的善后处理的艺术就显得十分重要和必要。

启发想象的假设幽默法

假设的幽默手段是智者的一种思想火花，是一种丰富的想象力的表现，这是它和其他手段相类似的地方。但是，它又可以取得其他的幽默手段所得不到的反馈：可以极大地发动对方的想象力。这种被启发出来的想象力，更增添了笑料的魅力。

由于假设的手段应用起来比较便当、简捷，因而常常被用于小幽默之中。报上曾登过这样一条消息：

某人为了治疗自己的脱发病，每晚都用妻子的尿液洗头，因为有人告诉他这种尿液里含有丰富的生长激素。

于是记者调侃道:"幸好他的胡子长得还好,用不着这样。"

这样一段假设,把读者的想象带到了幽默之中。

正因为假设可以构成幽默,所以儿童的语言,常常构成一种天然而不带雕琢的幽默,因为儿童的思想常常含有假设的成分。

有一则小幽默:

爸爸给女儿讲他小时候家境贫寒、受尽苦难的经历。小女儿两眼含泪,十分同情地对爸爸说:"哦,爸爸,你是因为没有饭吃才到我们家来的,是吧?"

这是孩子纯真的想象,也就是一种假设,孩子的"大概如此",常常使大人感到了幽默。

假设是一种想象,幽默的假设则是一种大胆的想象。由此可以想见,一个富于想象的人,必定会是一个富于幽默的人;一个富于想象的民族,必定会是一个富于幽默的民族。

耐人寻味的谐音幽默法

运用谐音法,对不便明说的丑恶现象和人物,进行讽刺鞭笞。

宋朝时有个人喜欢咬文嚼字,动不动还咏诗作赋。后来，他听说欧阳修擅长作诗，心中很不服气，就想去看个究竟。走到半路上，他看见一棵死树，诗兴大发，吟了两句：

"门前一古树，两股大丫杈。"想再吟下去，却再也想不出词儿来了。正巧，欧阳修从后面来了，就替他续了两句："春至苔为叶，冬来雪是花。"

这人回头一看，是个老头，就说："老伙计，想不到你也会作诗。那我们一起去拜访一下欧阳修，看他有多大能耐。"于是，他们便一同上了路。在一条河堤边正好有一群鸭子跳进水里，那人便吟道："一群好鸭婆，一同跳下河。"欧阳修听了，便又续了两句："白毛浮绿水，红掌拨清波。"

后来他们一同渡河，这人在舱里又做起诗来："两人同登舟，去访欧阳修。"

欧阳修便又帮他续上了两句："修已知道你，你还不知修（羞）。"

谐音幽默法在现代交往中也非常有用。

某日，王强带着11岁的儿子捧着一盒包装精美的糖果登门造访一位朋友。临走时，坚持留下那礼物，说："根号2啊，收下吧！"

"根号2？"主人愣住了。

哪知那11岁的鬼灵精接着说："根号2就是1.41421……就是，意思意思而已啦！"

人的心理，社会心理，在许多事情上是自相矛盾的。比如送礼就是。一方面主张"君子之交淡如水"，一方面又说"礼尚往来人之常情"，所以在送礼与收礼时，往往处在进退两难的境地。倘若说："根号2，收下吧。"那就大出新意，在心照不宜的笑声中，一切都"功德圆满"了。

根号 2 = 1.41421 又与"意思意思而已"谐音，这是又转一道弯。幽默往往表现为曲线的。这样，就在笑声中，更耐人寻味了。

借此喻彼的张冠李戴法

一个学校进行考试，老师在监考时对学生说："今天的考试，我们要求同学们'包产到户'，不要走'共同富裕'的道路。"

这位老师的话引起了同学们的会心一笑，知道老师说的是不允许相互提供方便，要自己答自己的卷子。但老师的话妙就妙在没有直言考场纪律，而是用两个农村改革中的专业词语来代替："包产到户"代替"自己答自己的卷子"，"共同富裕"代替"相互帮助"。

由于"包产到户"和"共同富裕"的巧妙借喻与考场上紧张严肃的气氛格格不入，形成强烈的反差，所以产生了幽默感。这种不直接表述某种事物，或不直说某事某人的名称，而是用其他相关的词语、名称来取而代之的幽默方法，我们称之为"张冠李戴"。它与修辞中的借代基本上是相同的。

我们在观赏马戏团的演出时，经常会觉得那些穿人类服装的猩猩、猴子之类非常滑稽可笑，因为兽类本来不具有文明的特征，把人类文明的东西强加于动物身上，自然给人以不协调感，所以容易为之发笑。这就是张冠李戴造成的喜剧效应。

说话也是这个道理，故意地用甲来代替乙，并使之在特定的环境中具有不协调性，且意味深长，便是幽默了。

> 一个记者请某领导人谈谈他保持身体健康的经验。那领导笑着回答："经验只有一条，那就是保持进出口平衡。"
> 一句话，让在座的人都笑了。

"进出口平衡"本是外贸行业里的一个比较大的术语，却被这位领导借代到饮食养生问题上来，其言外之意是不言而喻的。既说明了新陈代谢对身体的重要意义，又在不协调的借代中造成一种大与小的反差，听之趣味无穷。

这位领导选择的"帽子"无疑是十分恰当的，因其恰当，才使人产生了丰富的联想，在联想中咀嚼出幽默的味道。

选择恰当的"帽子"，主要有两个渠道。一是从现成的行业术语、专业术语、政治术语中去选择，像前边提到的"包产到户""共同富裕"和"进出口平衡"等都属此类，相对来讲，这样的选择比较容易。二是在交际过程中选择适当的词语来完成换名，这种选择和应用相对要难一些，但只要替代得好，更有现场效果和机智的幽默感。

> 在一次访美期间，丘吉尔应邀去一家专门做烤鸡的简易餐厅进餐。丘吉尔很有礼貌地对女主人说："我可以来点儿

鸡胸脯的肉吗？"

"丘吉尔先生，"女主人温柔地告诉他，"我们不说'胸脯'，习惯称它为'白肉'，把烧不白的鸡腿称为'黑肉'。"第二天，这位女主人收到了一朵丘吉尔派人送来的漂亮的兰花，兰花上附有一张卡片，上写："如果你愿把它别在你的'白肉'上，我将感到莫大的荣耀——丘吉尔。"

女主人挑理，非要称"胸脯"为"白肉"不可，弄得丘吉尔当时显得很被动。但丘吉尔很快就从被动中走出来，为了嘲弄女主人的咬文嚼字，他现买现卖地把"白肉"借用过来，以"白肉"来代称女主人的"胸脯"，这显然是把鸡和人扯到了一起，给人赋予了鸡名称，诙谐的讽刺中多了几分幽默感。借用现场的交际语来实现张冠李戴的幽默，体现了丘吉尔的聪明机智。

借用交际语必须有一个前提，就是双方都是当事人，都明白那个借体所用来代替的事物是怎么回事。如果你将一个地方的交际语拿到另一个交际场合张冠李戴，由于对方不明真相，你的幽默力量便不会传递给对方，那么你的幽默也就失败了。

一语两用的双关幽默法

一语双关是在说话时，故意使某些词语在特定环境中具有双重意义的方法。双关是利用词语的同音或同义的关系，发挥其在特定语言环境中的双重意义，言此喻彼，巧妙地传递蕴藏在词语底层潜在信息的修辞手法，即所谓"醉翁之意不在酒"，指桑骂槐。

比如，美国第三十八任总统杰拉尔德·福特，说话就喜欢用双关语。

有一次，他回答记者提问时说："我是一辆福特，不是林肯。"

众所周知，林肯既是美国很伟大的总统，又是一种最高级的名牌小汽车；福特则是当时普通、廉价而大众化的汽车。福特说这句话，一是表示谦虚，一是为了标榜自己是大众喜欢的总统。

双关分为谐音双关和语义双关两种，将其恰当运用于口语表达中，可以增添言谈话语的幽默感。

一位年轻的作者到编辑部送稿，编辑看后问道"小说是你自己写的吗？"

"是的。"年轻人回答：我构思了一个月，整整坐了两天才写出来，"写作太辛苦了！"

编辑突然大发感叹："啊！伟大的契诃夫，您什么时候又复活了啊！"年轻人红着脸悄悄地退出了编辑部。

这位编辑利用一语双关的方式批评了年轻人，"伟大的契诃夫您什么时候又复活了啊！"隐含着"你抄了契诃夫的作品"之意，既含蓄诙谐又具有强烈的讽刺力量。可以想见，这样的批评效果远比板着脸快语明言教训人要好得多。

有一则寓言说,猴子死了去见阎王,要求下辈子做人。阎王说,你既要做人,就得把全身的毛拔掉。说完就叫小鬼来拔毛。谁知只拔了一根毛,这猴子就哇哇叫痛。阎王笑着说:"你一毛不拔,怎么做人?"

这则寓言表面上是在讲猴子的事情,却很幽默地表达了"一毛不拔,不配做人"的道理,虽然讽刺性很强,却也委婉、含蓄。利用字的谐音来制造双关的效果,会显得很有幽默感。

传说李鸿章有一个远房亲戚,胸无点墨却热衷科举,一心想借李鸿章的关系捞个一官半职。他在考场上打开试卷,竟无法下笔。眼看要交卷了,便"灵机一动",在试卷上写下"我乃李鸿章中堂大人的亲妻(戚)",指望能获主考官录取。主考官批阅这份考卷时,发现他竟将"戚"错写成"妻",不禁拈须微笑,提笔在卷上批道:"所以我不敢娶你。"

"娶"与"取"同音,主考官针对他的错字,来了个双关的"错批",既有很强的讽刺意味,又极富情趣。

下编

吸引人

吸引人是一种本领,无论男人还是女人,要想成就一番事业,首先就要使别人关注你,认识你。如果人人都对你视而不见,听而不闻,那么,即使你有通天的本领,也不会被人所知,更不会被人所用,这样你将一事无成。朋友们,行动起来吧!学点吸引人的本领,让世界因为有你而精彩。

第一章 用你的外貌吸引人

让世界因为你而美丽

根据最新研究，一个人的长相会直接影响到他的收入。研究人员把几千名就业者的资料加以分析，首先依外貌分门别类，再把同一部门中工作性质相近者的薪资加以比较。结果发现，相貌平庸的人薪水低于中等者，中等者的薪水又不如仪表出众的人。

外表所涵盖的范围相当广泛：衣着款式是否合宜、是否整洁，鞋子是否光亮，衬衫是否笔挺，发型如何，化妆是否得体……种种与个人整洁有关的事。但是，影响力最深的却是脸上的笑容，以及待人处事的态度、幽默感等。想要进入上流社会，一定要有充分的幽默感及乐观的态度。

要想步步高升，必须有人提拔。面对两个条件相当的人，即使他们的本事略有高下，领导阶层也多半提携给人好感的那一个，问题是，我们会喜欢哪一个呢？

面带笑容、积极乐观、平易近人的人，一定比呆板无趣、消极保守的人受欢迎。积极乐观的人必然会有更高更好的工作效率，也必然比消极保守的人容易得到他人的合作，不用说，雇主当然喜欢任用"胜任"、工作效率高、平易近人的人。

因此，我们应该随时保持愉快的笑容、和蔼可亲的态度，以及适度的幽默感。果真如此，保证你会在事业及生活方面跻身上流社会。讲几则故事给你听吧。

  罗杰·柯拉福直到16岁才会系鞋带，但是他在运动方面却非常杰出，是一位网球明星球员。高中时代，他就是常胜将军，几乎十打九赢。大学时代也同样成绩辉煌，后来成为职业选手。
  任何人都可以一眼看出，罗杰是位残障人士。但是正如罗杰所说的，大多数人也同样有某种障碍，只是不像他那么显眼罢了。
  罗杰生下来就少了一条小腿，也不像一般人有健全的十指——他只有两截残缺的指头，但是他却利用这两节指头，做了许多了不起的事。罗杰从来不抱怨自己缺少什么，只是把自己所拥有的发挥到极致。他虽然身患残疾，却破天荒地参加了全美大学运动协会所办的比赛。
  罗杰并未假装日子过得轻松愉快，事实上，对大多数人而言，人生也并不轻松愉快。当时，罗杰是全美最受欢迎的演说者之一，他的作品极为畅销，家庭生活也幸福美满，他演说的对象几乎遍及世界各地，从排名500强的大公司，到一般贸易公司、学术机构，无所不包。

  给你一个良心的建议，学学罗杰做人处世的态度吧。
  每个人一生中的言行——无论好与坏——都会影响到无数人。换言之，每个人都会使这个世界有所不同。

不论如何，艾美·怀汀顿女士确实直接、间接地影响了千千万万的人。83岁高龄的她，仍然在密歇根州的一个小镇上教书。

她听说芝加哥的慕迪圣经学院开办了研习营，探讨如何做更有效率的工作。她省吃俭用，好不容易凑足车资，搭了一夜巴士来参加这个研讨会，希望学习更新更好的教学法，让自己的工作更完美。

有位教授对她十分敬佩，特地和她聊天。他问她教导的对象年龄如何、人数有多少，她回答她教的是中学生，一共有13人。

教授又问教会里有多少个孩子。怀汀顿女士说："50个。"教授对于她居然教导教会中四分之一的孩子十分惊讶，诚挚地说："你的效率这么高，应该请你指导我们教学的方法才对！"他说得一点也没有错。

有必要再补充一点：原本已经下过功夫的人，往往比略知皮毛的人更愿意寻求突破。艾美·怀汀顿小姐究竟有多大影响力呢？多年来在她教导过的学生当中，有86位成为牧师，想想看，她直接或间接影响过的人是不是有千千万万呢？她的确使这个世界有所不同。同样地，你也可以让许许多多人的生活因为你而变得更加美好。

打造美好形象的第一步

世界有一亿个人就有一亿种不同的容貌,世界有五十亿人就有五十亿种不同的容貌,但是不管怎样的容颜,使它焕发光彩的第一步必然是干净整洁,这一点在女性身上显得尤其重要。很难设想我们会称赞一个外表上看起来脏兮兮的女人何等的有魅力,即使她有着西施的惊人美貌也不成。

干净整洁的外表来自良好的个人卫生习惯,平日自身清洁主要包括:

牙齿护理

拥有一口整齐白净的牙齿不仅是你整洁外表的第一表象,更会为女性增添几分意想不到的魅力。

对牙齿的清洁护理应该注意以下几个方面:

勤刷牙,勤漱口。不仅早上起床和晚上睡觉前要刷牙,最好每日三餐后的三分钟之内都要刷牙或漱口。

注意刷牙的方法。很多人习惯于将牙刷左右拉锯似的拉,这样刷牙不仅无法彻底清洁牙齿缝隙里的残留杂物,还会对牙齿造成一定的磨损。最佳的刷牙方法应该是上下摆动牙刷。

不要吸烟。吸烟除了会造成皮肤暗淡无光、肺部患病几率增高和患癌几率增高之外,最直接、最明显的后果是让你拥有满口黄牙,而且说话时有一股难闻的烟味。如果你真的是一个十足的烟民了,怎样也无法戒烟的话,那最好定时去牙科诊所检查你的牙齿,并进行一定的专业清洁。

手和指甲

手可以说是一个人的第二张脸，因此做好脸部和指甲的清洁工作也十分重要。勤洗手不仅是卫生的做法，还是让你拥有良好形象的细节所在。

但是手又是最经常地暴露在阳光和污浊的空气中，接受风吹日晒的考验的部位，而且很多女性朋友还需要做家务，更容易使娇嫩的皮肤受到伤害了。因此女性对自己的双手必须十分的爱护，而清洁是爱护双手的第一步。

平常我们一般都用香皂或者洗手液洗手，但是如果在用浸过清洁剂的抹布做完家务双手油腻腻的时候，光用香皂洗手是无法做到彻底的清洁的，正确的方法应该是用柠檬水或食醋将手洗净，以去除残留在肌肤表面的清洁剂的碱性物质，然后再用香皂清洗一下，最好是在洗后涂抹一点润手霜。

关于指甲，女性比男性关注的多一些，但不论男女，对指甲的清洁和修剪都是不可马虎的。

经常可以看到不少女性喜欢下意识地啃自己的指甲，这是极不正确的。首先人的指甲里面寄存了很多有害病菌，啃指甲就会把这些有害病菌带入体内，损害健康。其次啃指甲是极不雅观的行为，如果被别人看到，十有八九会让你的优雅形象大打折扣。还有就是啃指甲会让你的指甲看起来像被老鼠咬过一样，难看之极！所以最明智的做法就是定时地用指甲刀进行修剪。

另外现在有很多女性都会使用指甲油，这会让指甲看起来比较有光泽、漂亮，但是并不是每位女性都知道正确的涂指甲油的方法。涂抹指甲油的前期准备工作包括：

首先在涂指甲油之前，应先用温水将双手浸泡，然后修剪好指甲并将手上的倒刺去掉。

其次用指甲锉向同一方向轻锉，修滑指甲边缘，涂上一层护底甲油。做完上述准备工作之后，就可以开始你的指甲美化工作了。

另外，喜欢涂抹指甲油的女性还应注意要及时卸掉指甲油，坚持每天晚上睡觉前把指甲油洗掉，第二天再重新涂上，这样做不仅能保持指甲的清洁卫生，而且能让指甲得到必需的喘气歇息的空隙。

去除指甲油也是很有讲究的，应用化妆棉棒沾上适量的去光水进行擦拭，而且不能过于用力，只能将沾有去光水的棉棒轻轻地按压在指甲上约5秒钟，让去光水将指甲油溶化，然后再朝同一方向轻轻擦拭。

恼人的气味

很多人都会受到各种难闻的气味的困扰，最普遍的有口臭、腋臭、烟味、酒味、鞋臭味，这些气味都会使你看起来那么的不干净、令人觉得不舒服，那么，如何走出这些令人尴尬的局面呢？下面让我们一起寻找解决办法吧。

首先是口臭

一般来说，有些人之所以会有口臭，不外乎以下几个原因：

口腔不卫生。有的人平时刷牙时马虎了事甚至长期不刷牙，残留在牙缝里的食物残留物得不到及时的清除，便在口腔中腐化变质，从而散发出难闻的异味。

假牙长久不清洗。

吃过一些有异味的食物，如大蒜、葱、带腥味的鱼等，有的时候服用了某些药物也会使口腔散发出异味。

某些口臭也可能是体内的疾病引起的。

口臭患者应该根据自身具体情况采取一定的措施，平时一定要注意口腔的清洁卫生，必要时可漱口水帮助清洁。如果是体内疾病导致口臭的话，那就应该及时到医院进行治疗了。

其次是腋臭

腋臭又称为狐臭，有不少青年都不同程度地受到了腋臭的困扰。人体腋下有一种大汗腺，它除了排泄汗液以外，还会排泄较多的代谢产物，如脂酸、蛋白质等，这些物质在皮肤表面正常的寄生菌的作用下，就会产生出难闻的气味，尤其在夏天，由于气温高，汗腺分泌旺盛，气味就显得更大了。有些人大汗腺较多，又多分布在腋下，于是就形成了腋臭。

那么，怎样才能防止腋臭呢？

首先要注意个人卫生。应多用香皂和清水对腋窝进行清洗，然后撒上爽身粉或痱子粉等，保持腋窝的干净清洁。同时要勤洗勤换，不要吃过于刺激性的食物或吸烟、喝酒。

另外适当地在身上喷一点香水也有利于控制难闻的体味，现在市场上有香体露或香体液出售，这些产品在一定程度上能抑制大汗腺的汗珠排放，而且本身所带有的香气能遮盖住腋臭。

其次是手术治疗。腋臭较重的人还可以通过手术切除腋窝的大汗腺，这是比较彻底的治疗办法，而且一般不需要住院，但是手术后的一段时间里面不能出汗，因此需要有一定的时间和条件。

还有一种酒精注射疗法。用无水酒精、百分之二的普鲁卡因溶液和百分之二利多卡因以一定的比例混合，每次往每侧腋窝注射 8～16 毫升，使药液到达腋窝大汗腺分布区皮下组织，以破坏真皮腋下的大汗腺。通常一次注射一侧腋窝，第二天再注射另一侧腋窝。但是必须注意的是，使用这个方法的时候必须要在医生的指导下进行，而且注射后虽然能从事一般性工作，但绝对不能立刻从事较重的体力活。

烟味、酒味、鞋臭味

相比较而言，烟味、酒味和鞋臭味没有口臭和腋臭那样严重，但是你如果想拥有绝对完美的魅力形象的话，就绝对不要让这些难堪的气味让你懊恼不已。

现在有不少人抽烟喝酒，其实这是不好的习惯，抽烟喝酒不仅会加速皮肤的老化，使皮肤丧失原有的弹性和光泽，还会产生难闻的气味，因此，我们提倡戒酒戒烟。如果实在无法戒除的话，也应该注意每次喝酒或抽烟后都应该漱口，并坚持定期到牙科诊所进行专业的口腔清洁。

鞋臭味相对来说就比较好解决了，只要注意脚部的清洁和鞋子的选择、清洁就可以了。一般来说应该选用那些透气性好、感觉舒服的鞋子，如果穿皮鞋的话，应该垫上干净舒适的鞋垫。

总而言之，我们在日常生活中一定要注意自身的清洁卫生，干净整洁是打造美好形象的第一步。

让自己拥有俊美的脸庞

几乎所有的人都想拥有俊美的外貌，健美的身材。脸部皮肤对上个人来说是非常重要的。它是我们青春健美的象征。让脸展现出最佳风采正是你所能为自己做得最聪明的一件事情，因为干净、健康的肌肤能提高你的自信，并且增强自尊。

然而，由于它经常暴露在外界的环境之下，所以我们的脸会比身体其他部位的肌肤更早出现岁月的痕迹，而适当的保养已被证实有助于使肌肤看起来和感觉起来都比较年轻。

脸型修饰法

脸部最基本的就是脸部轮廓，也就是脸型。当你注视镜中自己的脸型时，可能会不知道自己的脸型归于哪一类型。为了避免因自己的主观喜好而产生错觉，你可以用手碰触自己的脸，以了解脸上的肌肉及骨骼的形状，发现自己未曾注意的脸型特征。

不同的脸型会给人完全不同的直观印象———一张比较宽的脸就很难表现出柔弱。中国古老的相面术便是依据脸部五官及骨骼的形状来判断人的性情及运势。如果能准确把握自己的脸型特点与性格特色，并依此为基调协调整体的搭配，就可以形成自己独特的风格，让你更具个性与魅力。让我们试着对不同的脸型进行分析：

（1）具有异国情调的高颧骨脸

如果修饰不当，这种极具个性的脸型很容易显得粗俗。所以颧骨比较高的人应留意装扮的技巧，以显现脸型的现代感。

若想用头发遮掩突显的两颊，效果并不会好。应选择轻快时髦的发型，而厚重繁杂的发型则应避免。

注意利用阴影的效果来淡化突兀的双颊，颧骨下方可用色度略亮的粉底。眉毛可勾画得细而上扬，表现敏锐的神情。

成熟温馨的服饰更适合这种脸型的人。可选择有异国情调的披肩，从而增添一份个性之美。但修饰应简约而独特，以免流于俗套。

（2）可爱而健康的圆脸

圆脸的人容易给人亲切可爱的印象，只是不易打扮出成熟、优雅的气质。所以圆脸型的人扮靓的要点是遮掩或淡化过圆的脸,并在穿衣打扮时强调优雅与成熟。

应注意表现脸部的轮廓,前额应显得清爽简单,又不能完全露出前额。可用中分或三七开的发型,让头发自然垂下遮住眼侧过宽的脸,使脸显得长一些。蓬松的卷发不适合圆形的脸。

过分白皙的粉底不适合圆脸的女士,粉红色系的粉底会比较合适。眉形应选择较粗而清爽的形式。

选择款式简洁的服装体现成熟的韵味,饰物也应简而精,避免垂挂各种可爱的小饰物,对比强烈而清爽的条纹衬衫可让圆脸男女显得理性而端庄。

(3)成熟智慧的长脸

长脸的人显得理性、深沉而充满智慧,却容易给人老气、孤傲的印象。所以在进行装扮时,应适当强调活泼轻快的风格与柔和的女人味。

女性可用刘海遮掩前额,产生缩短脸部的视觉效果。也可用精巧的头饰,缎带等增添的娇柔。头顶的头发应做得很平,顶部高耸的发型会使脸显得更长。长脸女士可选择蓬松的发型,而清汤挂面式的直发则不是明智的选择。

若想表现自己成熟的风貌,可选用棕色或金色系的眼影。眉形应画得稍长,并加重眼外侧的眼影,以使脸的宽度显得宽一些。职业套装很适合长脸的女性,为了避免过分的单调与刻板,可用围巾或胸针点缀,显得时髦而柔和。优雅的长裙和粉色系针织外套可为长脸型的女士增添一份女性的温柔气质。

（4）端庄古典的鹅蛋脸

鹅蛋脸丰满圆润，是标准的美人脸型，可是在崇尚个性的现在，端庄的鹅蛋脸就有些太平凡了，很难给人深刻的印象。所以有一张鹅蛋脸的女士应注重强调个性，力求从"漂亮"的瓷娃娃的模式中脱颖而出。

这种脸型可选择的发型很多，但正因如此，反而不知该如何下手，最好是选择既可充分表现脸部娇美又具个性的发型，着重刻画脸部的立体感，可选择时髦一些的色系。

要想从四平八稳的平凡中提炼出个性，妆容上要多下些功夫。有一张典雅的鹅蛋形脸，穿什么衣服都会好看，可以古典，也可以现代，即使是搭配新潮的配件也不会显得出格。

（5）优雅而现代的方型脸

这种双腮轮廓明显的脸型，极具现代感，给人意志坚定的印象。它完美糅合了女性的柔美与坚强个性，而要表现出如索，菲亚·罗兰般的魅力，需要很高的技巧。应利用发梢的设计，恰到好处地遮掩前额与脸侧，内卷式的典雅发型是极好的选择。

可用适合自己肤色的粉底涂满脸部，用较深色的粉底在两腮处打出阴影。脸部中央及上部用较明亮的粉底加以强调。如果想用服饰强调自己充满现代感的个性，可选择时髦的合体西装。也可用充满女性味的服饰展现自己柔和的气质。

既然脸部是许多人注意到我们的第一焦点，精心呵护，让它展现出最佳风采正是你所能为自己做得最聪明的一件事情。

下面我们来看一看保养脸部皮肤的基本步骤

洗脸：用温和的香皂或洗面奶彻底洗脸。

净脸：用收敛水去除老死皮肤、香皂或洗面奶。

敷脸：使用敷面膜膏在脸部肌肤均匀地薄薄涂上一层，但要避开眼周围区域，然后放松一下。不管你是油性肌肤或干性肌肤，均需选择一种其成分最适合自己肤肌类型的敷面膏，并让它在脸上停留 15～20 分钟，且尽量不要说话或是脸部动作太多。

蒸脸：用一个装满热水的大脸盆或澡盆来畅通你的毛孔，同时还可以在水中添加一些草类，建议正常肌肤的人加入甘菊，油性肌肤的人加入薄荷，干性肌肤的人则加入迷迭香；然后用大浴巾搭一个帐篷盖住自己，并靠在水边 10～15 分钟，让你的毛孔打开。

冲脸：先用温水，然后慢慢改变到用冰水冲脸，以便慢慢地洁净及关闭毛孔（这一点非常重要，尤其是即将外出的人更不能忽略）。

润脸：使用清爽的乳霜或乳液按摩你的脸，让肌肤吸收养分。

微笑！你的肌肤真的很干净，你的气色棒极了！

营养洁面的方法

清洁堪称保养肌肤的第一要素。这里介绍的洁面方法，能保证将对皮肤的刺激降到最低，而且还有营养的功效。

皮肤是美容的基础，而脸部的保养在美容中占有极重要的位置，面部清洁是皮肤保养的第一步。

面部皮肤暴露在空气中，空气中飘浮的污物、尘埃、细菌等，自然附着于皮肤表面，加上皮肤自身分泌的油脂、汗液、死细胞等，这些因素会影响皮肤正常生理功能的发挥，甚至导致皮肤感染，发生痤疮等皮肤病。由此可见，皮肤清洁是非常重要的。

洁肤的目的主要有以下几个方面：清除皮肤表面的污垢及皮肤分泌物，保持汗腺、皮脂腺分泌物排出畅通，防止细菌感染；可使皮肤得到放松、休息，以便充分发挥皮肤的生理功能，呈现青春活力；调节皮肤的 pH 值，使其恢复正常的酸碱度，保护皮肤；可为皮肤护理做准备。

除了用普通的方法进行皮肤的清洁以外，还可用营养洁面的方法。常用的营养物质有蜂蜜、醋、黄瓜、鸡蛋、西瓜皮、西红柿、细盐。

（1）蜂蜜：滤去蜂蜜中的粗渣，搅拌后涂少许在脸上及颈部，用手掌心轻拍使之均匀分布，约 10～20 分钟后，以温水洗净。蜂蜜对皮肤有滋润作用。

（2）醋：皮肤粗糙者可将醋与甘油以 1:5 的比例混合涂抹皮肤，皮肤会逐渐恢复细嫩。每天用洗面奶洗完脸，再换一盆清水加一汤匙醋洗一次，然后再换一盆清水洗净。

（3）黄瓜：把黄瓜切成两半往脸上搽，黄瓜汁干了以后，再用温水洗脸，这种方法可以防皱去皱。

（4）鸡蛋：每月抽出一个星期来做，每天早上，用蛋白（适于油性肌肤）或蛋黄（适于干性肌肤）涂于脸上按摩，按摩后，让它在脸上干了，然后用温水洗净。如此持续一周，皮肤会显得娇嫩、润滑、有光泽。

（5）西瓜皮：用西瓜皮近瓤的部分涂抹面部的皮肤，几分钟后用清水洗净，再涂上一点收敛皮肤的面脂，能使皮肤保持细嫩白净。

（6）西红柿：含有非常丰富的维生素，把它压碎，滤取其汁，加入少许蜂蜜，涂于面部，西红柿汁干后，用温水洗脸可使皮肤白嫩。

（7）细盐：用细盐 100 克，鸡蛋白一个，婴儿润肤油少许，蜂蜜两大茶匙混合起来，每星期两三次，用它轻轻地涂在面颊上用手指在上面打圆圈，然后用温水洗脸可使皮肤细嫩，并能预防痤疮。

让双眼为你增添无限魅力

眼睛是心灵的词窗户，但是对于女性来说，眼睛还会为她们美丽红颜增添无限魅力。可是，它一日日暴晒在阳光下，它一日日挣扎在风雨中，它需要你格外的呵护。

眼部周围的保养

下面教你如何调理保护自己明亮的双眸：

（1）热敷。热敷有助于舒缓双眼的疲劳，消除黑眼圈。可用热水袋或能耐高温的瓶子，装满热水，用几层纱布包在外面，将其直接放在要热敷的眼部即可，每次20～30分钟，每日2～3次。

（2）冷敷。冷敷有助于消除熬夜后双眼中的血丝。可将冰块装在冰袋内（可用热水袋或橡皮手套），外面包几层纱布，直接放在需要做冷敷的皮肤上，每次15～20分钟，每日2～3次。

（3）奶敷。奶敷有助于消退眼部浮肿。可以用棉球蘸上冰冻的全脂奶，敷在眼部10分钟。

（4）药敷。天然的中草药植物始终是调理眼部的首选，它们有助于消除眼部疲劳，消肿活血。如将捣碎的土豆，用纱布包上敷眼；还有泡好的袋泡茶，或者把甘菊浸泡放在纱布袋里，也可以敷眼。

如果想对眼睛再好一点，还可以买现成的，例如眼贴膜，它含有甘菊、人参、黄芪、当归、芦荟、珍珠、檀香、茯苓、花粉等天然中药成分，通过改善眼部血液微循环，帮你对眼袋、黑眼圈、视疲劳说再见。

（5）茶熏。茶水熏眼对舒缓双眼、湿润眼球、保护视力有帮助。取茶杯用沸水泡茶，微闭双眼凑在杯口，同时用双手护住杯口，以防热气过快散失。无法忍受时可稍事休息，但熏的时间一定要保证在10分钟左右。坚持做，每天至少熏一次。

（6）沐眼。自然闭上眼睛，双手握拳，大拇指弯曲，用拇指背轻擦上眼皮，左右共10次。一旦觉得眼部不适就可以做，平时也可以作为眼部疲劳的预防操。然后还可以用拇指和食指揪住眉心，然后突然放开，再揪，再放开，连续十余次。另一只手同时在脑后发际处向下捋。

（7）放松。将双手用力搓几次，然后轻轻把手拱起放在眼睛上，黑暗中可以稍稍睁开眼睛，保持10分钟。怎么样，眼睛一下子就亮起来了吧。

眼部周围的化妆

除了眼部周围肌肤的保养之外，眼部周围的化妆也是不可忽视的，怎样才能让你的双眸美丽非凡呢？

（1）修眉工具"大阅兵"。古人言：工欲善其事，必先利其器。女孩子若想拥有一个完美的眼妆，除了需要完备的化妆品以外，必定也离不开化妆工具的帮助，今天就让我们对诸多美眼工具来个集体大阅兵。

如果说眼睛是心灵的窗户，那么眉毛就好比是窗户上颤动的窗框图。眉毛修得如何不仅能改变妆容给人的整体感觉，而且会影响人的精神面貌。以下几款是平时常用的工具，你是否运用自如呢？

眉毛钳。分为自动眉毛钳和普通眉毛钳两种，自动眉毛钳适用于生长过密的眉毛或大面积拔眉时使用，而普通眉毛钳适用于一般的眉毛修剪，修眉时应注意从下至上，从里到外，用手指使眉毛附近的皮肤绷紧，然后沿着眉毛生长的方向拔。

刮眉刀。对于眉毛生长迅速和需要大面积去毛的人来说，刮眉刀实在是位好帮手。它能在不破坏原有眉形的基础上，去除多余杂毛。

画眉板。对于不经常化妆的女士，偶尔画画眉常常会双手发抖、不知所措，这时画眉板就是你的最佳选择，利用其精确的设计可使你事半功倍。

眉粉刷。现在最流行的画眉用品首推眉粉，于是眉粉刷也自然而然成为热卖品。

（2）眉形VS脸形。眉形对于女人的美貌可以说是有着举足轻重的影响力，选对了眉形，能立刻修饰脸形的缺点，让人眼前为之一亮。如果你对自己的脸形不太满意，建议你换个发型，修饰一下眉形，马上会气象一新。这里精选了四种脸形做示范，每个脸形分别画两个不同的眉形做比较，你可以很轻松地对号入座，看看你的脸形和什么眉形结合最完美。

方脸形。方脸形的女孩想要修饰脸形就试试上扬眉吧。上扬眉能修饰方脸形，两眉靠得太近，脸会更方。

上扬眉属于强调弧度的高挑眉形，刚好掩饰了脸上稍嫌严肃角度，像施了魔法一样，把脸形变圆了。

画眉时要注意的是，两眉之间最好保持一点距离，两眉距离太接近会使五官显得太集中，让方脸形变得更大更方。

制作方法：眉尾部有着自然弧度的上扬眉，有形又很时尚，画眉的诀窍是：从眉峰描画到眉尾时，必须将线条慢慢地减细，并且顺着眉形微微上扬。最重要的眉峰部分，以眉笔将眉峰的弧度勾勒出来，让眉形的曲线更立体。

倒三角形。自然眉很亲切，上扬眉太严肃了。

下巴尖尖的倒三角脸形是所有问题脸形中最幸运的了，因为可以选择的眉形相对较多。不过因为倒三角形脸形线条较直削，因此上扬眉形会使得脸部线条感觉过于刚毅，给人不容易亲近的感觉。略带弯度的自然眉形，可以缓和脸部的线条，使脸形显得柔和。

制作方法：整个眉从眉头到眉毛，呈现缓和的自然弧度，就是所谓的自然眉形。因为眉形没有突起的眉峰或是上扬的眉尾，因此画时只要照着眉毛生长的形状描绘，就能将眉形自然轻易地画出。

长脸形。一字眉是最佳选择，高挑眉就别试了。

两道横在脸上、直直的线条，仿佛要将脸分成两半似的，反而使得脸形看起来感觉不那么长，两颊也修饰得圆润一些。

另一种强调眉峰、弧度挑得高高的高挑眉，虽然时尚但是却会使得长脸形看起来更长。

制作方法：眉形平坦没有弧度或是眉峰的高度不够的女孩，顺着自己的眉形，一般不需要大修改，就能画出一字眉。

圆脸形。高挑眉让脸变长，一字眉会更圆。

弓形的高挑眉最适合圆脸形的女孩，它高挑的弧度，恰好在圆脸拉出适当的距离，让脸部的五官不那么集中，也使得脸被拉长了。

制作方法：这种强调眉形弧度高的高挑眉，是许多超级名模的代表眉。本身眉形就很高的女孩，只要顺着自己原来的眉形稍微描画就很完美。如果你没有天生的弯曲眉，将眉毛后半部分完全剔除，靠着手工技巧，也可以画出让你自傲的时尚眉形。

（3）让眼睛说话的睫毛液

为了让眼睛看上去更提神更明亮，你不能不上睫毛液，可是眼角、眼尾的睫毛是最爱捣乱的，总是不容易刷到，影响眼妆的整体效果。

按照下面介绍的 10 个步骤去做，你会发现自己的眼睛从来没有这样迷人！

一是首先利用睫毛夹把睫毛夹弯，但实际上还未能单靠睫毛夹便造出完美的卷曲效果。

二是利用睫毛夹能把眼角及眼尾的睫毛也夹得弯弯的。

三是接着便开始作基础化妆，为增长睫毛的感觉，适量地平均涂上睫毛定型液。

四是睫毛在第二阶段已变得弯弯的，大致上睫毛的定型已完成。

五是在使用睫毛液时，应薄薄地、慢慢且有层次地涂于睫毛上，造出一条一条分散的效果。

六是待第一层睫毛液干后，再薄薄地涂上一层于睫毛的中央部位。

七是如天生内双眼皮的关系，睫毛难保持向上卷曲形态，所以最好在睫毛液还未干后，利用电睫毛卷，加强睫毛的弯度。

八是然后以睫毛为下眼睫毛涂上睫毛液，注意睫毛笔应保持与睫毛成垂直角度。

九是最后以睫毛卷与下睫毛保持平衡角度，卷出卷曲的造型。

十是终于大功告成！造出了像洋娃娃般漂亮的眼睛，显得格外精神焕发。

（4）描画眼线。指用眼线笔在上、下睑缘画出一条明显的黑线，使黑眼珠显得更加明亮有神，这条线称之为眼线。

画眼线是为了美化和突出眼睛，同时可以通过画眼线的技巧，修正改变眼睛的形状。同样长的眼线，如果在眼线中心部位画的粗一些，就能造成眼睛的长度缩短、眼睛变大，如果将眼梢处的眼线延伸，就能造成眼睛狭长的感觉，这就是小眼画大，大眼画小的诀窍。

通过画眼线还可以表达人的气质，比如，把眼线的重点放在下边，也就是下面的眼线比上面的眼线粗时，眼睛的位置降低，显得天真活泼；如果把眼线的重点放在上边，眼位升高，就显得成熟稳重，千姿百态的眼线能为您增添无限的神韵和风采。

（5）晕染眼影。指人们按自己所需的颜色在眼睛周围涂画而晕染出来的颜色，称为眼影。晕染涂色主要在上、下眼睑和内外眼角的部位，不少人习惯用红、棕、蓝、紫四色。一般的眼型，应在眼周附近上、下眼睑处涂抹得深一些，内、外眼角处稍浅一些，在上眼睑中间和眉弓上要揉抹得似有若无的浅淡，要求柔润，深浅合适，不显痕迹，以表现出眼部的立体感。

白天自然光线下，可用浅淡的桃红或浅棕灰色晕染。有些人眼窝平，鼻梁低，可涂染棕色或紫色或蓝灰色的眼影色。夜晚在柔和的灯光下，可以适度浓艳地进行晕染，要注意层次和深浅色的过渡，切忌平涂。眼睛是女人的灵魂之光，它表达着女人身体里的声音，透射着女人智慧与涵养，所以说，你要像珍爱生命一样珍爱你的双眸。

让你的红唇鲜嫩如花

人们常用"樱桃小嘴"，来形容女性的完美双唇，从这个形容词中我们至少可以得出下面三点信息：首先，美唇应该是樱桃般的形状；其次，它必须是小小的；第三，它必须是樱桃般红嫩的。

那么，怎样才能让你的娇嫩红唇鲜嫩如花呢？

精心地呵护与保养

正如鲜花需要阳光雨露的滋润一样，美丽的双唇也需要你平日无微不至地细心照料和呵护。唇部最常见的问题是干燥，这也是唇膏之所以能占领如此大的市场的原因之一。那么怎样才能做到科学防干燥呢？

平日里不要用舌头去舔唇，舔唇只会保持皮肤的暂时湿润，但随后会出现更为严重的脱皮老化现象，破坏娇唇的美丽，加深唇纹。如果感觉嘴唇有干裂的感觉，可用以下方法防止。

方法一：洗完脸之后，涂上一层较厚的膏状油脂，保护唇部肌肤，但一定要看清楚这种唇油所含的成分，千万不能含有苯酚或石炭酸，否则会适得其反。

方法二：用湿毛巾或非常柔软的牙刷慢慢除去死皮，选一种深层滋润的凡士林或橄榄油涂抹，改善唇部肌肤干燥、脱皮的现象。

方法三：使用含有维生素 A、E 等抗氧化成分以及芦荟、薄荷等具保湿、消炎功能的天然原料制成的滋润唇膏，能更好地留住双唇水分，滋润唇部肌肤。

用你的口红画出最美的花朵

很多女士都会表示，若这世界上只剩下一种化妆品可以让她们选择的话，她们都会选口红，由此可见口红对女人的一张脸的重要性。

不要看轻一支口红，它可以令本来看起来毫无生气的脸孔变得有光彩，不少女人都常说："若那一天没有涂口红，就会被人问是否生病了。"

美国某网站针对美国女性在选择口红时的茫然和误区，特邀著名化妆师为大家指点迷津，让女士们在简短的受训后成为口红选购高手。

我们不妨参考一下？

（1）色彩的选择。唇部的化妆很重要。人的脸上有色彩的部分是眼影、腮红和嘴唇，尤其是嘴唇是最有色彩的部分。嘴唇的颜色本身是以红色为主，随着血液的多少有时偏黄、有时偏白，不同的唇红颜色让人对你有不同的印象。

粉红色系的唇红有粉红、玫瑰红等，色彩倾向于明亮，有少女般的甜美和成年妇人的华丽；略微偏暖的正红色给人健康的感觉；如果用再暖一些的橙色，可以给人清新爽朗的印象；假如用褐色系列的唇红就会有敏锐、流行、成熟、厚重的感觉；当然偏蓝紫色的口红也可以使用，但用不好会显得呆板、冷酷。

总之使用的色彩很鲜明，就会产生开朗、活泼、积极的效果；深色的口红自然就会给人稳重、优雅、智慧的感觉了。其实在生活中，用较为自然一点的口红颜色，不但流行，而且让人觉得舒服。过于怪诞的色彩，虽然风格鲜明、靓丽，但在办公室的环境中并不是那么协调的。在选择口红的颜色时，还要注意使用的场合和衣服色调的搭配，同时又要顾及皮肤的颜色倾向。肤色较为白净的女士，如果想让人觉得自然，就不应该选择过于鲜亮的色彩，像大红色，有时会夺目得让人受不了。

可是有时，比方参加晚宴或夜晚的应酬，或者是搭配黑白色的衣服时，就需要较醒目、艳丽的效果。有的人皮肤的色彩本身就很暗淡，使用鲜艳的口红时要谨慎，如果不理想，不妨用稍浅一点的口红色，会有新潮感和年轻的活力。有的人皮肤红润部分较多，使用素雅的口红，脸上其他的五官会特别显眼，但要注意别让人有憔悴感。

（2）根据唇形巧饰红唇。在涂抹口红的时候，你也可以根据自己的唇形选择适合自己的口红色彩和修饰方式，以达到最完美的化妆效果。

小而厚的口唇：宜选用鲜艳一点的如亮丽的红色或粉红色的唇膏。在画唇线时，可用唇线笔把唇的轮廓略微向外画一点，下口唇的曲线则要画得平一点，这样能够给人留下一种楚楚动人的印象。

大而厚的口唇：最好选用暗红色的唇膏，这样能够给人一种口形变小的感觉。打粉底时先压住天然唇线，然后再用唇线笔画出略微内收的唇线，还要在唇部中心处把唇膏涂得浓一些。

小而薄的口唇：其修饰的目的就是要使口唇加大加厚，增加美感。可以选用明亮色彩的如浅橘色或粉红色的唇膏。画唇线时，可用唇线笔把唇的轮廓线适当向外扩一点，口角处稍微向上翘一些。大而薄的口唇宜选大红色或咖啡色的唇膏。可用唇线笔增加口唇的厚度，缩小口唇的宽度。不要选用珠光、银光等唇膏。

唇角上翘的口唇：可选用明艳的橙色或粉红色唇膏，在画唇线时可适当将上唇修薄，唇锋补画出线形，以增加口唇的动感。唇角下垂的口唇可以将下唇画得丰满些，近唇角处画得厚一些，使唇角拉平，形成上薄下厚的唇形，达到柔情似水的效果。

（3）涂抹口红的一般程序。

因为嘴唇是非常脆弱的，因此事前的保护步骤要做得好，绝对不可偷懒，否则嘴唇很容易会变得干皱、暗沉。为了滋润保护唇部，一定要记得先涂上一层护唇膏，接着就可进行上口红的动作。

和画眼影一样，先描出上唇锋，接着描出下唇中间部位的轮廓，接着从上唇的两侧把唇锋连接起来，最后则以同样的方式完成下嘴唇的画法。完成唇线描绘之后，就可以填满唇线以内的部分了。有些人会直接以唇膏上色，有些人为了保险起见，会以唇笔刷上口红。建议您颜色比较淡的口红，可以直接以唇膏上色会比较方便，若是颜色较鲜艳的口红，还是用唇笔刷会比较好。

在上完口红后，涂上一层薄薄的唇油，让嘴唇呈现圆润晶亮的效果。当今比较流行的唇形是轮廓不明显的厚嘴唇，因为许多女性觉得厚厚的大嘴有个性，也很性感。当然这需要因人而异了。

让你的秀发飞起来

每个女性都想拥有一头乌黑亮泽的秀发，但是风吹日晒加上平日染发，烫发对秀发的损伤，若没有平日精心细致的呵护与照料，拥有乌黑柔顺的秀发就只能是水中花、镜中月了。

你的秀发是否健康

头发的外观直接受其皮质层和毛小皮状态的影响，如果皮质层或毛小皮受到损伤，将直接影响着头发的健康程度。那么，什么样的头发才是健康漂亮的呢？

（1）健康的头发是什么样子。健康的头发发干的毛小皮呈"屋顶鳞瓦"状排列，能正常地反射光线，看起来柔顺亮泽，手感柔滑，易于打理。

（2）损伤的头发是什么样子。受损头发的毛小皮不再呈"屋顶鳞瓦"状排列，手感粗糙甚至缠成一团，不能规则地反射阳光而显得色泽黯淡，同时，头发的柔软性也大大降低，不易打理，持续的损伤还会导致发端开叉。

（3）健康漂亮的头发的标准是什么。头发如同人的脸面，代表着人的精气神儿。干净为健康头发的首要前提。如果不经常清洗头发，空气中的灰尘、脏东西和细菌就极易与头发的分泌物黏附在一起，不仅显得脏、重、缺乏光泽，日常的梳理甚至也会导致头发受损和脱落。

柔顺的头发——健康漂亮的头发应该是柔顺的，不易打结，能让你轻轻松松，一梳到底。

亮泽的头发——除了保持基本的清洁外，拥有亮泽头发的秘诀是经常的滋润和营养。没有营养的头发则显得黯淡无光，缺乏光彩。

没有头皮屑的头发——头皮屑是最恼人的东西，好端端的肩上白花花的一片，整个人的形象也就大打折扣了。

你的秀发如何护理

（1）识别发质，学会护理。我们要认识发质和掌握护理要诀，才能拥有健康漂亮的头发。首先，我们要做的是知道自己的头发是属于什么发质的。要分辨头发的性质并不难，头发的油脂分泌量是关键所在。

干性发质：头发干枯、容易打结、松散，头皮干燥，容易有头皮屑。油脂分泌不足或头发角蛋白缺乏水分，经常漂染头发或用过热温度烫发是形成干性头发的原因。护理要诀：

用营养丰富的洗发水，无须天天洗发；

每星期做两次焗油；

避免曝晒在阳光下，宜用有防晒成分的护发产品和补湿产品。

中性发质：头发柔软顺滑、有光泽、油脂分泌正常，每天脱发数量约三十根，只有少量头皮屑。护理要诀：

注意头皮保养，洗发时多进行头皮按摩，以保证血液循环良好，养分可输送到发尾；

定期修剪，保持秀发营养充足；

勤洗头；

选用适合油性发质的洗发水。

油性发质：头发油腻，洗发过翌日，发根已出现油垢，头皮如厚鳞片般积聚在发根，容易头痒。油脂分泌过剩，大多与荷尔蒙分泌紊乱、压力大、过度梳理、经常进食高脂食物有关。护理要诀：

注意清洁头皮；

不要用过热的水洗发，以免刺激油脂分泌；

护发素只宜涂在发丝上，不要抹在头皮上；

不要经常用发刷梳头，宜以梳代替发刷，并只梳理发丝。

混合性发质：头皮油但头发干。多数是油性头皮的人过度进行电烫发或染发，又护理不当，以至发丝干燥但头皮仍油腻。护理要诀：

集中修护发丝，避免头发开叉或折断；

停止电烫发、染发，修剪干枯发丝，让头发得到养护；

选用保湿型护发素，注意头部按摩；

改善个人饮食，少食油腻食品，增加黑色食品的摄入量。

（2）设计一个好发型。短发越来越被人们普遍看好，它不仅有易于梳理、易于变换发型等特点，最主要的是适合所有年龄段的女性：年轻人的短发意气风发，中年人的短发干练精致，老年人的短发可以焕发青春。

当今流行的短发，强调个性化与活泼不羁，极具动感和凌乱的短发，突破了年龄的界限，也符合现代人忙乱的节奏。

中年人可以梳更短的短发，尤其是"站立型"的短发，更有一种爽洁、俏皮的味道，有皱纹的女性凭借"站立型"，有效"舒展皱纹"，平添朝气。

年轻人，梳出"站立型"，更有青春激荡的感觉。"站立型"短发，比传统短发更短，把额前发，通过使用饰发用品装饰，达到"站立"效果。尤其适合小脸型女性。

下面介绍几款流行短发型，供大家参考：

碎短发。适合年轻人。把平稳的短发，尽量剪碎一点，用吹风机轻轻一吹，抹上饰发用品一抓，充满动感、青春、前卫的发型就完成了。这款发型是目前流行发型中最短的，耳郭部分完全露出来。但脸形过宽、过于丰满的人不适合。

烫短发。适合年轻人，尤其是发量较少又想让自己有成熟感的人。可以采用手卷烫，这种烫发花卷自然，烫发集中在头上部，烫后的头发蓬松、有型，能改变自己脸部的平庸感，又有时尚感，可增加自己的形象分。脸上出现皱纹的，不再适合这款发型。

削短发。剪、削结合的剪法，使短发具有流动感，刻意在前额挑出几缕发丝染成黄色，发型的明暗及轮廓就格外清晰，颇具现代感。职业白领的干练、帅气可以尽显无余。三十岁左右的女性，都很适合这款短发。

站立型。流行元素就是前额"站立"的那一排"小树"，而且发型已经短到一定程度。一般的女性可能不敢剪成这么短，其实真是短发使人年轻。反地球引力理论，使脸部悄悄出现的皱纹被短发向上拉去，平衡了脸上的皱纹，脸部变得舒缓、平整。

包型短发。相对较短的发型，柔媚感极强。主要是剪功要到家，修剪出上部的圆弧形，越到下部发型越薄，正好包住一张秀气的脸。

性格文静的女孩，或者想让自己有些淑女感，可以考虑这款发型。

小包短发。脸部出现皱纹、脸部很饱满，可以选择这款发型。后部的头发以小弧形包裹前面，耳朵在露与不露之间，鬓角发尽量往前梳，掩盖皱纹；鬓角尽可能短，露出下颚，分解脸部的丰满。

短发是最好的掩饰年龄的手段，一旦面部出现皱纹、皮肤松弛，再喜欢长发也要割舍，短发可以让你焕发青春、充满自信。梳什么样的短发要考虑脸形，脸部颧骨高，可考虑烫短发，使头顶部分加高。瓜子脸可考虑包短发，下颚部增加发量，脸形较小，"站立型"短发最时髦。短发的打理，一定要用增亮喷发油、保湿啫喱水、珍珠饰发膏等饰发用品，可增加发型的亮泽度。

另外，要想有一个好的发型，固然离不开发型师的高超技术，同时，也与你前期的配合密不可分，这里有三个步骤：

第一，保存多种发型图片；

第二，挑选一间好发廊；

第三，选择一个好的发型师。

判断一个发型师的好坏，途径是多方面的。从他的品位、朋友同事的评价中，你对他会大概有个了解，但最主要的，还要看他对你的了解。要先与发型师对话，出示你保存的发型照片，告诉他你的想法与要求。此时，你要留意，看他是否在耐心倾听你的话语，如果他心不在焉，将你的头发仅仅当作道具在摆布，那你赶紧起身告辞。

一个具有职业水准的发型师，同时必须是半个心理医生，他应非常耐心地听你说话，并告诉你哪一种发型比较适合你，并依照你的脸型、气质，告之你哪些地方需要做出修改。

当然若要发型师在与你见面之初，就能令你满意，你应让他了解到你的真实年龄、职业、爱好、大多数服装的款式与颜色，以及平时较多活动的场所等生活细节，这些内容会帮助发型师整理思路，设计出与你相符的发型。

双方达成共识后，你的工作便完成了大半，可以轻松地把剩下的事交给发型师去解决了。

最后提醒你的是，整个理发过程中，你要完全明白发型师的构思与发型结构的原理，留意发型师梳理头发的手法，并请教回家后打理头发的注意事项，这些都是你获得完美发型的必要条件。

怎样让秀发更美

头发是男女都关注的问题。男性害怕脱发，而女性则把心思放在头发的质地、颜色、发型和洗染上。

（1）错误的观点和做法。国外有专家注意到，无论男女对头发的保护都有一些错误的观点和做法。例如：

将洗发液直接倒在头发上。不少人在洗发时，为了图简便省事，将洗发液直接倒在头发上。殊不知，这样易使洗发液滞留在头发上的某一部位，不易冲洗干净。最好的做法是将洗发液先倒入手掌，揉搓均匀后涂到被温水浸湿的头发上。

洗发时用指甲挠头。有些人为了止痒，在洗发时拼命用指甲挠头，以图一快。实际上这种做法只会刺激头皮屑的产生。正确方法是用指肚轻柔地按摩头皮，这样既可止痒，又可促进血液循环。

有些人还习惯将发丝相互搓洗，这很容易损伤头发。最好用手指轻揉发丝，顺其生长方向，将脏的泡沫洗掉，头发自然就干净了。

洗完发后立即吹风。洗完发后马上使用吹风机，会使头发受损、开叉、干燥。正确的方法是，先用宽齿梳梳理，待头发半干时，再用吹风机整理头发。有些人认为：高功率的吹风机是很好的造型工具，其实吹风机功率越大对头发的伤害也越大，一般以 500 瓦 ~ 700 瓦的吹具最适于造型，使用时最好搭配有扩散头，这可以使热流均匀散出，不至于伤害头发。

烫发可以改变发质差的外观。要知道，发质差时表面呈多孔状，此时烫发更易伤发。烫发的原理在于用强碱性的烫发剂破坏头发的组织键，形成新发型。在发质不佳时烫发，烫发剂对头发的侵害将更大。

头发分叉剪掉就行了。将分叉的头发剪掉，这只能防止继续分叉。而防止头发分叉最根本的办法，是使头发健康，要多摄取蛋白质、维生素，使用含营养成分的护发晶及定期保养，这样才能维持头发健康不分叉。

护发用品有助于头发生长。人们常错误地认为，抹在头发上的护发用品有助于头发生长。尽管使用洗发香波和其他护发手段，会对头发的质量产生影响，但它们对头发的生长不起任何作用。因为头发从头皮中长出来以后不再有生命了，这和手指甲的组织相类似。真正有生命力的东西是头发根，它是促使头发生长的细胞群。

头发泛黄是天生的。不少人认为，头发泛黄是天生的，不可能改变，其实，只要摄取适当营养，避免过度日晒、烫发、染发，头发色泽仍可改善。阳光中的紫外线会破坏存在于头发皮层中的黑色素，而使头发褪色变得枯黄、无光泽；强碱性的烫发剂也会破坏头发的组织键，致使头发变色。所以，防止头发泛黄的关键在于避免过多日晒和烫发。

梳头一百下对头发有益。每天适度梳发（三四十下）对头发确实有益，使之能够定型并且梳掉表面的灰尘和脱落的头皮屑。但过多用力地梳头是不必要的，相反还易使头发脱落。只要条件允许，最好梳发前先用手指把缠绕的头发拉开。梳理时不要直接从发根梳到发梢，应先从距离发梢约2厘米的地方梳起。在所有的缠结疏通以后，再从发根梳头发。

（2）正确的保养方法。头发对一个整体仪容来说是异常重要的。一头干净飘逸的秀发能为女性增添千种娇媚、万种风情。保养头发，应从以下做起：

保证充足的睡眠。高温季节会造成睡眠少或质量差，由此会影响毛发生长。所以要防止过度疲劳，注意劳逸结合。

增加相应的营养。毛发是由角蛋白组成的，内含多种氨基酸，营养不良会造成毛发生长障碍，影响毛发质量。因此，要多食用鱼、肉、奶等蛋白质含量高的食物。

清除汗渍和油垢。夏季出汗多，油脂分泌旺盛，也会影响毛发生理代谢。因此，要经常清洗头部，及时清除汗渍和油垢，以利毛发生长。

做好精神保养。脱发症与精神因素有着不可分割的关系，用脑过度、急躁、烦心多虑、忧郁悲哀等不稳定的情绪均会加重脱发者的病情。因此，一定要有宽松、愉快的心理状态。

接受正规治疗。毛发脱落是种综合病症，它包含生理、病理、心理等原因。治疗脱发症，一定要找出致病因素，因人因症拟定治疗方案。

尽量少用电吹风。平时洗发之后最好让头发自然风干，尽量少用或不用电吹风吹干头发。在涂上洗发水前，应先把头发全部弄湿，这样头发才不容易缠在一起。

如果你的头发属于油性，不妨使用为油性头发而生产的洗发水，但最好隔一次才用，因为如果次次使用会洗去太多的油脂，令头发自动分泌更多的油脂来补充。

如果你的头发有敏感迹象，选用洗发水的成分越简单越好，因为这意味着有可能引起过敏症的概率越小。

要使用有治疗头皮屑作用的洗发水来对付头皮屑；但一旦情形受控制后，这类洗发水便应减为每月只使用一次。

如果你的头发本来属于油性，但在电烫或染发后，发质变得干燥，那就要根据发根的状况选择洗发水，护发素则应根据发尾的情况来挑选。每次洗头时顺便用指肚为头皮做一次按摩，但手指只应上下移动，如果打圈会令头发缠结。并不是每次洗头后都需要护发素的，只有在真正需要时使用才更佳。干性、粗糙或经过化学处理的头发洗后需要护发素，但油性头发每月用一至两次已经足够。

毛巾也能伤害头发。在洗头后用毛巾太用力地擦干头发，可能会令头发角质层变得粗糙，甚至折断发丝，只可用毛巾轻压吸干头发，切勿大力擦拭。

在洗头前，当头发仍然干时，用梳或刷子梳刷一下头皮，可除去头发上的污垢，但切记不要大力梳刷头皮。在使用美发用品时，要记住一点，就是所有含酒精的产品都会令头发变干，还是少用为佳。

如果你一定要用电吹风吹干头发，就不要吹到完全干透，一般来说吹到八九成干即可，否则便会令头发变得又干又硬，而且容易折断。

（3）食补——给头发营养。怎样才能使自己的头发乌黑亮泽呢？仅按照电视广告上说的那样，使用这个护发素、那个营养液是不可能办到的。

根据传统的中医理论和多年的临床实践，必须恰当地进行食补，给头发以真正的营养；同时实施正确的头部按摩，改变头发的微循环状况，这样才能真正使你的头发乌黑亮丽起来。

当头发枯干发黄无光泽时。根据对此种头发中含微量元素的检验，其原因是缺少氨基酸、铁、碘和钙所致。此时，你应适量的多吃一些含铁、碘、钙、核黄素、氨基酸多的食品。

如棒骨和排骨中含有大量的易被人体吸收的游离钙，每日喝1-3碗棒骨汤或排骨汤，这样坚持10~20天，头发会逐渐变好的。牛肝、猪肝、香菇中含有较高的核黄素，每天坚持吃100克的牛肝（或猪肝）、香菇，一个月后，头发就会有较大的变化。

天然海洋食品海带、紫菜中含碘量最高，每天坚持吃一些（50~100克），煮汤或凉拌吃。黑木耳中含有大量的铁，每天要坚持吃25克黑木耳，一个月后，你的头发会变得好起来；

当头发经常脱落时。这种情况说明人体内缺少氨基酸、硫胺素、烟酸等物质，应多吃一些含各种氨基酸较多的食品。花生中含氨基酸的量较大，可炒吃或冲吃花生奶，长久地坚持下去，必会出现好的结果。各种新鲜蔬菜（芹菜、黄瓜、冬瓜、茄子、香菜、丝瓜、西红柿、苦瓜、小白菜、油菜、洋白菜等）中含有较多的、不同种类的氨基酸，每天至少应吃上述蔬菜中的两种，且应为500克。

此外，动物的心脏、肾脏、精瘦肉中也含有较多的氨基酸，有条件的话应坚持每天吃50~100克。这样头发在生长发育过程中，才能得到它所需要的营养物质。

当头发早白时。按照中医讲，这是人体内的血热，外加头部微循环不畅所致。而西医则认为，这是体内缺少维生素C、卵磷脂、蛋白质所致。

所以，平时应多吃含上述物质的食物（每天100~150克），根据测定检验，核桃、黑芝麻、黄豆、黄豆制品、鱼类、虾类、赤小豆中含有较多的上述物质。长此坚持下去,你的头发会逐渐的黑起来。

当头发同时出现上述三种现象时。除应坚持自觉地多吃上述食物外,还应学会自己给自己的头部按摩。其简要的方法是:每日早、中、晚各一次,一次12分钟。

按摩前把双手洗干净,而后双手相互摩擦5分钟,感到发热时,将双手的十指用力按紧头部的前端,边来回旋转边逐渐地往后移动至脖根处;如此反复地进行20次,最后略感头部发热、发紧为止。这样长久地坚持下去,你的头发会变得乌黑发亮并富有弹性。

头发是人的第二张脸,健康亮丽的秀发既能为丽人锦上添花,又能使凡女秀美几许,所以好好保养你的秀发,让其成为街头一道亮丽的风景吧!

第二章　用你的服饰吸引人

穿出你的服饰色彩

俗话说:"人靠衣服,马靠鞍。"合理的穿着打扮能增添一个人的魅力。那么,什么样的穿着打扮才算合理呢?这就需要你穿出适合自己的服饰色彩了。

一切的打扮都要像呼吸这样自然!这是你深谙服饰之道必备的信条。著名影星巩俐说——

我喜欢穿得自然、大方，在随意中突出青春美、形体美和气质美。在颜色的选择上喜欢红、白、黑。对于服装的款式，我追求简洁、明快、合体。我的衣服从来没有多余的装饰，因为我认为自己不需要用衣服来掩饰什么。

　　我也不会去追什么时髦，只会选让自己产生感觉的服装。化妆其实是一种礼貌，但应该自然。我对美的标准是自然、健康。

这当然是明星的一家之言。身材的无懈可击是多数人的优势，在这里这并不是最主要的。

要从中体会到"自然、自信"四个字，才是个中之真味。

了解自己并不容易。然而，做到了解才会有"自信"，有了自信在穿衣打扮上才会得心应手，做到"自然"。

那么，在出门前你一定要先问一下自己：

"我现在是什么身份？学生还是职场中人？"

"我去参加什么层次的酒会，隆重还是随意的宴请？"

"现在是什么季节？穿露肩装会不会感到有点冷？"

面对千姿百款的时装，究竟穿哪一款哪一式才能使你显得最美丽动人呢？

生活中，有的人无论穿什么样的名贵高档时装，总让人觉得俗不可耐，可有的人哪怕是穿再简单素雅的衣服，也能显现一种迷人的超凡脱俗的美丽。其中的原因是因为着装者的文化素养、气质风格，与对服装的选择、搭配、衣着含意产生的衣装气韵不同是其关键。

衣装气韵，是由服装的色彩、款型、质地和着装者的文化素养、精神气质、穿着方式，着装环境等多种因素在交流与统一中，表现出来的一种由衣装意境、韵味组成的状态美。

同样是旗袍，在有的女士身上能透着一种典雅、华贵的风韵，在有的女士身上，显现的却是一种矫揉造作的媚俗。因为，作为非语言性的信息传达媒体，服装在与人体造型的过程中，是能将着装者的气质揉为一体，对衣物的形态美进行再雕塑，对着装者的衣装形象再创作的。

一袭靛蓝紧身牛仔裤，一款蓝白牛仔衬衫，配上各种质地款式的小马甲，这种学生们永恒的时装，展示着属于他们自己的青春风采。色调沉稳的长装短裙，丝袜皮鞋，将活跃在社会场合的白领丽人们包装得精干练达，气势夺人……

服装作为一种文化，构筑着一种形态的美，服装作为社会心理的立体反映，又营造着一种通过意境和韵味表现的状态美。

有形的时装之所以能感染消费者，无不是有沉甸甸的无形文化在做深厚的底蕴。西方的动与东方的静，古代的恒与现代的变，华贵的时装总是由这无数的密码缝制而成的，审美的幼稚和文化的缺氧；又怎能解读那些华彩霓裳呢？

当一些女士不借衣装巧妙地掩饰起短弯腿、肥胖臀而争穿紧身裤；当一些名流、艺术家穿着圆领衫去赴盛会显出一副傲视众生的神情；当一些父母官西装革履地在穷乡僻壤访贫问苦；当一些中学生穿西装打领带坐在教室里，用一套传统版型的西服套装裙来追求表面的成熟时，谁说这不是文化的匮乏与稚弱？

作为一种深刻而复杂的精神文化心理的反映，服装与着装人修养气质文化意味不和谐，穿着者就难以用服装将自己的社会地位、职业、政治信仰与主张,所担负的社会责任、经济基础文化素质、个性等传达给别人,就会在衣着的包装中事与愿违。

深深扎根于时代文化形态中的时装,决定了着装的休养风度能为其增色添彩,能对其再创造出各种各样的艺术效果,能使其增价升值。所以,求购挑选时装时,读懂了衣装的气韵,就不难找到能将自我装扮得风流倜傥、美丽迷人的时装。

修正着装人体型上的缺陷,张扬其长避其短——衣装美的首要功能。臀大腿短者,用长到盖鞋面的直筒裤,可造出腿部线条较长的轮廓,而拥有双曲线柔和的修长玉腿者,用超短裙健美裤是可充分展露其美妙的。

正确表露自我气质和身份,展示属于自我的风采——择衣选装的首要标准。

青春少女,如学着包装出一副贵族少妇的雍容华贵样,显现的只是一些浮躁,失掉的则是无价的青春。

依环境场合相得益彰地穿出个性特色——衣装礼仪美的关键。借服饰修饰体型,穿出个性的风采,只是衣装文化成熟的一个方面,使自我的衣装与要展示的环境和场合相称,才能真正表现一种衣装气韵的状态美。

不少周旋于高层次交际场所的人们,常为自己衣装的花样不够繁多、档次不够顶尖而发愁,但交际场所表现的是人,而不是时装精品店中的各类高档的服装。

一袭衣装的衣摆领袖处,无不折射着时代的风度和气象,欲将自我装扮得更漂亮迷人,首先就应该拥有气韵这件人见人爱的、只有自己才独有的时装,这款不会因换季降价,也不会因岁月苍老而褪色的时装,会是你一生中最美丽的一件,又非金钱所能求得的时装。

一个女人找到适合自己气质、品味的服装,接下来要做的就是在这个风格的领域当中包装自己:米色、灰色、淡红、嫩黄——黑色除外,那是适合每个女人的神秘武器——或长裙摇曳或短裤生春。

从某种意义上说,以衣着,相貌取人是非常肤浅的行为,因为真正重要的人品,是她的能力,而非她的外形。但无论怎样,合理得体的穿着打扮会让别人为你独特的神采而驻足。

男人穿出自己的个性

一年到头都是一两套衣服的男人容易被认为是食古不化、毫无生活情趣、破坏男人固有的沉稳气度。所以,男人根据季节和场合变换服饰才是正确方向。一套有品位、有特色、有色彩感的服装,如果适合你的气质身材,适合所处场合,那么连续穿上三天也不显得单调,反而对你塑造个性形象有利。

俗话说,衣为人增色,人为衣之魂。女人置身其中大放"衣"彩,男人亦不例外。但穿着要符合个人特色,这是树立个人形象的要求。每个人都希望自己以一个独立的人被社会接纳与承认,而服装打扮可以帮助你达到这个目标。

怎样使自己穿着富有个性呢?这里应注意两个问题:一是不要盲目赶时髦,最时髦的往往也是最没有生命力的。二是穿出自己的特色。不同的人由于年龄、性格、职业、文化素养等不同,自然就会有不同的气质,故服装选择应符合个人气质要求。既要符合个人的气质,同时通过服装更突显个性气质。

因此，必须深入了解自我，让服装尽显自己的个性风采。服装美的生命力就在于掩盖人们的缺点，尽显人类的优点。

某些男人以自己穿戴随便，甚至邋遢为自豪。这显然是一个误区。为什么不稍加修饰一下，为生活在你周边的人，为这座城市增添一道美丽的风景呢？

首先，男人要对着镜子看清自己的身材、肤色、脸型和眉宇间流露出的神态，分出优势和需要修补的部位，综合自己的性格、爱好、工作性质、身体特征、角色意识，选择几款感觉不错又适合不同场合的服装，这就是对自己风格定位的开端。

男人的衣着是用来加强阳刚之气的，成功的男人服装突出体现出这样一些特点：英俊、洒脱、魁梧、稳健、干练、开朗、豪爽等。西服是国际通用礼服，配上洁净的衬衫，规范地系上漂亮的领带，再穿上一尘不染的皮鞋，这便是出席比较庄重的社交活动和参加会议的标准装束。

一套休闲西服，在一般社交活动或工作、探亲访友时穿，给人以亲切、随意的感觉。舒适大方的夹克衫，显得性情豁达，精神振奋。牛仔服、运动装，身材魁梧的人穿上显得彪悍粗犷、生机勃勃。盛夏，一件干净的T恤或其他短袖衬衫，配一条纯棉或丝麻混纺长裤，扎一根质地不错的皮带，上班、探亲、访友，感觉都不错……

男人要穿出自己的个性，必须从以下几个方面着手：

在色彩上下功夫

色彩是男装的灵性，暖色调或色彩鲜明的服装增强动感，给人提精神；冷色及中间色或调和色的服装显得成熟、稳重、自信。但成熟男人的着装忌五颜六色，可在平和的色调中点缀些亮色，显示出年轻与富有的朝气。

在体型上做文章

人的高矮胖瘦各不相同，着装意识也应有所区别。对于高大的男人而言，在服装的选择与搭配上，应注意上衣适当加长以缩小高度，切忌穿太短的上装。服装款式不能太复杂，服装色彩宜选择深色、单色为好，太亮太淡太花的色彩有一种扩张感，就显得人更高大了。

较矮的男人都希望通过服装打扮拉长高度，故上衣不要太长、太宽，裤子不能太短，裤腿不要太大，裤子宜盖着鞋面为好，服装色彩宜稍淡、明快柔和些为好，上下色彩一致可以造成修长之感。服装款式宜简洁，忌穿横条纹的服装。"V"形无领外套，比圆领更能营造修长之感。

较胖的男人穿衣要尽量让自己显瘦，穿衣不能穿太紧身的衣服，以宽松随意些为好。衣服领以低矮的"V"形领为最佳，裤子不宜穿在衣服外边，更不能用太夸张的腰带，这样容易显出粗大的腰围。在颜色上以冷色调为好，过于强烈的色调就更显胖了。忌穿横条纹、大格子或大花的衣服。

偏瘦的男人要尽量穿得丰满些。不要穿太紧身的服饰，服装色彩尽量明亮柔和，太深太暗的色彩反而更显瘦弱。可选穿一些横条、方格、大花图案的服饰，以达到丰满的视觉效果。

在年龄上寻找"度"

着装除了与体型身材协调外，还应注意与年龄相符合。不是所有的服装都适应同一个年龄。由于年龄的差异，从服装款式到色彩均有讲究。一般而言，传统的穿衣观念是：年轻男人可以穿得鲜亮、活泼随意些，而中老年男人相对应穿得庄重严谨些。

年轻男人穿着太老气就显得未老先衰没有朝气，相反，老年男人如穿得太花哨就被认为不够庄重。但随着社会的发展，人们着装的理念也发生了许多变化，一个很明显的趋势就是：年轻男人穿得素雅，而中老年男人穿得相对花哨。

老年男人希望通过服装来掩盖岁月的痕迹，年轻男人试图通过服饰来强化自己的成熟。但不管怎么说，服饰打扮始终还是有年龄距离的，因此在穿着服装时必须考虑自己的年龄因素。

强化性格特点

性格开放的男人，一般都很注重服装的颜色，可谓"越穿越艳丽"。服饰色调也由过去的蓝、黑、灰等颜色，转变为奔放、热烈的大红、大紫、枣红、铁锈红等鲜艳色彩。

开放的男人喜欢花T恤，特别是那种全部是大色块、大图案的T恤。这种有扩张意味的大色块、大图案，倍添男人的潇洒与豪爽。开放的男人爱着牛仔裤，甚至故意在牛仔裤上弄几个破洞，爱着运动装，爱把衬衫的前胸第一至第三颗纽扣敞开。

比较随意的男人，在回归自然的人文潮流影响下，舍弃过去一度崇尚的奢华，而追求简约、舒适、随和。男人们逐渐摒弃世俗的风光饰品，以简朴无华的乡村风格或古典风格衣服取而代之。现在，街上随处可见穿着"土气"的男孩，也许这不摩登，但拥有品位。随意的男人，注重一种亲切感与休闲气息。

举止文雅的男人，并不意味着着装呆板，相反代表一种知识涵养、雅士风范。格调高的男人，在着装上，善于寻找一些点缀来体现优雅。比如，夹克内配上一条领带，这便使充满活力中带一丝典雅。他们青睐夹克衫随便、适应力强，但不系领带又显得不够成熟，那么，配上领带，则使闲适中带一些高贵。

优雅的男人，偏爱淡米色、灰色为基调的套装，因为它透出优雅、庄重的气息。格调高的男人追求单纯情趣已成为时尚，并以款式简单、精练、色彩纯净和谐体现这一特点。

富有趣味的男人，对萝卜裤的追求是对生活的一种善意调侃。萝卜裤属于那种夸张、随意型的设计，有一种诙谐幽默和古怪的意味。而且怪就怪在人们穿上它显得洒脱、明快、豁达。这种装饰味极浓的造型与人们平日刻板拘谨的服装有鲜明的区别，都市感特别浓，但它不高贵、十分大众化，也十分幽默、俏皮。

幽默的男人爱穿肥大宽松的衣裤，从款式上看，它来自滑板服、黑人歌手和运动员的装束，经改进后，成为当今年轻男人流行的大号衫裤。

有格调男人的着装魅力

在温暖的季节，衬衫的"领导"作用在男装舞台上独领风骚。正确的选择，不但能体现你的审美观，也可以告诉人们你的工作、力量和发展前途。这样重要的标志，男人们不可不好好把握。

衬衫，在T恤还没有大行其道的时候，是男人必然的选择，春夏秋冬四季不改，即使是在T恤与其分割天下的时候，衬衫还是一般男人的必备服装。

作为西装穿着的必备服装，衬衫的款式和色彩规规矩矩的，似乎一成不变。白、蓝、灰、黑，单调的四色穿梭于写字楼的办公室、会议厅、谈判桌之间，让男人在严谨中也失去了很多洒脱的气质。

随着人们生活观念和对人的本质所向往的精神追求趋于自然的变化，男人开始改变了对着装的刻板观念，敢于向传统的、循规蹈矩的服装概念说"再见"，从"休闲观念"出发，男人衬衫也向时尚领域迈进了。

男人衬衫的款式

一是追求舒适。男人衬衫的款式越来越趋向舒适的感觉，好的款式首先应该是舒适的，因为越来越多的男人不会再为了流行的款式而放弃舒适。应该说，服装是最应体现人性化的，人不能成为服装的架子，去掉束缚、寻找舒服就是真谛。所以，不舒适的款式就等于失去了流行的潜质。

二是体现个性。当某种款式的服装流行成风的时候，另类的风格被不少人搜寻着，所以款式要独特，要有个性。很少有人看到大街上流动的时尚按图索骥了，体现个性的着装风格和体现自我是相一致的，谁还会舍弃自我而趋于大众呢？男人，尤其是男人，塑造自己的格调是第一的，因此男人是创造时尚的，而不是追随时尚的。

二是讲究搭配。短袖、短款、米黄、浅粉、碎花，在夏季的衬衫中是定位时尚的选择。因为，你可以是强健粗犷的，也可以是精瘦质感的，可以是古铜色的、也可以是白净的，选择这样的搭配，就足可以使男人更清新更洒脱自如。

男人衬衫的面料

一是棉料。最常见、最被人们认可的衬衫面料是棉布。优点是穿着舒适，柔软平滑；看上去十分厚实，同时透气性也很好，在夏天和闷热的办公楼里，棉布衬衫穿起来比较凉爽。但缺点是很易出皱，熨烫好一件布衬衫也是非常不容易的事。

二是混合纤料。化纤与棉纤维混纺的衬衫，一般是65%的化纤、35%的棉纤维，当然还有一些其他成分的比例变化。通常，化纤和棉纤维混纺面料做成的衬衫被人们称为"洗后即穿"的衬衫，即使洗后不能立即穿在身上，也只需稍加整理，就可以显得十分挺括。

化纤与棉纤维混纺的衬衫几乎不会起皱，长时间穿着以后的外观胜于纯棉布衬衫。对于大多数忙碌的上班族来说，这种衬衫是很好的选择。不过这种衬衫的散热性不如纯棉衬衫散热性好。

三是针织品。针织衬衫的数量正在日益增加，品种繁多。如果是一件质量很好的针织衬衫，那么它的优点是"洗后即穿"；缺点是针织物往往会断裂，样子很难看，而穿起来比较热。因此一般不要选择这种面料的衬衫。

四是真丝品。真丝衬衫，虽然面料上会显得很阔气，但在外观上很难令人满意。而且由于真丝薄透的质地会给人不稳重的感觉，所以真丝衬衫不适宜在商务场合穿着。

男人衬衫的色彩图案

最被男人们接受的衬衫色彩应该是白色和单色。单色中男士们比较钟情的就是浅色调。

如果男人从事的是交流性较强的业务工作，那么千万不要穿粉色和淡紫色的衬衫，因为这些颜色会削弱男子汉气质，给人以不好的暗示。

脸色灰黄的男人，就不该选择任何色调带有金黄色、绿色和灰色的衬衫，因为这些颜色绝不会美化面部色彩。

在单色衬衫中，一般来说较浅淡的色是中上阶层的服饰，而冰凉、闪亮、较深、较为刺眼的色不应出现在正式场合。这种情况是基于真实而实际的历史原因造成的。

过去，高级衬衫是用最好的面料做成的，这些面料极易染色，这样就可以染上极浅淡的色调。

比较廉价的衬衫是用较粗的织物做成的，不易着色，为了使它永久着色，染料就必须是深色和强烈的。现在，染色技术虽然今非昔比，但是，色彩的这种心理暗示却仍然存在。

单色加条纹衬衫也是很受男人欢迎的，是由色线与白线交织而成。这就是衔接纹布和牛津布，不仅普遍被用作衬衫，而且给单色布上增添了更为厚实、具有纹理的变化。

男人配饰尽显风流

对于男人来说，能够不折不扣地传递出格调与审美情趣的只有那些小配饰。一支别在口袋中的金笔、一只防风电阻丝式打火机、一块永不磨损的雷达表……男人的配饰总会与他的品位相得益彰。

配饰不是女人的专利，男人也应该有自己的配饰物。拥有一件小小的配饰是不容忽视的环节，能反映主人的个人修养和审美情趣，甚至能体现男人的气度、风度和涵养。

但男人的配饰与女人的配饰不同。如果说女人的配饰是为悦己者容，那么对于男人来说，更多的则是为了把玩和彰显。

一些小东西会时常被男人们玩得乐此不疲，因为饰品虽小却能玩出许多名堂来：有些小东西是用来展示男性身份的，例如唐代的"配鱼"

是官品的标志；19世纪中叶的法国男子会挂一大一小的两只怀表；维多利亚后期的英国绅士总是不忘夹鼻眼镜、手杖、怀表和金色香烟盒；而派克笔、劳力士表、小牛皮带、精致的领扣、上浆白衬衫则是老派绅士的打扮。可见，小配饰对男人是必不可少的。

然而，现代的都市犹如一面多棱镜，从不同角度折射着男人们紧张忙碌、压力十足的生活。作为一名成功男人，合理的衣装选择固然重要，但要搭配好一身衣服可不是件容易事，大到西服套装、衬衫，小到围巾、领带等小配饰，都有一番学问。

可是，繁忙的工作一定让男人无暇顾及这些"小"问题，而极简主义也已不再是流行的最高指导原则。于是，每一个男人不免有许多无奈。那么，男人应该怎样在有限的精力中成功搭配自己的饰物呢？

小饰物见风范

要想作一个有风度的现代男人，不能光注重外部的大件儿，对一些随身小饰品，也应加以注意。例如，领带夹是男人的专利，它不光能固定领带下摆，也是一种很好的装饰品。

领带夹可以戴在领带下部，也可戴在西装的脖领和衬衫领尖上，不过还是第一种戴法较常见。领带夹的颜色也一定要与西装、衬衫及本人肤色相配。还有，以最优质的短吻鳄鱼皮或小牛皮精制而成的万宝龙皮带，配以镀金或镀铂金扣，其简约时尚的设计中自然流露出男人的品位。

名笔显风流

名笔是对生活细节的追求。那种书写时流畅的笔锋、收放自如的快感和与你心手合一的感觉是男人在任何一支普通的签字笔上都无法找到的。许多品牌的名笔都是限量发行的，如果想长久收藏或得到独一无二的极品,这些品牌大多都能给你提供更为尊贵的服务。比如,有的专卖店里,只需要将名片交给服务员,就可以将你的名字放进顾客通讯录,以便使你及时获得各种限量发行及拍卖的信息。

手表是腕中标识

讲求工作效率的男人腕上不可无表,除了作为计时的工具之外,手表也是品位与身份的象征——戴上一块劳力士手表,你便可以迈入中产阶层。手表有以弹簧为动力的机械表和以电池为动力的电子表,以及石英表等,都具有防水、防震、防磁功能。

手表的外壳大多为含不同K数的金壳、镀金等。表盘的设计有:凸盘式、平盘凸字式、夜光及彩色表盘。表带大多用金属材质及皮革制成。

腕上的手表也有"表情":钢带手表具有权威和严谨性、皮革表带具有柔和性,以及各式电子表在色彩与造型上的新颖时尚,都应和整个着装风格协调一致,方可显出卓尔不凡的品位。

眼镜是脸部标志

女人大都喜欢隐形眼镜,可是戴眼镜的男人不但可以显得斯文、睿智而温厚,而且可以显得很酷很时髦。

传统的大边框眼镜永远在流行中占据着一席之地,而无镜框及小镜片则是在近几年才异军突起。金、银色金属框架、仿玳瑁塑胶边及纤维架的眼镜沿袭传统的同时在细节设计上寻求突破,于谨慎风格之中见新意,始终保持其高贵,力求为成功男士增添一份智慧光彩。

佩戴纤细镜框眼镜的男人显得细致而温文尔雅。而粗重的黑框眼镜醒目而惹眼,更有各种时尚色彩,如宝石蓝及茶褐色边框,很受追求个性与创意的新潮男士的欢迎。仿古银色的镜架泄露怀旧情绪,适合气质古典的男人。

太阳眼镜的设计更是千变万化，充分体现着设计师的创意。这款为配合都市多元化需求的细框绅士眼镜，采用一般眼镜与绅士眼镜的两用镜框设计，其贴合面部轮廓的圆融型矩状镜框，舒适而优雅。

戒指是钢质的优雅

带着粗辣辣的大金戒指或大钻石戒指的江湖男人早就过时了，取而代之的是一些优雅的小型戒指，低调的设计能令男人的气质不同凡响。

一些较具冷凝感的质材，像不锈钢、钛金属等具有未来性的特质被如今的男戒大量采用，在彰显气质的同时，还有历久弥新的感觉。至于款型设计上，极简而又干净的切割，规矩方正，利落有型。偶尔，这些戒指上也会镶配一点闪耀的钻石，男人的脱俗贵气跃然而出。

领带是绕颈的温柔

男人身上可显露的饰品本来就不多，领带便成了"重中之重"，很多时尚中人都说，衣服不用天天换，领带必须每天更新。男人换领带应该像女人换衣服一样频繁、多样。

时下的领带色彩一片温柔，鹅黄、嫩紫、浅橙、冰蓝、淡粉这类既丰富又雅致的色调开始成为男士们竞相追逐的色彩。

围巾是围出的风度

男性围巾的质地分为两类：丝绸和羊毛羊绒。丝绸围巾似乎是专门为西服而设计的。而羊毛羊绒围巾则搭配比较容易。其实，围巾的搭配主要在色彩的搭配上，主要有三种色彩搭配方法：

同类色衬映爱穿红色调衣服的人，忌讳选系一条绿颜色的围巾，而配一条琥珀色黄围巾就显得协调多了。同样，褐棕色衣服应选配驼色为主色调的围巾，而黑色衣服则配以灰白色围巾会显得完美。若是白色系衣服，选系白色围巾，可显出典雅绅士的风采来。

邻近色衬映大红衣服配橙色或橙黄色调的围巾；墨绿色衣服配黄色调或藏蓝色调的围巾；黄颜色衣服配橙红色调的围巾，这都是邻近色相衬映的好例子。都是风度翩翩的男人最好的选择。

对比色衬映奶白色、本白色衣服配纯红色围巾、浅灰色衣服配绛红或金黄色围巾，都会显得鲜艳夺目、富丽堂皇，而藏青色衣服选配橙色围巾，也格外醒目。

打造男人腰上风景线

俗话说，女人看头，男人看腰。看的是个性、时尚、身份和地位。人们一般以情趣和魅力而不是长相来鉴别男人，所以，有格调的男人不会只顾张扬浮夸，更乐意于在腰间、腕上饰以点缀，在不经意的举手投足之间显山露水。

自古以来，男人的腰里就不曾空无一物。从唐宋的香囊、锦袋，到明清风行的腰佩玉牌，直到今日的手机，以及随着文明扩散的各种时尚配饰，无不反映出每个男人的喜好习性。人如其配，实不夸张。

皮带是腰上主景

对女人来说，皮带是可有可无的，但对男人而言，如果没有皮带，简直就难以想象。对于稍稍讲究的男人，只有一条皮带也是非常少见的，一个有品位的现代男人，除了注重服装的整体包装外，也不会忽视对一些小饰品的仔细挑选。

而皮带几乎是每个男人都需要的配饰。别以为有时被衣服遮盖住了就可以掉以轻心，即使外表再干净整洁，邋遢的皮带和老土的皮带扣，足以让你给人留下最坏的印象。

皮带，曾被形容为男人最真实性格的反映。例如，浪漫的男人所佩戴的皮带颜色会稍微丰富一些，在细枝末节处也会有些点缀；经典的男人喜欢黑色皮带与银白色扣环的组合，显示出男人简洁与明朗的本色；时尚的男人喜欢粗线条的牛仔皮带，皮革编织腰带体现了非同寻常的男子汉气概。

传统的皮带一般少有修饰，以黑色及棕色为主，带有银或金色的皮带扣。随着近年来办公室服装休闲风格的兴起，皮带与领带一样，日益显得个性化。

当然带有镶嵌珠宝或啤酒广告语的皮带应该慎用，但除此之外，男人们还有许多的选择：皮革编织皮带、带明线的西部风格皮带、帆布皮带、弹性斜纹布皮带；纹理有细小的卵石状到蛇皮、鳄鱼皮；皮带扣有黄铜色、银色、金色，或用皮革包裹。

皮带的搭配也有讲究，一般皮带的颜色应比裤子的颜色略深，并且皮带的色泽与质地应与鞋子协调。一般说来，着装风格越显得休闲，可供选择的皮带范围就越宽。色泽较浅的皮带更适用于休闲风格的着装。

鳄鱼皮带在价格上或者昂贵了一些，不过若有一棕一黑两条鳄鱼皮带，你就不需要另外的了——不论是隆重的晚宴或朋友小聚，鳄鱼皮带都能派上用场，甚至可以用它来搭配一条牛仔裤。

精致的钥匙扣最具实用特色

自从有了锁具，钥匙就是挂在腰上的。钥匙在腰上可以挂得很丑，随便找个金属环一扣垂在腰后，一大串钥匙一动就哗哗地响，像个男管家。钥匙在腰上也可以挂得很风雅，变成男人腰上最具实用艺术特色的配饰。打磨精致，设计精美的金属钥匙扣，嵌上一颗钻，立显淡淡的贵族气。钥匙不宜挂太多，但也不宜只挂一把。

挂在侧腰位置比较好，敞开西服的时候，做一个右手插袋的典型男性动作，腰间闪现的金属光泽便折射出男人不凡的气质和品位。男人的装饰，常常在一个小小的细节中衬托出变化与品位。

腰上的手机是男人的指挥棒

手机以前不是挂在腰上的，但是现在正成为一种新的时尚。手机套的设计千变万化，现在就有一类手机套是挂在腰上的，横的、竖的都有。其实，如果手机不是"掌中宝"之类的轻盈型，横竖挂在腰间都不舒服，弯腰行动都硌得慌。不过手机拿在手里，一来很傻，二来不方便，容易丢。放在包里来电听不见，插在屁股袋里则极不雅观。所以，找个设计不错的真皮手机套挂在腰上，倒也方便有型。

怀表可以变成腰表

手表不是戴在手上的吗？怀表不也是放在胸袋里的吗？但是，谁规定表不可以挂在腰上呢？时下，渐渐有了将表挂在腰上的时尚。这种表一般是银色金属外壳，设计简约外形类似怀表但较小，垂挂在腰间倒也别有情趣。适合休闲装打扮。

打火机别具风格

这是一种"古老"又现代的配法。一元钱买一个送一个的一次性打火机当然是上不了腰的，但如果是一个"ZIPPO"为什么不呢？打火机配上黑色或者棕色的皮革打火机套挂在腰上，感觉很绅士、很贵族。但挂在腰上的打火机一般以别具风格、有一定体积的为宜，如果打火机太细长或太纤小，就不适合挂在腰上了。

休闲类腰包为男人扮酷

一般来说腰包是蛮丑的,仅适合休闲的装扮。年轻男人还可以,稍有点身份、上年纪的男人最好忘了还有这种包。

如今男人腰里的东西越来越个性化。比起女人腰间来说,男人腰间时髦的发挥空间远远大于女人。因为男人有一根一年 365 天,天天系着的皮带;裤子上通常都有不少于 5 个的襻儿。

所以帽子可以往上面挂;稀奇古怪的装饰品(不少人偏爱金属骷髅)可以往上面挂,原来挂在脖子上的也可以往上面挂。反正只有一条原则——你觉得挂上去酷,就可以挂。

有格调男人的香水享受

当香水成为一种高品质生活的演绎,男人们对自身气质的锤炼已不仅仅满足于事业上王者的扮演;要知道,做有格调的男人,才能彰显自己与众不同的文化魅力。而享有一瓶高品质的香水,绝对是一种高贵的人生体验。

女人拥有香水仿佛是天经地义。然而讲究时尚对现代男人提出了新的审美标准,一个男人应该是这样的:把自己的高尚气质,借着优雅香气暗暗传送,展现出独特的个性魅力和文化形象。因此,香水也慢慢变成了有格调的男人生活中的一部分。

香水是一种文化

美国香水大师托特·安东在《香水与文化品位》一书中这样说道:香水文化的含义不仅表现在实用功能上,而且也表现在精神感知上。

如果说香水能在人们的身上产生很深的感情，那是因为香水的气味能打动身心，让你是多么的与众不同。有些艺术品是供人看的，比如绘画作品。有些是供人听的，比如音乐作品。而香水是供人嗅觉、视觉与听觉共同欣赏的艺术品。

香水总在世间男女中施展着浪漫魔法，它不仅是一种气味，而是代表着每个人不同的特质，更是一种制造记忆的方式：某种气味在刹那间唤醒了一个人、一件事、一个特殊的场景、氛围或一种情感的记忆。

许多女人讨厌香水味混杂着鱼头火锅的味道，讨厌一个男人一天换一个牌子的香水，因为一个男人如果长期坚持使用一种香水会给人一种安全可靠的感觉。但是，当男人身上的香水等同于品位和浪漫时，就会受到女人的欢迎。

香水诠释着男性魅力

淡淡青草香、优雅的森林味，在如火的气息中，展现独特的清爽幽静，是男人身上最迷人最具诱惑的味道。有位时尚名人说："气味让女人敏感，让男人冲动。"男人的魅力有来自对香水的热爱和敏锐。

在情人节的夜里，男性香水的幽幽香泽突破时空的局限，传递出一种新时代男人或优雅迷人或热情挑逗或内敛沉稳的性格理念。那一刻所深爱的女人定会被男人的权威与野性征服。

当男人坚信名牌香水的高雅乃是一种身份和品位的标志，他的魅力也定会有最好的体现，就会选择这样的香型诠释自身的魅力：

新鲜的果香夹杂着柔和的薄荷香，这美妙的男性香味，体现充满活力，生气勃勃的男人形象；

百合柔和的花香和天芥菜、茉莉等浓厚的花香参差在一起，呈现温柔而舒服的男人形象；

白檀香、零陵香豆以及麝香等香气显示强烈而性感的男人形象。

男人使用香水的方法

尽管女人喜欢男人身上那迷幻的"男人香",但是对搽香水的男人,女人实际上是很挑剔是能否承担得起那一袭香气。搽香水的男人会让女人觉得他们有一点点不羁,但用了香水而又轻易闻不出来,会让女人觉得有品位。

因此,如果男人不知道如何选择适合自己的香水,最好就不要用它,而那些满口脏话的搽香水的男人就更让人无法忍受他身上的香味了。用香水的男人要切记六戒:

一是抽烟的男人最好不要用香水,那混合了烟味后的怪香,会把周围的人全部赶跑。

二是男人用香水切忌太浓、太多,那种从身边经过时刮起一阵香风的男人会让人恶心。

三是女人用男人的香水叫有个性,但男人若用了女人的香水则会被人怀疑是不是脑袋出了问题,尤其是那种甜甜的香型,最不适合于男人用。

四是用香水的男人一定不能光着脚穿凉鞋,否则会如同穿西装的人穿球鞋一样让人无法习惯。

五是用香水的男人切忌用太多的发油或香喷喷的发胶、摩丝,否则身上的香水味道和头上的发油味道混在一起"俗气"难挡。

六是满面灰尘的男人最好不要"补香",还是保持"原味"好一些,如果一个香气扑鼻的满身尘土的男人出现在你面前,恐怕会禁不住要怀疑自己的眼睛和鼻子。

时尚女人着装法

新世纪的女性已不再满足于传统人们的审美观点,而是努力追寻一种崭新的智慧型的美。所以说,追求时尚已成为女人最关注的问题。那么,怎样着装的女人才是最时尚的女人呢?

其实服装只是表现个人风格的媒介,只要掌握自己的原则,根据自己的身份加以变化,便可享受穿衣的乐趣。然而,是否每天穿同一款式、同一颜色的衣服,就是表现个人风格呢?不,这并不完全正确。

自己的感性与知性尤为关键

选择服装最重要的是不要刻意模仿他人,应根据自己的感性与知性选择服装。当然也有特别例外的,比如某电台台长 H 先生的秘书说,H 先生每天都穿一模一样的衣服上班。直到去世时,才从他的夫人口中得知,原来他有数套完全相同的西装、衬衫和领带。难怪旁人觉得他从未换过衣服。其实 H 先生是为了要表现个人风格,然而这种方式,未免太强烈太特别太单一了。

根据衣着预算理性置装

谁也不能不花一文钱而达到服饰动人的目的。但你只要多花点心思,就算花少许的钱,也能使你的穿着特别出色,令人刮目相看。

假使你的衣着预算有限,最好选购颜色朴素的衣服,这样,可佩戴各种精致的饰物,以变换花样。这远比花色醒目的衣服,穿几次后,就人人记住而不便再穿还要实际。

尤其注意,衣服要贵精而不贵多,你只要有几件质料不错,剪裁合体的外出衣服就可以了。要知道，将钱投资在少数几件高品质的衣服，要强过买一大堆次级货色。用不着冲着打折促销就心潮澎湃挑花了眼。事实上，质料好、剪裁完美的衣服可以穿上好多年。如果你把一套高品质套装穿上三到四年，就等于又买了一套衣服。

活动场合决定了你着装的礼仪风范

休闲在家，或在家做家务时，以穿着朴素的家居服或工作服为佳，至于参加聚会时，则要以外出服为主。参加下午的聚会、酒会、音乐会等，要比上午来得正式一些，然而仍不宜穿表面有亮光或闪光之类的衣服。参加晚宴或晚上的音乐会、戏剧、舞蹈展示会时，可穿附有金银丝的衣服。这样穿着，除可增加会场华丽气氛外，还可使人置身某种意境之中。

参加义卖会或游园会时，可穿质地薄而柔和的衣服，尤其在夏季更为合适。

参加野餐会或户外旅行时，宜穿质地好而轻便朴实的衣服，除非是出国旅游，即便穿毛线衣与牛仔裤也无妨。

短裤宜于夏季家居或户外运动、比赛，或到海滨、游泳池游泳时穿着。

上班的服装，要质地考究、耐穿，剪裁合体且颜色朴素大方，并须保持衣着情况良好。

重要的是，不论你对服饰有多么重视，在选购时，都必须考虑你的经济情况，在经济容许的范围内，谨慎地选购。千万不要一时兴起，或在手头宽裕时，大量选购，花费过多的金钱，买太多的衣服。到头来，反而变成了什么衣服都看不上眼。这样既浪费金钱也达不到你着装的目的。

服饰勾勒出气质美女

　　服饰演变、发展到今天,早已变成女人生命中不能缺少的一部分,适宜的服饰可以令女人在平凡中彰显不平凡的气质,它是女性提升自身气质、诠释美感的一大法宝,它把女性的优雅风度、个性气质在不同场合、不同氛围和不同职业中展现出来。

　　"一个穿白大褂的女人"我们很自然就会把她和救死扶伤的白衣天使联系起来;而"穿着庄严法官服的女人"则会被联想成既有学识又公正严肃的女法官。服装总是被人们与某种形象气质联系在一起。

　　虽然"时尚"总为女人披上小资的情调,但一个有气质的女人对这些流行品牌的温度却永远只有36度,不温不火、不冷不热。她们不会盲目地去崇拜或狂热地去追求。并不是她们不解风情,而是她们懂得从时尚中冷静地去挖掘适合自己的元素。她们崇尚自我又不完全摒弃时尚,谁说这不是一种别样的品位呢?

　　有一位印度裔的女教师,她的穿着就非常得体,因为她个子很高,所以从不穿短裙。她每天不是穿宽大的长裤就是及地的长裙,而下装的颜色必定也和上装的颜色搭配一致。

　　有时候她会用一条长围巾来点缀服饰,以达到颜色的和谐,虽然她穿的不是什么名牌服饰,但看起来却非常美。她的学生每天都很期待上她的课,因为每个学生都从心里喜欢并欣赏这位老师。

　　聪明的女人懂得如何去装扮自己的气质,也许她看似平凡,稍不留意就会从你眼前飘然而过一样,等到你止步注目时,却又会有一些东西能让你细细品味。看气质女人的着装就如同看文学一样,"看似一碗清澈见底的水,品过之后方才知道里面是加了盐的"。

在现实生活中,通常我们遇到一个人时,用来判断其身份的要素首先就是服装。即使你对自己的内在修养已经很有信心,也不能完全忽视外在形象、气质对你的重要性。人们注重外表,往往是因为只能根据对方的外在形象来给其最初印象打分,外在的形象就如一块"敲门砖",有着所谓的晕轮效应,如果你给他留下的第一印象是好的,那他就会相应地认为你其他方面也是好的。

女人服饰的可塑性要比形体大很多。有人穿着简洁大方,有人穿着典雅高贵,从衣服的样式、质地、色彩到装饰,都能很好地体现一个人的气质,并给欣赏的人留下各种形式的美感。可见,服饰已经成为人们审美、趣味的首要参考标准,不同的服饰展现的是女人不同的气质。

如果把女人比作一朵鲜花,那么服饰就是陪衬鲜花的绿叶,两者缺一不可。要让人对你印象深刻,就得从让人记住你的衣服开始。服饰像你的影子一样寸步不离,它既可以展现你最美好的一面,也可能直接暴露你的不足。人的气质是可以改变的,但关键还得看你怎样去把握。每个女人都希望用气质来为自己加分,而提升气质的最好方法就是改变你服饰的品位。

女人配饰衬出高雅

戴首饰,早已风靡全球,成为一种美的时尚。不同形状的首饰,可以使人显得精神、协调、漂亮，具有时代的气息。首饰运用得当，是能增添姿容之美，使分分外的妩媚。

首饰，让机遇闪亮的星火之光

首饰是女人一生的朋友，经过岁月的洗礼，困苦的打磨，在黑暗中熠熠发光的是陪伴女人左右的首饰。如同夏夜里的旅人。频频回望夜空里的那颗星，就闪烁在你颈间、耳畔，低诉不变的誓言，整夜整夜。多少次你从梦中醒来，摸一摸你的首饰，就会放心，往事还在。

首饰从亘古的朴素一路走来，已跨过简单、烦冗、奢靡、浪漫道道门槛，今日以更加生活化的面貌示人。如今佩戴首饰的女人更从容地要自己想要的，让首饰牵引自己到梦里，邂逅生活中的另一缕温情……

首饰用线条、色彩、造型来说话，设计师的文化底蕴非常含蓄地表达出来，那是一种诗化的语言。

女人对于首饰，有着永远不舍的沉迷，永远期待下一件，更美丽动人。她们一般不会认为哪件最好，如同她们对待衣服，喜新厌旧，当然也有人是喜新不厌旧。

每件首饰的背后，都有一个故事，至少是一段不平凡的心路，它用自身记载下女人一生当中值得记取的瞬间，并将其凝固。

首饰对于女人，如同车子之于男士，暗含了一种身份和地位，在很多场合，你可以不开口，首饰已经替你说话了。这时首饰的价值由此体现出来。

在珠宝的领域里，东方人与西方人的偏好其实大有不同。东方人偏爱翡翠，而西方人则比较偏爱钻石。时尚潮流促使许多年轻人开始佩戴珠宝。抓住年轻族群的青睐，呈现设计者独特的巧思，成为新一代珠宝设计师们竞争的关键。在这个追求精致生活的时代里，物质更应具有人文气息。

（1）晶莹翡翠。翡翠尤其受到中国人的钟爱，被认为带有灵气，能避邪、护身和镇宅，更可作为保值及收藏鉴赏之用。翡翠给人富贵脱俗的感觉。

古香古色的翡翠，最配中国的旗袍，静态的服装上面，流动着翡翠掩饰不住的华彩，仿佛山谷中一条清澈的小溪，掩映在山体下，仍在欢歌。

翡翠首饰的造型大多有浓重的民族风味。"保守"在此处造就了美感。朴拙更容易说明年代久远，历久弥香。

（2）珍珠。珍珠是一种最早为人所知而又无须雕琢的宝石之一，在海洋中天然生长的珍珠产量极少，而淡水中生长的是淡水珍珠。

选购珍珠应着重看其光泽，其次才是颜色、形状、净度和大小。

珍珠代表一种古典、润泽之美，颇具中国风味，与阴柔细腻的东方女性相配，传达出鲜活灵动的少妇韵致。

（3）火一样的红宝石。娇艳、热烈的红宝石被世人赋予多种含义，爱情、权力、地位、尊贵，这一切都与红宝石结缘。最著名的产地位于缅甸的摩谷地区，以鸽血红色最为世人所追求。

作为氧化铝的矿物结晶，它的硬度达9度，仅次于钻石。10克拉以上的优质红宝就更为罕有，价值连城。此外，泰国也出产净度颇高的红宝，一般带暗红色泽。斯里兰卡和缅甸也出产活泼动人的红宝星石，它灵活的星光效应非一般人造星石所能模拟。

（4）活泼出众绿宝石。镶嵌绿宝石的多为黄金，那种嫩黄与翠绿的搭配让人感到勃勃的生机，绿意盎然。绿宝石代表永生及信义的意思，也象征大自然的美好和丰收。人们相信，它能带给情侣们忠贞不渝的力量。

绿宝石是绿柱石的一种，又名"祖母绿"或"吕宋五"，打眼的绿色使其在众多宝石中脱颖而出。其中以哥伦比亚出产;的祖母绿最负盛名，能散发出一种特有的柔和而温暖的感觉。

（5）郁蓝情调蓝宝石。印象中人们形容西方美女的眼睛，常常会提到蓝宝石，那动人的光彩引人遐思。

蓝色，大海与天空的颜色，蕴含神秘、忧郁的意象，泛着淡淡的幽香。蓝色是人生命中不可或缺的色彩，它的宁谧和深远使得人生具有历史感。

蓝宝石因此带有与生俱来的神秘感，佩戴它你也变得雍容大气，睿智不凡。

同属于刚玉类的蓝宝石，以克什米尔和缅甸出产的至为闻名，"矢车菊蓝"是它的极品，次一级的蓝色则被称为"皇家蓝色"，为优质的缅甸和斯里兰卡蓝宝所拥有。

（6）钻石光芒。没有一个女人能抗拒钻石的魅力，它的坚不可摧、高傲的名贵成为你无法忽略的亮点。钻石原是深藏在地下的炭质，经过亿万年蕴藏而成。珍贵的钻石有纯白无瑕的完美特质，那些具有蓝、绿、红、金及粉红等色泽的皆属罕有，价值不菲。

一颗优质美钻，除了本身优良的素质外，车工极为重要，精湛的工艺能让小小的钻石充分发挥其折光率，尽吐光芒。

（7）千足纯金。1956年，周大福首创999.9% 千足纯金，被确定为黄金成色的标准，成为人们购买黄金首饰的信心保证。

中国人祝贺致意，喜欢说"金玉满堂"，劝学时称"书中自有黄金屋",可见黄金既有经济价值,又具尊贵幸福的象征意义。

(8)"耳鬓厮磨"间的机遇点缀。青春年华的女性,更喜欢打扮脸面,不过如果爱美的女士在对面部化妆的同时,也注意一下耳部的美饰,无疑会给你平添了一份妩媚。

女士们在搽粉的时候,耳朵上也应搽一点。这样能使面孔和耳部浑然一色。不过,耳部搽粉不宜太多,否则会弄巧成拙。耳部不单要搽粉,还可抹一点红,这样会给人以新鲜活泼的感觉,但也不可"红透耳根"。

耳环是女性常用的装饰品,也是耳鬓的重要点缀。一般说,耳朵长得不太美的人,可佩戴较大型的耳环,以掩饰不足;也可以让头发垂下,半掩半露。

耳朵长得美的人,宜佩带下垂的耳环,以免饰物掩盖了耳朵的美。耳环不一定要一边戴一个,可以单戴一只耳;也可以两个戴在一边;一个戴在耳上,或是一个别在帽子上;如果样式是人形,则一上一下像叠罗汉,真是耳鬓生俏。俏既要灵巧,又要别致,就需别出心裁。有人把耳环别在衣襟上,又把纽扣型耳环扣在耳朵上,岂不生动?

耳上挂几个同心圆组成的耳环很俏美,但全是圆形又有腻人感,在鬓发上方随意夹二三个常做头发才用的大夹,圆腻尽去,别有一番风韵。但也不可忽视耳与脸的相映相美。

譬如,脸型大的人,不宜用圆形环,但可用较大的耳环,密贴耳朵;也可以佩戴三角形耳环,以减少脸孔的宽阔感。脸型小的人,宜用中等大小的环饰,长度不超过耳朵两厘米。

圆脸型的人,宜用较长而下垂的方形或三角形耳环,以使脸显狭长。长脸型的人,最好选用紧贴耳朵的圆形耳环。美不在贵重、华丽。

所以塑胶、人造石、竹和木等材料制成的环饰，也能表现女士靓丽的风采。

耳环和项链由于和美人儿的"脸"最靠近，因此，除了可以给"整体造型"，直接加分，还会影响到脸的感觉呢！

女生多半都希望自己看起来秀秀气气的，所以，细细的银链、小小的珍珠链、珍珠耳环、有小小缀饰的耳环，这些都是让你增添魅力的"有效工具"。

服装造型当然也是不能太酷、太可爱了。既然希望表现的是淑女美人儿的感觉，比较柔软的布料，略带光泽的、简单的款式，都可以让你享受一下当小大人的快乐哦！

随手可得的新鲜感，那就不——定非局限在"链子"上，一条绳子或几条绳子都可以成为很棒的造型，不过前提是你的穿着如太"平常"，可能会让绳子只是绳子而已！

无论你是什么类型，什么性格的女性，像这些可爱得不得了的耳环啊、项链啊，都可以放心大胆地"使用"，因为它们不但在价位上是大家可以负担的，而且不会让你看起来显老的（戴上耳环，感觉比较成熟喔），不会让你失去清新的感觉，反而可以加分。

丝巾，牵缠一生的财富常青藤

将不同颜色，不同图案的丝巾以不同的方式打结，再配以适合的发型和衣着，但可变换出不同寻常的姿态，时而显得端庄秀丽，时而显得性静贤淑。

但很多人，一辈子用围巾就只用一种围法，完全活在"失去创意的人生"中，有点可惜呀！其实花一点点时间和心思就会有完全不同的鲜活风味了，不是吗？

(1)最简便的基本围法。

最常见的围法,也是乖乖牌的最爱;

全部往后放,这样感觉上比较清爽不复杂;

围巾在颈前,打个松结,嗯!有一点耍帅的感觉吧;

如果围巾比较厚,又喜欢把围巾都放到后面,不妨直接在颈部打个松结就好了。

(2)最流行的变化围法。

好好地把围巾拿出来,试试新的花样,有没有发现,原来变化是那么的好玩!请先稍微比比看,你的围巾够长,够厚吗?不够长、不够厚的围巾不适用喔。

市面上改良设计的围巾很多,例如一种整个缠起来的围巾,比较瘦、比较薄,可以随便乱围,而且一样保暖,对于喜欢流行,又讨厌围巾的厚重感(又怕冷)的人,最适合这种围巾了。

背包,守在身边的魅力魔法匣

(1)兰娜·马克斯的魔法女包。奥斯卡不仅仅是世界上最引人注目的颁奖晚会,也是世界上最大的时尚展示会。与明星们那晚的炫丽时装相衬,手提包的魅力也在散发。

皮包设计师兰娜·马克斯说:"当那些名人挎着我们的手包走上红地毯时,我简直无法向你描述我当时的自豪。我们为这一天的到来奋斗了很多年,有时候常常工作到凌晨。但我们的努力是值得的。"

12年来,兰娜对选择独特的动物皮毛制作手提包一直独具慧眼,她设计具有异国情调的有独特色彩的皮制女包,用鲜鱼皮、鸵鸟皮、蜥蜴皮等制成褐色的、灰绿的、绿松石色的以及橙红色的皮包。这些奇特的颜色并不多见。

独特的颜色、精心的选料，难怪明星仅会选择兰娜·马克斯的手提包。

兰娜·马克斯说："每个人都是不一样的。上星期我们为林恩·雷德格雷夫设计手提包。她本人比在影片中还漂亮，我们一起喝茶聊天，她希望她的手提包能与她裁剪得体的服饰形成鲜明对比，以引人注目。因此，我们用鳄鱼皮为她设计了一个红色手提包。对体现她的个性很合适。"

林恩·雷德格雷夫的包偏重于实用，而另一些名人则似乎具有不寻常的品味。

兰娜说："有时你简直无法相信，人们在包里放些什么，我曾遇到过一个名人，她有很多小塑料袋，她需要一个分层的大包来装这些塑料袋。但一般来说，人们总是根据场合、用途、个性来选择皮包。"

遗憾的是，兰娜最重要的客户已经离开了我们。在为黛安娜王妃设计了一个新颖的手提包后，兰娜·马克斯成为黛安娜的亲密女友。

兰娜说："我寻觅了成百上千个包，因为我不希望黛安娜王妃的手提包与别人撞车。之后，我为她设计了一个雅致的手提包，很小巧，但是撑开后可以装下一个移动电话以及其他一些实用品。包的轮廓清晰，略偏长，豪华又不失古典。

包的开关设在顶部，并附加了一条肩带。她第一次看到这包时，惊叫道：'老天，它就像我一样修长。'我当时有点不好意思，脸都红了。我明白她对我很赞赏。"

购买兰娜·马克折的皮包你必须具有一定的经济实力，但你不一定很富有。有些包价格并不昂贵，很值得投资。

（2）背包上的爱情信号。春季来临，追赶时尚的女士们不仅为穿什么衣服绞尽脑汁，也为挎什么背包大伤脑筋。对法国一家背包公司对于选择不同款式背包的女人做了一个心理测验，得到了十分有趣的结果：

选择休闲式背包的人：需要的是坚实可靠的友情，柏拉图式的恋爱会令她难以忍受，一个有经济基础、能实实在在生活的人才适合她的追求。

选择儿童书包式背包的人：需要纯友谊式的浪漫爱情；恋人应懂得些浪漫情调，藉以培养可以信赖的爱情。

选择尼龙书包型的人：恋人必须与她个性相投、有共同的理想和目标；不喜欢心胸狭窄的恋人，但会对需要帮助的情人伸出援助之手。

选择简单大方的手提包的人：需要的是亲人而非爱人，爱她的人必须学会关爱她，而且要真诚地关爱她，因为她是会为家庭和事业付出一切的女人。

选择漆皮背包的人：爱情多姿多彩，充满信赖与理想，当得不到时，会陷入梦想，对爱情不会放弃绮丽的幻想。

选择大型软手提包的人：比较喜欢一个轻松的人生，心胸宽大豁达，凡事不喜欢斤斤计较，爱子女胜过爱丈夫。

选择硬挺小巧手提包的人：想拥有一个保守传统、又有安全感的婚姻生活而非浪漫的爱情。

选择细长背带书包的人：感情细腻，表达柔和婉转，不易情变，有从一而终的爱情观。选择袋式软皮背包的人：具有勇敢的爱情态度，但不善表达，不会甜言蜜语，在爱情的进展上有一定阻碍，意中人是一个勇敢、主动的人。

选择公文式背包的人：有传统保守的生活态度，不轻易追求想象中的目标，有许多理想和梦想，以保守稳定的方式追求人生的幸福。爱情专一，感情丰富，善于理家理财。

从首饰到丝巾再到你的背包，它们是你身边最忠实且能干的伴侣。当你疲惫时轻抚一下颈项间的链饰，会给你倦怠的心中增添一丝安慰；在你寒冷时，飘向寒风中的丝巾会让你减去一些瑟缩，平添丝丝的妩媚；而你的背包，更会让你的形象多变，或高贵如贵妇人，或清纯如少女，它神奇的点金棒为你平凡的人生送去了生花妙笔。

美丽的饰品总是能给你带来意想不到的惊喜。如果你现在还没有多少饰品，赶快去选几样吧，让你的生活也像其他有魅力的女性一样生动起来。

第三章 用你的气质吸引人

气质是吸引人的重要因素

气质本身是一个理学概念，它指的是人的典型的、稳定的心理特点。这种特点是与生俱来，不以人的意志为转移的。

气质一般有四种类型：多血质、胆汁质、黏液质和抑郁质。

多血质的人活泼、好动、敏感、反应迅速、喜欢与人交往、注意力容易转移、兴趣易于变换；胆汁质的人直率、热情、精力旺盛、情绪易于冲动、心境变换剧烈；黏液质的人安静、稳重、反应缓慢、沉默寡言、情绪不易外露，注意力稳定但又难于转移，善于忍耐；抑郁质的人孤僻、行动迟缓、体验深刻、善于觉察别人不易察到的细小事物。

每个人都有自己独特的气质，但并不是说每个人身上只能有一种气质。一般来说，人都是以一种气质类型为主导，兼有其他气质类型的特点，只是各自占的比重不同罢了。

良好的气质，是以人的文化素养、文化程度、思想品质为基础的，同时，还要看他们对待生活的态度。一个志趣高尚的人自然也是一个朴素和谦虚的人，他们表现出的是一种旺盛的生活热情，绝不会像浑浑噩噩打发日子的人那样出卖肉体和灵魂，去求得一时的苟安。

在现实生活中，有相当数量的人只注意穿着打扮，并不怎么注意自己的气质是否合乎美的标准。诚然，美的容貌、入时的服饰、精心的打扮，都能给人以美感，但这种外表的美浅显短暂，如同天上的流云，倏忽即逝，而人的气质所带来的风采，则是与日同辉的。如果你是有心人，则会发现，气质给人的美感是不受年龄、服饰和打扮的制约的。如何培养高贵的气质呢？

塑造鲜明的个性

良好气质的培养，首先应从塑造鲜明的个性入手。鲜明的个性，是能力、气质和性格的巧妙结合。气质是人先天所具有的素质，而能力与性格，则是可以经过后天的努力获得发展的。

任何性格都不是一朝一夕形成的，它是从儿童时期开始，不断受到社会环境的影响，教育的熏陶和每个人自身的实践长期塑造而成的。性格一经形成，就比较稳定。

但另一方面，由于客观现实的复杂性，环境因素经常有各式各样的变化，人们之间的接触交往也纷繁复杂，这种现实影响的多样性和多变性又决定了性格不是一成不变的。

生活中所经历的重大事情往往会给性格打上深深的烙印,环境和实践的重大转折变化也会在很大程度上改变一个人的性格。因此,塑造自己鲜明的个性,应当:

(1)客观地了解自己;

(2)从自己的能力出发,修改自己性格中不好的特点,要有比较强的自我控制能力;

(3)不要轻易改变自己性格中的主导方面,要保持一定的风格;

(4)同自己周围的环境有一种比较协调的关系,既不随波逐流,也不孤芳自赏。

注意品德的修炼和情操的陶冶

一个没有道德感或者品德低下庸俗的人是不受欢迎的。相反,一个助人为乐、正义感强、情趣高雅、心地纯正的人,到处都为人们所喜爱。与此紧密相关的是文化修养的问题。文化修养不能简单地理解为多看几本书、多认几个字,或是多学得一些知识。

无疑,多看书、多学知识是文化修养的内容,但不仅仅限于此。我们所说的文化素养包括:广博的知识、深刻的理解能力、良好的审美观、丰富的联想力等等。

达到这个目标的方法,只有一个,就是学习。学习的途径不只是多看书,还要多参加各种社交活动,文娱活动,多接触人,多交谈。从社交中获得知识是一个很重要、很有益的途径。

注意使自己的气质、个性与周围的环境相适应

适者生存,讲的就是人与环境之间的关系。环境包括自然环境和社会环境。环境又分作有利的环境和不利的环境。有利的环境(社会环境)诸如家庭幸福、邻里和睦、人缘好、工作顺利等,不利的环境是正好与上述相反的情况。

在人与环境的关系中,我们要主动,不要被动。要利用我们的主观信心和力量,去战胜和克服环境中的各种不利因素,在各种环境中,都能左右逢源,正常发展,而不至悲观失望,导致个性向怪癖的方向发展,甚至毁灭。

培养典雅的风度

风度是什么?简单地说,它是人们的相貌、举止、言谈、姿态、作风所体现出来的一种美。不同的人,有不同的风度。比如,有人潇洒,有人文静,有人诙谐幽默,有人雍容华贵,有人热情似火,有人含情脉脉等等,千差万别,各有特色。

风度是人在与他人交往中体现出来的一种美,这种美因人而异,但不是说,与众不同就是美。鹤立鸡群,显得鹤很美;而鸡立鹤群,却不显得鸡美。可见风度所体现的美是一种高贵和典雅的气质。

风度与人的气质相关,与人的职业和年龄有关,与我们的素质和修养有关。风度是可以培养的,经过长期有意识的锻炼,可以培养出引人的风度。培养典雅风度的方法如下:

(1)要有充分的自信

这种自信,是一种做人的自信,也就是说,我们对于生活在世界上,作为社会的一员而存在,充满乐观和进取的信念。我们对自己的命运既没有悲天悯人、听天由命的消极态度,也没有看破红尘、无争无取的本然心理;这种自信,体现出对自己能力的相信,有一股克服困难,达到既定目标的信心;这种自信,体现了人们对自己所从事的事业的必胜信心,仿佛是在向人们说:我所选择的事业,是一项伟大的事业,高尚的事业，我要为它而奋斗、献身，任何人都不能动摇我的选择与追求。

另外，风度中的自信，还可以体现出自己对社交的态度，既没有羞怯和卑谦的心理，也不妄自尊大，具有与人平等相处的正确社交立场。

（2）培养良好的姿态

风度需要仪表美，女性风度尤其需要仪表美。人们羡慕那些天生丽质、内心与体态都和谐优雅的女子；对于虽然长相漂亮，但举止轻浮粗俗的人，人们会敬而远之；而那些相貌平常，但富有思想和典雅风度的女子，则会给人留下美好的印象。

坐、立、行姿态，是最受人注目的。女性优美的风姿，首先是这三方面姿态给人留下的印象。

站姿是生活静态造型的动作。优美而典雅的站姿，是发展不同质感动态美的起点和基础。

要领是：正步直立站好，从正面看，身体重心应在两条腿中间向上穿过脊柱及头部。要防止重心偏左或偏右。脚姿可以采用八字步、正步或碎步。

走姿属于动态美。富有魅力的走姿像一首动人的抒情诗，表达着健康而优美的曲线、迷人的体态和风姿，显示出端庄、文静、温柔、典雅的窈窕美。

要领：女子在日常行走时，身体重心稍微向前倾 1～3 厘米，这样有利于挺胸、收腹、梗颈，还可以使腿部肌肉、韧带拉长而得到锻炼。这时身体重心应在大脚趾和三脚趾上。两手前后摆动的幅度要小，以含蓄为美；两腿并拢，碎步行进。

理想的行迹是脚正对前方所形成的直线。脚的方向既不能向里拐，也不能过于向外撇。正确的脚距是自己的一只脚长加10厘米左右。女性的步伐，轻盈、柔软、飘逸、玲珑，宛如柔美的"小夜曲"，恬静、柔情、贤淑，具有阴柔之美。

女子端庄、娴雅的坐姿，是体现仪表美的重要内容。不正确的坐姿，除了在外观上有粗俗失态之感以外，还会对身体健康有害。要领：脊柱向上伸直，胸部前挺，双肩平正放松。躯干与脖、髋、腿、脚正对前方（这是正坐。此外还有侧坐：上体与腿同时转向侧方，头部可对前方）。

（3）注意言谈举止

一个人生活在社会中，不可避免地要用语言去传情达意、与人交流。故有"语言是心灵的窗口"之说。

谈话是一种艺术，一个善于交谈的人，往往在社会生活中取得成功。有些女子所以能在自己所从事的职业中取得显赫成绩，是与她们娴熟地运用交谈艺术是分不开的。

我们可以从以下几方面来注意语言的训练：

加强思想、品行的修养。一个人的思想是否健康、品行是否端正、心灵是否纯净，都能在谈吐中反映出来。

长期坚持，逐渐积累。一种好习惯的养成，总是从一点一滴开始的。无论何时何地，无论与何人打交道，你都应注意自己的言谈话语，坚持下去，就会养成高雅的谈吐风格。

努力提高文化修养。一般来说，凡是语言贫乏，交谈粗俗的人，都是知识匮乏、知之甚少的人。相反，人知道得越多，道理懂得越多，知识面越宽，语言谈吐就越优美。

善于向周围的人学习。随时注意向他人学习，也是培养良好谈吐习惯的好方法。在我们交往的人当中，既有谈吐幽默、典雅的人，也有语言枯燥、浅薄的人，我们要留心向前者学习，取其之长，补己之短，使自己在交往中语言丰富起来。

你的气质能够聚积人气

气质是一个复杂的"化合物"，是人的相对稳定的个性特点，是风度之灵魂。构成气质的，有与生俱来的容貌、体质、血型和微妙的遗传因素，更有后天得之的环境变化、文化素养、审美情趣、价值观念和心理机制。气质能够展现一个人的内心世界。一个有着内在美的人一定会在气质上显现出来，表现为气质美。如为人宽厚善良的人多有诚恳、淳朴的气质；自强不息、不畏艰难的人，多有沉着、坚定的气质；勤于思考、勇于创新的人，多有着积极进取的气质等等。

气质最能反映人的心灵，同时也最能显示人的文明程度。气质在一个人的行为和活动中的表现，与身心健康都有着密切的联系。如果一个人在工作中表现得紧张而有序，生活中严于律己，宽以待人，严守纪律，遵守公共秩序，这有利于提高气质的质量。

一个有完美气质的人胆大而不急躁，迅速而不轻佻，爱动而不粗浮，服从上司而不阿谀奉承，身居职首而不刚愎自用，胜而不骄，喜功而不自炫，自重而不自傲，豪爽而不欺人，刚强而不执拗，谦虚而不假装。

人的气质类型

为什么有些人总能被人推崇，而有些人却总是孤家寡人，这与人的气质不无关系。气质是一种无形的磁场，具有强大的吸引力，能够增加自己在别人眼中的魅力，从而赢得对方的好感。气质也是人所固有的一个典型而稳定的心理特征。古希腊医生希波克拉底把人的气质分成四种类型：

（1）多血质。多血质属于敏捷好动的类型。这样的人，在实际生活中有较强的灵活性，对外界环境的各种变化能够较快地适应。

他们活泼、热情、喜闻乐道、善于交际，在群体生活中精神愉快、相处自然，一旦遇到尴尬场面，常能机智地摆脱窘境；在生活中能妥当地安排家务，遇事善于动脑筋、想办法、出主意，不安于陈旧的生活方式，对新鲜事物有兴趣，了解快，掌握快。但情绪不够稳定，容易浮躁，兴趣广泛但难以持久，易动摇。

（2）黏液质。这样的人属于耐性强、缄默安静的类型。

他们在日常生活中表现平静而灵活性较低，反应稍迟缓，在任何环境中都能基本保持心理平衡，做事力求稳妥，好深思熟虑。一般情况下不做无把握的事，其有很强的克制能力，内心活动较隐讳，外柔内刚，与朋友交往适度，态度持重。

在群体活动中不卑不亢，不爱抛头露面，办事有板有眼，有一种老练感。其不足之处是：过于拘谨，不善于随机应变，有墨守成规的缺陷，常常固定性有余，灵活性不足。一般只按指示或经验办事、不喜欢交际。

（3）胆汁质。这样的人属于兴奋而热烈的类型。他们平素有理想，讲抱负，遇事有见解、反应迅速、行为果断、言而有信、表里如一。

他们无论在面部上还是体态上，都给人以热情、直爽、善于交际的良好印象。办事有目标，敢于创新。但胆汁质的女性自制力较差，有时草率及行事简单，使人感到鲁莽。

在日常生活中，情绪变化有明显的周期性特点，他们能以极大的热情和旺盛的精力投身于工作和家庭之中，一旦遇到逆境或受到较大的挫折，情绪也顿时变得萎靡不振、心灰意冷。

（4）抑郁质。这样的人属于抑郁性的类型，表现为呆板、羞涩。他们的行为或大或小的有些心理"紧张症"，怕强烈的刺激，如听到尖叫声、较大的震动声，看到恐怖影视镜头，甚至见到爬虫都产生紧张欲绝的反应。

他们的感情细腻而脆弱，常因微不足道的小事引起情绪波动，不愿外露自己的真实情感，心里有话宁愿自言自语，也不愿向别人吐露，常生闷气，与他人交往时显得腼腆、忸怩和拘束，喜欢一个人独处取静，兴趣爱好不多。

他们具有这些心理特点，在意别人的想法，察觉到别人不易察觉的细小事物和细微变化。但做任何事均有较强的责任心，遇事三思而后行，求稳不求快。在工作和生活中，容易出现疲倦感，对往事特别是不愉快的事喜欢回味，容易产生内疚、怯懦、自卑的心理状态。

气质的培养

人的魅力是从独具的气质中产生的，独具的气质涉及他深层的品质。良好的气质，是以人的文化素养、文化程度、思想品质为基础的，同时，还要看他对待生活的态度。

气质给人的美感是不受年龄、服饰和打扮的制约的。那么，我们怎样培养高贵的气质呢？

（1）塑造鲜明的个性。任何性格都不是一朝一夕形成的，它是从儿童时期开始，不断受到社会环境的影响，教育的熏陶和每个人自身的实践长期塑造而成的。性格一经形成,就比较稳定。但另一方面,由于客观现实的复杂性,环境因素经常有各式各样的变化,人们之间的接触交往也纷繁复杂,这种现实影响的多样性和多变性又决定了性格不是一成不变的。

生活中经历的重大事情往往给性格打上深深的烙印,环境和实践的重大转折变化也会在很大程度上改变一个人的性格。因此,塑造自己鲜明的个性,应当:

客观地了解自己。准确地为自己定位,学会根据自身气质设计自我形象;从自己的能力出发,修改自己性格中不好的特点,要有比较强的自我控制能力;不要轻易改变自己性格中的主导方面,要保持一定的风格和一定的稳定性,不要左右摇摆,毫无主见;同自己周围的环境有一种比较协调的关系,既不随波逐流,也不孤芳自赏。

(2)注意品德的修炼和情操的陶冶。一个没有道德感或者品德低下庸俗的人是不受欢迎的。与此紧密相关的是文化修养的问题。

但这里的文化修养不能简单地理解为多看几本书、多识几个字,或是多学得一些知识。无疑,多看书、多学知识是文化修养的内容,但不仅仅限于此。

我们所说的文化素养包括:广博的知识、深刻的理解能力、良好的审美观、丰富的联想力等等。达到这个目标的方法只有一个,就是学习。

学习的途径不只是多看书,还要多参加各种社交活动,文娱活动,多接触人,多交谈。从社交中获得知识也是一个很重要、很有益的途径。

在培养自己的独特气质上下功夫,要注意高雅但不自负,温柔但不失刚强,活泼但不轻浮,开朗但不粗俗,天真但不幼稚,热情但不放荡，成熟但不世故，富有同情心但不懦弱。只有这样，才能将自己的魅力展现出来，从而化气质为人气。

男人的品位魅力四射

品位就是质量——做人的质量和生活的质量，是爱好和品质的综合体，是高贵和气质的象征。有品位，代表男人有地位、有追求，自然是一种魅力的体现。

在现代生活中，经常会出现一些自以为有品位的有钱男人。这些男人生活得非常刻意，他们努力将自己修饰成"贵族"的样子，不仅买豪宅和名车，还专门穿某些名牌。

他们听说古铜色皮肤有品位，就去高尔夫球场晒太阳，可晒后却更像搬运工；听说男人一个月不听音乐会就不高贵，他们又去音乐厅折磨自己，不过每次都会打呼噜睡着；他们也会参加一些慈善活动，虽然捐的钱不多，却从不忘绘声绘色地讲自己捐钱的故事……

不过，这类改变了自己物质生活的男人，在看似有形却又无形的品位追求中，难以摆脱自身骨子里的粗俗痕迹。因为他们的行为很做作，很难说他们是一个真正有品位的男人。

品位不只是一种形式，它是一个人心灵修行的自然结果。品位是成熟果实所散发的芬芳，男人在风雨之后仍显示出的人格魅力体现着他的品质。

那些在生活中透出淡定、自信和深邃的男人总给人安全感与亲和力，这种男人才最有品位。当一个男人做人的功力不够时，他所有的外表讲究都会大打折扣，甚至令人恶心。

有品位的男人时尚味十足，更懂得生活。男人要有男人的样子。在现代社会中，男人的形象更应个性化。形象是男人的真实名片，要穿出自己的风格、包装出自己的风格，才能让自己出彩，在芸芸众生中如鹤立鸡群般显现自己。

在这个高人辈出的时代，当杰出的成功人士越来越年轻化，包装的成功与否已成为当代男人能否在竞争中出人头地的重要条件，而现代男人也应适时适地地包装自己，让自己的个性在包装中闪亮。

想象一下，在生意场上频频露脸的你，能如汤镇宗、刘德华等名流一般穿着笔挺西服，革履锃亮、发际油光，腕戴名牌金表，瞬间闪亮在大众的视野时，哪个女人不会为之倾倒？

有品位的男人拥有绅士作风。这样的男人十分注重行为细节，在举手投足间有一股让人难以抵挡的优雅风度，他一言一语、一举一动让人顿生一种难以阻挡的亲和力。

在同事、朋友聚会上，他善于倾听，放低架子，用自己的耐心、谦虚营造一种气息流动的气氛。他与对方说话时，眼睛认真注视着对方，在表示同意时微微颔首，在与对方对话不置可否时回之以微笑，眼神里流露着一种宽厚与包容。

有品位的男人风趣而幽默，是充满智慧的男人。这种幽默感并非故作夸张，而来自其丰厚的学识和阅历，不时以话语行间的妙语连珠调动全场的气氛。

他在平静的谈吐间旁征博引，在逗乐旁听者开怀大笑的同时，自己却不动声色、若无其事，呈现出一副儒士的风采，让在座的女性从心底油然而生倾慕感，并在他离去后还在回味其风趣的样子。而以后若是他未到场，不禁会让大家心生遗憾。

有品位的男人勇敢刚毅、做事执着、心怀坦荡、洒脱豪放。他个性鲜明、坦坦荡荡，他独立自主、意志刚强、充满自信。

有品位的男人没有傲气，只有傲骨，他不会以别人的眼光来处理世界上最宝贵的东西。

司马迁在生死关头如果过于看重耻辱——被施宫刑自然是世间的奇耻大辱——那简直就不能活了，但他却没有。他深信自己独一无二的生命是世界上最珍贵的东西，

只要留得生命在，就能将万千心血积累而成的史料成功载入史书，为中华民族保留珍贵的遗产。至于那些小人的耻笑、他人的误解，比起自己的雄才大略和独一无二的伟业来，又算得了什么！

有品位的男人热爱工作，具有强烈的事业心。男人的事业心，是指男人的成就感，出人头地的欲望。当一个男人刚懂事的时候，他就知道成就任何事业都要靠自己的努力，靠勤奋，靠竞争，靠自强不息的精神。

他对前途设计了一个最辉煌的结局，对家庭设计了最温暖的伊甸园，对婚姻设计了一个鸾凤和鸣的模式。

有品位的男人用阅历磨炼自己，用知识丰富自己，从困难中寻求成功，从工作中寻求责任，从学习中充实自己，从坚定中走向成熟。你可以不像比尔·盖茨那样富有，可以不像莱昂纳多那样英俊帅气，但是你不能没有这种品位。你可以不浪漫，但是要温情；可以不豪爽，但是要大气；可以不细腻，但是要优雅。

有品位的男人犹如一杯醇美的烈酒，细细品味后我们才能读懂其真正的内涵，才能回味其沁人的芳香。有品位的男人犹如一杯浓茶，

飘着怡人的茶香，轻呷一口顿觉满口的香味，弥散到全身的每一处神经，感觉是如此的惬意和舒畅。

男人的品位犹如一首平凡而悠扬的歌，飘荡的优美旋律浸润了女人生命的每一个季节。你的品位可以让你优雅脱俗，让你男敢坚毅，让你豁达爽朗，让你宽厚挚诚，让你成为众人眼中出色的男人。

男人的品位彰显了男人的魅力、男人的风采、男人的气质。男人的魅力散发着浓浓的男人味，折射出了男人的本色和光芒。

花容月貌不等于优雅气质

曾经有位诗人说："美的东西永远令人心旷神怡。"女性的身体，应是令人心旷神怡的。身体与思想结合一体，在行动上可以表现节奏与美的活力。身体的一举一动，皆可表现出你心中的意识，你应该视你的身体为表达情意的工具，并特别加以重视。

对于女性来说，动人的风度和仪表比美貌更重要，容貌姣好的人并不等于她的仪表也美；同样的，举止仪表优美的人，也并不一定容貌漂亮。有些女孩相貌平平，但由于她有优美的风度，反而非常出众而且更吸引人。

表现出自己的仪态美

下列方法，可以帮助你充分善用你的身体，适时表现出仪表美：

（1）保持身体的柔软，不断地做伸展、弯曲和摆动的动作。

（2）保持身体正直，眼睛平视，这可以表现你是一个心地坦然、和蔼可亲的人。

（3）多散步，特别在清晨空气新鲜时，大腿由臀部关节处做有节奏的摆动。开始时缓慢走，直至走二三里路为止。

（4）训练你的身体对思潮起伏的感应，换言之，即设法使其活泼主动。

（5）对着收音机或唱片跳舞，随着音乐节拍任意弯曲、摇曳及走动。

（6）设法使身体动作协调。不论你的身体是胖是瘦，只要动作协调，你便会感到动作轻松，举止灵活。

（7）每天喝大量饮料，饮料能清肠胃。相信你是健康的，排除疾病，并训练耐劳和敏捷，此项训练可慢慢去做。

（8）相信自己的智能。否则，你便会失去自己的能力。记住，并非你的身体保持健康，便免除了你的麻烦，身体是敏感的，它还可以表现你的人格，也能反映你的思想。

表现自己的姿势美

（1）优美的坐姿。俗话说："吃有吃相，坐有坐相。"可见，坐姿好不好，直接影响一个人的形象。我国自古以来就对坐姿有种种说法，把它看成是有没有教养的标志，因此，对坐姿应有严格的训练和要求。

坐姿要求端正、舒适、自然、大方，身体重心应平稳地落在椅子上，坐下后不要东张西望，左顾右盼。

坐的时间较长，身体可以略微倾斜，但头一定要向着他人，双腿交叉，显得优雅舒适。坐在椅子或沙发上，不要坐满，只坐一半，才能保持自然端庄的坐姿。

坐的时间长，可以把头靠在椅上，但不要双脚伸直，成半躺半坐，也不应把头仰到椅后面,这就有失文雅。

坐着时,还有几个动作是千万不能出现的。如双手在身上东摸西摸,双脚一直不停地抖动,跷起二郎腿,双脚钩着椅子腿,或双腿伸开成"大"字形等等,这些都是失礼而不雅观的坐姿。

(2)站立的正确姿势。培养优美的仪态必须从正确的姿势开始。

不好的姿势,不但有损仪态美,且对健康产生不良影响,许多人常会感到腰酸背痛,这往往跟他们平日的姿势不良有关。

站立的姿势对整个人的仪态有重大影响,而职业女性,因经常要穿着高跟鞋工作或交际应酬,对正确的站立姿势更要尤其注意。

怎样才是正确的站立姿势呢?你可以用以下的方法测验一下:把身体贴墙,脑后、肩、腰、臀部、脚跟等部位尽量贴近墙,使身体成为直线。站立时必须注意头要正直,下颔微收,双眼往前,肩要平。切忌弯腰腆肚,或耸乳突臀,过犹不及会使你看来非常滑稽,又怎会有仪态可言?

站姿的功法主要在脚板及小腿上,所以,除了金鸡独立,还可以进一步强化训练:脱了鞋子,站个端正自然、自我感觉良好的姿势,然后,提起一只脚,将体重完全放在另一只脚上,脚跟弯曲,脚尖向上,来回做弯曲、向上、弯曲、向上的动作,每只脚做15次,双脚轮换进行。这样,一个平稳、优美的立姿就会练出来。

作为女性,站时要保持身体正直,挺胸收腹,才是好的立姿。

弯腰驼背、左右摇晃,或者斜靠在柱子或墙壁上,都会给人一种懒散、轻薄的感觉,根本无美可言,故是不可取的。

(3)走路的艺术。站姿和坐姿属静,走路姿态为动。优美的走路姿态,给人一种风姿绰约、婀娜多姿的感觉。步伐不稳,左右摇晃,故作姿态，扭起屁股，给人的是轻佻的印象。可见，走路姿态对于一个人的美感是至关重要的。

走路姿态美不美，展示着人的精神面貌和风度。判断步调的美妙，由一个人的步度和步位所决定，女性行走时一般是走相对直线而不是平行线。

（4）潇洒的动作。上下楼梯，头要抬高，背要伸直，肋骨要挺，臀部要收。

上下汽车，必须小心在意才不会有损仪态。上车时要侧着身体进入车内，绝对不要头先进去。下车时也应侧身而下，脚先伸出车门，头部随着伸出去，然后立即站起来。

拾取掉在地上的东西时，不要弯身体，只利用膝盖的弹性便可，向前蹲下的姿势不但不雅，也会令背部紧张。

要随时随地保持绘画似的美，即使在睡觉时也应有一种优美的姿态。要面部侧向一边，和胸部平行，臀部向上抬，一条腿蜷曲，另一条腿向外伸出，一只胳膊伸向远处，另一只胳膊放在它的上边，这样即可保证睡觉姿势的优美。

气质决定人生成败

对娱乐圈稍有了解的人可能都会知道：歌星分为实力派和偶像派，偶像派的歌星其实唱功并不怎么样，但一样能捕获歌迷的心，这主要归功于气质。偶像派的气质能给人留下过目不忘的感觉，久而久之，将潜在的歌迷变为自己的忠实"粉丝"。

当你第一次遇到某个人的时候,你常常会留下这样的第一印象:

这个人相貌平平,但却让你感到"可亲近",感到别有魅力;而有的人虽然衣冠楚楚,相貌堂堂,但给人的感觉是不可亲近,缺乏令人欣赏的特征。

这是为什么呢?这让人想到人们常挂在嘴边的一个词,那就是气质。气质是一个人在他的心理活动和外部活动中所表现的某些关乎强度、灵活性、稳定性和敏捷性等方面的心理特征的综合。

气质高雅的人,他们身上散发出一种特有的"精神气",使人不由自主地喜欢他们,愿意接近并与之交往。这种人的"魅力所在"就是人们通常所说的气质。

一个人有没有良好的气质,对其人生的成败得失影响很大。人的容貌如同一朵花,季节性很强,它总有凋零之时,而人的气质所带来的人格魅力,则是与日俱增的。的确,由气质产生的美感,是不受服装打扮和年龄制约的,它总是随时随地自然地流露出来。所有这些,正是许多人看重气质的原因所在。

一个人特有的气质对异性有着异常的吸引力。气质美主要表现在言行举止上,一举手,一投足,说话的表情,待人接物的分寸,皆属此列。朋友初交,互相打量,立刻产生好的印象,这个好感除了言谈之外,就是气质的潜移默化。

做个有气质的成功人士是每个人都渴望的,但是渴望不代表拥有。要想拥有迷人的气质应从以下几个方面做起:

自我修饰

懂得爱护自己的女人一定懂得打扮自己。因为,从头发的样式、护肤品的选用、服饰搭配到鞋子的颜色,无一不需要你细心地面对。

从头到脚的细致，当然是需要花很多的时间和心思的。因此，要想做有气质的女人就必须从做细致的女人开始。

可别小看了细致，也许仅仅因为指甲油的颜色不协调就导致你前功尽弃。一个男人对着女人一张细致的脸说话要比对着一张粗糙的脸说话有耐心得多。尽管男人说出这样的话使大多数女人不满，但这又确实是不争的事实。毫无疑问，女人的脸部呵护是极为重要的。

护肤品的选购和使用绝对不能偷懒，因为它关系到你的"面子"工程。打扮自己不单是一种行为，更是一种自我调节的好方式，也是减压的好途径。因此，有气质的成功女性第一要点是忙里偷闲的生活方式。

自我欣赏

自我欣赏绝不是自恋，它是由理智、客观地对自己的认识引发出来的自信。得体的装扮，优雅的举止，丰富的知识，这些无一不透出成功人士的气质和个人魅力。

能正确自我欣赏的人，大多受过良好的教育，聪明灵慧，他们出类拔萃，既不会盲目自卑，更不会盲目自大。

懂得自我欣赏的成功人士光彩照人，落落大方，灿烂的笑里有一股高贵的气息，让人在仰慕的同时又有些敬畏。

有气质的成功人士绝不能自以为是，盲目自我崇拜，那样比自卑的人更可怕。卡耐基认为，气质高贵的人最重要的一条，就是由内而外散发的文化气质。

文化气质的提升不只是单纯的看书、学习。同时，还可以上网浏览、交流，欣赏一部出色的好电影，经常翻阅一些出色的时尚杂志，学学电脑和英文。高贵气质的人只有不断地汲取营养，才能在炫丽的生活中游刃有余，潇洒自如。生活也将因此更加丰富多彩。

保持本色

在个人成功的经验之中，保持自我本色及以自身的创造性去赢得一个新天地是一件很有意义的事情。在好莱坞尤其流行希望能做其他人的想法。

山姆·伍德是好莱坞的最知名导演之一。他说在他启发一些年轻的演员时所碰到的最头痛的问题就是这个：要让他保持本色。

他们都想做二流的拉娜·特纳，或者是三流的克拉克·盖博。"这一套观念是绝对错误的，"山姆·伍德说，"最安全的做法是：要尽快丢开那些装腔作势的人。"

卓别林开始拍电影的时候，那些电影导演都坚持要卓别林学非常有名的演员，可是卓别林直到创造出一套自己的表演方法之后，才开始成名。鲍勃·霍伯也有相同的经历，他多年来一直在演歌舞片，直到他发展出自己的笑话之后才成名。

威尔·罗吉斯在一个杂耍团里，不说话只表演抛绳技术，继续了好多年，直到他发现自己在讲幽默笑话上有特殊的天分时，才开始在耍绳表演的时候说话，因此获得了成功。

金·奥特雷刚出道之时，想要改掉他得克萨斯的乡音，为像个城里的绅士，便自称为纽约人，结果大家都在背后耻笑他。后来，他开始弹奏五弦琴，唱他的西部歌曲，开始了他那了不起的演艺生涯，成为在电影和广播两方面都有名的西部歌星之一。

在每一个人的教育过程中，他一定会在某个时候发现，羡慕是无知的，模仿也就意味着自杀。

不论好坏，你都必须保持本色。

人格的特色，需要你用生命去保护。

把最好的气质写在脸上

气质无形,却看得出、感觉得到。一个内心无知,空有美丽外表的女人,其实很难在人们心底留下深刻的记忆,因为她虽美却无气质;而一个有如空谷幽兰般的气质女人,即使她貌不惊人,却会历久弥新、越来越有味道,而围绕在她身边的人也会逐渐被她的气质倾倒。

气质是女人容貌的"护肤品",一个女人要想获得成功,就要拿出自己最好的气质去征服他人。

不知你是否听说过这样一句话:法国女人想要的一切,连上帝都会说"Yes"。

为什么呢?原因很简单,因为她们拥有令全世界女人嫉妒的得天独厚的气质美。

可见,气质对于女人,就像生命中不能缺少氧气和水、鲜花不能没有阳光、庄稼不能失去肥料……如果女人失去了气质,美丽就变得不再有意义,甚至这美丽也会很快枯竭。

气质又如在女人脸上散发的光彩一样,脸蛋虽然不是十分动人,但却能光彩照人。

它可以让一张原本平凡无奇的脸变得越发生动起来。气质还是女人善良的心灵,豁达的人格;是女人丰富的情感,高尚的情操;是女人良好的素养,渊博的学识……

这些犹如涓涓细流融会于江河,将女人优雅质朴的气质永久地镌刻在她们的脸上。

赵淑侠就是这样一位有气质的才女,她共有13部长篇小说和作品集在国内多家出版社发行。她是一个用生命去写作的女人,她打开自己的眼界和心界与大千世界进行情感交流,去向所有理解她的人倾诉衷肠。

早期,她写离乡之愁、思乡之恋;中期,她写远居异国他乡奋斗不息但内心深处痛楚与寂寞的海外游子;近些年她则尝试用真诚的态度去写人们在生活中的困惑和在追求生命层次过程中的顽强拼搏和抗争。她用那些优美的文字诠释了灵性的东西,并试图从中给人以启发。

采访过她的一位记者曾说,但凡第一眼见到赵淑侠的人,都会被她的气质所迷倒。虽然她已逾花甲之年,却仍光彩照人。即使她不施脂粉,却也满面春风、雅致娟秀。

当你和她交谈或者她在倾听你说话的时候,你会感觉到她是用眼睛和你交流的。她喜欢正视着对方说话,从不左顾右盼,她在尊重别人的同时,也赢得了别人的尊重。

这种气质独特、不媚俗,是在落落大方中由内而外散发出一种韵味、一种风情,让人不由自主、发自内心地去欣赏她。这样的女人,气质由脸而生。

一个能真心与人相处,做事业、信仰理想的女人,非但不会变老,还会有一种豁达开朗的胸襟。像赵淑侠这般拥有雍容气质的女人,似乎衰老离她很远很远。

她不怕老也不服老,所谓生理机能上的衰老终究也无法令她屈服。她曾说:"要创造出一个不受影响的、常青的精神世界来,并在那里保持青春常在。"

一个真正有气质的女人,她的气质中不该含有做作的成分,那种做作的气质只会是短暂的。所以,女人们一定要记住:你们不是因为美丽才可爱,而是因为可爱才显得美丽。

一个女人如果想真正拥有永恒的美,那种美则当属于深深蕴含于容貌之中的知性、洒脱的气质美。缺少这种气质的美,只能是残缺的美。

所以,女人不应该再自怨自艾,而应自信起来;也不要认为自己不如男人、会输给男人。女人要高贵,女人要有知识……拥有了这些,气质也就油然而生,并表现在你的脸上,这样不仅会增添你的魅力,也会为你的成功增加砝码。

微笑能拉近你和他人的距离

在现实的工作、生活中,一个人要想秀出自己的气质,微笑是相当重要的环节。因为微笑是一种宽容、一种接纳,它缩短了彼此的距离,使人与人之间心心相通。喜欢微笑着面对他人的人,往往更容易走入对方的天地。

现实生活中,如果你对人满面冰霜、横眉冷对,而另一个人对人面带笑容,温暖如春,谁更容易地得到他人的帮助?当然是后者,相信任何一个人都会毫不犹豫地对后者知无不言,言无不尽,问一答十;而对前者,很遗憾,恐怕就恰恰相反了。

很多人都意识到了服饰仪容对自己社交、办事的重要。因此,临出门前,总是要特意打扮一番,头发是否凌乱,化妆是否恰到好处,唯恐因衣着的粗俗和妆饰的不雅而令人看不起或产生笑料,从而达不到办事目的。

但是，我们也不可忽略了仪表所展现的另一种魅力，那就是面部表现微笑。很少有人意识到微笑将会对办事产生的影响。其实，对于社交、办事来说，整理表情有时比整理服饰、化妆更重要。

有位女实习记者访问某部长，约见时间到了，首先来的却是部长秘书："对不起，请您再等几分钟好吗？"记者以为部长的会议还没有开完，便又耐心地等了一会儿。

几分钟之后，这位部长满面春风走出来与她握手寒暄，并带着歉意说：

"刚才我在主持一个很重要的会议，表情很紧张也很严肃，散会后带着这样一副表情见一位不是很熟的人，担心会给人留下一个不好接近的印象，而且也有失礼貌。所以，我又对着镜子休整了片刻，等心情和面孔都恢复正常了，才出来和你见面，实在对不起，让你久等了。"

从这个故事中可以看出，人的心情是藏不住的，七情六欲常常不经意地流露在面部表情上。会办事的人总是细心地注意调整自己的心境和表情。

所有表情之中，最有魅力、最有作用的当属微笑。

希尔顿旅馆遍布世界五大洲的各大都市，成为全球规模最大的旅馆之一。几十年来，希尔顿旅馆生意如此之好，财富增加得如此之快，其成功的秘诀就是靠服务人员"微笑的影响力"。

希尔顿旅馆总公司的董事长康纳·希尔顿在几十年里，向各级人员（从总经理到服务员）问得最多的一句话是："你今天对客人微笑了没有？"

他谆谆告诫员工，无论旅馆本身遭遇的困难如何，希尔顿旅馆服务员脸上的微笑永远是属于旅客的阳光。如果旅馆里只有第一流的设备而没有第一流服务员的微笑，那些旅客会认为我们供应了他们全部最喜欢的东西吗？

缺少服务员的美好微笑，就好比花园里失去了春天的太阳与微笑。假若我是顾客，我宁愿住进虽然只有残旧地毯，却处处见到微笑的旅馆，而不愿走进只有一流设备而不见微笑的旅馆。

所以，当希尔顿坐专机来到某一国境内希尔顿旅馆视察时，服务人员会立即想到他们的老板可能随时会来到自己面前再提问那句名言："你今天对客人微笑了没有？"

微笑应该是由内心生出，绝对真诚的微笑。一个大公司的人事经理经常说："一个拥有纯真微笑的小学毕业生，比一个脸孔冷漠的哲学博士更有用，因为微笑是工作人员的基本要求，也是公司最有效的商标，比任何广告都能更深入人心。"

随时保持微笑的仪态，有利于增强办事的效果。

满脸笑容地迎接客人，微笑会使对方感觉你如同亲人；满脸笑容地托别人办事，微笑会增加对方拒绝的难度。

微笑的面孔给人以温暖、亲切、自信的印象。

笑着谈话，能使每一句话显得轻松，即使是那些难办的事情或是复杂的问题都可以在微笑中变得轻松起来。真诚微笑，让对方产生愉快的心情，然后一点点地把问题提出，让他（她）在快乐轻松的心情中不再设防，这样的办事效果要比板起面孔、一本正经地谈判不知要好上多少倍。

有时候，为了办好事情，尽管一个人没有微笑的心情，但关键时刻，也必须调整自己，笑脸对人。

留下忧虑、烦恼给自己，向别人展现自己的快乐心情和幸福感受。拥有一副开心的面孔，让别人感觉到自己的自信、活力以及对生活的热爱。

在生活中，不妨也学一学罗浮宫里蒙娜丽莎的微笑，即使在不想笑的时候，也要露出微笑，这样定会收到意想不到的效果。一个人的微笑如同三月的春风，拂面而不撩人。如果一个人脸上永远挂着蒙娜丽莎般迷人的笑意，那么，无论他生得多么丑陋，一抹微笑足以遮掩他后天的缺陷与不足。

成功处世方略

会办事·联合人

王金锋 刘元喜 编著

民主与建设出版社
·北京·

© 民主与建设出版社，2020

图书在版编目（CIP）数据

会办事·联合人 / 王金锋, 刘元喜编著 . -- 北京：民主与建设出版社, 2020.1

（成功处世方略）

ISBN 978-7-5139-2863-2

Ⅰ. ①会… Ⅱ. ①王… ②刘… Ⅲ. ①心理交往—通俗读物 Ⅳ. ① C912.11-49

中国版本图书馆 CIP 数据核字 (2020) 第 012926 号

会办事·联合人
HUI BAN SHI · LIAN HE REN

出版人	李声笑
编　著	王金锋　刘元喜
责任编辑	刘树民
封面设计	大华文苑
出版发行	民主与建设出版社有限责任公司
电　话	（010）59417747　59419778
社　址	北京市海淀区西三环中路 10 号望海楼 E 座 7 层
邮　编	100142
印　刷	三河市德利印刷有限公司
版　次	2020 年 6 月第 1 版
印　次	2020 年 6 月第 1 次印刷
开　本	880 毫米 ×1230 毫米　1/32
印　张	25
字　数	605 千字
书　号	ISBN 978-7-5139-2863-2
定　价	128.00 元（全 5 册）

注：如有印、装质量问题，请与出版社联系。

前言

生活在现代社会，每个人都会有自己的难处，这些难处有的是事业上的困境，有的是生活琐事。在面对这些困境时，若不懂得处世为人的一些道理及应对方法，人生将会更加不易。俗话说，成功的人都是相同的，而失败的人总是各有各的理由，生而为人，不应该只羡慕嫉妒那些成功人士，而是要学习他们为人处世的方法，使自己也变成成功的人，因为，有时成功是可以复制的。

为人处世是一门学问，不同人士的处世之道不可复制，但只要我们用心学习就能拥有。人与人的交往是一门独特的艺术，也是一场伴随人生的漫长修行。交往处事过程中的很多细节都反映出一个人的情商高低。高情商的人办事效率高，成功概率大；反之，低情商的人一般都很难办成大事。

情商是情绪商数的简称，它是一种能力，也是一种技巧。只要我们多点勇气，多点机智，多点磨炼，多点感情投资，就能营造一个有利于自己生存的宽松环境，建立一个属于自己的交际圈，创造一个更好发挥自己才能的空间。

美国哈佛大学的教授丹尼尔·戈尔曼认为，情绪智商包含五个方面的内容：

一是了解自我，时刻监视情绪的变化，这是情绪智商的核心。一

个人只有认识自己，才能成为自己生活的主宰；二是自我管理，调控自己的情绪，使之适时适度地表现出来；三是自我激励，能够依据活动的某种目标，调动、指挥情绪的能力，使人走出生命中的低潮，重新出发；四是识别他人的情绪，即通过细微的社会信号、敏感地感受到他人的需求与欲望，实现与人顺利地沟通和交往；五是处理人际关系，调控自己与他人的情绪反应。

这五个方面是测试情商能力高低的试金石。拥有这些能力的人自信而不自满，乐观兼有幽默，他们心理承受能力强，能站在别人的角度想问题，有较好的人际关系，做起事来不怕困难，能够应对大多数人难以应对的问题，能处理好很多人处理不了的难题。

高情商的人处世，从不把自己放在生活的泥淖里，哪怕琐事繁多，也会井井有条，有理有节。高情商的人待人，从不将自己陷入交际的漩涡里，只会心无旁骛，一心一意经营自己的事业。现代社会，人们面对的是快节奏的生活，高负荷的工作和复杂的人际关系，不懂处世技巧，不懂人情世故的人是难以获得成功的。

本套丛书从正向思维、精准识人、幽默风趣、办事能力以及修炼心态等多方面对日常生活中的处世方法进行了诠释，它既是一本提升情商的智慧之书，又是一本关于待人处世的交际之书。书中通过教你把握做人的分寸和处世的技巧，将做人与处事有机统一起来，以塑造成功的人格魅力，进而让你的生活更加充实，让你的事业更加成功！

目录

上编　会办事

第一章　逆境中办事法则

坚强来自强大的内心 \ 002

在逆境中把握机遇 \ 004

做大事坚忍第一 \ 005

遇事要会镇静思考 \ 009

办事应练好"忍"功 \ 013

退缩只能招致失败 \ 015

信念可以改变人生 \ 016

积极改变负面心态 \ 019

做事要锲而不舍 \ 022

一步一个脚印踏实前行 \ 025

永不放弃才能有所收获 \ 027

第二章　顺境中办事规则

与人为善传播快乐心境 \ 030

豁达开朗享受自由人生 \ 033

平和处世才能事事顺心 \ 035

内方外圆处世圆融无碍 \ 041

批评人一定要讲方法 \ 043

尽量减少不必要的争吵 \ 048

办事一定要掌握分寸 \ 049

礼数周到，办事才会顺利 \ 053

办事应该选择适当时机 \ 056

第三章　诚信办事的智慧

人类相互依赖而存在 \ 059

信用是办事的基本规范 \ 061

诚信是获取信任的基石 \ 064

真诚、诚实才能感动人心 \ 066

把真诚放进我们的话语 \ 068

真诚才能赢得信赖 \ 070

信守承诺才能确立威信 \ 074

唯有诚实，方可长久 \ 077

用诚信架起友谊的桥梁 \ 079

下编　联合人

第一章　让自己成为团队一员

加入一个心仪的团队 \ 084

弄清楚团队的精神实质 \ 086

培养团队的共同愿景 \ 088

创造快乐的团队环境 \ 090

全身心地融入团队 \ 092

把团队视为自己的家 \ 095
培养自己的团队精神 \ 098
加强团队精神的修炼 \ 100
时刻以团队精神为荣 \ 101
提高团队的凝聚力 \ 104

第二章 与团队成员和谐相处
提升融入团队的能力 \ 106
培养在团队的凝聚精神 \ 108
与你的团队友好相处 \ 111
学会在团队中取长补短 \ 114
提高员工的满意度 \ 117
巧妙化解同事的矛盾 \ 119
以沟通促进团队合作 \ 123
沟通必须讲究技巧 \ 126

第三章 与团队合作共赢
合作是团队发展的根基 \ 129
提高合作共事的能力 \ 131
珍惜团队的荣誉 \ 134
确立团队发展的目标 \ 135
服从目标要坚定不移 \ 138
用你的理智约束自己 \ 141
和企业保持同步发展 \ 144
以执行力造就卓越 \ 146
在合作中追求人生佳绩 \ 149

上编
会办事

办事不是做事,做事是一种技能,办事是一种技巧。办事不是简单的做事,办事是处理人与人之间、事与事之间或人与事之间的关系。做什么事都有规则,有些规则是必须坚守的,但若一味照本宣科,不能融会贯通,就可能什么事都办不好。

第一章　逆境中办事法则

坚强来自强大的内心

人生若能像球赛，两旁有人欢呼加油，我们一定会更加振奋。有时我们饱受折磨，只想停下来大呼："我不干了。"如果此时有人给我们打气，该有多好。

然而人生毕竟不是球赛，反倒像个战场，你没有观众和拉拉队，有的只是队友或竞争对手。我们都在生命中奋斗，知道如何行动的人不需要啦啦队，他的心里自有鼓励的声音。让自己的心鞭策自己向前进，这才是最可靠的。

中国女学生袁和为了理想，不畏艰难，与命运和病魔抗争的故事经校方的宣传与介绍，在哈佛引起了很大的轰动。许多学生激动地说："太令人感动了……""袁和是好样的，她给了我勇气……"

于是，校方利用这一契机，进行座谈，举办演讲，教育学生向袁和学习，为了知识和理想，不要惧怕任何困难。并且相信自己一定能成功。

袁和是一位来自上海的姑娘，为了能出国深造，她一边在街道工厂里靠糊纸盒赚钱，一边学习英语。她凭着顽强的毅力，通过了托福考试，被马萨诸塞州蒙特·荷里亚女子学院录取。

但是袁和刚到美国才两个月，就被医生诊断为癌症，且癌细胞已经转移。这位柔弱纤细的中国女孩，没有被死亡与不幸吓倒。她坚定地说：我还想读书，我要拿到硕士学位，这是我到这里来的目的。

按照经验，她只能再活半年，想要得到硕士学位，简直是一种美丽的幻想。袁和是清楚这一点的，但是她对自己说：我一定要坚持，我一定会胜利。

她仿佛忘记了自己是一个被现代医学宣判了死刑的人，她拼命地读书，把死亡当成自己生命的拐杖，倚着它，无所畏惧地前行。有一次她晕倒在宿舍里，在冰凉的地上，她整整昏迷了近10个小时。

尽管她也曾胆怯过、犹豫过，痛苦难耐时，也想放弃追求。但她战胜了自己，战胜了人的懦弱和绝望中自戕的念头。经过一年多时间的苦熬，与死神的抗争，袁和终于穿着长长的黑色学袍，一步步走上了学院礼堂的台阶，接过了院长亲手颁发的硕士学位证书。

教授们和那些来自不同国家的同学们，在台下为她鼓掌。人们从她身上看到了勇气，看到了无畏，看到了人格的力量。袁和并没有停止她生命的进程，她又决心以顽强的毅力去攻读博士学位。但是，没过多久，病魔便夺去了她年轻的生命。袁和的故事在许多大学引起了很大的震动。

《哈佛学报》评论说：袁和的一生是人类关于勇气的一

课,是关于理想追求的一课。我们的校训历年提倡的,正是这样一种精神。

不要指望别人帮助你什么,只有自己才最可靠。要想成就事业,只有靠自己不懈努力才有可能成功。

在逆境中把握机遇

聪明人是绝不会钻牛角尖的,不会一条死胡同走到底。他们总会在适当的时候采用灵活手段,根据时机的不同采用不同办法。法国著名作家罗曼·罗兰也是因为逆境而改写了自己的一生。

1892年,罗曼·罗兰与巴黎上流社会的资产阶级小姐克洛蒂尔特·勃来亚结婚。由于社会地位不同,思想基础不一样,到1901年年初,两人终于离异,结束了同床异梦的痛苦生活。告别了上流社会之后,罗曼·罗兰在经历了一段刻骨铭心的痛苦经历后,终于沉下心来开始了他梦寐以求的文艺创作。

他一个人住在简陋的公寓里,埋头写作,历经三年,发表了《约翰·克利斯朵夫》的第一卷,又过了九年,终于完成了这部宏伟巨著。试想,如果没有这段痛苦破碎的婚姻,罗曼·罗兰怎能有日后辉煌的成就呢?

为什么逆境也能够产生机会呢？因为顺境和逆境在一定的条件下是可以转化的。环境本身是无情的，但也是公正的，它对所有人都一视同仁。

环境虽然不以人的意志为转移，但是人对于环境却有主观能动性。每个人都可以努力去改变环境，到一定时候，逆境也可能转化为顺境，也就是说人在逆境的情况下，也可能获得成功的机会。

事实上，在机会出现的全过程中，顺境和逆境往往是交错出现的。今天碰到的顺境，明天有可能就成逆境，所以，要想抓住机会，必须能够在顺境中扬帆鼓浪，能够在逆境中避短扬长。

人们在生活面前有种种美好的向往，总是希望前面有着广阔的天地。然而，人生的道路不可能像长安街那样平坦笔直；成就功名不会像月下漫步那样轻松取得。只有你有一颗执着之心，逆境在你眼里，也会成为一种机会。

做大事坚忍第一

一个人要想摆脱逆境，必须靠坚忍的品格支撑自己，而坚忍就是王者的品格力量。

许多人之所以不能成功的原因，就在于自己太脆弱，遇到难题就打退堂鼓，结果始终突破不了一道道难关。曾国藩特别擅长在各种逆境中磨砺自己的意志，多次提醒自己要坚忍起来。一个人要想摆脱逆境，必须靠坚忍的品格支撑自己，而坚忍就是王者的品格力量。下面我们将围绕这一主题展开讨论。

决定一个人做事大小的关键，在于他的心胸狭隘还是广大！所谓怨气由心生，如果一味只为出口恶气而活，一定会毁掉自己的人生。曾国藩一直努力做好一切向前看的鸿鹄，在坚忍之途上不移初心，正如他所言："'胸怀'乃吾最阔之空。"

曾国藩崇尚坚忍卓绝之人物，而对富贵之人却持睥睨，如同司马迁一样，敬仰屈原、田光等坚忍行世的人物。因此，曾国藩的一生也是靠"坚忍"成事，但由于身份、修养的不同，还是有人不太理解的。譬如王闿运作《湘军志》，对曾国藩时有微词，主要的原因，就是认为他太坚忍、太慎重了。

客观来讲，曾国藩所持态度是绝对正确的。因为他所处的环境，当时虽是督师，实则处于客寄的地位。筹兵筹饷，一无实权，州县官都不听他的话，各省督抚又常常为难他，只有胡林翼是诚心帮他的忙。

湘军将士虽也拥戴他，可是他们的官级，有的比他还高，他好像一个统帅，当然是经不起败仗的。他的苦衷也绝非一般人所能相比了。我们来看他写给弟弟们的信：

> 兵勇抢劫旅台，此近来最坏风气，见奏明将万瑞书即行正法。闻骆中丞不欲杀之。近日意见不合，办事之难如此。
>
> 陈竹伯中丞办理军务，不惬人心，与余诸事亦多龃龉，凡共事和衷最不容易，澄弟尚在外办公事否？宜以余为戒！杜门不出，谢却一切。余食禄已久，不能不以回家之忧为忧，诸弟则尽可理乱不闻也。
>
> 带军之事，千难万难，澄弟温弟嗣后总以不带勇为妙。

吾阅历二年，知此中构怨之事，造孽之端，不一而足。恨不得与诸弟当面一一缕述之也。

艰苦凄凉的遭遇，使得他在咸丰七年听到父亲死去的噩耗后，立刻率曾国华、曾国葆回籍奔丧，大有急流勇退的意思。此次曾国藩弃军奔丧，已属不忠，此后又以复出作为要求实权的砝码，这与他平日所标榜的理学家面孔大相径庭。因此，招来了种种指责与非议，再次成为舆论的中心。朋友的规劝、指责，曾国藩还可以接受，如吴敏树致书曾国藩，谈道：

曾公本以父丧在籍，被朝命与办湖南防堵，遂与募勇起事。曾公之事，暴于天下，人皆知其有为而为，非从其利者。今贼未平，军未少息，而迭遭家故，犹望终制，盖其心诚有不能安者。曾公诚不可无是心，其有是心而非论言之者，人又知之……奏折中常以不填官衔致被指责，其心事明白，实非寻常所见。

好朋友罗汝怀也写信给曾国藩，指责他不应不分轻重缓急：

夫夺情之事，本出于变，而变之中又有轻重缓急之辨……且夫丧服者一身家之私事，丧乱者天下之公愤。人臣之身既致，且不得自遂其私……至并丧制而夺之，必事势之万无可已。故其事不及于位卑任轻之人。今以九重绮晨，四海属望，而下同乡闾之匹士，固守经曲之常轨，一再曰：

"两次夺情,从不平静",岂足以为解手。

最令他难堪的是左宗棠一针见血的责难。曾国藩自知心亏理缺,无法辩解,只能忍耐。但左宗棠的所作所为,却使他一直耿耿于怀,在其后谈及此事时,仍感愤懑:我生平以诚自信,彼乃罪我欺,故此心不免耿耿。

在内外交困的情况下,曾国藩忧心忡忡,导致失眠。朋友欧阳兆熊深知病根所在,给他开了"意味深长"的两种药方,一为治病,二为治心。"歧、黄可医身病,黄、老可医心病。"欧阳兆熊借用黄、老来讽劝曾国藩,暗喻他过去所采取的铁血政策,未免有失偏颇。

朋友的规劝,不能不使其陷入深深的反思。经过多年的实践,曾国藩深深地意识到,仅凭他一人的力量,是无法扭转官场这种状况的,如若继续为官,那么唯一的途径,就是去学习、去适应。"吾往年在官,与官场中落落不合,几至到处荆榛。此次改弦易辙,稍觉相安。"此一改变,说明曾国藩在宦海沉浮中,日趋世故了。

然而,认识的转变过程,如同经历炼狱再生一样,需要经历痛苦的自省。每当他自省昨日的是与非时,常常为追忆昔日"愧悔"的情绪氛围所笼罩。因此,在家守制的日子里,曾国藩脾气很坏。常常因为小事迁怒诸弟,一年之中和曾国荃、曾国华、曾国葆都有过口角。

在三河镇战役中,曾国华遭遇不幸,这使曾国藩陷入深深的自责。在其后的家信中,他屡次检讨自己在家期间的所作所为。如在咸丰八年十一月十二日的家信中写道:

> 去年在家,因小事而生嫌衅,实吾度量不宏,辞气

不症,有以致之,实有愧于为兄之道。千愧万悔,夫复何言……去年我兄弟意见不合,今遭温弟之大变。和气致祥,乖气致戾,果有明证。

咸丰八年十二月初三日,又写道:

吾去年在家,以小事急成,所言皆锱铢细故。而今思之,不值一笑。负我温弟,既愧对我祖我父,悔恨何极!当竭力作文数首,以赎余薄愆,求沅弟写石刻碑……亦足以摅我心中抑郁悔恨之怀。

经历了一路的风风雨雨,曾国藩感悟了很多,已成为一位很好的涉途者。

遇事要会镇静思考

我们在遇到重大事情时,最容易陷入慌乱状态,这时就很容易出问题:思维混乱,言语颠倒,打破了平常的逻辑性。结果想不出好的办法,问题处理得更糟糕。原因就是没有镇静下来,其实,镇静下来一切才能应对自如。

情绪不稳定,尴尬状态就会引起别人的注意,从而进一步加深了自己的尴尬。应付的办法,就是镇静下来,坦然处置,不动声色。如上朋友家赴约,发现在座的大多是陌生人,你就当作都是熟人。你的表情自然，别人也就会主动同你打招呼，陌生的感觉也就减少了。

遇事不要忸怩忐忑。假如发觉有人在注视你，特别是男士，一定要表现得从容镇静。若对方曾与你有过一面之缘，可以自然地打个招呼。若对方与你素未谋面，不必忸怩忐忑或怒视对方，可以巧妙地离开他的视线范围。

以镇静的心态面对现实，少一份浮躁就多一份明智。意气用事只会造成不好的结果。面对问题我们应该静下心来，思考问题的解决方法，千万不要头脑发热，一时冲动就贸然行事。

自暴自弃、怨天尤人、非法处理都是些错误的做法，镇静下来理性思考才是最重要的。有人这样说：慌乱只能出坏结果，镇静能换取理智。慌乱行事只能看到问题的片面，镇静能抓住事物的本质与要领。

犹太法典《塔木德》上说："善于控制自己的情绪，才能无往而不胜，只有控制自己，才能控制别人。"这句话告诫犹太商人：谈判时要时刻保持冷静，要牢牢地把握好感情的阀门，控制好感情的流量，根据对方的反应和当时的氛围做出相应的调节，就不会让对方乱了自己的方寸而陷入被动的局面。

一个成熟的商人，他的感情总能服从理智的需要，而不是为感情所驾驭。因此，他们不会在愤怒时语无伦次，在惊惧时瞠目结舌，在商业场合里有失礼之态，他们的感情总能得到极好的控制。

无论在什么情况下，都应尽力控制自己的情绪，以静制动，把握住主动权。在一家大公司受理顾客抱怨的柜台前，许多女士排着长龙争前向柜台后的接待员诉说他们受到的无礼态度，以及这家公司的不对之处。有些投诉的妇女十分愤怒且不讲理，讲出很难听的话。

接待员接待一些愤怒而不满的顾客，但是他脸上始终带着微笑，态度优雅而镇静,自制修养令人大感惊讶,这让那些愤怒的妇女们产生了良好的印象。

尽管他们来时个个像咆哮怒吼的野狼,但在他们离开时个个如温顺的绵羊,有的人脸上甚至露出羞怯的神情。这就是控制自己才能控制别人的生动例子。

在日常生活中,如果有人用话来扰乱你的心志时,你要维持对自己的控制,保持冷静与沉着。这样,你就维持了你所有的正常情绪,这样可以由它们获得理智以保方寸不乱。

马休是一位棒球队教练,年轻时是位很优秀的投手,经常利用棒球技术和心理战术把对手淘汰出局。

有一次,与他对阵的是位名气很大的全垒打高手,并且还是个喜欢吃醋的模范丈夫。眼看形势对自己不利,马休就附在那个高手耳边问了一句:"坐在你太太旁边亲密谈话的人是谁?"

然后他故意接连投三个坏球。每次都加重这种口气,对手一方面产生轻敌心理,另一方面对太太的信任也不由自主地产生动摇。然后,马休假装无奈地说:"你大概对太太服务不够吧!"再全力投出三个好球,对手终于心理崩溃,被淘汰出局。

为了获胜,诱使对方无精打采是很重要的心理战术。例如,故意批评说:"你怎么这么拿不定主意,谈了好长时间还是像刚开始一样一点进展都没有?"

这种话可以打击对方的情绪，但有时也会使他的要强心加剧，超水平发挥。所以过于直接的话也不是很好。但如果讲"我办事很痛快"，或"在家里你和妻子谁说了算"等，这种影响对方心理活动的话接二连三地说出来，对方不好意思马上发脾气，又不能装作听不见，如此下去情绪不好，精力不能集中，这样胜负已经很明显了。

一位著名的高尔夫球选手曾说："高尔夫球比赛不是靠手，而是靠嘴巴。"在一些影响情绪的谈话中，最有效的手段是表面上装得很亲切，提出一些所谓的"忠告"，实际是过分向对方强调比赛的禁止事项给对方暗暗施加压力，使其不能发挥正常水平。

譬如，在高尔夫球场上故意温和地问对手说："要是打出去的球半路上向右边飞的话，会落进池塘"，或"这个球离洞这么近，千万不要打歪啊！"听了这些"好话"，对手打出去的球不可思议地不是向右飞，就是打歪了。

同样，为了防止讨厌的对手扰乱自己的心志，不和对方的视线接触是一种良策。

所以，如果你不愿意让对方扰乱心志，最有效的方法，就是要保持时刻的冷静，以静制动，把握主动。

为什么很多人提倡在情绪激动时不要处理问题呢？就是因为情绪激动时思维模式已不符合正常的逻辑，思考问题容易偏激，凭感性下结论最容易出差错。

心态镇静时思维敏捷，思路清晰，容易做出明确判断。最简单的方法就是，暂时停下来不去考虑，等心平气和了再分析处理。当你镇静地思考问题时，会对你慌乱时的窘态另有看法，因为那时你会看到当时的你竟是如此幼稚和武断。

办事应练好"忍"功

人生一世,需要办数不清的事,需要请无数人帮忙。万事不求人是不可能的;既要求人,脸皮薄了也不行。

不过,在具体的处世中,由于双方各自的交际目的不同,会使交际者之间出现暂时性的尊卑差别。俗话说"求人矮三分",说的就是这个道理。正因如此,人们一般不到万不得已是不愿求人的,"求人不如求己""上山擒虎易,开口求人难",这些谚语都表达了人们这种不愿将自己放在一个卑微的地位上的心态。

在求人办事时,首先,应该搞清谁是求方、谁是被求方,这种求与被求的关系搞清之后,尊卑差别也就搞清了;其次,应该根据这种尊卑差别确定自己所应采取的具体的方法、手段,特别是作为求方的交际者,应该清楚地意识到自己的卑微地位,一言一行、一举一动都要与自己所处的地位相吻合。如果"脸皮薄",放不下"清高"的架子,自然也就不能与社会相适应,也难以办成事。其实,求人办事,脸皮薄了不行,不能忍受屈辱也不行,这就要求我们必须克服自身这种"脸皮薄""爱面子"的求人"恶习"。

我们说脸皮薄了不行,是为了在求人办事时,洗掉身上的迂腐与矜持,肯于屈尊,不怕受辱,才能锲而不舍,以柔克刚,取得求人、办事的成功。

有位女孩想得到一位同乡的帮助,于是到多年不见面的一同乡家去探望。这位同乡如今已是商界的实力人物，每天造访他的人很多，十分疲劳。因此，对来家的客人，只要是一般关系的，一律不冷不热待之。

这位女孩一心想会受到热情款待，不料遇到的是不冷不热，心里顿时产生一种被轻慢的感觉，认为此人太不够朋友，小坐片刻便借故离去。她愤愤然，决心再不与之交往。后来才知道，这是此人在家待客一贯的方针，而并非针对哪个人的。

她再一想，自己并未与人家有过深交，自感冷落，不过是自作多情罢了。于是，又改变了想法，并采取主动姿态与之交往，反而加深了了解，促进了友谊，自然也得到了同乡的帮助。

我们在求人办事时，对于无意的冷遇，应采取理解和宽恕的态度。在交际场上，有时人多，主人难免照应不周。特别是各类、各层次人员同席时，出现顾此失彼的情形是常见的。这时，照顾不到的人就会产生被冷落的感觉。

当你遇到这种情况，千万不要责怪对方，更不应拂袖而去，相反，应设身处地地为对方想一想，给以充分的理解和体谅。

对于有意性冷遇，我们不妨"厚脸皮"地面对冷落，我行我素，装聋作哑，扮痴卖傻，听而不闻，闻而不言，言而不动，求人者必须有相当深厚的心理功夫才能进入这种境界。"大肚能容，容天下难容之事；笑口常开，笑天下可笑之人。"弥勒佛之所以能日进万金，全仗他得道——心理功夫修炼到家了。

我们在求人办事时无论遇到多么困惑的情况，都要有耐心。要记住，急躁使人偏离正确的判断，容易给人造成不易接近的印象。当你丧失耐心时，同时也丧失了别人对你的支持。不要总是暴躁易怒，暴躁易怒的人，朋友会越来越少。

退缩只能招致失败

西方谚语说，如果你不热烈地、坚强地希望成功，而一味退缩，退缩，再退缩，那么一定是世界末日将要来临了。据说拿破仑一上战场，士兵的力量可增加一倍。军队的战斗力，大半寓于士兵对将帅的信仰之中。将帅露出惊惶，全军必然要陷于混乱、动摇；将帅的自信，则可以加强他部下健儿的勇气。

人的各部分的精神能力，像军队一样，也应该信赖其主帅，也就是意志。有坚强的意志，有坚强的自信，往往使得平庸的男女也能够成就神奇的事业，成就那些虽然天分高、能力强，但是多疑虑与胆小的人所不敢染指尝试的事业。

你的成就大小，往往不会超出你自信心的大小。拿破仑的军队绝不会爬过阿尔卑斯山，假使拿破仑自己以为此事太难的话。同样，在你的一生中，绝不能成就重大的事业，假使你对自己的能力存着重大怀疑的话。

不热烈地、坚强地希望成功、期待成功而能取得成功，天下绝无此理。成功的先决条件，就是自信。在这世界上，有许多人，他们以为别人所有的种种幸福是不属于他们的，以为他们是无法得到的，以为他们是不能与那些鸿运高照的人相提并论的。

然而，他们不明白，这样缺乏自信，是会大大削弱自己的生命力的。假使他想他能够，他就能够；假使他想他不能够，他就不能够。当然，这一信心是要建立在客观规律的基础上，胡思乱想是不行的。

自信心是比金钱、势力、家世、亲友更有用的条件。它是人生可靠的资本，能使人努力克服困难，排除障碍，去争取胜利。对于事业的成功，它比什么东西都更有效。

假使我们去研究、分析一些有成就之人的奋斗史，我们可以看到，他们在起步时，一定是先有一个充分信任自己能力的坚强自信心。他们的心情意志坚定到任何困难艰险都不足以使他们怀疑、恐惧的程度。这样，他们就能所向无敌了。有人说过："假使我们自比于泥块，那我们将真的成为被人践踏的泥块。"

我们应该觉悟到"天生我材必有用"；觉悟到造物主育我，必有伟大的目的或意志，寄于我的生命中；万一我不能充分表现我的生命于至善的境地、至高的程度，对于世界将会是一个损失。

这种意识，一定可以使我们产生出伟大的力量和勇气来。同样，一个人的事业成就，也绝不会超过他自信所能达到的高度。

信念可以改变人生

如果你只要一分钱，你就只能得到一分钱；如果你想要充满喜悦和成功的人生，也同样会得到。在诺曼·卡曾斯所写的《一个病理的解剖》一书中，描述了一个关于20世纪最伟大的大提琴家之一卡萨

尔斯的故事。这里有一则关于信念和更新的故事,我们都会从中得到启示:

他们会面的日子,恰在卡萨尔斯九十大寿前不久。卡曾斯说,他实在不忍心看那老人所过的日子。他是那么衰老,加上严重的关节炎,不得不让人协助穿衣服。从他的呼吸状况可以看得出患有肺气肿;走起路来颤颤巍巍,头不时地往下颠;双手有些肿胀,十根手指像废爪般地钩曲着。从外表来看,他实在是老态龙钟。

就在吃早餐前,他贴近钢琴,那是他擅长的几种乐器之一。很吃力地,他才坐上了钢琴凳,颤抖地把那钩曲肿胀的手指抬到琴键上。

霎时,神奇的事发生了。

卡萨尔斯突然像完全变了个人似的,透出飞扬的神采,而身体也跟着开始能动并弹奏起来,仿佛是一位健康的、强壮的、柔软的钢琴家。

卡曾斯描述说:

他的手指缓缓地舒展移向琴键,好像迎向阳光的树枝嫩芽,他的背脊直挺挺的,呼吸也似乎顺畅起来。

弹奏钢琴的念头,完完全全地改变了他的心理和生理状态。当他弹奏巴哈的一只名曲时,是那么纯熟灵巧,丝丝入扣。他弹奏起布姆斯的协奏曲,手指在琴键上像游鱼似轻快地滑动。

"他整个身子像被音乐融解。"卡曾斯写道,"不再僵直佝偻,代之的是柔软和优雅,不再为关节炎所苦。"在他演奏完毕,离座而起时,跟他当初就座弹奏台时全然不同:他站得更挺,看来更高,走起路来也不再拖着地。他飞快地走向餐桌,大口地吃着,然后走出家门。漫步在海滩的清风中。

罗宾指出:

人们常把信念看成一些信条，而它就真的只能在口中说说而已。但是，从最基本的观点来看，信念是种指导原则和信仰，让人们明了人生的意义和方向；信念是人人可以支取的力量源泉，且取之不尽；信念像一张早已置好的滤网，过滤大家所看的世界；信念也像脑子的指挥中枢，指挥大家的脑子，照着大家所相信的去看事情的变化。

卡萨尔斯热爱音乐的艺术，那不仅曾使他的人生美丽、高尚，并且每日带给他神奇。就因为他相信音乐的神奇力量，使他的改变让人匪夷所思；就是信念，让他每日从一个疲惫的老人化为活泼的精灵。说得更玄些，是信念，让他活下去。

自有人类以来，不知有多少思想家、传教士和教育者都已经一再强调信心与意志的重要性。但他们都没有明确指出：信心与意志是一种心理状态，是一种可以用自我暗示诱导和坚持锻炼出来的积极的心理状态！

成功始于觉醒，心态决定命运！这是希尔、斯通等成功学大师的伟大发现，是成功心理学的卓越贡献。成功心理、积极心态的核心就是自信主动意识，或者称作积极的自我意识，而自信意识的来源和成果就是经常在心理上进行积极的自我暗示。

反之也一样，消极心态、自卑意识，就是经常在心理上进行消极的自我暗示。就是说，不同的意识与心态会有不同的心理暗示，而心理暗示的不同也是形成不同的意识与心态的根源。

所以说心态决定命运，正是以心理暗示决定行为这个事实为依据的。

积极改变负面心态

缺乏自信,常常是性格软弱和事业不能成功的主要原因。

自信心不仅能影响事业,甚至能改变人的外貌。

一位美容医生悟到这样一个道理:美与丑,并不仅仅在于一个人的本来面貌如何,还在于他是如何看待自己的。

一个人如自惭形秽,那他就不会成为一个美人。同样,如果他不觉得自己聪明,那他就成不了聪明人。他不觉得自己心地善良,即使在心底隐隐地有此种感觉,那他也就成不了善良的人。

有这么一个故事:心理学家从一帮大学生中挑出一个自认为最愚笨、最不招人喜爱的姑娘,并要求她的同学们改变以往对她的看法。在一个风和日丽的日子里,大家都争先恐后地服务这位姑娘,向她献殷勤,陪送她回家,大家努力地打心里认定她是一位漂亮、聪慧的姑娘。结果怎样呢?

不到一年,这位姑娘出落得很好,连她的举止也跟以前判若两人。她愉快地对人们说:她获得了新生。

确实,她并没有变成另外一个人。然而,在她的身上却展现出每一个人都蕴藏的美。这种美,只有在相信自己,周围的所有人也都相信、爱护的时候才会展现出来。斯通说:"一个人只要有自信。那么他就能成为他希望成为的那样的人。"

居里夫人曾说过:"生活对于任何一个男女都非易事;人们必须要有坚忍不拔的精神;最要紧的,还是自己要有信心。大家必须相信,对一件事情具有天赋的才能，并且，无论付出任何代价，都要把这件事情完成。当事情结束的时候，你要能够问心无愧地说：'我已经尽我所能了。'"

古往今来，不知有多少伟大人物凭着超人的自信心，创造了伟大的业绩。

大音乐家华格纳遭受同时代人的批评攻击，但他对自己的作品有信心，终于战胜世人。达尔文在英国的一个小园中工作20年，有时成功，有时失败，但他锲而不舍，因为他自信已经找到线索，结果终得成功。

19世纪的英国诗人济慈幼年就成为孤儿，一生贫乏，备受文艺批评家抨击，恋爱失败，身染重病，26岁即去世。济慈一生虽然潦倒不堪，却不受环境的支配。他在少年时代读到斯宾塞的《仙后》之后，就肯定自己也注定要成为诗人。济慈一生致力于这个最大的目标，使他成为一位名垂不朽的诗人。他有一次说："我想，我死后可以跻身于英国诗人之列。"

斯通指出："你自信能够成功，成功的可能性就大为增加。你如果自己心里认定会失败，就永远不会成功。没有自信，没有目的，你就会俯仰由人，一事无成。"

要树立自信心就必须信任自己，相信自己。前世界拳击冠军乔·弗列勒每战必胜的秘诀是，参加比赛的前一天，总要在天花板上贴上自己的座右铭："我能胜！"

大家都知道电话是贝尔发明的，可是，很少有人知道，在贝尔之前，就有人发明了电话，但他没有努力去宣传和推广自己的成果，终于被埋没掉了。

贝尔发明了电话后，起初也不被理睬和相信。但是他信心十足，不断利用各种机会广泛宣传,终于把电话推广开来。拿破仑·希尔指出:"凡事往积极的方面思考,总会看到成功的曙光。"

对此,罗宾也深有感触。有一天晚上,罗宾独自漫步于波士顿考伯利广场,此时已是夜阑人静,广场的四周围绕着美国自建国以来的各式建筑。

罗宾不由得端详起来。就在此时,一个人摇摇晃晃朝他走来。那人似乎流浪街头已有多日,浑身都是酒气,愁容满面。罗宾猜想他一定会走过来乞讨几分钱。果不其然,那人走向罗宾开口道:"先生,能否给我一分钱呢?"

起先罗宾有点犹豫,后来还是动了恻隐之心。一分钱实在是微不足道,但罗宾觉得至少可以给他一个指点。

"一分钱?你就只要一分钱吗?"

那人忙不迭地说:"就一分钱。"

罗宾把手伸到裤袋里,掏了一分钱给他,同时说:"人生能得多少,就看你要求多少。"

乞讨者听了为之一振,然后蹒跚离去。望着他走远的背影,罗宾十分感叹,为何成功的人和失败的人有如此悬殊的差异?罗宾和他都是人,为何罗宾的人生充满了喜悦,事事都那么顺利;而他,一位60开外的老人,却得露宿街头,靠乞讨为生。

当年罗宾也曾与那人一样落魄,只不过没喝那么多的酒和流落街头,但今天罗宾却像变了个人似的。难道说这是上帝特别恩待罗宾?还是有贵人相助呢?也许两者都没有。罗宾与那人之所以不同,答案就在于罗宾对那人说的话:人生会给予你所要的一切。

做事要锲而不舍

亲爱的朋友,我们惊羡成功时花朵的明艳,然而你可知道,当初它的芽儿,浸透了奋斗的泪泉,洒遍了牺牲的汗雨。我们只有在做事时把握好勤奋这把钥匙,才能打开成功的大门。

勤奋才能有所作为,博学多才来源于勤奋忘我的不懈努力。只要我们在学习上舍得花点力气狠下功夫,就必定能够用辛勤的汗水和智慧浇开芬芳的理想之花,获得真才实学。

我们必须在这方面狠下功夫,力求做到"衣带渐宽终不悔,为伊消得人憔悴"。只有这样,才能开拓出属于我们自己的人生故事。让我们来看一个勤奋学习、终于成才的小故事吧。

孙康小时候酷爱学习。他想晚上读书,可家中贫穷,没钱购买灯油。一到天黑,便没有办法读书。特别到了冬天,长夜漫漫,他有时辗转很久,难以入睡。实在没有办法,只好白天多看书,晚上睡在床上默诵。

有一天夜里,孙康醒来后,忽然发现从窗外透进几丝白光。开门一看,原来下了一场大雪。屋顶白了,地上白了,树上也白了。整个大地披上一层银装,闪闪发光。

孙康站在院子里欣赏银装素裹的雪后美景,忽然心中一动:映着雪光,可否读书呢?他急急忙忙跑回屋里,拿出书来对着雪地的反光一看,果然字迹清楚,比昏黄的小油灯要亮堂得多呢！孙康不再为没有灯油而发愁。

整个冬天，孙康夜以继日地读书，不怕寒冷，也不感到疲倦，常常一直读到鸡叫。即使是北风呼号，滴水成冰，他也从来没中断学习。功夫不负有心人，孙康砥砺求进，学有所成，终于成为一位很有名望的学者。

俗话说："辛勤的耕耘，快乐的收获。"孙康正是这样通过个人的不懈努力，终于能够快乐地收获成功。我们要向孙康学习，要明白只有勤奋地学习，才有快乐的收获。有付出就有回报，有耕耘就有收获！从古至今，从来没有无因之果，也从来没有无果之因。

我国著名数学家华罗庚曾经说过这样的一句话："勤能补拙是良训，一分辛劳一分才。"事实证明，这的确是一个真理！

古今中外，曾涌现出无数的令人敬佩的仁人志士，他们并非一生下来就掌握某种本领或拥有异于常人的智慧，但是最终，他们却都得到了人生的馈赠。之所以那些名人会如此幸运，并不是因为上天的眷顾，而是因为他们有一种难能可贵的勤奋精神。

科学也表明，勤奋可以反复地刺激人类的脑细胞，并通过这种频繁的刺激把获取的信息储存起来，以便在需要的时候可以及时地提取出来。而且勤奋还可以提高头脑的灵活性，使人变得更加聪慧灵敏。天资较差、智力较低的人，可以通过勤奋和努力化拙为巧。

除了科学方面的证实以外，生活中"勤能补拙"的例子更是数不胜数。"天才是百分之九十九的汗水加上百分之一的灵感。"这句话用在爱因斯坦身上再合适不过了。爱因斯坦之所以能取得伟大的成就，主要是因为他勤奋，不断探索，敢于创新。

然而，幼年时代的爱因斯坦因为智力发育较慢，经常遭到同龄孩子的嘲笑，而且从来不被老师看好。长大后的他却异常勤奋，一天24小时大部分都是在实验室里度过的。

别人学习时他在学习，别人玩耍时他还在学习，别人休息时他依然在不停地学习、钻研。经过多年的努力，爱因斯坦最终以"相对论"而闻名于世。

我国著名戏曲表演艺术家梅兰芳曾说过："我是个笨拙的学艺者，没有充分的天才，全凭苦学。"梅兰芳年轻的时候去拜师学戏，师傅说他长着一双死鱼眼睛，灰暗、呆滞，根本不是学戏的料，不肯收留他。

然而，天资欠缺不但没有使梅兰芳灰心、气馁，反而促使他变得更加勤奋了。他喂鸽子，每天仰望着天空，双眼紧跟着飞翔的鸽子，穷追不舍；他养金鱼，每天俯视水底，双眼紧跟着遨游的金鱼，寻踪觅影。经过多年不懈的努力，梅兰芳的眼睛终于变得如一汪清澈的秋水，熠熠生辉，脉脉含情。

生活中，并非只有名人的事例才能表现"勤能补拙是良训"这句话所蕴含的道理，如果你试着观察一下自己身边的一些同学，就会发现他们与那些名人一样，同样具有勤奋的精神。

多少次，当你沉浸在游戏的快乐中时，他在默默地努力着；多少次，当你和朋友闲聊时，他在静静地思考着；多少次……也许他的天资并不如你，但往往到了最后，成功者的头衔却属于他。这是为什么呢？原因只有你自己知道。

要想知道一个人的成就有多大，不光要看他所获得的荣誉和知名度，而要着重了解他在成功之前究竟流了多少汗、克服了多少困难、花费了多少心血，准确地说，就是看他到底有多勤奋。

要知道，曾经有过失败的人或许是勤奋的，但最终获得成功的人绝不是懒惰的！让我们从现在开始，勤奋开拓自己的人生吧！

一步一个脚印踏实前行

人生之行悠远，人生之路漫漫。回首人生路上，每一个不会磨灭的深深脚印都记录着你的风风雨雨，每一个不能忘却的足迹都铭刻着你的深深记忆，每一个不可抹去的脚步都镌刻着你的种种情感……

你的快乐、幸福是轻快的脚印；你的忧愁、苦痛是凌乱的脚印；你的仇恨、悲愤是沉重的脚印。正是因为有了这样一个个、一串串、一片片不同的脚印，你的人生之路才值得细细回味，你的人生之路才能够永远铭记。

脚印是一段段历史——成吉思汗因为征服欧亚、横跨半球而留下了"一代天骄"的脚印；秦始皇因为统一中国、连接长城而留下"华夏第一君"的脚印；唐太宗因为虚心纳谏、勤于政务而留下了"贞观之治"的脚印……

脚印是一个个真理——居里夫人因为献身科学、鞠躬尽瘁而留下了"镭"的脚印；牛顿因为"冥思苦想"、敢于想象而留下了"苹果落地"的脚印；爱迪生因为不畏挫折、不惧失败而留下了"白炽灯"的脚印……

因为有了人生的脚印，我们能体会到前人的伟大和今人的奋发；因为有了人生的脚印，我们能感受到从前的酸甜苦辣和现在的苦尽甘来；因为有了人生的脚印，我们能联想到往昔的峥嵘岁月和如今的幸福生活。

对于我们来说，成长之路上也布满了脚印。我们不求每一个脚印写下的都是甜蜜与欢乐，但求无悔于每一个脚印；我们不求每一个脚印留下的都是幸福与微笑，但求无愧于每一个脚印；我们不求每一个脚印记下的都是美好和痛快，但求无憾于每一个脚印……

蜗牛不相信自己的缓慢，一步一个脚印地向自己的目标爬行，终于到达了自己的目的地；水滴不相信自己的脆弱，日复一日，年复一年，一步一个脚印地撞击石块，终于造就了水滴石穿的奇迹；蚕蛹不相信坚硬的外壳，一步一个脚印，每天努力一点，终于获得了破茧重生的光明……

在生活中，也许你没有一个好的开始，但只要你一步一个脚印，每天努力一点，你终会获得成功。亲爱的朋友，我们来看美国著名篮球运动员科比的成长历程吧。

小时候，科比曾因为篮球打得不好而受到别人的嘲笑，他的控球总是被断下来，于是，他立志当一名优秀的篮球运动员。

20年后，科比站在了NBA的冠军奖台上，高举着闪闪发光的金杯，面对着成千上万人的欢呼声，当台下记者问到是什么使他成功时，他回答道："为了练习控球，第一个月，我每天拍球绕着家门口走了一圈；第二个月，我每天拍球绕着操场走了一圈；第三个月，我拍球到街上，一边跑一边拍。日复一日，年复一年，我才有了这么完美的技术。"

也许科比没有天赋，但他每天努力一点，一步一个脚印，终于迈向了成功的殿堂，我们每个人应该学习科比这种脚踏实地的精神。

一步一个脚印，不仅是一种口号，更是一种精神，也许每个人的开始并不完美，但只要你每天努力一点。抱着"一步一个脚印"的精神，一点一点地向成功之巅迈进，在那里，你可以欣赏到太阳的雄壮、花的芳香……

走好人生的第一步，不要让人生之路充满悔恨、愧疚、遗憾；走好人生的每一步，我们可以在未来一个如水的夜晚里，打开记忆的闸门，细心体味曾经的脚印，感受以前的风风雨雨，曾有的深深记忆、往昔的种种情感，你会感到心满意足！

永不放弃才能有所收获

有一种锲而不舍的精神叫作永不放弃。也就是说不经历风雨便不能见彩虹，如果小小的失败你都无法克服，在人生未来的征途中又怎能一展宏图呢？

永不放弃是对我们的一种考验。花谢了还有再次盛开的时候，太阳落了还有再次升起的时候，但一个人的信念崩溃了，就没有再次重筑的时候。一旦你放弃了，就失去了第二次拥有它的机会。让我们来看一个小男孩永不放弃，用坚持打造自强人生的故事吧。

有一个农村家庭的男孩子，家里世代都是农民，过着面朝黄土背朝天的日子。小男孩从小就有一个愿望，那就是考上大学，让父母过上好的日子。

小男孩的母亲患有先天性心脏病，不能干重活，他就尽力为父母分担一些家里的负担。他6岁时就已经能自己去村里的菜园买菜，帮妈妈编织挣钱。在艰苦的生活中他也养成了勤劳简朴、独立自强的好习惯。

小男孩学习很刻苦，成绩自小就很突出。尤其是小学四年级，还考了全镇第一名，同时获得了当地"希望之星"的称号。那一次，父母很是高兴，那是他第一次看到父母那么快乐。当时他就下定决心一定要学习更好，让父母的脸上有更多的笑容。

但是，在小男孩上初中的时候，母亲的心脏病又一次发作了。医院的诊断结果很严重，这对他本来就不宽裕的家庭来说，真的是雪上加霜。在困难面前小男孩没有低头，学习更刻苦了，也更加严格要求自己，终于考上了理想的大学，和家人一起坚持渡过了难关。

一分付出，一分收获。由于小男孩的学习成绩优秀，连续两年获得校综合一等奖学金、一等国家奖学金，以及荣获"校三好优秀生"称号和院"十佳学子"称号。毕业后，他也顺利找到了理想的工作。这一切也都是同他在困难面前没有低头、艰苦地同困难做斗争而取得的。

后来有记者采访他，他说："我感谢社会、国家、学校、村里的乡亲，还有我的父母，感谢所有关心和爱护我的人。我会更加努力使自己成才，早一天回报社会，帮助那些需要帮助的人。即使遇到再大的困难和挫折，我也不会服输、不轻言放弃。我始终相信，同困难做斗争，其乐无穷！"

是啊，自强的人在困难面前是不会退缩的！小男孩做到了，我们应该向他学习，不向困难低头。

人生的旅途中充满沼泽、荆棘，人们追求的风景总是山重水复，不见柳暗花明，也许我们前行的步履总是沉重、蹒跚；也许我们需要在黑暗中摸索很长时间，才能寻找到光明。

人的梦想都是绚丽的，而现实往往是残酷的，再美再绚丽的梦终归要回到现实中。无论遇到多么艰难的情况，我们心中都要有一个自强坚定的信念——不能放弃。

放弃是一种懦弱，一种退缩，是对人生困难的一种逃避，也是对命运的屈服。不要哀叹生不逢时，一个人的可贵之处在于自强不息。

成功不是偶然的，同样失败也不是必然的。永不放弃的是积极的行动，人生道路上岂能尽如人意，但求无愧于心。生活并非希望般美好，可我们还是要活在现实中。面对着重重失败，不要放弃，人生的价值贵在坚持。

永不放弃是一个人成功的必要条件。世界上没有半途而废的成功者。只有坚持到底、永不放弃的人，才有可能抵达成功的彼岸。

决心成功的自强不息者没有永远的失败。只要你决心成功，所有的挫折和磨难，都只是对你的一种考验。

在通向成功的途中，拥有不放弃的品质是非常重要的，在面对挫折时，要告诉自己：要坚持，再来一次。因为这一次的失败已经成为过去，下次的成功刚刚开始。如果现在放弃，就一定不会获得下次的成功。

有句话说得好:"不放弃的人无往而不胜。"所谓的不放弃,是指主动而不是被动,它是一种主导命运的积极力量,而不是向环境屈服。在通往成功的道路上,我们要保持不放弃的信念,凡事不要轻易地放弃。只要有一丝希望,就应当去试试。也许在你坚持一下后,前面迎接你的就会是成功。

不放弃可以令人保持冷静,并做出理智的思考;不放弃能让人在思想放松时保持克制,容忍原本所不能忍受的事情;在寻找成功的过程中,要有一份坚持下去不达目的誓不罢休的决心;这样,你就具备了自强的重要品质——不放弃!

我们都知道水滴石穿的道理,只要在奋斗的路上持之以恒,什么都可以做到。我们的字典里不应该有放弃、办不到、没法子、不可能、成问题、失败、行不通这类愚蠢的字眼。既然我们已经做出选择和决定,无论在未来遇到什么困难,我们都应做到:坚持下去。

第二章 顺境中办事规则

与人为善传播快乐心境

所谓和善并不意味着要讨人喜欢。一个成功的生意人做出决定时依据的标准是:什么是对的,而不是什么是讨人喜欢的。正是这一点使他们能赢得人们的尊敬,不管他们是否讨人喜欢。

生意人也是人，也有七情六欲。你既可以成为一个和善的人，享有关心、体贴人的美名，同时又坚强有力，完成任务毫不含糊。尊重人、为人和善，只会使你变得更加完美。

管理者和蔼可亲，就会使其他人感到快乐，你也会得到快乐，而这种快乐是无法以其他任何一种方式获得的。如果你面带诚恳、关切的微笑对一个职工提出批评，做出明确的指示，那么，你一定可以取得圆满的结果。

人们觉得你平易近人，乐于按照你的要求办事。反之，如果你板着面孔严厉地提出批评，发出指示，则会引起人们的反感，达不到你所要求的效果。

享有盛誉的卡法罗家族购物中心拥有 6 亿美元的资产，它是靠这样的经营哲学发家致富的：如果今天交一个朋友，明天就可以做成一笔买卖。这个道理很简单。如果你首先和善待人，你就有可能从人们身上得到你所需要的东西。而粗暴无礼，你将一无所获。

要努力使自己不要显得高高在上、盛气凌人。所谓和善，并不是你去巴结奉承，到处说"请"、"谢谢"，而是采取这样一种态度："我对你好，希望你也对我好。我们不回避难办的问题，我们要在互相尊重的情况下解决它们。"

不错，你也可能认为，你见过许多粗暴专横的人也能行得通。诚然，从短期来看，有时甚至从长期来看，这些人也得逞了。但是，在多数情况下，行不通。特别是在现今这个时代，员工们越来越不能容忍老板的粗暴行为。如果你对员工不好，你是长久不了的。

为人做事一开始就要尽量富有人情味，与人为善。以后，你随时可以在一些问题上采取比较强硬的立场。如果你一开始就非常粗暴、骂骂咧咧，以后想变得和善起来，那几乎是不可能的，同事们绝不会相信你。

例如，有一天，突然有一位高层人士指名道姓问到你的家庭情况，这一定会给你留下深刻印象。这就是和善的表现。如果必要的话，你不妨试试以下这些表示和善的做法：

第一，当人家特意安排，满足你的日程时，你应当做出三倍的努力，报答人家。

第二，不管是老板，还是同事和下属，主动为他们开门。

第三，与领导、长辈或客户同行时，尽量比他们慢半步走。

第四，如果你正在开会，你不妨暂时离开一会儿，出来亲自告诉你的下一个约会者，你要推迟一段时间，请他到你的办公室或会议室稍候。

第五，提醒你的秘书对每一个人都要和善客气，而不要仅仅对待他认为你喜欢的那些人才和善客气。

第六，每当你碰到一个粗鲁无礼的人，你就内心笑一笑默默地说：天啊，世界上还有这样的人，幸而我不是他。

第七，在作自我介绍时，说出你的名字，不要以为人家都知道。同时，要记住人家的名字，并且有意识地使用它。

有人觉得，他的权力大威望高，他就没有必要表现的和善。这个看法不对。你的地位越高，人们就越发注意你的为人，并以你为榜样。你应当对那些你通常不大喜欢的人表现出特别的和善。不妨试试，谁知道会有什么结果呢。但我敢保证，效果一定不错！

豁达开朗享受自由人生

豁达是一种博大的胸怀、超然洒脱的态度,也是人类个性最高的境界之一。一般说来,豁达开朗之人比较宽容,能够对别人有不同的看法、思想、言论、行为乃至他们的宗教信仰、种族观念等都加以理解和尊重。不轻易把自己认为正确或者错误的东西强加于别人。他们也有不同意别人的观点或做法的时候,但他们会尊重别人的选择,给予别人自由思考和生存的权利。

有时候,往往是豁达产生宽容,宽容导致自由。记得胡适先生说过,如果大家希望享有自由的话,每个人均应采取两种态度:在道德方面,大家都应有谦虚的美德,每人都必须持有自己的看法,不一定是对的态度;在心理方面,每人都应有开阔的胸襟与兼容并蓄的雅量来宽容与自己意见不同甚至相反的意见。

换句话说,采取了这两种态度以后,你会容忍我的意见,我也会容忍你的意见,这样大家便都享有自由了。

当然,豁达并非等于无限度地容忍别人,开朗并不等于对已构成危害的犯罪行为加以接受或姑息。但对于个人而言,豁达往往会有更好的人际关系,自己在心理上也会减少仇恨和不健康的情感。而对于一个群体而言,宽容开朗,无疑是创造一种和谐气氛的调节剂。因此,豁达宽容是建立良好人际关系的一大法宝,同时也是一个人完善个性的体现。

美国有位作家曾说过:没有豁达就没有宽松。无论我们取得多大的成功、无论爬过多高的山、无论有多少闲暇、无论看多少美好的目标，没有宽容心，我们仍然会遭受内心的痛苦。世界上最大的是海洋，比海洋更大的是天空，比天空更大的是人的胸怀。古今中外因豁达、开朗、宽容、谦让的品德而获得他人的友情、爱戴，或者消除仇恨、恩怨的例子数不胜数。

　　唐高宗时期有个吏部尚书叫裴行俭，家里有一匹皇帝赐的好马和很珍贵的马鞍。他有个部下私自将这匹马骑出去玩，结果马摔了一跤，摔坏了马鞍，这个部下非常害怕，因此连夜逃走了。裴行俭叫人把他找回来，并且没有因此而责怪他。

　　又有一次，裴行俭带兵去平都支援李遮匐，结果获得了许多名贵的珍宝，于是就宴请大家，并把这些名贵的珍宝拿出来给客人看，其中有个部下在抱着一个直径两尺、很漂亮的玛瑙盘出来给大家看的时候，一不小心，摔了一跤，把盘子摔碎了，顿时害怕得不得了，伏在地上拼命叩头以致流血。裴行俭笑着说："你不是故意的。"脸上并无可惜的样子。

　　这些历史上忍让的故事，受损的一方并没有因自己的损失和难堪而大发雷霆、怀恨在心。相反，他们都表现出宽宏大量、豁达开朗、毫不计较的美德和风度。结果不仅没有受到更多的损失、得到更多的难堪，反而在不知不觉中平息了纠纷，博得了别人的颂扬。

　　一个人只有豁达、开朗、宽容才能接受别人，善于与他人相处，能承认他人存在的意义和作用，他也就能被他人所理解和接受，为集体所接纳。就能与别人互相沟通和交往，人际关系才会协调，才能与集体成员融为一体。

合群的人，常常能够与朋友共享快乐，表现出积极的态度总是多于消极的情感；即使在单独一人时也能安然处之，无孤独之感。因为这种具有积极情感的人会感受到自己存在的价值，能够对自己的能力、个性、情感、长处和不足做出恰当和客观的评价，不会对自己提出苛刻的、不切实际的要求，能恰如其分地确定自己的奋斗目标和做人的原则，努力发挥自身的潜能，并不回避和否认自己的缺陷，尽量用自己的乐观情绪去感染别人，正是这些特点，才赢得大家的喜爱和认同。

平和处世才能事事顺心

古时候有"天时不如地利，地利不如人和"之说。"人和"在作战中是相当重要的一个取胜条件。其实在生活中，"人和"也是很重要的，要想"人和"，首先要学会"平和"。平和待人，平和处世，很多时候，"平和"的态度可以解决好多看似不好解决的问题。所以又有"平和为贵"之说。

一群年轻人在一家火锅城为朋友过生日，其中有一个年轻人拿着自己已吃过了的蛋饺要求更换。由于火锅城有规定吃过的东西是不能换的，所以遭到拒绝，双方因为不能相互谦让而大打出手。

最后，火锅城以人多势众的优势打败了那几个年轻人，可以说博弈的结果是火锅城的一方赢了。而实质上，他们真的赢了吗？从长远来看，他们并没有赢。这就是处世中的一种博弈，他们的胜利是建立在失败方的辛酸和苦涩上的，那么，他们也将为此付出代价。

具体分析这件事情，不难发现，火锅城的生意也会因此造成影响，传出去就会变成"这家店的服务真是太差劲了，店员竟敢打顾客，以后再也不来这里了""听说没有，这家店的人把顾客打得可不轻啊，以后还是少来这里了""什么店，竟打人，做得肯定不怎么样"等。事态严重者，还会被追究法律责任。处世中，不能保持平和的处世，是人际博弈中最糟糕的。

平时，还有许多这样的事情，像在同学之间，在课间休息的时候，有一人站在一条通道上，另外的人要进出，要让这个人让路才行，而这个人就是不让，矛盾就出来了：一个是：你要过去，我偏不让，意思是，请绕道。另一个是：你偏不让，我偏要过，我就是不绕道过去。结果是：两人在争执不下的情况下，性急的一个便大打出手。于是，两人便扭打成一团。而后，被老师叫到办公室一顿好批。从此，两人不再往来，即使相遇也要互相吹胡子瞪眼睛。

在日常生活之中，经常可以看到这样的一些事情，有很多人因为一些小事而口沫横飞，甚至有的时候还会大动肝火。为一些不必要的小事而去争执，这样做不仅伤神而且费力，实在是不值得的。所以，凡事要看开一点，不要斤斤计较个人的得失，胸襟放得坦荡一点，凡事都处得平和一点。

蔺相如自从"完璧归赵"之后，仕途一帆风顺，步步高升。尤其是公元前279年渑池之会，蔺相如英勇顽强地与秦王斗争，终于使赵王免于受辱。

回国后，赵王认识到了蔺相如的英勇机智、过人胆识，就把他封为上卿，地位在廉颇之上。按理说，以蔺相如的才干，胜任上卿这一职位应该是没有问题的。

但廉颇心里却极不舒服，心想：我廉颇为赵国出生入死，出了多少汗，流了多少血，才有今天的地位，而你却凭着区区三寸不烂之舌，居然可以爬到我的头上，我怎能咽下这口气！廉颇扬言，他要寻找机会羞辱蔺相如。

一次，蔺相如的马车和廉颇的马车在街上不期而遇。但是由于街道狭窄，只能通行一辆马车，蔺相如二话不说，驾车绕道而去。此后，只要看见廉颇便绕道而行。就这样一连几次，蔺相如的门客们都看不过去，纷纷问他缘由。

蔺相如耐心地对大家说："你们看廉将军与秦王哪一个厉害？"

"当然是秦王厉害。"大家都这样回答。

"那我连秦王都不怕，怎么会怕廉将军呢？两虎相争，必有一伤。而秦国之所以怕赵国就因为有我和廉将军，如果我们俩争了起来，会有什么后果呢？"众人一听都哑口无言，都为蔺相如的大仁大义所感动。

当这话传到廉颇耳中时，廉颇顿时后悔不已。他心想：是啊，自己身为国家重臣，竟然为了一点私人小利而置国家于不顾，太不应该了，多亏蔺相如不和自己一般见识。

他明白自己错了，而且犯了一个令人不可饶恕的错误。于是他就绑上荆条，赤裸着上身，亲自到蔺府登门谢罪，乞求得到蔺相如的宽恕。廉颇不愧为人中豪杰。

以和为贵，所以，平和才是最为重要的。只有平和的关系才能够使双方更好地合作，才能够让你在处世的过程中少一份烦恼。看看古往今来那些在事业上有所建树的人，他们都是襟怀坦荡，度量恢宏的人，他们处处都抱着一种"平和"的处世态度。

处世平和的人，一定是心胸广阔的人。俗语说："量小失众友，度大集群朋。"为人处世要有宽阔的胸襟，恢宏的度量，只有这样才能够赢得友谊。也只有胸怀宽广的人，才能在你危难的时候助你一臂之力。

胸襟狭窄者会嫉人之才，讥人之误，因而在他们的周围便会产生一种无形的排挤力，使人对这样的人避而远之。这样做不但对他人没有好处，而且对他自己也是没有好处的。像庞涓那样嫉贤妒能的小肚鸡肠的人，最终落得个身败名裂的下场。

古人云："海纳百川有容乃大，壁立万仞无欲则刚。"所以，我们应该做到"有容"。让我们再看一则平和处世的故事：

公元前605年也就是周定王二年，楚庄王经过艰苦作战，平定了令尹斗越椒发动的叛乱之后，他就大摆酒宴，在酒宴开始时，庄王兴致勃勃地说："我现在已经有六年时间没有击鼓欢乐了，今日平定奸臣作乱，破例大家欢乐一天，朝中文武官员，都来就宴共同畅饮。"

这时，满朝文武就与庄王共同欢歌共舞，共享胜利。直到夜深后，庄王的兴致仍然不减，他还令人点起蜡烛，继续欢乐，还要宠妾许姬来为他们祝酒。

一会儿忽然一阵大风吹来，将灯烛都吹灭。在这时，有一人见许姬长得美貌，加之饮酒过度，难以自控，便乘黑灯瞎火之际，仗着酒意暗中偷拉了许姬的衣袖，他大概是想一亲芳泽吧。

许姬吓了一跳，在左手奋力挣脱后，右手就顺势扯下了那人帽子上的一个系缨。许姬取缨在手，连忙告诉庄王说，刚才敬酒时，有人乘烛灭欲行不轨，现在我把他帽子的系缨抓了下来，大王快命人点蜡烛，看看是哪个胆大包天的家伙干的。

谁知庄王听后，却对许姬说："赏赐大家喝酒，让他们喝酒而失礼，这是我的过错，我怎么能在别人喝醉酒时而辱没人呢？"

庄王不但不追究，反而命令左右正准备掌灯的人说："切莫点烛，寡人今日要与众卿尽情欢乐，开怀畅饮。如果不扯断系缨，说明他没有尽兴，那我就要处罚他！"

众人一听，齐声称好，等一百多人全都扯掉了系缨之后，庄王才命令下人点燃蜡烛，就这样他不声不响地把那个胆大妄为的人隐瞒过去了。

在散席之后，许姬仍是愤愤不平。庄王却笑着说："这件事你妇道人家就不懂了。你想想看，今天是我请百官来饮酒，大家从白天喝到晚上，大多带有几分醉意。酒醉出现狂态，不足为怪。我如果按照你说的把那个人查出来，首先他会损害你的名节，其次又会破坏酒宴上的欢乐气氛，再说也会损我的一员大将。现在我对他宽大为怀，他必知恩图报，于国于家于我于他都是有利的事情啊。"

许姬听了庄王的一番话，十分佩服。一个将领对自己爱妾的调戏，对于至尊无上的君主来说，无疑是极大的羞辱。这在当时的社会里，绝对属于大逆不道的犯上之举。如果犯了这方面的罪过的话，不掉脑袋那才怪呢！可是楚庄王却很能假装糊涂，他原谅了属下的过错，并且还想方设法为他打马虎眼，这样的领导的确高明。

然而在七年之后，周定王十年，楚庄王兴兵伐郑，前部主帅襄老的副将唐狡，自告奋勇带百余名士卒成为开路先锋。唐狡与众士卒奋力作战，以死相拼，终于杀出一条血路，使后续部队兵不血刃杀到郑都，这使得庄王非常高兴，称赞襄老说："老将军老当益壮，进军如此迅猛，真是大长我军威风，为楚国立下大功啊！"

襄老答道："这哪里是老臣的功劳，都是老臣副将唐狡的战功啊。"于是，庄王下令召来唐狡，准备给他重赏，谁知唐狡却答道："为臣曾经受大王恩赏已经太多了，即使是战死也不足为报的，哪里还敢再求赏呢？"

庄王这时感觉很奇怪，他疑惑的是以前并没赏赐他呀，何以如此说呢？唐狡接着说道："我就是'绝缨会'上拉了许姬袖子的人，大王不处置小臣，小臣不敢不以死相报。"

其实，这就是所谓的平和处世。如果我们能用开阔的胸怀去接纳他人的话，我们就能够收到更好的效果，就像庄王如果当初治那人罪的话，那么他也不会得到这个效力杀敌的猛士的。

平和的心态还要来自我们宽容的心，只有用宽容的心才能达到更好的博弈效果。特别是作为领导者，有一个宽容的心，才能更好地管理你的下属。

内方外圆处世圆融无碍

人的智慧应当圆融无碍，但人生活在具体的社会历史环境之中，在语言和行为上却不能没有原则和规则，不能模棱两可。如果只"圆"不"方"，忘记了"方"的根本，从大的方面讲，社会的法令和正确的思想观念就不能确立；从小的方面讲，个人也不能在社会上真正站立起来。

在中国传统文化中，相比较而言，儒家主要讲规矩、法则、礼仪、应用，是"方"的；道家则主要讲自然、无为，讲形式上的本体，是"圆"的。比如，儒家讲究立名，提倡仁、义、礼、智、信五德，提倡君臣、父子、夫妇、兄弟、朋友之间的五伦，作为社会和人与人之间相互关系的准则。而道家则提出"绝圣弃智""绝仁弃义"，反对仁、义、礼、智、信的立场，反对儒家提倡礼教。

从事物的"体"即本质层面上讲，世界上本无绝对的美、丑、善、恶，没有绝对的仁、义、礼、智、慈、孝、忠、恕。一切都是人为制造出来的观念。

而什么是美与丑，什么是善与恶，什么是仁义礼智，不同的国家、不同的民族、不同的时代有着不同的标准和答案。因此，从"智圆"的角度讲，一家的观点是圆的；而另一家的观点则认为是方的。

然而，从古到今，任何一个国家、民族，都有自己具体的关于善恶、美丑的观念，并在此基础上建立自己的道德观念、法律制度和文化思想，立规矩以成方圆。

一个国家有自己的法律制度；一个军队有自己的纪律条令；一个企业有自己的规章制度；一个家庭有自己的规矩习惯；一个人有自己的主张和原则，这些都是"方"。

这种"方"，犹如一座大厦的钢筋水泥结构和一个人身体的骨骼，是大厦和身体赖以存在、支撑和站立的基础，这是从体和用的角度讲"有圆无方则不立"。

从灵活性与原则性的角度讲，一个人办事时，只有圆，没有方，处处"打太极拳"，说话态度不鲜明，让人摸不着头脑，模棱两可；行为上不果断，犹犹豫豫，则让人觉得过于圆滑，没有个性，或缺少魄力，很难得到别人真正的尊敬，同时也很难真正在社会上成就一番事业。

若"方"如"刚"，则"圆"为"柔"。万事过刚则易折，过柔则难以成形。唯有方圆相得，才能生生不息。

管仲原来是辅佐公子纠的。公子纠和齐桓公是兄弟，也是政敌。齐桓公杀了公子纠，管仲不但没有为公子纠殉死，反而给齐桓公当了宰相。

有人说管仲不仁，孔子说，管仲这个人是很了不起的。他帮助齐桓公九合诸侯，没有使用武力，使天下得到了安定，老百姓如今还受到他的恩惠。如果没有管仲，我们今天很可能都成了野蛮人了。他为天下和国家做出了这么大的贡献，不是一个只知道自己上吊，倒在水沟里默默无闻、白白死去的普通老百姓所能比的。

管仲为齐桓公做事，对公子纠来说是不忠、不仁、不义，从个人处世的角度讲是圆而不方。但是，他为国家做出了贡献，为天下百姓尽了大忠、大仁、大义，可以说是圆中有方，没有违背天下的大义、大原则。所以孔子不但没有否定他，还充分肯定了他的伟大功绩。

在唐、宋之间，五胡乱中华的几十年，都是胡人统治。5个朝代，都请冯道出来做官，而他对每个君主都表现出忠心。可见他"圆"到了极点。对冯道的这种行为，欧阳修骂他无耻，认为他替胡人做事，没有气节。而同时代的王安石、苏东坡等人却认为他了不起，是"菩萨位中人"。

冯道的一生，可谓是"圆中容方，不忘大原则"。尽管他在胡人统治的朝廷为官，但他本人的生活却十分严谨，既不贪财，也不好色。在他的谨慎和圆滑中，他始终坚守着自己的人生大原则。

他认为在当时的历史背景下，最重要的是保有中国文化的精神和中华民族的命脉，以待国家出现真正的君主。他死后很多年，才出现了宋太祖赵匡胤，建立了大宋王朝。方，是原则性；圆，是灵活性。办任何事，只有将原则性和灵活性很好地结合起来，事情才办得好。

批评人一定要讲方法

每个人都有犯错误的时候，我们的朋友也不例外。那么，作为朋友，我们理所当然地要向他指出来。只是，每个人都好面子，尤其当对方还是我们的挚友时，说浅了不会起到作用，说深了会伤害感情，如何说话也就成了一个技术含量非常高的活。

刘志辉和张会林在学校是同室好友，关系十分亲密。张会林家里有钱，又是独子，有点娇惯，但是性格很直爽，为人很热情。

刘志辉家境不太好，从小自立，自尊心很强。他在学习的同时，每天早晨不到5点就要到一家餐厅做工。随着学习压力增大，在考试期间，两人之间产生了矛盾。

有一天刘志辉4点半就起床了，在洗漱的时候声音太大，把其他人都吵醒了。张会林想，其他人跟刘志辉的关系都一般，有意见也不好说出口，自己作为他的好朋友理应批评他一下。于是就说："你上班干吗非得把全宿舍的人都闹醒啊？你倒是赚了钱，但人家还陪着你不睡觉啊？"

刘志辉一愣，心想：别人说出这些话倒也罢了，你是我最好的朋友，怎么不考虑一下我的难处而来批评我呢！于是他没好气地说："你以为我乐意早上5点就起床去那臭熏熏的厨房里干活吗？我父亲可不愿一年到头供养我，我得自己挣钱养活自己。我不像你，待在屋里，靠家里供养。你自己清楚，你是我认识的人中最懒的一个。"

张会林一下子被激怒了：打人不打脸，骂人不揭短，你说话也太损了吧！"哦，别来这一套。昨晚看书一直看到两点的是谁？谁又说什么啦？难道你就不能轻一点吗？怎么那么自私呢，就不稍稍考虑一下别人！"

两个人你一言我一语，针尖对麦芒。最后，双方都撕破了脸，几年的友情瞬间化为乌有。人往往就是这样，一旦被戳中了痛处，就会全力反抗的。显然，张会林没有注意到自己不恰当的批评方式会让刘志辉下不来台。

　　假如他们都不那么感情用事，而采取负责的态度表示自己的不满，就可以避免朋友的怒气，至少可以减少朋友发怒的可能性。如果张会林当时能这样谈起，就完全可以避免一场争吵：

　　我想告诉你，我有些不舒服，也可能是这些天的考试使我过于紧张烦躁。昨晚我没有睡好，今天5点又被你弄醒，我心里有点恼火，你似乎没考虑过我的休息。另外，这里还有其他人，也要注意他们的感受。

　　听了这些话，刘志辉或许就会明白自己的过错，而且不会发火。"金无足赤，人无完人"，朋友也是有缺点错误的。作为好朋友，就要直陈人过，积极开展批评。

　　我们要赢得朋友的友谊，在说话时，就不要因对方一件事没做好，就说些不顺耳的话，小则造成不愉快，大则会把真诚的友谊折腾没了。指出朋友的缺点时，不仅要使用委婉的话语，还要注意不要当众批评朋友，免得让朋友在众人面前难堪。

　　有人曾说过：一句不慎的话，足以让十句光彩照人的话黯然失色，一段真挚的友情也会产生裂痕。所以，同样是起到批评人的效果，为何不能换个方式，温和地表达呢？

　　一个微笑，一个眼神，足以传递出或善意或严厉的批评，但是这些批评都可以是甜的。甜甜的批评是出于对对方充分的尊重和自我高尚的修养而发出的。善待别人就是善待自己，并且，善意的批评往往会收到比粗暴的批评更有效的结果。

老于是一家公司的老总,凭着自己的坚毅和果断创办了这家公司,只是这位老总平时少言寡语,给人的印象就是严肃认真,但他也有出人意料的时候。

老于邀请他的一个同窗好友做他的副总,不过,这个好友虽说是女士,却是一副男孩子的性格,有时候粗心大意,做公文时容易遗漏东西。有一次还差一点出了大问题。老于很想说她一下,但又怕伤到她。

琢磨了几天,老于终于想到了一个好方法,既能提醒她又能让她乐于接受。一天早晨,老于看见好友走进办公室,便对她说:"今天你穿的这身衣服很好啊,越发显示出你的年轻漂亮。"

这几句话出自老于的口中,让好友很吃惊:想不到严肃的老朋友也有夸人的时候!这时,老于又说:"但不要骄傲,我相信你的公文处理也能和你一样漂亮。"好友一下子明白了老于的意思,果然从那起,她在公文上很少出错了。

一位朋友知道了这件事,就问老于:"想不到你这么严肃的人也会使用这样奇妙的方法,你是怎么想出来的?"

老于笑呵呵地说:"说起来很简单,有一次我去刮胡子,我注意到他们都是先给人涂肥皂水,然后再刮。这样做是为了刮胡子时使客人不感觉痛。所以呢,我就想到,批评人的时候,也可以这样让对方愉快地接受。"

看到了吧,批评也是要讲艺术的。很多人都有这样一种观念,对朋友赞美就好了,批评了会伤害感情。而实际上,当我们觉得朋友做事不恰当的时候，对他的批评，好朋友是不会见怪的，至少他知道你是善意的。

当然，对于朋友的批评还是要掌握一些技巧，才能让人家愿意接受。这就要求我们在和朋友的相处中，做一个善于批评的角色。朋友之间的友谊非常珍贵，尽量不要去破坏它。对于朋友的错误，批评是必需的，只是我们要使用恰当的方法。

首先，批评要与赞美相结合。适度的批评之后，对于其优点别忘了加上几句称赞的话，才不会损坏彼此的情谊。"以理服人"是对的，但道理有时并不容易被直接接受，甚至会让对方产生反感，尽管在反感时他内心并不一定认为道理错了。

其次，还要争取让对方心服口服，这就需要一定的技巧了。有时，批评者往往认为自己是好心，但如果话中带有威胁，效果就难以达到，甚至会给双方关系造成不良影响。如两个朋友发生了一点摩擦，一方大叫"你这样的人谁还会愿意和你在一起"，对方马上回嘴"不做朋友就不做朋友，你有什么了不起"。好心的批评，也会起到逆反作用。

善于批评者会让对方感到仿佛不是在批评自己，倒像自己劝说自己，就容易被对方接受。批评的语言中应避免"你应该""你必须"之类的词，多用温和的口气，避免对方的反感。在任何"强攻"都难奏效时，还不如暂停。

最后，批评的目的是让对方接受自己的意见。仅仅是理由充足还不行，还要掌握对方的心理特点。对不同性格的人应该使用不同的方法，因人而异。

尽量减少不必要的争吵

人和人之间就某件事产生分歧是非常正常的,很多人在产生分歧之后首先想到的是争论,甚至争吵,这似乎也是正常的。但正是这种似乎正常的解决办法,却恰恰是最糟糕的办法。其实,最好的办法就是避免争吵。

在一次宴会上,一位先生讲了个幽默故事,其中提到一段引语,他说是出自《圣经》,然而他的邻座很清楚地记得这是出自莎士比亚的作品,于是很自信地指出了这个错误,结果是各执己见,互不相让。

正好边上是一位莎翁研究专家,于是决定让他评判。那位专家对那位指出错误的先生说:"你错了,那位先生是对的。"

在回家的路上,被指出错误的那一位很诧异地问专家:"你明明知道我是对的,怎么说他是对的?"

专家的回答是:"这么多人看着,你为什么要让他丢面子。如果让他丢了脸,他会恨你一辈子,而绝不会感激你指出了他的错误,绝对不要以为指出他的错误是为他好。"

事情确实如此,和一个人争吵,一般是不会有什么好结果的。因为为了各自的自尊,谁都不愿意轻易地屈服。而往往分歧双方都各有优点,也各有缺点,或者根本就没有好坏可言,只是角度不一样。所以争吵是不可能有结果的。

而且,争吵总是营造一种敌对的气氛。在这种气氛中,双方都只盯住对方的缺点,而不会考虑对方的优点。即使是很明显的一个错误,你把它指出来，或者用你的天才般的辩论把他驳得体无完肤，让他觉得低人一等。其结果只会使他怨恨你，或者违心地顺从你，但可能观点照旧，甚至会在以后的工作中影响相互的合作。

即使是1+1=3这样简单低级的错误，你也该找个恰当的机会指出来，越是简单的错误越不能公开地、无情地指出。释迦牟尼说："恨不消恨，唯爱释恨。"当你抱着敌对的态度去解决问题，结果只会水火不容。只有在尊重对方的同时提出建议才可能被接受。所以我们要尽量避免争吵。

要做到避免争吵，首先要有欢迎分歧的态度。记住这样一条格言："如果一对伙伴总是意见一致，那么他们中的一个就是多余的。"所以分歧是必需的也是必然的，没有分歧就没有解决问题的最佳办法。

其次要告诉自己，在发生分歧的时候，要冷静地先听对方说，给对方时间，然后你才会有较客观的评价。但最重要的是如何开口，很多人在开口之前是理智的，但慢慢地就失去控制。无法控制对方情绪，也没法控制自己的情绪。

开口要先强调对方的优点，先肯定对方，然后承认自己观点中的不足，即使没有也要编一个。因为要让对方认识到他的不足，最好的办法就是先自我批评，最后很婉转地提出对方的不足，请他考虑。相信这样一个简单的程序能避免大部分争吵。

办事一定要掌握分寸

办事一定要讲分寸，要把握事情的分量，把握进退的尺度，掌握处理事情的火候,哪些先办,哪些后办;哪些该办,哪些不该办;哪些可以大操大办,哪些不能大操大办……掌握了办事的分寸,也就把握了办事的利害关系。

办一件事,不是说办就办、想怎么办就怎么办的。要全盘考虑,要了解前因后果,也要区别各种利害。例如:是否涉及他人的利益?是否对自己有负面影响?在处理事情的过程中,必须立足于处理、协调各种利害关系,既争取了自己的利益、也不伤害他人的原则,把事情办得圆圆满满。

所以,办事一定要有分寸。

有些事情能办,但有些事是不能办的。一旦办了,于法不容,于理不容,于情不容,于己不利。其结果:或使自己名誉扫地,或使自己蒙受经济损失,或使自己的身份和地位遭受损害。

杨震是东汉人,为官公正廉洁。他任荆州刺史时发现王密才华出众,便向朝廷举荐王密为昌邑县令。后来他调任东莱太守,途经王密任县令的昌邑时,王密亲赴郊外迎接恩师。

晚上,王密前去拜会杨震,俩人聊得非常高兴,不知不觉已是深夜。王密准备起身告辞,突然他从怀中捧出黄金,放在桌上,说道:"恩师难得光临,我准备了一点小礼,以报栽培之恩。"

杨震说:"以前正因为我了解你的真才实学,所以才举你为孝廉,希望你做一个廉洁奉公的好官。可你这样做,岂不是违背我的初衷和对你的厚望。你对我最好的回报是为国效力,而不是送给我个人什么东西。"

可是王密还坚持说:"三更半夜,不会有人知道的,请收下吧!"

杨震立刻变得非常严肃,声色俱厉地说:"你这是什么话,天知、地知、我知、你知!你怎么可以说没有人知道呢?没有别人在,难道你我的良心就不在了吗?"王密顿时满脸通红,赶紧像贼一样溜走了,消失在沉沉的夜幕中。

杨震该办的事一定要办,不该收的礼坚决不收,这既体现了他的任人唯才、光明磊落,也体现了他的公正无私、廉洁奉公,堪称千古楷模。

所以,当有人违背你的人格信仰而托你办事时,你千万不能图一时之利而放松自己的操守,不负责地答应他、纵容他,一定要慎重考虑、权衡得失。如果你同一些不法之徒合作,干一些违法乱纪的事,必将法理不容,所以必须断然拒绝那些人的无理要求。

办事不仅要掌握进退的尺度,也要把握事情的分量,也就是说:什么事先办、什么事后办;哪重要、哪不重要,都要有一个明确的认识。事情有大有小、有轻有重,是放弃西瓜拣芝麻,还是丢弃芝麻留西瓜,都要在心里掂量掂量。这样,掌握了舍小取大、取重弃轻的原则,就可以舍小利而赢大利。

远古时,大禹为了治水,到了30岁还没有结婚,后来和一个叫女娇的姑娘结婚了,婚后刚4天他就告别新婚的妻子,忙于治水去了。

以后的13年中,他三过家门而不入。第一次经过家门口，他听到自己新生的儿子正在呱呱啼哭，妻子由于生产的痛苦也正在呻吟，他的助手都劝他进去看看。大禹也多想进去看一眼啊，可是他有要紧的事要办，怕耽误工作，硬是没有进去。

第二次经过家门时，大禹的儿子已经能叫爸爸了。小家伙在妈妈怀里使劲叫着爸爸，大禹只是深情地向妻儿挥挥手就过去了。

第三次，大禹经过家门时，儿子已经10多岁，他跑过去要把爸爸往家里拉，大禹抚摸着儿子的头，叫儿子转告妈妈，等治好水后再团圆，又匆匆地离开。

13年后，大禹历经千难万险，开沟修渠，终于战胜了洪水的灾害，促进了农业发展，使百姓能安居乐业。大禹因为治水有功，被舜立为君位的继承人，成了夏朝的第一个君主，所以历史上称他为夏禹。

大禹之所以成为"大禹"被千古传颂，就在于他能舍小家而为大家，对事情的轻重大小掂得很清楚。

此外，办事还要注意以下几个方面：

办事要把握处理的火候。事情都有轻重缓急之分。有的事情发生之后，必须马上处理，延误了时间就可能与预期的目标相悖离，或是财产损失更大，或是身家性命受到威胁。

但有些人际关系的问题发生时，如果立即解决可能会火上加油、适得其反，而让当事人冷静下来、恢复理智后再处理，就可以大事化小、小事化了。所谓"事缓则圆"就是这个道理。

力不从心的事不能办。如果上级委托你办事，你就要认真考虑自己办这件事是否能胜任。可是，由于是上级的安排，往往你不能拒绝，只好硬着头皮答应下来，这并不是一个好办法。

因为，如果你无法做到，或把事情办砸了，上级只会以失败的结果来评价你，以后你的处境会更糟。所以，办事要量体裁衣，对难以办到的事要鼓足勇气说清楚。

没有把握的事不能办。有时，对别人提出的请求，我们也没有把握是否做得到。这时就要具体问题具体分析，认真评估自己的能力，千万不要过于自信，更不可吹牛、乱许愿。否则，虽然平时双方关系很密切，可一旦把事情办砸了，不仅起不到增进友谊的作用，反倒把人得罪了。

不该管的闲事不能管。好管闲事不是好习惯，有的闲事该管，有的不该管，这里就有一个分寸和尺度。不该管的闲事你管了，不仅把人得罪了，还起不到好的作用；该管的闲事，就要勇敢去作为。关键是，心里要有一杆秤，要有一个是非标准和基本原则，切不可凭着自己的感情和意气用事。

礼数周到，办事才会顺利

求人办事虽然谁都不喜欢，但在人生与社会活动中，不求人几乎是不可能的。如果有求于人，就更应该多些礼貌，这样人家才能对你提出的问题给予考虑。如果有求于人又不懂得讲究礼貌，人家即使有能力帮你的忙，也会因为你的自以为是而干脆回绝。

求人以礼为先，首先要摆正双方的位置。人与人之间的关系从人格上讲是平等的，没有尊卑贵贱之分，这是没有疑问的。不过在具体的交际中，由于交际双方各自的交际目的不同，会使交际者之间出现暂时性的尊卑差别。求方为卑，助方为尊。

"人在屋檐下，不得不低头"，实际上体现了求人者与被求者之间的尊卑差别。

一个刚刚走出大学校门的女孩，接到一家大企业的面试通知，她在兴奋之余又非常紧张。面试那天，尽管做了充分的准备，她还是没能够表现出自己应有的水准，她实在太紧张了，说话结结巴巴、语无伦次，对面的几个考官都皱起了眉头。

这时，一位中年男士走进办公室和考官耳语了几句，在他离开时，女孩听到人事主管小声说了句"经理慢走"。那位男士从女孩身边经过，给了她一个鼓励的眼神，女孩非常感激，立刻站起来，毕恭毕敬地对他说："经理您好，您慢走！"

她看到了经理眼中些许的诧异，然后他笑着点了点头。等她再坐下时，她从人事主管的眼中看到了笑意……

一个星期后，她竟然获得到了这份宝贵的工作。就是因为她对经理那句礼貌的称呼，让人事部觉得她对行政客服工作能够胜任，所以对她的印象非常好，才给了她这份工作。

女孩就是凭着尊敬有礼的态度，为自己赢得了这份工作。求人办事，一定要注意礼貌。不论职位、身份如何悬殊，都应该客客气气、待人以礼。

常言说："有理走遍天下，无礼寸步难行。"此话虽然夸张了些，但对礼的作用则可窥见一斑，特别是在请人办事的时候，如果送一点礼品，则任何话都好说。一旦接受了人家的好处，沾了人家的便宜，再拒绝起人家的请求来，就不那么好意思开口了。中国人重人情，讲面子，"滴水之恩必当涌泉相报"，聪明人运用这一方法，几乎百试不爽。

古人说："衣人之衣者，怀人之忧。"意思是说，穿了别人送的衣服，怀里就会装着别人的心事或隐忧。用现在的话说就是，收下了别人送过来的礼物，就要为别人办事儿。

这同民间所谓"收入钱财，替人消灾"和"吃了人家的嘴软，拿了人家的手短"意思大体相同。送礼，在中国虽古已有之，却于今为然。自古以来，不管人们承认不承认，喜欢不喜欢，送礼都是和办事儿密不可分的。

礼品是感情的一种载体，一个人要学会根据不同的人、不同的事和不同的地方来进行施礼。这也是社交礼仪中的一个规范行为。不管是什么样的礼品，都表示送礼人特有的心意，或表示酬谢，或表示求人，或联络感情等。

所以，对于礼品的选择，要符合这一规范要求，要针对不同的受礼品者的不同条件来进行区别对待。你选择的礼品必须与你的心意相符，让受礼者感觉到你的礼品是不同寻常的。

一般情况下，对家贫者送礼，要以实惠为佳；对富裕者来说，要以精巧为佳；对恋人、爱人、情人，要以纪念性为佳；而对于朋友，要以趣味性为佳；对于老人，要以实用为佳；对于孩子，要以启智新颖的为佳:对于外宾来说,就要以那种很具特色的礼物为佳。

礼要送在用不着朋友的时候,方能尽显威力。要知道,好的人际关系才是求人成功的基础。关系,需要经常维护,朋友之间,要常走动,关系才不会断。带份礼最好不过,这样会让朋友觉得他在你心中很重要,而他一定会高兴,并且在适当时候给你回报。

办事应该选择适当时机

在生活中,每个人都不可能永远是王子和公主,我们总有需要与人合作、找人帮忙、求人提携的时候。有求于人,选好恰当的时机是首要的条件,这就引出了人际交往中的脸色问题。

有人说:今天某公司的业务主管因喜得贵子在发糖,赶紧找他签单子去。虽是玩笑话,却说明了人在兴头上好办事的道理。人的脸色和天气同样重要,看明白了,才可决定你的进退方案。

俗话说:"出门观天色,进门看脸色。"观天色,可推知阴晴雨雪,携带行具,以不受日晒雨淋;看脸色,便可知其情绪。面部表情的色彩屏幕上显示的图像不同,人的情绪也不同。学会察言观色,实在是不可忽视的为人处世之道。知道情绪,便能好相处;好相处,便能心相通;心相通,便能达到一致。

有位记者曾去采访同一支著名篮球队刚交过锋的某队球员们。一进门,发现休息间气氛沉闷,一位球员铁青着脸,圆睁着眼,他赶紧退了出来,取消了这次采访。

后来，这位记者才知道，这支球队吃了败仗，正在怄气。倘若当时不看脸色，硬要不知趣地采访吃败仗的"将军"，非挨骂不可。

这位记者就很有经验，懂得采访的"火候"。常言道："人好水也甜，花好月也圆。"人在高兴时，心情舒畅，看见高楼大厦，会想到"凝固的音乐"；看见车水马龙，会想到"滚动的音乐"。

情绪好，容易体谅人，礼让、关心和帮助他人，也乐意与人攀谈，接受别人的邀请，甚至看见小狗也可能热情地打个招呼。正所谓"人逢喜事精神爽"。而人在烦恼时，心情抑郁，欣赏《田园交响曲》，也会觉得是噪音。

进门要看脸色，这里的脸色是指时机，是说双方在能谈得开、说得拢的时候，对方愿意接受的时候。一个人在车祸丧子的悲痛中还没解脱出来，你却上门托他给亲戚的儿子保媒说媳妇，无疑你会碰壁；领导正为应付上级检查而忙得焦头烂额，你却找他去谈待遇的不公，那你肯定要吃"闭门羹"，甚至遭到训斥。

掌握好说话的时机，才能提高办事的成功率。那么，什么时候与对方交谈才算抓住了时机呢？

一是在对方情绪高涨时说。人的情绪有高潮期，也有低潮期。当人的情绪处于低潮时，人的思维就显现出封闭状态，心理具有逆反性。这时，即使是最要好的朋友称赞他，他也可能不予理睬，更何况是求他办事。

而当人的情绪高涨时，其思维和心理状态与处于低潮期正好相反，此时，他比以往任何时候都心情愉快，说话和颜悦色，内心宽宏大量，能接受别人对他的求助，能原谅一般人的过错；也不过于计较对方的言辞。

同时，待人也比较温和、谦虚，能不同程度第听进一些对方的意见。因此，在对方情绪高涨时，正是我们与其谈话的好机会，切莫坐失良机。

二是在对方喜事临门时说。所谓喜事临门时，是指令人高兴、愉快、振奋的事情降临于对方时。如：对方在职位上晋升时；在科研上攻克难关、取得重大成果时；工作中成绩突出，受到奖励时；经济上得到收益时；找到称心伴侣、婚嫁或远方亲人来探望时，等等。

常言道："人逢喜事精神爽"，"精神愉快好办事"。在喜事降临时，我们上门找其交谈，对方会不计前嫌，而且会认为是对他成绩的肯定、喜事的祝贺、人格的敬重，从而也就乐意接受或欢迎你的到来，所求之事，多半会给一个满意的答复。

我们每天要与形形色色的人打交道，上司的脸色、所求的人的脸色，一般还是不容易被人忽视的。因为有一部分利益捏在人家手心里，把喜恶之色看准了，才好对症下药。

对身边的亲友同僚、门房保安等众人，也绝对不可不看风头，我行我素。走惯江湖的人，都懂得顺风行船的道理，不是太急的事，不妨在对方心-情和顺的时候再去商谈，这样便可省得不少力气。否则，万一他在怨怼中迁怒于你，以后想找机会下台都难。

因此，要学会察言观色，留意对方的表情，互谅互让，该进则进，该躲则躲，当止即止，就可避免许多不必要的纠纷，求得和睦相处。

第三章　诚信办事的智慧

人类相互依赖而存在

世界上的万物都是相互依赖的，生命的整体都是相互依存的。印度哲人奥修在《生命的真意》一书中写道："每一样东西都依赖其他东西。当你看着一朵玫瑰花的时候，你感到快乐，你的快乐是玫瑰花创造的。"

现在科学家已经证明，当你快乐的时候，玫瑰花也感到快乐。如果你爱玫瑰花，它就会长得更快，它就会开出更大的花来，因为有人在关心它，在爱它，在看它；如果没有人爱它，它就不会快乐，也不会开出这么大的花朵。

如果你能使一朵鲜花快乐，不去随意折毁它，那么鲜花也会使你快乐。在你苦闷烦恼时，为你送上一缕醉人的馨香。

如果你能使一只小鸟快乐，不去残忍地杀死它，那么小鸟也会使你快乐。在每天霞光穿过窗棂的时候，为你轻轻弹奏一段乐曲。有这样一个故事：

一位女教师到残疾人学校讲课时丢了钱包，遇到这种事的人多数都会不高兴。但这位女教师却说："虽然丢钱不是一件开心的事情，但是一想到我丢了钱，肯定会有人捡到钱,那么捡到钱的人一定会快乐。我知道有人在快乐,所以我也就快乐了。"

不久,捡到钱包的那个残疾学生拄着双拐来给她送钱包,女教师的一份快乐变成两份快乐了。

我们都是互相依存的,不管我们认不认识,是不是陌生人。所以,对待别人要用一颗宽容而又快乐的心。在别人因为我们而快乐的时候,我们自己也成了一个快乐的人。

每天早晨在上班高峰时间,很多公交车上的人都挤得满满的,一点缝隙都没有。有的时候,我们常听到一些吵架的声音,谁抱怨谁踩了他的脚,谁说谁挤着了他。其实大家紧紧地拥挤在一起,只是因为我们都要生存。

大家都是一个目的,就是去上班。如果彼此能够宽容一些,不愉快的事情就不会发生了。千千万万的人都是相互依赖的,你给别人一个烦恼,别人也会还你一个烦恼。反之,你送别人一个快乐,别人也会赠你一个快乐。

在单位里,如果哪一天我们心情特别好,就会发现平时不那么喜欢的同事也很可爱了。于是你可能就想多跟他说几句话,对他笑一笑。你对他热情,他自然也热情地回应你,这样两个人都会感到心情很愉快。

有的时候走在寂静无人的街上,如果看到旁边有一个人走过,心里就会泛起一股有了依靠的感觉,好像是有人与自己同路。上班或者下班的时候,总是拥拥挤挤地坐公交车,感觉很烦,但是心里同样会有一种感觉,我们大家都在做着相同的事,并不是我一个人在辛苦。

看看别人，想想自己，觉得我们确实是互相依赖的人类。

既然大家都是彼此需要，那么我们就应该彼此温暖。用善良的心去对待别人，用真诚的态度去与人交往。别人得到了快乐，我们也会快乐；别人得到了幸福，我们也会幸福。

信用是办事的基本规范

信用，是一项彼此的约定，也是一种具有约束力的心灵契约。有时它无体无形，但却比任何法律条文具有更强的行为规范。已是千万身价的一位富翁，讲了一个关于信用的故事：

> 那还是两年前，我的事业刚刚起步，每天只能骑自行车上下班。有一天傍晚，我急匆匆地往家赶，但没走多远，自行车就扎了胎。这时，前后左右，没有出租车，也没有修车行。最要命的是，我摸遍全身发现，自己一分钱也没有带。
>
> 推着车子走了很远，终于遇到一个正要收工的流动修车摊。
>
> 当时，满天的云愈积愈浓，眼看着一场大雨就要来临。顾不得许多，我恳求那位年迈的师傅赶紧帮忙修车。
>
> 当我声明身上没带钱时，那个师傅说："行啊，留下点什么作抵押，明天来取。"我说："行，我把工作证留下。"
>
> 他看了看我，再也没说话，动手修起车来。
>
> 交谈中得知，这位老人也曾显赫辉煌过。曾经连续10年

赢得过市级劳动模范，但因为不识字，一直在基层岗位上工作着。他还是一个爱厂如家的模范，在儿女中学毕业后，他劝说孩子们到他所在的工厂工作。但时过境迁，企业终于垮掉了，老模范眼含热泪，一步一回头地离开了自己几乎奉献毕生的工厂。在儿女下岗的同时，自己的老伴又不幸得了偏瘫卧床不起。企业已经指望不上，全家就靠他摆的这个修车摊聊以度日。

车子修好后，我把工作证留给了老人。老人一边很仔细地放好，一边抱歉地对我说："孩子，我没有文化，做得可能也不对。不是我俗气，我是不得已啊！按说，谁没有个需人帮忙的时候，谁能万事不求人？可我真的需要钱啊，留下您的证，您多担待着点儿吧。"

我赶紧说："看您说的，该我说谢谢才对，没您帮忙我可怎么回家啊！"我心里想，付出了劳动收获报酬，是天经地义的事。而这次老人要的报酬仅仅是2元钱。

第二天，我又来到了那位老人的摊子，想把昨天的钱还给他。没想到老人一脸的惶恐，说话也变得结巴起来。原来，由于昨天被大雨浇湿，奔跑中，老人将我的工作证弄丢了。今天尽管自己仍在发着热，但为了等我，仍然强撑着到此摆摊。

我有些冲动地说："你怎么能这样？你知不知道，办证很麻烦的呢？"我相信，就在当时，我一定显现出了自己心灵丑恶的本性。我这个曾受人恩惠的人，一旦摆脱了困境，就忘记了自己曾有过的乞求。可能有那么多的人在场，老人的脸上很不自然，只是一个劲地道歉。

离开老人的车摊，我开始意识到自己的表现，真的不像是一个有修养的人的作为。因为再办一个工作证并不麻烦，也用不了多少时间。而最起码，如果不是老人帮忙，昨天淋雨与今天生病的，应该是我而不会是他。不久，我渐渐地淡忘了这件事。

过了近半个月的时间，老人却找到公司来了，他并没有找到工作证，但却记住了我的单位和名字，并送来150元钱，给我用作办证的费用。我知道，那几乎是老人这半个月的所有劳动所得。

尽管我一再说明情况，称当时不过是一时气盛说了那些话，但老人执意要把钱留下，还很歉意地说："真对不住啊！收下吧。做人总该讲点信用，那是老天教人做人的本分。"

从那一天起，我一直感谢老人给我上了关于信用的最好一课。

事实上，这件事给了我很大的震动，老人的言行让我重新思考公司的立足之本。公司得到发展之后，在我的恳求之下，老人来到公司，成了一名极为出色的仓库管理员。

当我们的社会进入竞争经济时代的时候，很多人的信用观念早已不复存在。人们开始学习玩小聪明，耍坏手段；羡慕阴谋诡计，弄虚作假；崇尚无原则办事，拍马投机……一时间，大街小巷皆见教人智谋；中学大学频频看到学生捧读韬略厚黑；大商小贩倾心坑蒙拐骗。我们的社会犯了什么病？

经商有经商的商机，游戏有游戏的规则，做人有做人的分寸，处世有处世的方圆。从过去到今天，亘古依然。而唯独今天，我们的信用可以轻易地就抛弃吗？

信用是一种人格的体现，是人类社会平稳存在，人与人和平共处的基础，也是人性中最珍贵的部分。它与伪君子无缘，与空谈家远离。给人以信用，就是许人以诺言，那就是应该是不变的永恒。

要维护遵守信用，有时自然要牺牲一些时间、爱好、自由，甚至要付出鲜血和生命。但如果你自己，与你所在的整个世界都没有了信用，那你又将生活在一个什么样的人世间？

诚信是获取信任的基石

当然，能让别人充分信任你的一个最可靠的砝码，就是你在做人做事上必须表现出诚实，而只有诚实守信方能长久。

一个公司招聘员工，经过一层一层的筛选，还剩下三个面试者，他们的业务水平不相上下，从三个人当中挑选一个实在是难以取舍。最后，总经理决定再来一次面试，由他亲自挑选。面试的问题出乎意料，和业务毫无关系，是一道非常简单的算术题：

请你们三个回答我一个问题：十减一等于几？

第一位应试者想了想，最后满脸堆笑地说："您说它等于几，它就等于几；您想让它等于几，它就等于几。"

第二个见第一个回答得这么精明,不甘示弱地说:"十减一等于九,就是消费;十减一等于十二,那是经营;十减一等于十五,那是贸易。"

总经理听了,微笑着点点头又摇摇头,他把目光转向第三位应聘者:"说说你的答案?"

"十减一就是等于九嘛!"

后来,这个老实人被录用了。

如果你面对着同样的问题,你会怎么回答?会不会老老实实地说出"十减一等于九"?事实是,把简单的问题搞得复杂的人是最愚蠢的。在现实生活中,的确有人把"诚实"视为"愚蠢"。

人们最喜欢犯的错误就是自作聪明,结果总是聪明反被聪明误,为什么不诚实地对待那些原本正确的东西呢?这代表实事求是的为人处世的态度。

没有人喜欢被别人蒙骗,即使那些喜欢恭维话的人,他们内心深处也是在意和相信诚实人的。

诚实赋予一个人公平处世的品格,诚实是聪明做人最坦率也最谦逊的证明方式。那个一而再,再而三地呼喊"狼来了"的孩子,最后没有人相信他。因为不诚实的人太不"天真",因此也不"可爱",更不要说招人喜欢了。

诚实的人必然不说谎,不欺骗。许多人都把欺骗和谎言当作"精明",他们以为这些手段是值得使用的。但是时间长了,狐狸尾巴终究会露出来。欺骗能换来一时的利益,但得不到永久的信任。

谎言也许能在某些时候、某些场合迷惑一些人,但是这些人不久就会清醒。欺诈者是堕落的人，因为不诚实，他们不能与人长久相处，更不能达成自己对幸福、财富和快乐的愿望。

诚实的人必然守信用、重诺言，不守信用的人轻则破坏自己的形象，重则影响自己一生的发展，甚至还会因此丢掉自己的性命。

值得一提的是，许诺是非常严肃的事，对那些不应该办的事和办不到的事一定不要轻率应允。古代哲人老子曾有训诫："轻诺必寡信，多易必多难。"

真诚、诚实才能感动人心

诚能动人，至诚可以胜天，虽然是家喻户晓的老话，但若论其效力的宏大，古今中外，实例却不多。

诸葛亮高卧陇中，自比管仲、伯乐，抱膝长吟，略无意于当世，他与刘备原是素昧平生，谈不上有什么私人友谊，刘备也知道诸葛亮是杰出人才，一心想收为己用。

他仗着自己是中山靖王之后，汉室的子孙，同时利用人心尚未忘汉的机会，亲自去访问诸葛亮。一连去了三次，才得相见，这种行径，十足表示他的诚挚，诸葛亮原是因为找不到合意的主子，故一直隐居不出，待亲见刘备有重建汉室雄图，对自己又万分诚挚，才认为他是合意的主子，便放弃高卧陇中的想法，并且后来以"鞠躬尽瘁，死而后已"自励，可见诚挚感人之深。

所以你如果已有相当的地位，真能用诚挚的方法罗致人才，那就谁都会乐于被你所用。有学问，有本领的人，虽以清高自诩，不肯降格相见，但是"有美玉于斯，韫椟而藏诸？"其内心还是"沽之哉，沽之哉！待善价而沽之清也"。

至于"独善其身"，乃是消极办法，这就是说，只要你用诚挚的方法，谁都不会拒绝的。

不过所谓诚挚，不能只在外表上下功夫，说话表情虽好，如果你的内心不诚，至多也只能成为"巧言令色"罢了，对方若是个贤人，焉有看不出你虚伪的道理？因为内心不诚，凭你的巧言令色，终有若干破绽，让对方看出，那么你所做的一切都付之东流！古人说："诚者天之道也，诚者人之道也。"所谓内心之诚，就是诚的基本，只要对方对你没有误会，没有恶意，你的诚挚必会感人。

科尔在华盛顿州塔科马市读中学。星期天的一个下午，他与几个同学在家中门前的空地上玩棒球，一不小心将球掷到邻居基尔的汽车上，把车窗玻璃打碎了。

那几个同学见闯了祸，一个个溜之大吉了。而科尔呆呆地站了一会儿，决定亲自登门承认错误。当他带着不安的心情跨进刚搬来居住的基尔家赔礼道歉，说明情况后，基尔没有过多的责备而原谅了他。

当晚，科尔向父亲表示，他愿意拿替人送报纸赚来的钱赔偿基尔的损失。

第二天，科尔在父亲的陪同下，再度登门拜访基尔，当科尔说明来意后，基尔笑道："好吧，你如此诚实，又愿承担责任,所以我不但不要你赔偿,还乐意将这辆汽车送给你作为奖赏,反正这辆汽车我打算弃掉的。"

从这个故事中,我们不难看出诚实是多么可贵吧。即用诚实来感动别人,别人往往会用诚实来报答你。

把真诚放进我们的话语

世上最令人感动的是什么?有人回答:是真诚。的确如此,真诚的话语最动人。因此,当你面对一个固执的客户而久攻不下时,你就该想一想"精诚所至,金石为开"这句话所包含的道理了。

把你的诚意,一滴滴地揉进话里的每一个字,这就成了世界上威力最大的润滑剂。有一次,一位外国记者给吴仪部长提出一个很尴尬的问题:"请问吴仪部长,为何至今还是独身一人?"

对此,部长是无可奉告,还是避实就虚含糊了事?人们揣测着可能出现的回答方式。然而,吴仪的回答大出众人的意料,她既不回避,也不闪烁其词。

她说:"我不信奉独身主义。之所以打单身,和年轻时的片面有关。一是受文学作品的影响,心里有个标准的男子汉的形象,而这种人现实生活中没有;二是总觉得要先立业后成家,而这个业又总觉得没有立起来。然后就是在山沟里一待20年,接触范围有限。等到走出山沟,年龄也大了,工作又忙,就算了吧。"

这一席坦率的回答使众人感到吃惊,同时也使众人大为感动。正是这种坦诚直率的风格，才使吴仪成为对外贸易谈判中辩才无敌的杰出女性。

社会在随着时代不断发展。人类文明进步的进程就像"大浪淘沙"，潮起潮落，物竞天择。

企业商家兴衰，既有时代大环境的作用，又决定于企业商家自己的胸怀与作为。

谈判是一种竞争，要竞争自然离不开竞争的手段。为此，各种谈判的策略都要充分利用。但是，无论何种谈判都应在坦诚的基础上进行。

坦诚的含义包括：谈判是一种和平的磋商过程，而不是胁迫的代名词，谈判的协议要靠谈判者的信守来保证；谈判者不仅要重视己方的利益，同时也应充分顾及他方的利益。

正如美国前国务卿、著名的谈判专家亨利·基辛格认为的那样：在外行人眼里，外交家是狡诈的。而明智的外交家懂得，他决不能愚弄对手。从长远的观点看，可靠和公平这种信誉是一笔重要资产。

确实，单从实用主义的角度而言，坦诚对于一个谈判者而言是绝对重要的。如果你被认为不可信赖的话，人们只会告诉你由于你的职位或头衔而必须告诉你的东西，除此之外，你可能甭想再额外得到些什么了。

相反，当对方认为你可信时，谈判后，一些私下里的时候，他或她也许会告诉你一些从谈判上所无法知道的东西。例如：

甲：瞧，我知道我们的出价是低了点，不过，我们对贵公司的产品确实很感兴趣。

乙：可是，你们在价格上的态度让人感觉一点通融的余地都没有。

甲：我知道这个。可是如果贵公司能稍微让一小步，我们的价码还会变化的。

这段有趣的对话，也许会成为你走向成功的台阶。这不是因为你用阴谋诡计控制了别人，而是因为你得到了信赖。

只是当人品的正直无可置疑时，秘密和关键的材料才会透露给你。

如果你被对方认为你说的话是值得信赖的话，你就要尽力维护这一形象，这至少对你与对方的下次谈判是至关重要的。

真诚才能赢得信赖

真诚是一种优良的品德，它与谎言格格不入，与欺骗无缘，真诚会赢得别人的信赖。拥有真诚的品德，能在人生道路上畅通无阻地奔向成功的目标。

许多求职的人在参加面试的时候，所犯的最大错误就是不保持本色。他们不以真面目示人，也不坦诚，而给招聘者一些他以为"正确"的回答。可是这个做法一点用处也没有。因为没有人愿意要伪君子，正如从来没有人愿意收假钞票一样。真诚才会赢得信赖。

下面是一个求职者以真诚赢得老板赞赏与肯定的生动事例：

国际函授学校丹弗分校经销商的办公室里，戴尔正在应征销售员工作。

经理约翰·艾兰奇先生看着眼前这位身材瘦弱,脸色苍白的年轻人,忍不住先摇了摇头。

从外表看,这个年轻人显示不出特别的销售魅力。他在问了姓名和学历后,又问道:"干过推销吗?"

"没有!"戴尔答道。

"那么,现在请回答几个有关销售的问题。"约翰·艾兰奇先生开始提问:

"推销员的工作目的是什么?"

"让消费者了解产品,从而心甘情愿地购买。"戴尔不假思索地答道。

艾兰奇先生点点头,接着问:

"你打算对推销对象怎样开始谈话?"

"'今天天气真好'或者'你的生意真不错'。"

艾兰奇先生还是只点点头。

"你有什么办法把打字机推销给农场主?"

戴尔稍稍思索一番,不紧不慢地回答:"抱歉,先生,我没办法把这种产品推销给农场主。"

"为什么?"

"因为农场主根本就不需要打字机。"

艾兰奇高兴得从椅子上站起来,拍拍戴尔的肩膀,兴奋地说:"年轻人,很好,你通过了,我想你会出类拔萃!"

艾兰奇心中已认定戴尔将是一个出色的推销员,因为测试的最后一个问题,只有戴尔的答案是诚实的,令他满意,以前的应征者总是胡乱编造一些办法，但实际上绝对行不通，因为谁愿意买自己根本不需要的东西呢？

培养真诚的个性，它会使你在人生之路上获得意想不到的收获，它会显示出一股诱人而又强劲的力量。

在生活或工作中，求人办事是不可避免的。会求人的人并不一定是口若悬河的人，而是善于表达真诚的人。当你用得体的话语表达出真诚时，你就赢得了对方的信任，建立起彼此的信赖关系，对方也就可能由信赖你这个人而喜欢你说的话，进而帮助你。

这是一位优秀推销员的问话："梁总，您是电子方面的专家，又是经营高手，您看看我们企业研制投产的这种新型电子设备，在哪些方面比同类老产品要好一些呢？"

这么谦虚和真诚的设问，一般来说，对方是很不好意思拒绝你的。最会说话的人，通常都非常真诚，他们往往会首先为对方着想。关心和关怀他人，是他们一个重要的特点。

有一位老师写了一本有关思想政治工作方法的书，出版社没有给他稿费，而是让他自行推销1000册作为报酬，这对于那位老师来说，远比讲课要难得多。

为了把书推销出去，他在党校学员队里搞了一次演讲，他说：

"当老师的在这里推销自己的书，总不免有些尴尬。不过，如今作者也很难，写了书，还得卖书。出版社一下给了我1000册，稿费一文没有，所以我不推销不行。这本书写得怎样，我自己不好评说，不过有两点可以保证：第一，这本书是我用三年时间完成的，是我心血的结晶；第二，书的内容绝不是东拼西凑抄来的，是我自己长期思考的见解。前不久，这本书被思想政治工作研究会评为社科类图书的二等奖，这是获奖证书。说实话，对于我们这些教书匠来说，搞推销比写书还觉得难，只好硬着头皮来找大家帮忙。不过，买不买完全自愿，决不强迫。如果觉得这本书对你有用，你又有财力就买一本，算是帮我一个忙。谢谢！"

这位老师的演讲产生了良好效果，一次就卖掉了300多册。这位老师并不是专职的推销员，但能获得如此成功。从某种意义上说，他的成功在于恰到好处地表达了自己的真诚，从而赢得了听众的信赖。这表明，在讲话中学会表达真诚要比单纯追求流畅和精彩更重要。

美国总统克林顿当政时期，布鲁金斯学会出了个难题："谁能把一条内裤推销给克林顿先生？"结果，没有人完成那个难题。这一次，人们又以为没人能"把一把斧头推销给小布什先生"，但是，乔治·赫伯特做到了。

为什么乔治·赫伯特能够做到呢？大多数人得出的结论是，他具有足够的自信。对的，没有足够的信心，谁能勇敢地把斧头卖给当政者呢？

但是，小布什能够接受这把斧头，更重要的是因为乔治·赫伯特能站在小布什需要的角度，从关怀出发，用真诚打动了小布什的心。

当所有人都认为不可能把斧头卖给小布什时，乔治·赫伯特却认为，把一把斧头卖给小布什总统是完全可能的，因为他在得克萨斯州有一座农场，那里长着很多树。于是我便给他写了一封信。

"我在信中是这样写的：尊敬的先生，有一次，我有幸参观了您的农场，发现那里长着许多矢菊树，有些已经死掉，木质也变得松软了。我想，您一定需要一把小斧子。不过，从树的质材来看，市面上的小斧子显然太轻，因此您应该需要一把不是那么锋利的老斧头。现在，我这里正好有一把这样的斧头，它是我爷爷留下来的，十分适合于砍伐枯树，价格上，只要15美元即可。如果您有兴趣，请按本信所留下来的信箱地址给予回复……"

"很快，小布什总统就给我汇来了15美元。"

乔治·赫伯特的成功，不但有充满强烈自信心的原因，还有处处透露着人性关怀的缘故。以真诚的态度对待，对方想不答应都难，因为他被你的诚心所打动了。

真诚的话语是一笔无形的精神财富，将这笔财富运用在求人办事中，定能获得意想不到的收获。

信守承诺才能确立威信

说话要守信，行动要果断。有命令就要执行，有违规就要制止。法度不轻易改变，制度也不轻易变动。政务不轻视，策略不轻随。领导就要这样来立信。

俗话说:"一言既出,驷马难追。"《诗经》中说:"白圭上的污点,还可以磨去;言语上的污点,就不能掩盖了。"

领导立信在上,官员民众遵守在下;法制政策令行在上面,所有官员民众共同执行在下面。就是说:只要是言语都得守信用。没有信用的言辞,不是正人君子所说的话,而与禽兽没有差别了。所以古代圣贤注重诺言,一言九鼎。

周公以桐叶封弟,文王以存原立信,尾生高以守信而淹死,季布一诺千金,这些都成了千古美谈。示信于人,所以能得人;示信于国,所以能得国;示信于天下,所以能得天下。

所以,老子重视戒除"轻诺",孔子重视"讷言"。

老子说:"轻易许诺的人,必然少有信用。"

孔子说:"君子不善于言辞,却敏捷于行动。"又说:"守信用的人,人们就信任他。"

叔向说:"君子的言辞,守信用而有验证,所以怨恨就远离于他身边;小人的言辞,超越本分而没有验证,所以怨恨很快就上来了。"

子夏说:"君子必须取得信任后,才去役使百姓,不然百姓以为是虐待他们。先要取得信任,然后才去规劝他人,否则君主以为你在诽谤他。"

信发自心,诚发自意。信出自口,所以成就于德。

曾经有人说:"黄金不能改变我的言辞,死亡不能改变我的信守。"又说:"信用说出来容易,做起来则困难。小信守于言,大信守于心,君子守言,圣人守心。"这些都是千古名言。

从前明太祖朱元璋,曾经以大胆的行为,使敌人的精壮降兵,都变成自己的骁勇死党。在他起兵攻破采石矶后，长驱直入集庆，水陆并进，先攻破陈兆先的兵营，随即就利用他们。

在降兵中挑选精壮骁勇的士兵五百人，直接归纳于军中。这五百人都感到惊恐不安，朱元璋知道他们内心的想法后，便筹划着怎样才能让他们安稳而不害怕，信任而不怀疑。

最后，决定采取用他们先对他们信任，而招致他们有信仰的策略。在晚上进入营区五环侍候，自己也解甲就寝，而且把自己原来的人员调开，仅留冯国用一人侍睡在床前。此后，人心大定，都相信了他的至诚。

攻打集庆时，冯国用就率领这五百降兵，首先冲锋陷阵，在蒋山下打败元军，威逼城下。各路兵马快速奔进，一举攻克南京，这五百人确实出了大力，立了大功。所以说，没有威信，就不能役使人；没有威信，就不能使人服从。

古人说：言语忠信，行为笃敬，虽是在少数没有开化的民族中都行得通；话不忠实、不信用，行为不诚实、笃敬，就是在本乡也行不通！这的确是真诚的话。

从前晋文公攻打原地，只带 10 天的粮草，并与大夫约期 10 天后到原地。时期到了，晋文公鸣锣退兵，罢休而去，却有来自原地的人说："原地 3 日就可以攻下吧。"

左右官员也认为对方的粮食力量都快完了，请求等待。晋文公说："我与士人约期 10 天，不去，就是我失去信用。得原地而失信，我不这样做。"

原地的人听说后，就投降了，并说："作为君主像他这样守信用，没有不归顺他的。"

卫国人听说后,都投降了,并说:"作为君主像他这样守信用的,有不归顺他的吗?"孔子听说后,记载下来,说:"攻打原地而得到卫国的人,是靠信用。"所以说:在民众中没有信用就不能立身。作为国君,军队、粮食都可以丢弃,唯有信用不能丢。

唯有诚实,方可长久

天下没有一种广告能比诚实的美誉更能取得他人的青睐。为人处事唯有诚实,方可长久。诚实是天真做人的最坦率也最谦逊的证明方式。

诚实赋予一个人公平处世的品格。一个诚实的人,因为有正义公理作为后盾,所以能够无畏地面对世界,得到大多数人的信赖,取得长久不衰的发展。而一个虚假欺骗者,只能骗人一时,而后被人们唾弃冷落而衰落终至失败。

给足尺寸,不缺斤短两,样品真实,服务周到,严格履行责任,这些是经商者必须具备的品格。

塞姆·福特抱怨一个小饭馆给他的啤酒不够数。他把店主叫来,对他说:"先生,请问,你一个月能卖几桶啤酒?"

"10桶,先生。"店主回答说。

"那么你希望能卖11桶吗?"

"当然,先生。"

"那我就告诉你怎么办,"福特说,"把分量给足!"

再看一看韦奇伍德的例子，他具有真正的诚实精神。虽然他出身低下，但他在尽全力做好工作之前从不自满。他尤其看重其工作质量，看是否满足别人的需要或受别人欣赏。这是他的力量和成功的源泉。

他对低劣的活计无法忍受。如果做出的东西不符合他的设想，他就会挥起棍子把器皿打碎并扔掉，嘴里还说："这不是乔治·韦奇伍德做的！"

某布帛商店的经理说，他在商店中正在忙着将整匹的布帛剪成碎段。他说，只要通过广告大加宣传，提示人们购买碎段的布头比按码计算的布帛便宜得多，这样人们一定乐于购买，因之可望会获大利。

但是试问，一旦顾客发现了这是一种欺骗以后，还有谁愿意再去光顾那位经理的商店呢？

许多人都认为欺骗、说谎话是一种有利的勾当。他们以为欺骗的手段是很值得使用的。所以许多声誉好的商店，也往往要掩饰自己商品的缺点、坏处，而登载各种欺人的广告。

有些人甚至以为，在商业场中，欺骗的手段，与资本一样必需。他们相信，在言行诚实的同时想要在经营上得到大成功，实在是很难的。

现在新闻界中有一种很不幸的现象，就是刊物常有离开事实、颠倒事实等倾向。其实，一家刊物的名誉如同一个人的名誉。如果一家刊物常常有意地刊登不真实而骗人的信息，那么它必定会蒙上"造谣说谎者"的恶名。那些不肯离开事实、忠实于事实的刊物在社会中所占的地位，要比那些虽销路很广但却不忠实的刊物高得多。

不为利动，没有私心，在任何情形下都有诚实的美誉，其价值比从欺骗中得来的利益大过千倍。

不坚持诚实，没有绝对正直品格的人是很危险的。他们在平时也许是愿意站在正直的一方面的，但是一旦关系到自己的利益时，他们就要离开正直，就要不说正直话，不做正直事了。

他们也许并不正面说谎、欺骗，但他们往往会留有一些应该说，特别是作为一个诚实的人所必须说的话不说。

他们不明白，在他们多得到一分金钱的同时却损失了诚实的品格。他们的钱袋中固然是有所增加了，但他们的人格却降低了！

所以，世间不知有多少人会在日后觉悟到，欺骗行为是不可靠的，是要失败的。所以从实现愿望这一点考虑，诚实也是一种最好策略呀！

翻阅商业历史，我们可以看出，50年以前的大商店，在今日依然存在的几乎是寥若晨星。那些大商店，在当时好像雨后春笋、朝气蓬勃，登各种欺人的广告，做各种欺人的勾当，真是盛极一时，然而它们的寿命不能持久，因为它们缺少诚实作为其后盾。它们终究是不可靠的，一时虽能欺骗得逞，但不久这种欺骗是要被发现的。那时它们就要受到冷落从而衰落终至失败了。

欺诈者是堕落的人！这样的人因为不诚实，所以不能够与人相处长久，更不能达到自己对幸福和成功的愿望。

用诚信架起友谊的桥梁

在物质文明比较发达的今天，人与人之间表现出推心置腹的真诚态度，已经显得十分必要。对此，很多有识之士从内心呼喊：人与人之间应该真诚，人与人之间应该多一点真诚，人与人之间应该一切都是真诚的。

事实已经说明：真诚犹如一张人生旅行的通行证。它是一种让人信赖的信物，它是一种让人怀念的信物，它是一种让人亲切的信物。在人际交往中如果缺乏真诚，就等于缺少了车辆，缺少了帆船，缺少了桥梁，缺少了纽带，社会无法将你送往成功的彼岸，无法将你送往胜利的山巅。

真诚是一支轻松愉快的歌，是一杯醇厚甜美的酒，是一首韵味久远的诗。一个人如果有了真诚，就会变得心胸宽阔，心底坦荡。

在东汉时期，曾经有一对好朋友，一个叫阎敞，一个叫第五常。两人来往密切，交情深厚。特别是阎敞，人品端正，诚信无私，深得第五常的敬重。

一天，第五常来到阎敞家中，说道："阎兄，小弟奉命调京城供职，路途遥远，且限日到京，行程匆促，钱物携带很不方便，我想将130万贯钱先寄放在兄长这里，以后再来取，您看行不行？"

阎敞满口答应，说道："这有什么不可以的，我一定代贤弟妥善保管，你什么时候来取都行。"于是，第五常就把130万贯钱送到了阎敞家中，阎敞当面把钱封存好。

第五常起程赴京那天，阎敞十里相送，送了一程又一程。第五常再三劝说留步，两人方依依惜别。临别时，第五常还说："那笔钱阎兄如果需要用，您尽管用就是了。"

第五常到京后不久，京城突然爆发了一场瘟疫。第五常一家不幸染上此症，先后死去，只留下了他的一个小孙子。第五常在临终前抖抖索索地拉着小孙子的手，断断续续地说："你如果……能……活下来，年纪……这么小，怎么……生活啊？我有……30万……贯钱，寄放在……家乡……你……阎敞爷爷……家中，你可以……取来……维持……生计……"

第五常去世了，他的孙子记住了他的话，知道他在家乡的阎敞爷爷家中寄放了30万贯钱。但当时年幼，路途又远，无法去取回这笔钱，只能靠他家在京的亲戚朋友周济度日。

十几年过去了，第五常的小孙子长大了，这才返回故里。为了安置家业，他想去找阎敞爷爷取回爷爷存放的钱，但心里总觉得不踏实。口说无凭，手中没有任何凭据，这么多年过去了，能拿得到这笔钱吗？

一天，阎敞正在书房里读书，忽然家人进来说，有一位青年公子求见。阎敞来到客厅一看，觉得似曾相识，又实在想不起是在什么地方见过，是不是真的见过？那青年拜见了阎敞，说起爷爷第五常，阎敞才知道原来他是五常贤弟的孙子。

阎敞闻听五常贤弟一家的不幸，回想起过去两个人的友情，百感交集，为朋友哀伤。

第五常的孙子还没有启齿问钱的事，阎敞就说了："你的生计暂时不用发愁，你爷爷有130万贯钱寄放在我这里，你现在可以拿去用。"

第五常的孙子一听，着实吃了一惊，爷爷说的是30万，不是130万呀！于是，他将爷爷临终前的话说了一遍，问阎敞爷爷说："您老人家是不是搞错了？没有那么多，只有30万。"

阎敞忙说："没有错，没有错！孩子，我估摸是你爷爷在重病之际，头脑兴许不清醒，把话说错了。"说着，忙到储藏室将第五常当年寄放的130万贯钱搬了出来，亲手交给了第五常的孙子。

第五常的孙子接过钱来，含泪告辞。他在想：阎敞爷爷不愧是我爷爷的好朋友。这真是钱财有数，诚信无价啊！

交友要交心，待人贵在诚，真诚地对待朋友，应该讲信用，守诺言，言必信，行必果。

第五常奉调赴京履职时之所以将130万贯钱寄放在阎敞家中，就是因为他相信阎敞这位朋友，就是因为他知道这位朋友人品端正、诚信无私，而且后来发生的情况也确确实实证明了这一点。

正所谓："钱财有数，诚信无价！"人世间只要有真诚，就会产生心灵感召、心灵呼应、心灵直白；即使是遇到挫折，也不会气馁；即使是遇到晚秋，也不会寂寥；即使是遇到冬夜，也不会觉得寒冷。

人与人之间如果有了真诚，便有了进步阶梯，便有了成长沃土，便有了融洽氛围，便有了友谊桥梁，便有了关系和谐。由此可见，只要有真诚存在的地方，那里永远阳光明媚，万里无云，每个人都会自由地呼吸，自由地生活，自由地拥抱太阳，脸上总是洋溢着舒心的微笑。

当今时代，人们渴望真诚，人们呼唤真诚，人们需要真诚。只有让真诚植根于广袤的大地，映照于辽阔的江海，扎根于众人的心灵，人与人之间就会更磊落，世界就会更美好。

我们渴望真诚，我们呼唤真诚；我们感戴真诚，我们崇尚真诚。对待朋友要真诚，对待异己者更需要你付出加倍的真诚，才有可能化敌为友，使之成为你的朋友。

下编
联合人

所谓联合人,就是联合与自己志同道合的人,组成团队。利用团队的力量,集思广益,完成共同的目标。在这个过程中,个人不仅能学到很多东西,还可以依靠团队合作的力量创造人生奇迹,实现人生理想。

第一章　让自己成为团队一员

加入一个心仪的团队

一个人要想成大事，必须学会合作，一方面可以弥补自己的不足，另一方面可以形成一股合力。衡量一个人的工作表现优劣，有时并不仅仅只看个人的成绩。若与同事摩擦过多，也会成为你通往成功之路的暗礁。

一盘散沙，没有太大的作用，但是如果建筑工人把它搅拌在水泥中，就能成为建造高楼大厦的水泥板和水泥墩柱；如果化工厂的工人把它烧结冷却，它就变成晶莹透明的玻璃。

单个人犹如沙粒，只有与人合作，才会起到意想不到的变化，成为不可思议的有用之才。一个人只有学会与他人合作，才能让自己的事业不断向前。

我们如果把沙子、水泥和石头堆在一起，在没有水的情况下，这些东西是相互分隔的，它们只是混合物。但如果在这三样东西里加入水，搅拌成混凝土后，本质就会发生变化，它们之间就会实现充分的融合，坚不可摧。

因此，最佳整体不是最佳个体的集合，而是通过个体有机的搭配组合，才产生出的最大、最佳效能。

合理的人才搭配，可以使人才个体在总体协调下释放出最大的能量,从而产生出良好的组织效应。一个组织的效能,固然决定于各个人才的素质,但更有赖于合理的人才整体结构。

结构的残缺会影响组织的运转;能力的多余或不协调会增加内耗。合理的人才结构,能够使人才各扬其长、互补其短,由此发生质的飞跃,诞生一种"合力",一种超过个人能力总和的新的合力。

因此,一个人要想获得成就,一定要注意与其他人的配合和相互取长补短,达到绝对的默契。在一个团队中,既要有决策者,又要有智囊,还要有执行的人。在执行的员工中也要尽量做到才能、性格不一样,有刚有柔,这样才能达到性格上的互补。

只有不同类型的人才组合在一起,才能形成最佳团队。在这样的团队中。成员之间既和谐又兼容。因此,一个优秀的团队一定是人才组合最和谐的团队,一个合理的人才群体结构,成员之间的才干是充分协调互补的。

尺有所短,寸有所长。在一个大集体里,干好一项工作,占主导地位的往往不是一个人的能力,关键是各成员间的团结与协作配合。特别是在程序化、标准化极强的行业里,每个人只能完成一部分的工作,团队合作在很大程度上关系着企业发展的命脉。无法想象一个只会自己工作、职场独来独往的人能给企业带来什么。

在与同事之间的关系处理上,是处处要胜人一头,还是合作互助呢?这实际上不单是人际关系问题,而且还是道德修养问题。同事之间关系和睦融洽,办公室氛围健康向上,对员工个人来说,是莫大的好事,对企业的运转也会产生良性影响。

合作已成为人类不可或缺的生存手段。因为随着科学知识向纵深方向发展,社会分工越来越精细,人不可能再成为百科全书式的人物。

每个人都要借助他人的智慧完成自己人生的超越，于是这个世界充满了竞争与挑战，也充满了合作与快乐。

弄清楚团队的精神实质

俗话说得好，"一根筷子轻轻被折断，十根筷子牢牢抱成团"，这是对团队精神最简单、最精辟的诠释。

一个集体要是没有团队精神那将会是一盘散沙，一个人如果没有团队精神，那将失去在职场的存在意义。

什么是团队精神？所谓团队精神就是大局意识、协作精神和服务态度的集中体现，它包含两层含义：一是与他人沟通、交流的能力；二是与他人携手合作的能力。

员工个人的工作能力和团队精神，对企业而言是同等重要的。如果说个人工作能力是推动企业发展的纵向动力，团队精神则是达成企业经营目标的横向动力。

因此，员工作为个体应不断提升工作能力，而作为团队成员则应与同事加强沟通、同舟共济、互敬互重、礼貌谦逊，既尊重个性，也重视大局，彼此之间密切配合。

让我们系统地认识一下团队精神：

团队精神的基础——挥洒个性

《团队的智慧》的两位作者琼·R·卡扎巴赫、道格拉斯·K·史密斯一再强调，要精确地区分团队和一般性的集团：团队不是指任何在一起工作的集团。团队工作代表了一系列鼓励倾听、积极回应他人观点、对他人提供支持并尊重他人兴趣和成就的价值观念。

典型团队就是运动团队，不难发现：其一，团队最基本的成分——团队成员，是经过选拔组合的，是特意配备好的；其二，团队的每一个成员都从事着与别的成员不同的事情；其三，团队管理是要区别对待每一个成员，通过精心设计和相应的培训使每一个成员的个性特长能够不断地得到发展并发挥出来。这才是名副其实的团队。

这样，团队与一般性集团鲜明的差别就显现出来了——创造团队业绩。团队业绩来自哪里？从根本上说，首先来自团队成员个人的成果，其次来自集体成果，一句话，团队所依赖的是个体成员共同贡献的集体成果。这里恰恰不要求团队成员都牺牲自我去完成同一件事情，而要求团队成员都发挥自我去做好应该做的事情。

也就是说，团队精神的形成，其基础是尊重个人的兴趣和成就。设置不同的岗位，选拔不同的人才，给予不同的待遇、培养和肯定，让每一个成员都拥有特长，都表现特长，而这样的氛围越浓厚越好。

团队精神的核心——协同合作

团队的根本功能或作用，那就是它在于提高组织整体的业务表现。无论是强化个人的工作标准，还是帮助每一个成员更好地实现成就，目的都是为了使团队的工作业绩超过成员个人的业绩，让团队业绩由各部分组成而又大于各部分之和。

于是，团队的所有工作成效，最终会在一个点上得到检验，这就是协作精神。团队的一大特色就是：团队成员一定要在才能上是互补的。共同完成目标任务的保证，就在于发挥每个人的特长，并注重流程，使之产生协同效应。

团队精神的境界——凝聚力

至此,我们要问,团队精神的最高境界是什么?

正确的答案是,全体成员的凝聚力。这是从松散的个人集合走向团队最重要的标志。

在这里,有一个共同的目标并鼓励所有成员为之奋斗,固然是重要的,但是,团队的凝聚力,一定来自团队成员自觉的内心动力,来自相似的价值观。

我们很难想象在没有展示自我机会的集团里,能形成真正的向心力;同样,我们也很难想象,在没有明了的协作意愿和协作方式下,能形成真正的凝聚力。

培养团队的共同愿景

每一个员工都应该唤起对自己的岗位和企业的发展愿景。如果一名员工对自己的工作有强烈的愿景,对自己的工作引以为荣,对自己的企业引以为荣,他必定会焕发出无比的工作热情。我们个人也不知不觉地融入了团队的集体之中,获得了更好的发展。

一支没有共同愿景的团队是没有希望的团队,一个没有共同愿景的员工不会成为一名优秀的团队员工,正是共同愿景,让我们与那些至今仍碌碌无为的人区别开来。员工要视共同愿景为生命,任何有损企业共同愿景的语言和行为都应该绝对禁止。

可以说,共同愿景是团队的灵魂。这样的训练和要求,会在无形中培养员工的共同愿景。一名优秀的员工要对自己所效力的企业的共同愿景，有一个全面清楚的了解。

如果一名员工没有共同愿景，即使有千百种规章制度要求，他可能也不会把自己的工作做到完美，他可能会对某些要求不理解，或觉得它们是多余的，因而对它们表示厌倦和反感。

共同愿景可以让员工获得更大的成绩。一个没有共同愿景的员工，不能成为一个积极进取员工。

如果不能认识到共同愿景的重要性，不能认识到共同愿景对员工自己、对员工的工作、对员工的企业意味着什么，我们又怎么能去创造团队的共同愿景呢？

事实上，我们尽职尽责，努力工作，工作同样会赋予我们以共同愿景。我们工作的目的绝不仅仅是为了每月有一份不错的薪水，或者是为了有一份可以谋生的职业，我们还追求一种认同感、归属感和成就感，而这一切都建立在共同愿景的基础之上。

只有这种共同愿景，才能让我们全力以赴地对待工作，才能让我们自觉地远离任何借口，远离一切有损于企业和团队的行为。

在每个企业里，都有一些这样的员工，他们总是对工作吹毛求疵，不断地抱怨，不能安心工作，导致他个人与其他员工都不能一心一意地做好工作。

有些人觉得自己在工作中投入了很多，却因没有马上得到回报而心有不甘，或感觉不受领导器重时，总是会说些抱怨的话。这样一来，久而久之，你的进取心将被磨灭，只能通过抱怨来平衡自己。然而，这种吹毛求疵的抱怨行为，恰好说明自己所遭遇的处境是咎由自取的。

吹毛求疵和抱怨是一种非常不好的习惯，一旦形成这种习惯，将导致你在工作上三心二意，马马虎虎。

其实，抱怨是无济于事的，只有通过坚持不懈的努力才能改善处境。相反，那些抱怨不停的人，终其一生，也无法养成真正专注的习惯。多做一点对你并没有害处，也许会使你多花费一些时间和精力，但会使你养成专注本职工作的好习惯。

抱怨和吹毛求疵都没有好处，少一些抱怨，集中全部精力努力做好本职工作，始终如一地用实力去证明一切，这样，就给自己的未来发展创造了良好的条件。

在这样一个充满竞争的时代，谋求个人利益、自我实现是天经地义的。但是，遗憾的是很多的人没有意识到，张扬个性、自我实现与敬业并不是对立的，而是相辅相成、缺一不可的。

一个尽职尽责完成工作的人，他会得到工作给他的最高奖赏。这样的奖赏可能不是今天、下星期甚至明年就会兑现，但他一定会得到奖赏，只不过表现的方式不同而已。不要感慨自己的付出与受到的肯定和获得的报酬不成比例，不要老是觉得自己得不到理想的工资，不能获得上级的赏识。这样的情绪是产生借口的温床。

消极情绪要不得，要以积极的心态对待工作，为了一个共同的愿景，在团队中实现自己的价值。

创造快乐的团队环境

人们总在互相给予和互相激励的状态下获得快乐，在形形色色的各种复杂关系里获得依存。快乐是人们孜孜以求的人生终极目标。建立在良好的社会关系和社会秩序之上的快乐，应该是自觉的、自发的、无所不在的。

"快乐工作"具有开创性的意义，这不仅对认为工作是负担的人具有意义，而且它对"以人为本"的理念作了完整的诠释，深刻揭示了工作价值的内涵，尊重了生命存在的价值和方式。

工作是物质的基础，快乐是精神的享受。工作不仅仅是为了谋取薪水，而是我们每个人生活和价值实现的体现。我们何不尝试改变对工作的态度，让自己快乐起来。所以，端正的工作态度十分重要。

"快乐工作"成就高绩效。最佳的工作效率来自高涨的工作热情。我们很难想象，一个对工作毫无兴趣的人会全心地投入工作，取得很好的工作业绩。快乐工作会让人更好地发挥想象力和创造力，取得惊人的成绩。

但是，要使人们永葆工作的激情，谈何容易？

所以我们必须要对"工作"的观念要加以转变。传统上，员工与企业结成的是契约的关系，在这种关系下，工作是为了赚取收入，而赚取收入是为了"做自己真正想做的事"。因而，在某种意义上，工作是员工实现自己愿望的一种工具。

我们提倡"快乐工作"，实现自我超越，必须摆脱"工具性"的就业观。要把工作视为美好人生的一个重要部分，是"做自己真正想做的事情"，从而领悟"快乐工作"的内涵。

"快乐工作"也是会感染的，特别是在团队中，在一个个面带微笑、积极工作的人面前，你很难保持懒散的态度。"快乐工作"的人会散发出健康、愉悦、进取的光芒，使团队的人际关系变得容易沟通，使得每一位成员工作起来都身心愉悦，把创造力发挥到极致。

聪明人任何时候都会把他所服务的企业当作是自己的。这当然不是自欺欺人，而是聪明人知道，只有具备这样一种主人翁精神，他才能够最大限度地从工作中学习，才能够最大限度地受益，才能够最大限度地做到"快乐工作"。

快乐工作是自己以一种快乐的心态去工作，把工作快乐化，使自己每天以崭新的眼光、积极的心态去对待属于自己来之不易的一份工作。热爱你自己的工作，从平凡的琐事中感受到它的不平凡之处，那样就会感受到工作的快乐。我们拥有了快乐的重要因素，也就拥有了良好团队环境。

全身心地融入团队

团队为个人能力的发挥提供了广阔的空间。进入一个团队后，能够唤起每个人建功立业的雄心壮志。因此，在职场中要全身心地融入团队，同时在这个集体中，要学会欣赏他人，扬长避短，资源共享，形成合力。

作为企业中一名员工，尤其要加强个体和整体的协调统一。在工作中，一个人绝不应该只顾自己，必须处处都为他人着想。这样，他人一定都乐于和你亲近，而你的成功也就更有把握了。

真正的帮助是不以是否有回报为出发点的，也正因为如此，帮助他人才是一种最高的助人境界。我们提倡真心诚意地帮助他人，不要怀有某种个人目的，因为一旦对方发觉自己是被利用的工具，即使你对他再好，也只会适得其反。

要获得真正成功的人际关系，就只能用一颗真诚的心去与他人交往。以这样的方式去帮助他人，他人才会感到真正的温暖。

每一个事业有成的人，在成功的路上，都曾经得到他人的许多帮助。因此，对他人的付出给予回报，这是公平的游戏规则。在职场中与同事相处也是这样。凡是自己的言行与同事的利益相关，付诸实践前，应认真思考一下，你的言行是否构成对同事利益的侵害？如果你自己都接受不了，是绝对不能强加给他人的。反过来说，有利有益的事情，也要让同事分享，这是同事间相处的较高礼仪要求，做到了这一点就达到了较高的思想境界。

一个高效的团队是由那些具有献身精神的人员组成的，他们拥有共同的价值观，彼此之间高度信任。所有的成员都有自己的职责，他们知道如何去做。作为团队中的一员，你的职责就是，运用自己的聪明才智，通过有效的客户服务，实现团队的目标。

如果你目前正供职于某一个项目团队，你一定知道你在该团队中的作用和任务是什么，你为什么要加入这个团队，团队对你有哪些要求，你对团队有什么贡献，你的专业特长是什么。

下面的建议，也许可以帮助你和你所在的团队实现其目标。

发起行动

努力使自己成为帮助团队采取行动的人。应该让大家明白，你并不害怕勇往直前。这就是在实践中的领导行为，鼓励他人认同你的倡议并支持你的首创行动。

征求他人的意见

要包容他人，并征询他们的看法或者建议。表明你关心他人、尊重他们观点的好办法，是"询问"，而不是"告诉"。征求其他人员的意见是凝聚团队的好方法。

澄清所说的事情

要做复述和概括事实的人。思考性倾听的意思是，用你自己的话转述他人讲述的内容，比如"如果我没理解错的话，你认为我们应该……"

提供多种观点

要成为能够提出创造性方案的人。不要有了一个或者两个方案就停滞不前了。尽量提出几种不同的观点和备选的解决方案。有时，最好的观点恰恰是下一个。

保持沟通渠道畅通

要确保信息能够自由共享，并且要与恰当的人分享。如果你是最后一个知道出了什么事的人，那么，没有什么会比这更令你难过了。团队应保证每个成员都能及时了解最新信息。

必要时予以妥协

要为了团队的利益心甘情愿地改变自己的观点，要为了更好地服务目标而向其他人妥协。不要让你的自我盲目占据优势。

鼓励他人

鼓励他人大胆参与，把他们最好的思想贡献给团队。在团队目标酝酿期间，每个人都应该充分发表自己的看法。

加强协调

在响应他人的时候，要做一个友好而热情的人。总是伸出你表示欢迎的双手，保持一个开放的心态。要牢记：这些人都是你的团队成员，要尽力强化统一感。

通过与他人建立人际关系，大家都会认为你是具有团队意识的人。一旦你做的这些事情赢得团队的认可，就体现了你的价值。

把团队视为自己的家

英特尔前总裁格鲁夫应邀对加州大学伯克利分校毕业生发表演讲时,提出这样的建议:"不管你在哪里工作,都别把自己当成员工——应该把企业看作是自己开的一样。事业生涯除了你自己之外,全天下没有人可以掌控,这是你自己的事业。"

像格鲁夫说的那样,怎么做才能塑造出这样的生活状态呢?答案应该是,我们要把团队当成自己的家,把企业当成自己的事业,把自己当成这个事业的主人,为这个"事业"的利益着想,对你的所作所为负起责任,并且持续不断地寻找解决问题的方法。

自然而然你的表现便能达到崭新的境界,你的工作品质及从工作中所获得的满足感,都掌握在你自己手中,你要主动负起全部的责任。

挑战自己,为了成功全力以赴,并且勇于挑起失败的责任。不管薪水是谁发的,其实你的领导就是你自己。

热爱你的职业

热爱你的职业是团队精神的基础和前提。只有热爱自己职业的人,才能产生与团队休戚相关、荣辱与共的真感情,真心实意地与团队同甘共苦;才能视团队声誉为生命,自觉维护团队的形象。

作为团队中的一个分子,如果你不能融入这个群体中,总是独来独往,唯我独尊,必定会陷入狭隘的自我,自然也得不到集体的友情、关爱和同事的尊重。

培养团队默契

作为企业团队的成员,要主动培养协调一致的团队默契,团队成员之间需要彼此相互理解,取长补短。只有做到这一点,才能凝聚出高于个人力量的团队智慧,创造出不可思议的团队绩效。

在现实中,团队的协同效应 $1+1>2$ 并不是自然产生的,而需要一个过程,这个过程就是团队精神不断磨合凝聚的过程。

一个人,一个团队,一个企业,如果只强调个人的力量,你表现得再完美,也很难创造很高的价值,只有每个成员互帮互助,才能体现更加完美的团队创造精神。

主动参与分享

处在一个团队的群体中,就必定要与他人分工合作、分享成果、互助互惠。因此,具有良好的团队精神就显得尤为重要。

要确保自己懂得团队中互动的基本原则。组建团队就是为了高产出,只有每个成员积极参与、共同解决问题,才能保持高效率和工作质量。就个人而言,参与交流和分享非常重要,必须认真对待。

如果没有高度统一的团队精神,没有全部参与者的默契与分工合作,完成团队目标是根本不可能完成的。

提出合理化建议

合理化建议是员工团队参与的一个最积极的表现,它不只是起到"好产品、好主意"的作用,而且还是员工主动参与管理的良好形式。

一个企业要兴旺发达,单靠自上而下的指导是不够的,必须要与自下而上的建议相结合。更重要的是,通过合理化建议活动,调动了员工参与企业管理的积极性和主动性,增强了员工对企业的认同,增强了团队的向心力和凝聚力。

赢得信任和尊重

信任是团队合作的基础和前提，一个团队如果成员之间缺乏信任，人们的注意力就不可能放在目标上，防卫心理增加，导致个人利益代替了团队利益。

互信能够促进沟通和协调，提升合作的品质，产生相互支持的功能，而这正是很多团队成功的关键，这种情形下团队成员会激发出一种平时没有的能量。

要想赢得别人的信任，就要诚实、正直、不欺骗、不夸大，愿意跟别人分享信息，以一种有尊严、光明正大的态度待人。

每个人都有受人尊重的愿望，希望能有更多的自我表现机会，以实现自身的价值，如果这种愿望能充分地得到满足，就会产生一种新的鼓舞力量。

能够超越自我

个人强并不表示团队就强，个人优秀并不表示团队就优秀，如果团队成员个人很优秀，但各自朝向交错的目标"努力"，劲儿没往一块使，力量会被抵消、浪费，整体运作只能呈现分散的状况，使团队管理更加困难混乱。

只有每个成员都有很强的团队精神，才能做到团队整体搭配与实现共同目标的能力，使这种"合力"取得最大值。

如果团队的每一个成员都能够转变观念，打破思维定式，制定出各自的愿景目标，实现自我超越，进而主动有效地共同营造团队氛围，使团队整体创造出色的成果。

培养自己的团队精神

团队精神在任何一个领域都是不可或缺的,尤其是在企业之中。企业也是一个团队组织,企业的成功与全体员工的团结协作是分不开的。

每个优秀员工的形象,不仅代表着自己,影响着自己,同时也代表着企业、影响着企业,他们是密不可分的。只有每个员工都具有了协作意愿和协作方式,企业才能真正强大起来。

对于一支优秀的团队来说,强大的凝聚力是他们成就梦想、创造辉煌的制胜法宝。把企业当作自己成长发展的平台,是一种工作力量的源泉,是对企业的忠诚,是对工作的敬业,是一种团队精神,更是一名优秀员工应该具备的优良品质。

当一个员工忠诚于企业的时候,他会以企业的兴衰成败为己任,以企业发展壮大为思考的方向,他会愿意为企业主动付出,真正地融入集体。企业业绩来自哪里?从根本上说,首先来自团队成员个人的成果,其次来自集体成果。一句话,团队所依赖的是优秀员工共同贡献而得到的集体成果。这要求团队成员充分发挥主观能动性做好每一件事情。在工作中具有协调配合、爱岗敬业、团结同事的意识,以企业的整体利益为最高利益,围绕共同的目标奋斗。

如果每个员工都自觉考虑到企业的整体利益,当遇到难题不知所措时,就去想一想如何做能实现企业利益的最大化,不会因为工作中跟相关部门的摩擦而耿耿于怀,也不会因为同事之间意见的分歧而斤斤计较,员工之间才能真正做到团结一致,协同作战,共同建设有强烈凝聚力的企业。

"天才的唯一取代就是团队合作。"团队效应既可以发挥每个人的最佳效能，又可以产生最佳的群体效应。个人强并不表示团队就强，个人优秀并不表示团队就优秀。如果个人很优秀，但各自朝向交错的目标"努力"，劲儿没往一块使，那么许多的力量就会被抵消、浪费，整体运作只能呈现分散的功能，造成混乱，使团队缺乏整体的战斗力。

企业的每个成员都具有很强的团队精神，才能做到使团队成员整体搭配与实现共同目标的能力，最大限度地使这种"合力"取得最大值。

如果团队成员各自的目标不同，缺乏沟通，尽管从表面看不出什么问题，但内部涣散，隐患不时有所表现。这样的团队需要建立自身的基本活动规则，包括一定深度的洽谈，信息交流、明确远景目标，掌握相互宽容的艺术等等，做到这些就意味着团队做到为实现"共同目标"而努力"奉献"。

如果企业的每一个员工都能够转变观念，打破固有的思维定式，制定出各自的愿景目标，把个体的自我超越聚合成团队的整体超越，形成集体的合力，进而主动有效地改变现状，就能使团队群体智力得到整体提升。

传统的组织使我们相互分割，传统的学习只能提高个人的智商。而团队拥有整体搭配的行动能力，团队每个成员之间相互的交流，使得参与者能够在智力、创造力和协同性等方面都会有突破性的进展。当团队真正达到整体搭配后，不仅团队整体产生出色的成果，个体成员的智商或技能成长的速度，也比其他的学习方式快。

加强团队精神的修炼

团队的所有成效,最终会不由分说地在一个点上得到检验,这就是协作精神。团队成员一定是在才能上互补的。共同完成目标任务的保证就在于发挥每个人的特长,并注重流程,使之产生协同效应,这是团队的一大特色。团队的根本功能或作用在于提高组织整体的表现,发扬团队精神的目的在于提高团队的工作业绩,使团队的工作业绩超过成员个人的业绩,使团队业绩由各部分组成又大于各部分之和。

于是,明确成员各自的岗位,强化个人的工作标准,帮助每一个成员更好地取现成就,就是为了达到上述目的。所以,为了培养自己的团队精神,我们必须在以下几个方面进行修炼。

培养自己做事主动的品格

我们都有成功的渴望,但成功不是等来的,而是靠努力做出来的。任何一个企业都不喜欢只知道懒惰的人,所以我们不应该被动地等待他人告诉自己应该做什么,而应该主动去了解团队需要我们做什么,自己需要做什么,然后进行周密规划,并全力以赴地去完成。

培养敬业的品质

所有的团队都要求成员具有敬业的品质。有了敬业精神,才能把团队的事情当成自己的事情;才能有责任心,发挥自己的聪明才智,为实现团队的目标而努力。

个人的命运是与所在的团队集体联系在一起的。这就要求我们有意识地多参与集体活动,并且想方设法认真完成好个人承担的任务,养成不论干什么事都认真对待的好习惯。要知道，有才能但不敬业的人没人敢用。

培养自己宽容与合作的品质

成功的潜在危机，是忽视了与人合作或不会与人合作。实际上，团队中的每个人各有各的长处和缺点，关键是我们以怎样的态度去看待。能够在平常之中发现对方的美，而不是挑他人的毛病。

培养自己求同存异的素质，这一点对职场人士来说尤其重要。这就需要我们在日常生活中，培养良好的与人相处的心态，并在日常生活中运用。这不仅是培养团队精神的需要，而且也是获得人生快乐的重要方面。

要培养自己的全局观念

团队精神不反对个性张扬，但个性必须与团队的行动一致，要有整体意识、全局观念，考虑团队的需要。它要求团队成员互相帮助，互相配合，为集体的目标而共同努力。

团队每一个员工都必须有很好的协作精神，要充分发挥团队成员之间优势互补的作用，让全体团队成员尽可能地发挥各自的才能，使整个团队产生整合后的聚变，具有超级战斗力，实现1+1＞2的效果。团结就是力量，协作就能出成绩，这就是优秀团队的核心思想。

时刻以团队精神为荣

一个人在团队中工作，如果自己的力量得不到发挥，就需要从自身找找原因。通常来说，欠缺对团队的归属感是其中最主要的原因。

缺乏归属感的人，只是为工作而工作，因而体会不到在团队中共同奋斗的激情。

团队精神是企业成功的必要条件之一。具备一定工作能力并善于与他人合作，已成为企业在招募员工时，对其素质衡量的重要指标。如果你认同团队的价值和目标，那么你将从融洽的人际环境中感受到工作的独特价值。

与同事友好协作，以团队利益至上，你才能够把你自己真正融入集体中去，在工作中把自身独特的优势淋漓尽致地展现出来。否则，很难在现代职场立足。

一个人工作的最大动力不是职位，也不是薪酬，而是真心喜欢他的工作与角色所激发出来的自发性和自主性。把自己真正当作团队中的一员，你就能从团队成员的合作关系中找到工作的意义，全心全意地投入其中，从而调动起工作的积极性。

想想自己是否常有这样的表现：不喜欢帮助团队中的其他人，也不愿接受其他人的帮助；遇到困难喜欢单独蛮干，从不和其他同事沟通交流；好大喜功，不参与自己业务范围之外的事。作为企业的员工，如果有这种态度，那么其前途必将是黯淡的。只有把自己融入团队中去的人才能取得真正的成功。

因为，一个人的成功不是真正的成功，团队的成功才是最大的成功。对每一个员工来说，具有团队精神是非常重要的。那么，要怎样提高自己的团队合作精神呢？

善于交流

每个人之间总会存在某些差别，不同的知识、能力、经历会造成你和其他同事在对待和处理工作时、有不同的想法。交流是协调的开始，共同商讨决定，才能共同促进工作开展。

平等友善

即使你各方面都很优秀，也不可能以一个人的力量解决眼前所有的问题。因为你并不能完成一切。要学会平等友善地对待他人的友好建议。

积极乐观

即使是遇上了十分麻烦的事，也要乐观。这是处理棘手问题的首要前提。

学习他人

在一个团队中，每个成员的优缺点都不尽相同。你应该主动去寻找团队成员中积极的品质，学习它，并克服你自己的缺点和消极品质，让它在团队合作中被弱化甚至被消灭。

鼓励他人

每个人都希望被他人重视。有时，你的一句小小的鼓励和赞许，就可以使同事释放出无限的工作热情，并心存对你的感激之情。

解剖自我

你应该时常检查一下自己的缺点，比如，态度是不是冷漠，言辞是不是那么锋利？在单独作战时，这些缺点还可能被忍受，但在团队合作中，它会成为你进一步成长的障碍。

保持谦虚

任何人都不喜欢骄傲自大的人，这种人在团队合作中也不会被大家认可。你应该将自己的注意力放在他人的强项上，谦虚会让你看到自己的短处，这种压力会促使你在团队中不断地进步。

赞赏他人

赞美他人会使他人愉快，更会使自己身心健康。被赞美者的回报还会使我们更为自信，也会使我们更有魅力，形成人际关系的良性循环。吝惜于夸奖他人者很难获得他人的拥戴，从而加重了自身的自卑。

战胜嫉妒

在工作团队中，不同员工因其能力个性差异会被赋予不同职位，由此会带来薪水待遇方面的差别，处于劣势的人很可能会心生怨气。如果你恰好是那种人，就应有意识地提高自己的思想修养水平，消除和化解嫉妒心理。

提高团队的凝聚力

一个强有力的团队，可以参照下列方法来提高团队的凝聚力，让你和你的团队无往而不胜。

增强团队认同感

不论在会议的场合或指派任务的时刻，要在团队中强调"我们""我们这个部门"或者"我们这个团体"，这样才能使得团队成员觉得他们在同一整体。如果粗略地讲"你如何做"或者"我怎样做"，团队成员的心目中便会觉得团体不怎么重要，所以也容易显得满不在乎。

强化团队的传统

每一个团队成员应该熟知企业的发展历程以及团队的各种大事件，熟知自己的荣耀和责任。另一方面每当值得祝贺的事件发生时或团队成员生日，团队应该主动安排庆祝会，搞好团队建设。这样，日子一久，团队的传统逐渐形成。有了传统，团队的凝聚力自然就会增加。

强调团队的重要性

团队的评价准则应该是"只要团队赢了，就是我们赢了，就是我们每一个人的功劳"的观念。换句话说，要时时刻刻强调团队的重要性，聚焦团队是否能达到工作目标，这样，大家就会全力以赴。

及时褒奖团队成员

团队领导必须小心翼翼揣摩团队成员的心理，观察团队成员的表现，随时给予协助、认可、鼓励与赞扬，明确地向团队成员说明他对团体的重要性。如果哪一位团队成员有突出的表现，那么应该及时褒奖团队成员的行为。久而久之，团队的气氛就会显得和谐而融洽。

制定明确的团队目标

在设计团队的长期目标蓝图后，团队领导应该把具体的实施步骤分解给团队成员，在长期计划的架构内，制定一些短期而明确的目标。这些短期的目标应该让人一目了然，并且具体可行。如果目标过于笼统而高不可攀，员工则容易丧失斗志。

平等看待团队成员

许多主管都有着自己的偏爱，不能平等对待团队成员，影响团队成员的团结，导致不能形成合力。相反，如果把团队成员平等看待，彼此之间才会更融洽更团结，才会更有战斗力。

合理的团队激励措施

团队必须设定一套合理可行的奖赏办法，以便激励团队的士气。此外团队得到的特殊的奖励，也应让团队成员共享成果。

加强团队成员的共同体验

加强团队成员的共同体验，可以让团队成员产生伙伴意识。在共同体验中，同甘共苦，增进团队成员密不可分的伙伴关系。

要促使团队成员改变工作行为，就要把他完全纳入团队之内，然后强化和巩固团队意识，提高团队的凝聚力。

一个团队如果具有高度的凝聚力，那么团队成员之间的工作更会有效率，而且会看重团队的名誉。如此一来，整个团队的战斗力才能得以增强。

第二章　与团队成员和谐相处

提升融入团队的能力

身在职场，你是否注意到了那些热爱自己工作的人？当你看到他们日复一日勤勉努力时，他们做自己的工作仿佛是在娱乐，而不是在工作。他们的工作富有挑战性，同时又充满价值、充满情趣。

有些人很幸运，找到了自己心爱的工作，融入了适合自己的团队，获得了拼搏的乐趣。成功者都尽量从他们的团队奋斗中获得最多的乐趣。他们不依赖于其他人为自己谋划人生和事业发展。

辛勤工作并喜欢其工作的人似乎肩负着一种使命，他们内心充满了活力和使命感。成功人士创造他们自己的人生目标，并满怀激情地去实现它。亚伯拉罕·林肯曾经说过:"最终,重要的不是你人生中度过的岁月,而是在你的岁月里有过的生活。"生命是短暂的,不要把生命的时光都浪费在对工作的不满上。振作起来,享受工作,你一定会感觉更好,并且一定会成为一个更加出色的人。

要充分利用工作为你提供的成长机会。一个人从到一家企业谋职,到融入接纳自己的团队,再通过自己的努力得到一定的资历在团队逐步晋升,你会体验到许多"乐趣"。

你目前也许正在追求一个更高的职场层次,假如你想采取行动,朝着那个方向努力。这样做会使你的人生更有意义,从而使你的工作更富有乐趣。还可能会为你打开一扇新的工作之门。为什么不去追求呢?影响员工个人能力发展的职场因素有很多,但最主要的有两条,一是所在企业的成长潜力和文化环境,另一条则是员工个人是否具有成长的能力。

如果企业的成长潜力不高,或者企业的文化环境不能给予员工更大的发展空间,那么员工就很难在企业团队中得到进一步的发展;如果员工本人的知识能力不足以适应企业成长的要求,那么员工同样不能在团队得到成长。

举个例子来说,当企业成长后,客户群变得更大、客户的要求变得更高时,如果员工没有应付这些客户的能力,那么他只能被公司淘汰。

从企业的发展前景来看,企业及其产品的竞争力已经成为企业的生命。因此,企业与员工不但需要感情融洽来形成凝聚力,更需要提高员工的各项能力水平。

员工个人的成长道路与整个企业的成长道路是一致的,只要企业发展了,自己就会获得进一步成长。同样,自己进步了,企业也会随之而实现成长。

不断成长的企业，为员工提供了越来越广阔的发展空间。而员工也通过不断挖掘自己的潜能，为企业创造了越来越大的价值。企业与员工个人的成长是呈现互动关系的。

所以，企业的发展需要员工全心全意地付出，如果背离这个大集体的方向，那么企业也必定不会为他留下足够的发展空间。

培养在团队的凝聚精神

一个组织有凝聚力，才有战斗力。团队的成员聚在一起，就应该有团队意识。融入团队之中，服从团队的最终利益，为了团队的胜利发挥自己的力量，这样的团队是战无不胜的团队，这样的员工是最有活力的员工。

团结就是凝聚力

很多企业都是以团结意识作为衡量员工的标准。随意打开一个大型企业的招聘广告，几乎在任何一个职位当中都会有团队精神的要求。由此可见，团队合作已经越来越成为职业人士所必须具备的一种素质。

企业和员工也有着共同的利益，企业和员工都应该充分认识到这一点，为了团队目标，团队的成员应该团结在一起，以便调动主观能动性、挖掘成员的个人潜能，实现个人价值的最大化，最终推动团队业绩的整体提高。

明确团队的目标

你作为团队的一员，必须要有明确的目标意识和执行的魄力。

克莱门特·斯通说道："当你明确了自己的任务的重要性时，你会感到这是对自己的一种需要，它使你感到兴奋并热切地希望马上开始工作。"实现目标的愿望对一个团队来说是不可或缺的。

团队工作有时需要个人做出牺牲，优秀的队员把团队的利益放在个人利益之上，这是完成团队任务所必需的。为了完成团队的任务，无论团队给你分配了怎样的任务，你都应认真地去执行。如果团队的成功需要你妥协，或者需要你尝试新的事物，或者必须按议事日程办事，那你就应该并且毫无怨言地去做。

信任是合作的基础和前提

一个企业中，如果员工之间缺乏信任，人们的注意力就不可能放在目标上，而会转移到做人方面：怎样平息个人之间的矛盾，怎样做完这个事以后不会得罪其他人，防卫心理增加，导致小团队利益和个人利益代替了整个团队利益。

互信能够促进沟通和协调，提升合作的品质。要创造合作气氛必须遵守两项规则：坦诚地分享信息，包括负面信息；鼓励团队成员冒险，允许犯错误，并及时完成对错误的总结。

互信能产生相互支持的功能，而这正是很多团队成功的关键，这种情形下团队成员会激发出一种平时没有的能量，跨越面对的各种障碍。

要想赢得他人的信任，就要诚实、正直、不欺骗、不夸大，要愿意跟他人分享信息，个人的表现都要一致，要以一种有尊严、光明正大的态度待人。这涉及做人的道理，真正成功的人不单是靠技巧成功，更重要的是靠内在的品德修养成功。

树立团队的大局观

大局观就是员工做任何事情，都必须从企业大局的整体出发，从企业制定的战略任务和经营目标出发,在一切工作中以大局为重。

要看得远一点,想得开一点,道理谁都明白,但是真正遇到情况时,又不由自主地想起自己的利益,想到的是能多得一点就多得一点。有时候,你会被眼前的利益所蒙蔽,做一些不利于大局的事。这就是我们熟识的"个人主义"。

面对各种复杂因素的影响和各种风险的考验,只有坚持讲大局、讲团结,你才能不断提高工作能力,得到团队对你的信任。

每个人在企业里都有着各自的利益但又相互制约着,你只顾着自己的利益,那么不仅会损失自己和他人的利益,更会损坏企业利益。

企业的总体工作状态是由全体成员的工作状态所决定的,没有全体成员的相互协调和共同努力,就不可能有整个企业的良好发展。

在专业化分工越来越精细的今天,单打独斗的个人英雄主义已经无法赢得胜利;市场竞争中的企业,也不再是由一个个员工简单组成的松散组织。优秀的企业必然拥有优秀的团队,优秀的团队则必然要求员工树立强烈的团队协作意识。

团队更强调共同的责任、效益和业绩。它强调个人利益服从整体利益,但并非不承认个人利益,更不是要抹杀个人利益,它特别强调团队成员要具有与人沟通、交流和合作的能力。

在具有团队精神的团队里,团队成员潜在的才能和技巧能够不断地被释放;团队成员能够深感被尊重和重视。为了一个统一的目标,大家能够自觉地认同必须担负的责任并愿意为此而共同奉献。如果你能明白获得成功的捷径,并借助利用团队的力量,那么你就会成功的融入这个团队。

与你的团队友好相处

与自己的团队友好相处,形成一个宽松和谐、运转有序、工作有力的良好氛围,有利于你在职场的发挥与成长。

和谐的团队首先必须要有一个和谐的人际关系。这种关系主要表现在:人与人之间相互尊重、相互理解、相互支持;既有个人自由发展空间、充分展示自己的才华、发挥自己创造力的平台,又有全员之间的相互配合、团结友爱、互守诚信、相互促进的团队精神。这是评价一个团队是否和谐的首要标准。

与团队和谐相处,必须遵守团队的工作秩序,这是衡量团队和谐的另一个重要标准。良好的工作秩序包括:一是规章制度。二是激励机制。三是协作关系。

要融入和谐舒心的工作环境,就要处理好团队各种关系,就要多请示、多汇报、多分享、多沟通。努力创造团队的和谐环境。

构建和谐团队必须处理好"四大关系"

对企业来说,要想提升核心竞争力,赢得市场,就要培养构建一支和谐团队,必须切实处理好"四大关系"。

(1)员工自身的和谐关系

员工自身的和谐是团队和谐的基础。员工自身的和谐是实现企业团队和谐的关键。要努力保持员工自己的思想能够与时俱进,心理健康向上,能力和价值得到充分的展示,使内在条件和外在表现都能同时代、同企业的发展相适应,就能够为团队建设打下稳固的基础。

（2）员工之间的和谐关系

员工之间的和谐包含了团队成员之间的一种默契的理解、宽容和尊重。每一个员工如果都能从内心深刻领会并身体力行企业的发展目标，就能够在企业中营造一种团结的工作氛围，形成一种无往而不胜的团队精神。

（3）员工与企业的和谐关系

构建和谐团队的关键是坚持以人为本，维护好、发展好员工的根本利益，激励员工为企业又好又快的发展作出积极的贡献。企业的发展，需要每一位员工贡献他们的聪明才智，需要他们以强烈的责任感和使命感，全身心地投入到企业建设和发展中去。

（4）企业与社会的和谐关系

一个没有社会责任感的企业，是一个没有发展潜力的企业，势必会被社会所淘汰。这就要求企业在最大限度地创造经济效益的同时，勇于承担起广泛的社会责任，回报社会，从而实现经济效益和社会效益的双赢。

与同事友好相处的要诀

一般来说，要与同事保持愉快交往，应注意以下方面的细节：

（1）无论发生什么事情，都要首先想到自己是不是做错了。如果自己没错，那么就站在对方的角度，体验一下对方的感觉。

（2）尝试让自己去适应环境，因为环境永远不会来适应你。即使这是一个非常痛苦的过程。

（3）大方一点。不会大方就学大方一点。如果大方真的会让你很心疼，那就装大方一点。

（4）低调一点，尤其在你领先他人的时候，再低调一点。

（5）不要吝惜你的喝彩声。要会夸奖人，好的夸奖，会让人产生愉悦感，但不要过头到令人反感。

（6）如果你觉得最近一段时间工作顺利得不得了，那你就要加小心了。

（7）有礼貌。打招呼时要看着对方的眼睛。礼貌的和年纪大的长辈沟通，因为你就是不折不扣的晚辈。

（8）少说多做。言多必失，考虑欠妥时要少说话。

（9）不要把他人的好，视为理所当然，要知道感恩。

（10）要经常帮助他人，不要瞧不起他人。

（11）遵守时间，但不要期望他人也遵守时间。

（12）信守诺言，但不要轻易许诺。更不要把他人对你的承诺一直记在心上并信以为真。

（13）不要轻易向同事借钱，如果借了，那么一定要准时还。

（14）不要随便借钱给同事，如果不得不借，那么就应当有对方不还的心理准备。

（15）不要推脱责任。任何时候都要做一个有担当的人。

（16）不要说同事的坏话。要坚持在背后说他人好话，别担心这好话传不到当事人耳朵里。如果有人在你面前说某人坏话时，你要一笑置之。

（17）避免和同事公开对立，包括公开提出反对意见，激烈争辩的更不可取。

（18）经常帮助他人，但是不能让被帮助的人觉得这是理所应当的。

（19）有时说实话会让你倒大霉，善意的谎言未必不是好事。

（20）对事不对人；或对事无情，对人要有情；或做人第一，做事其次。

（21）经常检查自己是不是又自负了，又骄傲了，又看不起他人了，即使你有通天之才，没有他人的合作和帮助也是白搭。

（22）忍耐是人生的必修课，要忍耐一生的啊，有的人一辈子到死这门功课也不及格。

（23）新到一个地方，不要急于融入其中哪个圈子里去。等到了足够的时间，属于你的那个圈子会自动接纳你。

（24）有一颗平常心。没什么大不了的，坏事要往好处想。

（25）尽量不要发生办公室恋情，如果实在避免不了，那就要在办公室避免任何形式的亲密接触，包括眼神。

（26）资历非常重要。不要和资历老的同事耍心眼斗法，否则你会死得很难看的。

（27）好心有时不会有好结果，但不能因此而灰心。

（28）待上以敬，待下以宽，待己以严。

（29）如果你带领一个团队，在总结工作时要把错误都揽在自己身上，把功劳都记在下属身上。当领导和下属同时在场时要记得及时表扬你的下属。批评人的时候注意，一定要在只有你们两个人的情况下才能进行。

学会在团队中取长补短

一个人只有把自己融入团队之中，才能最大限度地实现个人价值，绽放出完美绚丽的职场人生。认识自己的不足，善于看到他人，尤其是同事的长处，是具有良好的团队精神的基础。

在一个团队中，每个成员的优缺点都不尽相同，你应该努力寻找团队成员中的积极品质，并且学习它。团队强调的是协同工作，较少有命令和指示，所以团队的工作气氛很重要，它直接影响团队的工作效率。如果团队的每位成员都去积极寻找其他成员的积极品质，那么团队的协作就会变得很顺畅，团队整体的工作效率就会提高。

每个人都有被他人重视的需要，有时一句小小的鼓励和赞许就可以使他人释放出无限的工作热情。并且，当你对他人寄予希望时，他人也同样会对你寄予希望。

你应该时常检查一下自己的缺点，比如自己是不是还是那么骄傲自负，或者还是那么言辞锋利。这些缺点在单兵作战时可能还能被人忍受，但在团队合作中会成为你进一步成长的障碍。

团队工作中需要成员在一起不断地讨论，如果你固执己见，无法听取他人的意见，或无法和他人达成一致，就不可能融入团队，团队的工作就无法进展下去。

如果你意识到了自己的缺点，不妨就在某次讨论中将它坦诚地讲出来，承认自己的缺点，让大家共同帮助你改进，这是最有效的方法。当然，承认自己的缺点可能会让你感到尴尬，但你不必担心他人的嘲笑，你只会得到他们的理解和帮助。

一个人活着需要一种精神力量，一家企业的生存和发展也是需要精神力量的。无数的个人精神，凝聚成一种团队精神，这家企业才能兴旺发达，基业长青。

在团队中体现整体目标是非常重要的，因为只有这样，才能保持各个部分之间的协同，才能使团体效率最大化。

一名员工若想获得杰出的工作业绩，就必须与同事建立良好的人际关系。而良好的人际关系的基础，绝不会是自大、自负的结果；应是在做好自己的工作外，懂得为其他同事着想，必要时，帮助同事处理某项工作。

作为团队一员，你还应学会善待新人。所谓善待，其实很简单，员工只要主动地帮助他们适应环境，鼓励他们努力工作，仅此就足以使新员工的心情稳定下来，并且会由衷地感激你对他们的关心和帮助。千万不要产生极端的想法，采取敌视新人的态度。

你对新人的帮助无疑会增进你们之间的关系，这将对你工作的开展有着不可估量的好处，团队也会更加重视你。

这是一个追求个人价值，实现与团队绩效双赢的时代。个人单打独斗的时代已经远去，团队合作的时代已然到来。

作为一名员工，要想取得好的业绩，只发挥以一当十的干劲还不够，还必须提高自己的团队合作能力，使整个团队发挥出更大的功效。要做好个人优势与团队优势互补，就必须做好以下三个方面的工作：

合理的人才组合是企业团队人力构成的关键所在，也是一个团队能否发挥最大潜能的关键。合理的人才组合可以使人才个体在总体的引导和激励中释放出最大的能量，从而产生良好的组织效应。一个组织的效能，固然取决于人才分子的特性，更有赖于人才队伍整体结构的合理。

所以说，融入团队就得识人之所长。如果看人都看见缺点，那一个都看不上。要把自己的工作顺利开展，就要取他人之长补自己之短，让自己在团队中不断丰富和完善。

拥有人才的优势互补，团队的合力拼搏，员工的个人能力和团队的协作能力才能得到更好地展现和发挥，企业才能做大做强，员工也可以实现自己的职业价值。

提高员工的满意度

员工对企业是否满意，直接影响着他们对企业的忠诚度。一个对企业不满意的员工是绝对不会忠诚于企业的。因此，提高员工的满意度，就成了企业培养员工忠诚度的基础和前提。

另外，就是培养员工的归属感，让员工感觉到自己是企业不可或缺的一员。只有这样，员工才会忠于企业，才有可能把自己真正地融入这个大集体里面去。

在企业规则中重视员工的满意度，员工与团队之间的关系才会变得密切而重要起来。在员工和企业之间，建立了一种牢不可破的关系。员工愿意留在团队内，而不会接受其他企业的聘用，

尊重员工，信任员工

企业应把员工当作自己事业的伙伴。任何一个成功的企业，都有一个强大的团队。员工在这个团队里面都有着或大或小的贡献。企业要珍惜任何一个员工的价值，作为企业管理者或团队领导者，要尊重自己的团队成员，肯定他们在企业里的价值，信任他们，并授予他们相应职务的权力。

设立高期望值

优秀员工有勇于承担挑战性工作的特点，企业不断对其提出高标准，他们就会不断地去积极进取。设立高期望值能为那些富于挑战的

有贤之士提供更多机会。不断提高要求,可为他们提供新的成功机会。

信息共享

团队员工获得企业信息的多少及其重要程度,直接影响他们的工作绩效,同时还会影响他们对自己在企业中所处的地位和重要性作出的评价。只有能够加强团队内部沟通,做到信息共享,创造一种坦诚、信任的团队氛围,使员工产生强烈的归属感,员工才会忠于企业、忠于团队。

给员工授权

员工对于团队授予他们的权力是乐于接受的。授权意味着不必由管理人员做每一项决策,而是可以让基层员工做出正确的决定,管理人员在当中只担当支持和指导角色。这种授权做法无疑是对员工的信任,同时也能得到员工的忠诚,从而形成一个有凝聚力的高效团队。

积极参与决策

员工参与企业决策的范围和程度,很大程度上决定着员工对自己在企业中所处地位和重要性的评价,二者是成正比的。如果团队决策只在领导中间进行,那么逐渐地员工就会和团队越来越疏远,忠诚也就无从谈起。

规划职业生涯

员工更愿意为那些能给他们的职业生涯以指导的企业效力。要询问他们职业发展的目标是什么,然后帮助他们制订计划以到达这一目标。并根据每个人的能力特点和性格等因素,把他们安排到最适合的岗位上,这样员工才能更好地融入所在岗位的团队中,发挥自己的优势。

巧妙化解同事的矛盾

你与同事在一个单位中工作，几乎天天见面，彼此之间免不了会有各种各样鸡毛蒜皮的事情发生，个人的性格、脾气禀性、优点和缺点也暴露得比较明显，尤其每个人行为上的缺点和性格暴露得多了，会引出各种各样的瓜葛、冲突。这种瓜葛和冲突有些是表面的，有些是背地里的，种种的不愉快交织在一起，便会引发各种矛盾。

同事之间的意见，往往都是起源于一些具体的事情。事情过去之后，这种冲突和矛盾可能会由于人们思维的惯性而延续一段时间，但时间长，也会逐渐淡忘。所以，不要因为过去的小意见而耿耿于怀。只要你大大方方，不把过去的事当一回事，对方也会以同样豁达的态度对待你。

在同事之间的来往中，我们所追求的不是朋友之间的那种友谊和感情，而仅仅是工作关系。彼此之间有矛盾没关系，只求双方在工作中能合作就行了。

同事间化解矛盾的方法

同事之间有了矛盾并不可怕，只要我们能够面对现实，积极采取措施去化解矛盾，同事之间仍会和好如初，甚至比以前的关系更好。

要化解同事之间的矛盾，你应该采取主动态度，你不妨尝试着抛开过去的成见，更积极地对待这些人，至少要像对待其他人一样地对待他们。

如果与同事发生了分歧，更好的办法是在你们双方都冷静下来后解决。即使在这种情况下,直接地挑明问题和解决问题都不太可能奏效。你可以谈一些相关的问题。

当然,你可以用你的方式提出问题。如果你确实做了一些错事并遭到指责,那么要重新审视那个问题并要真诚地道歉。类似"这是我的错"这种话是可能创造奇迹的。

你做出以上努力以后,基本可以化解同事之间的矛盾。如果遇上一些顽固不化的人,在你做出努力后,他仍然不愿意和你和解,这你也不要难过。遇上这样的人,谁也没办法,问题并不在你,你只管放心地去工作,别理会这类人就是了。

在人际交往中,自己待人的态度往往决定了他人对自己的态度,因此,你若想获取他人的好感和尊重,必须首先尊重他人。

研究表明,每个人都有强烈的友爱和受尊敬的欲望。由此可知,爱面子的确是人们的一大共性。在工作上,如果你不小心,很可能在不经意间说出令同事尴尬的话,表面上他也许只是脸面上有些过意不去,但其心里可能已经受到严重的挫伤。以后,对方也许就会因感到自尊受到了伤害而拒绝与你交往。

一位哲人曾提出过这样的问题:将军和门卫谁摆架子?答案是门卫。因为将军有着雄厚的资本,他不需要摆架子作支撑。现实生活中也是如此,拥有优势的人常常胸怀大度,其自尊和面子足矣,无须旁人再添加。

而与你同一阶层甚至某方面不如你的人,很可能因为自卑而表现出极强的自尊,他仅有的一点儿颜面是需要你细心呵护的。如果你能以平等的姿态与他人沟通,对方会觉得受到尊重,而对你产生好感。因此,要谨记,没有尊重就没有友谊。

要做到尊重同事，就必须自觉保守同事的秘密。

我们知道有关同事的秘密，无非有两个渠道：一个是这个人亲自告诉我们的，一个就是除他亲自告诉我们以外的一切途径。

如果是同事亲自告诉我们的，我们可真的是"打死也不能说"。他这么信赖我们，我们怎么可以把同事的隐私随便的散布出去呢？

那么，如果是我们通过其他的途径，得知了这样的消息该怎么办呢？那就让这些消息在我们这里终止，散布通道在我们这里彻底被截断。

虽然这些道理我们都很明白，但是有的时候，我们的嘴巴还是不经意地就走漏了风声。比如，和大家玩得高兴，玩得开心的时候，兴奋之下，就什么都忘记了，想起什么就说什么，反正大家都很高兴嘛！再比如，和谁闹了别扭，自己心里面非常气愤，就把这个人的秘密和盘托出了。

这样的情况太有可能发生了。怎样才能避免呢？一个最好的办法，就是听过了他人的事情就干脆咽下去，烂到肚子里面。一天烂不干净，就花两天的时间来烂掉它。

总之，一句话，就是不能让嘴巴给自己惹祸。古人说"祸从口出"，在公司，这种人际关系圈子里面，这句话应该被每一个人牢记在自己的心上，时刻警醒自己！

协调好人际关系应注意的问题

如果你与团队同事们的关系很好，甚至对他们还有一定的影响力，同事对你都表示信任，你和同事更加努力地工作，那你将得到更多的信任。

跟同事协调好人际关系，要注意以下几个方面：

（1）与人方便

我们经常能听到这样一句话：与人方便，与己方便。我们工作中如果没有了关怀和爱心，同事之间就无法和睦相处。有时候，我们必须为他人的利益着想。如果只站在自己的角度而不顾他人，那么你就可能受到排挤、攻击。不给他人方便的人，自己也很难有好的结果。

（2）注意小节

越是小事，越是见真情。一些看似无关紧要的小事情，如欠缺礼貌，无意之中的食言，一个不文明的举止，很容易破坏自己建立起来的人际关系。在人际关系中，最重要的往往就是小事情。

（3）诚恳正直

诚恳正直的人可赢得他人的信任。失去诚恳正直，很容易因为自己行为的不检点而失去他人的信任。一个人的行为表现不诚恳，缺乏正直，最终还是会搞不好人际关系。

（4）信守承诺

信守承诺的人，很容易得到他人更多的信任，而背信弃义的人则为人所不齿，其代价往往超出其他任何过失。一次严重的失信会使人信誉扫地，名声败坏，要想再建立良好的人际关系就非常困难了。唯有诚实守信才能赢得同事的信赖，而唯有信赖才能让他人在关键时刻听取你的建议。

（5）敢于道歉

诚心实意的道歉，不但可以弥补自己的过失，而且能够化敌为友。当然，道歉的勇气并非人人具备，只有坚定自信、具有安全感的人才能做到。那种缺乏自信的人唯恐道歉会显得软弱，让自己受到伤害，往往难于启齿。

以沟通促进团队合作

这是一个团队制胜的时代，人与人之间的理解与支持关键在于沟通，沟通才能带来理解，理解促进合作。如果不能很好地沟通，就无法理解对方的意图，而不理解对方的意图，就不可能进行有效的合作。

一个优秀的员工一定知道沟通的重要性，明白孤军奋战无异于必败无疑；一个优秀的员工一定是一个沟通高手，总是对他人保持开放的态度，善于主动创造沟通的良好氛围；一个优秀的员工能通过良好的沟通使上级更信任他，可以使同事或下属更理解、支持他，可以使陌生的客户变成朋友。

一个内部沟通良好的企业，可以使所有员工真实地感受到沟通的快乐。加强企业内部的沟通，可以使普通员工大幅度提高工作绩效，使企业关系和谐，气氛温和，给大家带来好的工作环境，同时增强企业凝聚力和竞争力。

那么，团队成员的沟通都包括哪些方面呢？

首先，员工在工作中应该主动与管理者沟通。一般来说，管理者要考虑的事情很多很杂，因此经常会忽视与部属的沟通。有时候管理者在下达命令让员工去执行后，自己并没有机会亲自去考查实际工作，以至于没有切实考虑到员工会遇到的具体问题，对很多事实情况不了解。因此，作为一名员工，尤其应该注重与领导的沟通，应该有主动与领导沟通的精神，这样可以弥补领导因为工作繁忙而忽视的沟通。

其次，作为一个管理者，应该积极和部属沟通。高效沟通是优秀的管理者必备的技能之一，企业的管理者也要重视做好上传下达的工作，一方面要善于与更上一级沟通，另一方面管理者还必须重视与部属沟通。

因此，沟通是双向的。作为部属，应该积极与管理者沟通，说出自己心中的想法；作为管理者，也应该主动与部属沟通。只有大家都诚实守信地进行沟通，不必要的误会才可以在沟通中消除，双方才可能密切地配合，企业才可能发展得更顺畅。

沟通是每个人都要面临的问题，也要被当作每个人都应该学习的课程，应该把提高自己的沟通技能提升到战略高度——从团队协作的角度来对待沟通。只有这样，才能真正融入一个沟通良好、理解互信、高效运作的团队。

在工作和生活中，我们经常把单向的通知当成是沟通，如：领导开会，一个人讲完就散会；公司培训，一个人在上面讲，大家在下面听。你与他人沟通的过程中是否是一方说而另一方听呢？如果是这样，这不是沟通，沟通一定是双向的，任何单向的都不叫沟通，而是通知。

良好的沟通可以促进理解，可以使你与同事、朋友、家人的关系更融洽。具有良好的沟通能力可以使你很好地表达自己的思想和情感，获得他人的理解和支持，从而和上级、同事、下级保持良好的人际关系。沟通技巧较差的人常常会被他人误解，给他人留下不好的印象，甚至无意中会对他人造成伤害。

那么怎样才能进行有效沟通呢？

在团队里，要进行有效沟通，必须先明确目标。对于团队领导来说，目标管理是进行有效沟通的一种解决方法。在目标管理中，团队领导和团队成员讨论目标、计划、对象、问题和解决方案。由于整个团队都着眼于完成目标,这就使沟通有了一个共同的基础,彼此能够更好地了解对方。即便团队领导不能接受下属成员的建议,他也能理解其观点,使下属对上司的要求也会有进一步的了解,沟通的结果自然得以改善。如果绩效评估也采用类似办法的话,同样也能改善沟通。

对于一名优秀的员工来说,要进行有效沟通,可以从以下几个方面着手:

(1)明确沟通的目的

一定要知道你要表达的是什么,明确沟通的目的。如果目的不明确,你自己都不知道要说什么,怎么能让他人明白呢?那自然就达不到沟通的目的。

(2)明确沟通的对象

必须知道对谁说,要明确沟通的对象。尽管你说得非常精彩,但你选错了对象,自然也达不到沟通的目的。

(3)把握沟通的时机

一定要知道什么话在什么时候什么场合说,要掌握好沟通的时机。当你的沟通对象正在大汗淋漓地忙于工作时,你要求他与你商量其他的事情,显然时机不适宜。因此,要想很好地达到沟通效果,必须掌握好沟通的时间,把握好沟通的场合和火候。

(4)掌握沟通的方法

必须知道怎么说,就是掌握沟通的方法。

除此之外,作为企业的一名优秀员工还要学会去倾听。沟通是个双向的过程,一名优秀员工除了要知道怎么主动沟通,同时还要知道怎么样去倾听。事实上,作为一个倾听者远比一个在说话的演说者要累。因为在倾听的过程中,我们不但要听他说了什么,还要去搜索他身上的别的语言。例如肢体语言、语音和语调。只有做到了用心倾听，才能准确地理解对方要表达的意思，才能帮助我们更好地去进行有效的沟通。

团队的最大特征就在于整体大于部分之和，即通过合作取得 1＋1＞2 的效果，否则团队就没有存在的意义了。要取得整体大于部分之和的效果，主要取决于三个方面：

一是具有让团队成员各得其所的整体结构；

二是能够让个体最大程度发挥自己优势的激励机制；

三是上下级之间、成员之间无障碍的沟通渠道。

有效沟通是团队所需要的必不可少的生存要素。人类所需要的分工、合作和情感交流等每一个需求的满足，都需要通过沟通来完成。无论是利益和机会的获取，还是获得他人的认同或是影响力的发挥，沟通都起着至关重要的作用。

沟通能力已成为我们职场生存的核心能力，成为人生影响力的决定因素，成为人际关系的基础。一个团队如果沟通不畅，肯定不能发挥其应有的威力，影响整体效果。

沟通必须讲究技巧

良好的沟通能力是处理好人际关系的关键，尤其在一个团队里，具有良好的沟通能力，可以使你很好地表达自己的意见，获得他人的理解和支持，从而和上级、同事、下级以及你的客户都保持良好的关系。

相反，沟通技巧较差不仅会常常被人误解，给人留下不好的印象，甚至有时还会对他人造成伤害，从而破坏团队的合作氛围。

沟通需要技巧。在与人沟通的过程中，即使你的观点和立场正确，但如何让对方知晓、理解并接受你的观点和立场，就要看你的沟通能力了。

在现代企业内部，沟通存在于企业管理的每个环节。有效的沟通能为企业提供工作的方向，是实现团队高效合作的重要条件。

"怎么说"比"说什么"更重要

在人际沟通的活动中，交谈是主要形式之一。交谈不仅包括语言，还包括非语言的形式，如通过人体的面部表情、手势、眼神、仪态、动作等来传达人的思想感情。

交谈过程中的非语言信号，在传达讲话者的情绪方面有着非常重要的作用，交谈的形式比内容重要得多。讲话者坚定自信的表情、热情的语气、适度的节奏，加强讲话效果的一些动作，对传达信息都会起到非常积极的作用。相反，焦虑急躁的表情、质问的语气、不耐烦的动作则会极大地削弱表达效果。

所以说，交谈中，"怎么说"比"说什么"更重要。"怎么说"并不是只注重沟通的表面形式，关键在于所传达的态度。你的态度决定了接受者的感受，而这种感受是决定接受者内心反馈的关键因素。

大多数的沟通问题都出现在态度方面。沟通中最有效的态度就是尊重他人，接纳他人。一旦确立了尊重与接纳的态度，其他如表情、语言、形体动作等都会在这种态度的支配下有所改变，交流时就会真诚亲切、和颜悦色、语重心长、畅快淋漓。

如果是轻视与排斥的态度，或者是愤怒等不良情绪，就会用敌意的眼光挑剔指责、无端批评，甚至连交谈的内容都不能搞清楚，自然会影响沟通的效果。

态度的不同也会营造不同的谈话氛围,交谈的氛围对交谈对象的反馈有很大的作用。面对不同个性的人,采用不同的形式营造出和谐的气氛,会使交流顺畅自如。不和谐的气氛能给人造成压抑或尴尬的感觉,会影响双方的沟通态度。

信息传达准确,是有效沟通的一个重要方面。日常工作中的沟通一般都是分配任务,听取汇报,以及对需要解决的问题进行讨论等等。首先所传达的信息要明确,如果指令是模糊的,接受任务的一方就有必要提出意见,否则接受一个非常笼统的指示,会很难得到明确的结果。

在行动之前要先问清楚或澄清相关的问题。如果心存疑虑,就难以高效率地开展下一步的工作。双方对明确目标的追求是不能含糊的。对所要执行的任务资源和过程的沟通也非常重要。传递确切的信息是沟通过程中最基本的要求。

在沟通过程中,赞美的力量越来越受到人们的重视。赞美的沟通方式来自肯定式管理方式所带来的积极作用。有人说如果你想让对方具备什么样的优点,就按照这个优点去表扬他,肯定比批评更有用。

肯定式的交流方式会减少负面的紧张和冲突,激发对方的内在动力。在尊重、坦诚、和谐的气氛下交流,使赞美成为激发他人精神动力的兴奋剂。

在工作当中上级适度地赞美员工,能起到激励的作用。然而下级对上级的赞美要慎重起见,否则会被人当作奉迎献媚,就会适得其反。

合作伙伴之间的交往,一定要注意真诚赞美,切忌虚伪,最好能在对方身上找到证据,才能起到激励的作用。否则赞美就会成为言不由衷的虚伪奉承之词。

只有对自身有着高度自信的人，才能以豁达的心态，慷慨地赞美他人，从而在人际关系方面获得更大的收获。

"能够发现他人的优点，是自我的优点"，而不是以专门发现和指责他人的缺点为自身的优点。在团队工作当中，适时地表扬，真诚的赞美，恰当的批评，是最有成效的沟通方式。

第三章　与团队合作共赢

合作是团队发展的根基

团队是一个结构合理的整体。这个整体的能力并不是一个简单的算术和，它并不等同于构成这个整体的成员能力的机械相加。而是一种不论在数量上还是质量上，都远远超出其每个成员能力之和的新的力量。

一个人的能力是有限的，当一项工作或任务远远超出个人能力范围的时候，进行团队合作就势在必行。团队不仅能够完善和扩大个人的能力，还能够帮助成员彼此加强相互理解和沟通，把团队任务转化为自己的任务，真正做团队工作的主人，这样的团队会战胜一切困难，赢得最终的胜利。而作为这样的团队成员，也会在团队合作这个过程中迅速地成长起来。

一个高效率的团队，是一个表现优秀、使内部成员和外界均感到满意的工作集体。它总是同高难度的工作任务、成员的全身心投入、通力合作以及对创新矢志不渝的追求紧密联系在一起。团队精神是否能得到发扬，是决定工作成果的最为重要的因素。

成功的团队合作随处可见，无论一支足球队、一个企业、一个研发团队，还是一支军队，其成员的无间合作对于团队的成功至关重要，没有哪个成功的团队不需要良好的合作。

良好的合作氛围是高效团队的基础，没有合作就谈不上最终很好的业绩。在团队中往往更能够充分体现个人的价值，因而宽容、善于合作、具有团队精神的人，取得成功的机会就更大。

合作永远是使自己受益也让他人受益。只有懂得合作的人，才能明白合作对自己、他人乃至整个团队的意义。一个放弃合作的人，也会被团队所放弃。

良好的合作精神，更应该是职场员工的基本素质，良好的团队关系，是相互满足的互惠关系。团队成员之间的个性与能力互补，使团队成员能弥补自身的不足，借助他人的力量，也对他人的发展提供帮助。

合作良好的团队，人际关系和谐，交往频率高，情谊浓厚，不仅信息交流充分，而且伴随着感情的共鸣，对团队凝聚力起着很强的推动作用。

优秀团队的顺利运行，可带来良好的正面效应。如共同承担工作责任、对目标的共同承诺、更大的创造力与效率、更有效的决策、改善沟通等等。这些优势中，有许多来自团队成员集体技能和经验的协同配合。

由于具有良好的团队氛围，团队成员乐于在团队中工作，交往各方在感情上相互影响，并因此而受到激励。正因为如此，处在团队环境中才会有出色的表现。

团队系统的各要素配置良好能形成合力,产生正效应;如果配合不当,会形成摩擦,产生负效应。团队中如果引进一个协作性欠佳的成员,就会增大系统的摩擦系数和内部消耗,超过一定限度,就会妨碍团体系统的正常运转,影响团体效率的发挥。

优秀的职场员工,都具有营造和谐的团队内部氛围、创造蓬勃向上的企业文化的能力。

提高合作共事的能力

当今社会分工越来越细,任何人都不可能独立完成所有的工作,他所能实现的仅仅是企业整体目标的一小部分。因此,团队精神日益成为企业的一个重要文化因素,它要求企业分工合理,将每个员工放在正确的位置上,使他能够最大限度地发挥自己的才能,同时又辅以相应的机制,使所有员工形成一个有机的整体,为实现企业的目标而奋斗。

对员工而言,它要求员工在具备扎实的专业知识、敏锐的创新意识和较强的工作技能之外,还要善于与人沟通,尊重他人,懂得以恰当的方式同他人合作,学会领导他人与被他人领导。

一位员工不管你个人有多么强大,你的成就有多么辉煌,只有保持你与其他同事之间的友好合作关系,这一切才会有现实的意义。企业就是靠这些员工的团队合作优势赢得利益的。

一个哲人曾说过这么一段话:你手上有一个苹果,我手上也有一个苹果,两个苹果交换后每人还是一个苹果。如果你有一种能力,我也有一种能力，两种能力交换后就不再是一种能力了。

　　大凡胸怀大志并取得成功的人多善于从他人那里汲取智慧和力量，这是指广泛意义上的智能互补和人才合作。经常同他人合作，你就能发现自己的新能力。如果不去和他人合作，即使你有潜能也难以发挥出来。

　　一个企业就是一个小社会，是社会的缩影。到了一个工作单位，你就要和领导、主管、同事、工作团队等一起共事，每时每刻都要和他们打交道。这时，你面临的首要课题就是要学会怎样与他们融洽相处，而特别需要的是掌握团队内部合作共事的本领。

　　有些时候你工作了一段时间，发现职场里不少事情出乎原来的想象和意料，一些令人备感困惑和不解的问题随之而来：

　　为什么提出的建议得不到他人的认可和采纳？为什么直言不讳陈述自己的见解会被人认为是张狂？为什么率直批评他人的缺点、错误反遭到他人的白眼？为什么自己的言行举止让同事、领导反感？为什么觉得自己很有才华，却得不到领导的垂青？为什么有时抢着干一些工作，反而招致他人的不满？

　　上述这些，都常常令一些职场新人百思不解，于是就牢骚不断、愤愤不平。

　　一些人步入职场后，之所以有这样或那样程度不同的困惑和烦恼，有的是因为自己社会阅历太浅，还带着校园中的学生气。学校的书本上告诉了我们太多太多的理想模型，自己对社会还缺乏足够理性和实际的体验和认识，对适应、处理职场人际关系还经验不多。自己原来具备的一些为人处世、待人接物的知识，多半还是些书本知识。而社会生活与职场实际本身，要比书本的东西丰富多彩、复杂得多。其中的微妙、艰辛，往往是久而后信，越是有阅历、有经验的人越有体会。

一位哲人说得好："一个没有交际能力的人，犹如陆地上的船，是永远不会漂泊到壮阔的人生大海中去。"没有练达圆融、睿智明澈的与人合作共事的能力，没有机敏灵活的应变处世的豁达胸怀，那么社会的舞台就是再广阔，你也难于活动自如、纵横驰骋。

"世事洞明皆学问，人情练达即文章"。问题是，我们什么时候才能做到"世事洞明""人情练达"？非要等到40岁、50岁？非要等到我们的人生只剩下四分之一、五分之一的时候吗？到那时候就是做到了，不是太迟一些了吗？大好年华不都错过了吗？

所以，职场新人要尽快适应工作的新环境，缩短与这个纷繁复杂社会的磨合过程，主动在实际的社会生活中认识社会关系，逐渐训练和提高自己与人合作共事的能力和技巧，使自己尽快融入新的团队集体，提高自己合作共事的能力，这样才能去实现自己的梦想。

职场就好像是一张网，每个员工都是网上的点，不管你做什么事，你都以某种方式与他人发生着关联。而与人协作就是充分认识和肯定他人的价值，并借用他人的价值，从而取得成功。

具有长远目标的人知道任重道远，他会清醒地意识到，光凭一己之力太有限了，要想实现大目标，需要的是众志成城和齐心协力，即要依靠团队合作。

融入团队的过程，也就是生命成长的过程。因此要时刻告诉自己：我不是万能的，我离不开他人的帮助。而要想成功地融入团队，就必须要有理解、宽容的待人态度，要设身处地理解团队中的其他成员，要与人为善、热情真诚、宽容大度、配合默契，以此来赢得团队的信任、尊重和友谊。

珍惜团队的荣誉

　　一个忠诚的员工必然要维护企业利益，也必然珍惜团队的荣誉。能够维护企业利益的员工，都具有强烈的荣誉感。员工是企业的代言人，员工的形象在某种程度上就代表了企业的形象。员工在任何时候都不能做有损企业形象的事情，这也是一个员工最基本的职业准则。

　　有荣誉感的员工，会顾全大局，以企业利益为重，绝不会为个人的私利而损害企业的整体利益，甚至不惜牺牲自己的利益。事实上，有这样想法的员工才有可能被企业真正重视。往往是那些有集体荣誉感的员工，才真正知道自己需要什么，企业需要什么。没有集体荣誉感的员工是不会成为一名优秀员工的。而具有集体荣誉意识的人，在任何一个团队中都会受到欢迎。

　　现代企业的经营风险比传统企业更大，作为员工有义务对企业所做的决定提出自己的真实想法，一个人无论他的级别高低，当他能够为整个企业的利益发表自己的想法时，说明他是将企业的利益当成了自己的利益。

　　如果你对于企业即将执行的决议有不同的看法或者认为这个决议有一定的缺憾，而这一点可能正是企业领导所忽视的，那么你有义务和责任提出你的真实想法。相反，如果你不提出来，这正是你的不负责任和对企业的不忠诚，因为你没能把企业真正当成自己的企业。

　　如果你是因为自己的职位太低或者自己只是一名普通的员工才没提出来，那么，可以告诉你，这根本就不是理由。因为一个真正忠诚于企业的员工，会时时为企业的兴衰担忧，甚至为此据理力争。没有人会嘲笑一个为企业利益着想的人，而且，领导也会为你的忠诚而感到骄傲。

当你发现或认为领导者的指示有误，可以通过委婉的方式向领导者反映或提出建议，如果一时难以协调，则暂时保留意见，但不可以在行动上采取消极态度，或拒绝完成任务。在提意见时还要注意申明理由，提出改进措施，以供领导决策时参考。

因此，一个企业所器重、所相信的员工，往往都是那些可信赖的始终维护企业利益的人。

确立团队发展的目标

一个团队如果没有目标，团队成员就没有奋斗的方向。没有奋斗方向的团队，就犹如一盘散沙，大风一起，四处飞扬。

因此，团队要选定一个崇高的目标，并采取有效的策略使团队成员认同这一目标，这样就可以凝聚每位成员的思想，使共同目标有足够的吸引力，吸引大家为之努力和奋斗。所以，崇高的目标是团队精神的核心动力。

确立目标之后，还要针对这个目标有效地整合各种资源，才能发扬团队精神，使所有成员心往一处想，劲往一处使，只有这样才能取得成功。

所以，团队最先要做的就是确立一个适合团队发展的目标。明确的团队发展目标是调动员工积极性、发扬团队精神的有效手段。团队目标越明确，其员工的团队归属感就越强，团队就越有向心力、凝聚力。

曾经有人做过这样一个实验：

组织三个小组，让他们沿着公路步行，分别向十公里外的三个村子行进。

甲组不知道去的村庄叫什么名字，也不知道它有多远，只告诉他们跟着向导走就是了。这个组刚走了两三公里就有人叫苦了。越走得远，人们的情绪就越低，很快就溃不成军。

乙组知道去哪个村庄，也知道它有多么远，但是路边没有里程碑，人们只能凭经验估计需要走两个小时左右。这个组走到一半时才有人叫苦，当走到3／4路程时，大家情绪低落，觉得疲惫不堪。当有人说快要到达时，大家又振作起来，加快了脚步。

丙组最幸运。大家不仅知道所去的是哪个村子，它有多远，而且路边每隔1公里就有一块里程碑。人们一边走一边留心看里程碑。每看到一个里程碑，大家心里便有一阵小小的快乐。这个组人们的情绪一直很高涨。最后的两三公里，他们越走情绪越高，速度反而加快了。因为他们知道，那个要去的村子就在眼前了。

这个实验说明：当人们的行动有着明确的目标，并且把自己的行动与目标不断地加以对照，清楚地知道自己行进的速度和不断缩小到达目标的距离时，人们的行动动机就会得到维持和加强，就会自觉地克服一切困难，努力达到目标。

由此可见，一个清晰的团队目标对激发团队成员的积极性，对达成目标的质量，对团队精神的发挥，有多么重要的作用。

没有目标，团队成员的热忱便无的放矢，无处归依。有了目标，才有斗志，才能凝聚团队精神，也才能激发成员的潜能。

由此可见，一个团队是否具有清晰而且专一的战略目标，能否使员工知晓并通过有效沟通使之认同战略目标，与能否长期围绕这一目标不懈地努力，将直接影响团队的效率。

如果说核心价值观是统一员工思想的基础的话，那么企业的战略目标就是统一员工行动的基础。要使广大员工能够步调一致，共同的战略目标就是这种行动一致的基础。

确实，制定战略应该是由少数人来完成的事，但从执行的层面来看，战略应该是全体员工都必须知道的事，否则战略目标就不能转化为全体员工一致的行动，战略目标就是一句无法执行的空话。

所以，管理者在制定了企业发展的战略目标之后，还有一项艰苦的工作要做，就是对战略目标的宣传——要让每一位员工都知道企业的战略目标，并使之成为行动的指南。

明确了战略目标，在做事情的时候，员工就会知道自己在企业的战略里扮演什么样的角色，会起到什么样的作用，从而强化自己的责任感，增强主动精神。同时，宣传战略目标也是企业管理层与员工进行有效沟通的过程。所以，科学、合理的战略目标是团队进行沟通的前提。

对许多企业来说，最头痛的就是执行不到位的问题。但比这个问题更为重要的就是没有明确的战略目标，或者有战略目标但宣传得不够，没有能够让广大员工知道，并用以指导他们的行动。

如果团队对战略目标这个概念都没有沟通和达成共识的话，所谓的执行就没有了任何意义，执行就成为存在于领导者头脑中的问题，而非现实的管理问题了。

公司的战略不能掌握在高层领导者这一小部分人手里，应该通过各种各样的沟通方式,让团队内部每一个员工都知道公司的战略目标。因为战略目标既是企业进行沟通的一种有利因素,同时也是让员工行动保持一致、提高效率的有力保证。

服从目标要坚定不移

想获得成功,做一名优秀的团队成员,首先必须服从团队的整体目标。所谓服从目标,换句话说,就是行动要服从于目标。

为什么要提出这个问题呢?因为行动若与目标背离,不依目标的要求行事,是一种十分常见的错误,也是许多人最后目标落空,陷于失败的常有教训。

美国学者莫利斯博士从成功学的角度指出:一般人的行为,经常与他的梦想或目标不一致,这种现象十分普遍,达到了令人吃惊的程度。其实,每个人都会犯这个错误,只是程度不同罢了。而这种错误,无疑是在自己前进道路上放置障碍物,阻碍自己迈向成功。

不服从于目标的主要表现,就是行动与目标的要求不相一致,莫利斯博士举例说:售货员的目标是步步高升,行动却是对顾客蛮横无理;做丈夫的希望家庭美满,却对自己的妻子漠不关心;有人急于找到工作,却对电视节目十分钟情,把宝贵的时间大量消耗在电视机前,或者整日与朋友厮混;有的公司希望与客户建立相互信任的关系,提高自己的信誉,行动却是三天两头耍花招,欺诈不断;某个瘾君子发誓戒烟,却在家里和车上私藏香烟……

诸如此类的事情,在我们的生活中确实经常见到:有的出于本能,有的出于爱好，有的出于习惯。总之，所有这一切，均出于对目标的不服从。本来可以成功的事情，就因为与最初的目标不相符合而功败垂成。

为什么服从目标有时显得那样难呢？一个重要原因，是服从目标需要付出较大的努力，需要克服许多人性的弱点，需要对自己的欲望严加约束。有些业有所成的人，之所以取得了成功，实现了目标，一个很大的原因就是善于节制自己的欲望。从这个意义上说，能否服从于自己的成功目标，关键在于有没有毅力节制自己的欲望。

在工作当中，有许多这样那样的诱惑，对实现目标是严重的障碍。举一个简单的例子，当你决心戒烟时，有人给你递上一支"烟"，这就是诱惑。许多戒烟不成的人，败就败在经受不住这种诱惑；而许多戒烟成功的人，就是因为经受住了这种诱惑。

所以，服从目标，绝不是一件简单的事，因为人人有这样那样的欲望，节制欲望需要付出极大的毅力，从更高的层次说，需要有坚定的理想信念，需要有强大的精神支柱。

企业的成长需要所有的员工都朝着同一个目标迈进，当所有员工都同心协力地为企业的事业奋斗拼搏时，企业的成长就会势如破竹、激流勇进。与此同时，为企业成长付出努力的每一位员工都实现了自身价值的提高。

企业的成长需要每一位员工的努力。但是有相当一部分人却从来没有想到和企业共同开创一番伟大的事业，他们只是把工作当成了谋生的手段、把企业当成了谋生的场所，他们认为自己和企业就是简单的雇佣关系——自己为企业做工作，企业为自己付酬劳。

持这种想法的人绝不是一小部分，这既是企业的不幸，更是员工个人的不幸。当员工把本应彼此协作的关系看成简单的劳资关系时,他实际上就已经扼杀了自己和企业一起成长的萌芽。因为从一开始,他就没把自己的进步和企业的成长放在一起考虑。

员工和企业的关系是否协调,这直接关系着企业的长远发展和员工的未来成长。而员工和企业究竟以一种什么样的关系出现,又是由双方的态度决定的,而且这种态度是相互的。

如果员工从一开始就没把企业当作自己的合伙人,没把自己的进步和企业的成长放在一起考虑,那么他们自然不会事事为企业的长远发展考虑。相应地,企业也不会把更多、更好的发展机会留给这样的员工。企业只会把成长和进步的机会,留给那些全心全意和企业共同发展事业的员工。当你进入企业的时候,你实际上就应该知道,自己和企业的发展将朝着同一个方向前进,你已经成了企业拓展事业的合伙人,当你这样想的时候,你的事业也就因此而实现了相应的成长。

职场中没有哪一个企业会因为员工的责任和忠诚,而批评或者责难他。相反,所有的企业都会因为员工的这种责任感而对他青睐有加。作为一名忠诚于企业的员工,如果你能对工作负责,那么你在职场获得成功的概率将比那些缺乏责任的人高很多。

如果你同时具有较高的团体意识,那么你的成功概率将会更高。团体意识最重要的是让人们感觉到,自己真正置身于一个相互信任、彼此尊敬、志同道合的团体之中。换言之,除非大家都感到自己也是团体中的一员。否则,生产效率就难以保证。

有关调查也显示:团队精神、忠诚度、创新能力和沟通表达能力是企业在选才时最看重的四项特质。一个高素质人才至少应具备敬业精神、创新能力和团队精神。

用你的理智约束自己

导致团队失败的原因有很多。有的时候团队成员完成了工作任务，但却不能得到企业对自己贡献给予的恰当认可。缺乏管理支持和组织不利，是团队失败最常见的原因。

除了管理方面的原因，团队成员的个性特征也会影响人际关系的吸引力。了解阻碍团队成员协作的心理和个性方面的原因，对协调团队合作有一定的借鉴意义。心理学家在对人际关系的心理学研究中，发现了一些阻碍团体成员人际关系吸引力的个性特征：

（1）以自我为中心，只关心自己，不为他人的处境和利益着想；对集体工作缺乏责任感，敷衍了事，或浮夸不诚实，或完全置身于集体之外；

（2）虚伪，固执，爱吹毛求疵；

（3）不尊重他人，操纵欲、支配欲强；

（4）对人淡漠，孤僻，不合群；

（5）有敌对、猜疑和报复性格；

（6）行为古怪，喜怒无常，暴躁，神经质；

（7）狂妄自大，自命不凡，有较强的嫉妒心；

（8）不肯帮助他人，甚至轻视他人；

（9）自我期望值高，气量狭小，对人际关系过分敏感；

（10）势利眼，想方设法巴结领导，不听取同事的意见；

（11）学习或工作不努力，无组织，无纪律，不求上进；

（12）兴趣贫乏，生活无约束。

人们在选择朋友或者合作伙伴时，受共同心理因素的影响，一般总是从对方道德品质上加以衡量。

真诚、尊重、关心他人和团结他人，人际吸引力强，在团队协作中的人际关系融洽，是能促进团队良好协作的品质要求。

为了实现目标，也许你必须干一些自己不想干的事，放弃一些自己深深迷恋的事，这样就感到了一定的"约束"。但是，为了生活，为了目标，为了成功，我们不能试图摆脱一切"约束"，而是应该在"约束"的引导下，一步步向着既定的目标，稳妥地前进。

西班牙作家巴尔塔萨·格拉西安说："首先控制你自己，然后你才能控制他人。"无法控制自己的人，将永远无法控制他人。一个人一旦失去了自制，不管是什么人，都会轻易将他击败，这也许是一条铁的定律。

自我约束表现为一种自我控制的感情。自由并非来自"做自己高兴做的事"，或者可以采取一种无所畏惧的态度。

真正的自由，是自己来战胜自己的感情，证明自己有控制自己命运的能力。如果任凭感情支配自己的行动，那便使自己成了感情的奴隶。一个人，没有比被自己的感情所奴役而更不自由的了。

控制自己不是一件容易的事情，我们每个人心中，永远存在着理智与情感的斗争。自我控制、自我约束，就是要一个人按理智判断行事，克服追求一时感情满足的本能愿望。一个真正具有自我约束能力的人，即使在情绪非常激动时，也是能够做到这一点的。

我们每个人都在通过努力，做使自己生活更有意义的事，并且在向着未来的目标奋进。生活在现实的世界中，我们绝不应该采取仅使今天感到愉快的态度，而丝毫不顾及明天可能发生的后果。

我们的感情大都容易倾向于获得暂时满足，所以，我们要善于做好自我约束。在追求一种有意义的生活时，我们应当努力预测自己所从事的事情对将来可能产生的后果。

要做到自我约束，必须抑制人的感情的冲动。人们行动的基础，通常可分为两种：根据感情冲动，或根据自我约束。

感情冲动行事，无异是一种失去控制的危险生活。然而，我们却依旧总是凭感情冲动行事，这是极其可怕的。实际中经常发生的是：当一大群人朝着一个方向行走，而你的理智或常识告诉你那是一个错误的方向时，你自我约束的能力就受到严重地考验。

这时也正是你必须运用自我约束的力量，压倒你跟随大流时那种短暂的舒服的感受。要提醒自己，这个种随波逐流从长远看并不正确。

每一个人必须具有自我约束能力，不让外界用次要的计划或无关的事情拉你离开自己既定的轨道。我们必须具有自我约束能力，保持头脑不受种种杂念的干扰，不去想还有什么其他事应当去做，从各方面不断排除我们自己头脑里的各种杂念。

我们必须养成一种习惯，把那些对创造过程没有好处的东西全部阻挡在外。任何职业都一样，自我约束，是通向成功的必经之路。

不论你现在如何享受目前的生活，都要具备自我约束的能力，必须不断地分析自己的行动可能带来的长期后果。

用了同样的努力，有人成功了，而有人则失败了。他们可能都知道成功的途径，但他们之间有一个主要的不同在于，成功者总是约束自己，去做正确的事情。而不成功的人总是容忍自己的感情占上风。一个人如果没有养成自我约束的习惯，就可能付出高昂的代价。

那些总是失败的人一再使用"我没有另外的选择，我不得不这样"这种借口。而实际上是他们不愿付出短期不自在的代价，换取享受长期的更大的报偿。

一个没有养成自我约束习惯的人，可能反复地屈从于一种诱惑而从事一种不该做的事。这种错误的后果甚至严重到能长期影响一个人，直到失败。人人都能偶尔表现出自我约束能力，但是要取得成功，就要坚持不懈。所谓一生不是指别的什么，它只不过是年、月、日的积累。那些短时间和阶段内发生的事，将决定你的整个一生是否成功。

和企业保持同步发展

一个企业的成功，在某种程度上说，就来自团队精神，那么一名员工如何才能具备团队精神，让自己成为职场常青树呢？

如果你的领导让你去传达某一项命令或者指示，而你却发现这样可能会大大损害企业利益，那么你应该大胆地说出你的想法。让你的领导明白，你作为员工不是在刻板执行他的命令，而是始终考虑怎样做才能更好地维护企业的利益。

一种职业的责任感会让你成为一个值得信赖的人，这种人将会被委以重任，而且永远不会失业。

如果没有信赖感，人与人之间或是团队与团队、部门与部门之间就没有合作的基础。没有信赖的基础，每个人都会试图保护自己眼前的利益。但是这么做却会对长期的利益造成损害，并且会对整个体系造成伤害。信赖对于品质、创新、服务和生产力的重要性，在职场上都是同样适用的。

在企业和员工发展的同时，你也要自我发展，跟上步伐。而且，只有你的发展速度超过了其他员工，努力与团队同步发展，你才会有一天超越其他员工得到晋升。如果说其他人进步了，你还在原地踏步，那你就是退步。当你所在的团队急速前进的时候，你一定要紧紧跟随着团队的脚步努力迈进。团队的力量可以使每个成员的速度都大大提高，因为在团队前进的过程中，所有的成员都在互相督促，互相追赶。团队就会产生一种催人奋进的力量。

企业的发展会给每一位员工创造发展的契机。当然这需要一个前提，那就是企业中的员工必须紧跟企业发展的脚步。

为了在激烈的竞争中拥有一席立足之地，为了不被竞争对手挤倒压垮，企业必须加快自身发展的脚步。如果企业有丝毫懈怠，或者因为某些原因放慢了发展的脚步，那么就会影响企业的发展。在这种形势下，员工必须具有相当强烈的竞争意识和发展意识，紧紧跟着企业迅速发展的脚步。

只有时刻提升自己的各项能力，实现和企业的同步发展，企业才能赋予你相应的使命，而你实现个人成长的机会自然蕴藏在这些使命之中。如果你不能和企业的发展保持同步，你就不能从相应的高度理解企业战略、发展远景、企业文化等等，那么你就无法为企业的发展创造一定的价值，接下来等着你的自然是企业发展与你个人成长的严重脱节。

如果企业发展了，而你仍旧停滞不前；或者企业发展的脚步增大了，而你仍然迈着小碎步一点一点向前挪动；甚至当企业飞速发展的时候，你不但不紧跟企业发展的脚步，反而还后退了，那你面临的情况只有两种,而且是每一个追求个人成长的人最不愿意看到的两种情况:或者待在企业最基层的地位上得过且过;或者被企业淘汰,然后到规模更小、水平更低的公司寻求一份更简单的工作。

和企业保持同步发展,是员工实现个人成长的关键。当企业发展到一定程度时,你个人的成长目标也会逐渐实现;如果你跟不上企业发展的脚步,那么你在个人的成长道路上就很难搭上企业的顺风船。

以执行力造就卓越

执行力是左右团队成败的重要力量,也是区分团队平庸与卓越的重要标记。执行力来自这个团队的文化,并且也反作用于团队文化,最终成为团队文化的一部分。

一个高效的团队必须有良好的运行机制,在这样的团队里服从观念是深入人心的。一名优秀的员工也必须有服从意识。一个团队,如果下属不能无条件地服从命令,那么在达成共同目标时,则可能产生障碍;反之,如能发挥出超强的执行能力,就使团队胜人一筹。

强大的执行力不仅是在战场上、政坛上的要求,在团队中同样重要。没有执行力的团队,只会带来失败的结果。

敬业的员工都能全心全意地实施管理阶层的决策,从不寻找借口或抱怨什么,具有极强的任务意识和执行力。

执行力是左右团队成败的重要力量。员工的执行力差,将会直接导致在贯彻团队理念、实现团队目标上大打折扣。而没有执行力,也就没有竞争力。在各级团队组织中,总有一些成员对工作拖拖拉拉,习惯了马马虎虎，习惯了得过且过，不能将好的计划落实到具体执行的时间表上，导致好的思路和策略形成空谈。

作为团队一员的企业员工，无论做什么事情，都要全力以赴地完成任务，专心于自己的责任；无论在什么工作岗位，都专心致志地负责自己的工作，从不会用抱怨和借口推诿，这就是敬业员工的优秀执行力。一个人要取得职场事业上的成功，是离不开团队协作的。

在工作中，我们要善于与每个团队成员进行有效的沟通，并保持密切的合作。而不要丢弃了自己团队工作的荣誉感，为求个人的表现，打乱了团队工作的秩序。这样，才能够保证团队工作的精神不被破坏，也不会对自己的职业生涯造成致命的伤害。让自己成为执行高手

个人执行力包含了战略分解力、时间规划力、标准设定力、岗位行动力、过程控制力与结果评估力。这六种"力"实际上是六种职业执行技能，而个人执行力就是六种力的合力。

战略分解力——是指管理者将全局性的长远规划分解，制订一套明确的远期、中期、近期目标，根据目标制订相应的长短期计划，并分解到每个人，以确保战略规划得以更好地落实；

时间规划力——是指管理者加强对时间与日程的管理，学会授权与任务管理等；

标准设定力——是指管理者必须把任务的完成标准、时间都明确设定，同时在团队执行的过程中进行检查和协助等。

团队管理者更应该大力关注这三种执行能力，当然也不能忽视后三种执行能力。

岗位行动力——是指按时完成所在岗位规定的工作任务，绝不拖延；

过程控制力——是指工作过程中的及时跟进,确保每个人切实完成自己的任务;

结果评估力——是指工作告一段落后,判断工作结果是否达到既定目标要求。普通员工更应该注重后三种执行技能。只要注重这些执行技能的不断提升,相信我们每一个人都会成为执行高手。

要想提高个人执行力,还应该注意以下四点:

第一,要有良好的计划能力,这是个人执行力的有效保障。

正如一句古话所说:"凡事预则立,不预则废"。因此,是否有一个好的计划是提高个人执行力的关键所在。直接把任务简单地抛给下属,或下属盲目行动,都对有效执行不利。

管理者必须明确团队任务的完成标准、时间,并在下属执行的过程中进行检查和协助。作为员工,应该努力遵循上级的工作分配与要求,制订好相应的工作计划,在全力以赴落实工作的同时,主动汇报工作进度,并配合上级的工作调整,只有这样才能保障团队计划的有效执行。

第二,提高个人执行力要求具备一定的内在素质。

这种素质包括:对企业忠诚有信、对工作高度热情、坚决服从上级安排、团队合作精神以及优质高效地完成任务的能力等。这些素质是提高个人执行力的必要因素,大大影响着个人执行力的发挥。

第三,提升个人执行力必须掌握科学方法和管理工具。

一方面,我们要养成良好的工作方式与习惯,学会科学地授权与任务管理,加强对时间与日程的管理,制定一套明确的远期、中期、近期目标,再根据目标制定相应的长短期计划,并分解到每个人。

另一方面,在下达任务前还需要有清晰的岗位划分和岗位责任、明确的任务说明、具体的工作目标、充分的条件和对任务的责任。这些科学方法和管理工具，都有助于我们更好地完成任务。

第四，提升个人执行力还需要加强个人在团队中的影响力。

团队工作离不开人与人之间的相互协作，一个人在团队中的影响力越大，就越能得到他人的支持与配合，这对提高执行力是非常重要的。

要想提高自己在团队中的影响力，就必须以良好的人际关系与沟通技巧做基础，在工作中大力配合同事的工作，提高自己在同事心目中的地位。具备高度执行力的人，是集高能力与高素质于一身的人，这样的人必将受到企业的高度重视，从而在职场体现自己的最大价值，取得卓越的工作成就。

在合作中追求人生佳绩

精诚合作创造奇迹

作为团队中的一员，一定要明白，要做好复杂的工作，合作才是最佳的解决问题的途径，因此要充分利用合作来使工作达到完美的境界。合作是团队意识的精髓，也是员工的优良品德。团队合作，不是要求个人在团队中趋于平庸，而是在合作中寻求卓越。

团队意识的内涵很复杂，但都有一个具体的外在表现，即与他人合作。许多职场中人，往往为争取权益而不能与同事良好合作，时常剑拔弩张。因为自我意识强烈，而显得过于刚愎自用。

因此，在团队合作中，当对方和自身的想法有所冲突时，或许可以先倾听对方的建议，权衡可行性及表达的出发点。如果过于主观或情绪化，顽固坚守自己的想法或消极设防，这些只会自堵沟通渠道，到最后形成心力交瘁的窘态。

因此，作为职场员工不管是为了获得事业成功还是获得个人利益的最大满足。与他人合作，无疑是最佳方案。一旦合作就应该注意彼此间的信任，只有相互信任，才能使合作良性发展。

注意团队内部沟通

因为个体的差异性，团队中会产生不同的观点，这是正常的。但是，当团队最终就某一问题已经制定出相应决策的时候，还有个别人盲目地坚持己见，不按照团队的计划行事，这就造成了团队内部的消耗。

要想追求卓越，团队里的每一个人都必须能够与整个团队不断沟通，并且能够虚心倾听其他成员的意见。作为团体，成员的倾听能力是保持团队有效沟通和旺盛生命力的必要条件；作为个体，要想在团队中获得成功，倾听是基本要求。有研究表明：那些善于倾听的员工比那些不善于倾听的员工更为成功。

融入团队遵守规则

既然团队是一个群体，那么群体交往过程中就会有一定的规范，也可能表现为一种制度。如果你过于强调自我，而不能遵守纪律，你将是一个不为团队所接受的、无法与他人合作的人。

作为一名优秀的员工，你应该努力在合作中追求卓越。你在团队中的一个最基本的工作方法就是把同事当队友，而非对手。优秀的员工要善于与周围的人合作，所以合作性非常重要。

在这个讲究合作的时代，真正优秀的员工不仅要有超人的能力、骄人的业绩，更要具备团队精神，为团队整体业绩的提升作出贡献。一个人的成功是建立在团队成功的基础上的，只有团队的绩效获得了提升，个人才会受到嘉奖。

扮演好自己的角色

要想获得成功，你就应该学会与人合作，而不是单独行动。融入团队必须要有团队意识，摒弃"独行侠"的思想，代之以齐心协力的合作意识，扮演好自己的团队角色。

与人合作的前提是找准自己的位置，扮演好自己的角色，这样才能保证团队工作的顺利进行。团队要想创造并维持高绩效，员工能否扮演好自己的角色是关键，也是根本，有时它甚至比专业知识更加重要。

在一个团队中，每个成员的优缺点都不尽相同，你应积极寻找团队中其他成员的优秀品质，并且向其学习，使自己的缺点和负面因素在团体合作中减少以至消失。在提升自己的同时，提升团队成员之间合作的默契程度，进而提升团队执行力。

团队强调的是协同，较少有命令和指派，所以团队的工作气氛很重要，它直接影响着团队的工作效率。如果你积极寻找其他成员的积极品质，那么你与团队的协作就会变得更加顺畅。你自身工作效率的提高，也会使团队整体的工作效率得到提高。

时常检查自己的缺点

时常检查自己的缺点。这是扮演好团队成员角色的一大要素。团队工作需要成员之间不断地进行互动和交流，如果你固执己见，难与他人达成一致，你的努力就得不到其他成员的理解和支持。即使你的能力出类拔萃，也无法促使团队创造出更高的业绩。

如果你意识到了这些缺点，不妨通过交流坦诚地讲出来，承认缺点，让大家共同帮助你改进。不必担心他人的嘲笑，你得到的只会是理解和帮助。优秀员工必须树立以大局为重的团队观念，不斤斤计较个人利益和局部利益，将个人的追求融入团队的总体目标中去，最终实现团队的最佳整体效益。

积极主动完成任务

服从精神是尊重、责任和纪律的统一体。尊重领导，你才会去服从领导；尊重制度，你才会去遵守制度；尊重任务，你才会去认真执行任务。可见，没有尊重，就没有服从，而没有服从，执行也无从谈起。一个富有责任心的人，不用他人逼迫，不用他人监督，就能认真服从命令，主动积极地完成任务。

严明的纪律是团队文化的支柱

纪律是决定一家企业或一个团队成败的关键。纪律渗透于企业管理的方方面面。纪律不是一个抽象的东西，而是非常实在的反映在每个细节中的。对企业员工而言，准点上下班，按公司要求着装，不在上班时间干私活，按销售指标完成任务，按企业政策同客户发展业务，坚持股东利益最大化的原则等，都是纪律要求。

纪律是对人们行为的一种约束，是确保做事正确、行动有效、执行到位的有力武器。执行纪律时，绝不能因人而异，也容不得半点仁慈和怜悯，否则纪律只是个摆设。

违反企业的规章制度和经营政策，就是不遵守企业纪律。对此必须照章办事，不能因为是优秀人才就姑息迁就，任其为所欲为。只有这样才能树立权威，严明纪律，让大家信服并遵照执行。

毫无疑问，如果每位员工都能为了团队的利益，时刻警觉和约束自己的不良行为，并在每个细节上自觉遵守纪律，员工的执行水平将大大提高，团队的绩效也会有显著增长。

成功处世方略

不抱怨·凝聚人

王金锋 刘元喜 编著

民主与建设出版社
·北京·

© 民主与建设出版社，2020

图书在版编目（CIP）数据

不抱怨·凝聚人 / 王金锋，刘元喜编著. -- 北京：民主与建设出版社，2020.1

（成功处世方略）

ISBN 978-7-5139-2863-2

Ⅰ. ①不… Ⅱ. ①王… ②刘… Ⅲ. ①心理交往—通俗读物 Ⅳ. ① C912.11-49

中国版本图书馆 CIP 数据核字 (2019) 第 299544 号

不抱怨·凝聚人
BU BAO YUAN · NING JU REN

出版人	李声笑
编　著	王金锋　刘元喜
责任编辑	刘树民
封面设计	大华文苑
出版发行	民主与建设出版社有限责任公司
电　话	（010）59417747　59419778
社　址	北京市海淀区西三环中路 10 号望海楼 E 座 7 层
邮　编	100142
印　刷	三河市德利印刷有限公司
版　次	2020 年 6 月第 1 版
印　次	2020 年 6 月第 1 次印刷
开　本	880 毫米 ×1230 毫米　1/32
印　张	25
字　数	605 千字
书　号	ISBN 978-7-5139-2863-2
定　价	128.00 元（全 5 册）

注：如有印、装质量问题，请与出版社联系。

前言

　　生活在现代社会，每个人都会有自己的难处，这些难处有的是事业上的困境，有的是生活琐事。在面对这些困境时，若不懂得处世为人的一些道理及应对方法，人生将会更加不易。俗话说，成功的人都是相同的，而失败的人总是各有各的理由，生而为人，不应该只羡慕嫉妒那些成功人士，而是要学习他们为人处世的方法，使自己也变成成功的人，因为，有时成功是可以复制的。

　　为人处世是一门学问，不同人士的处世之道不可复制，但只要我们用心学习就能拥有。人与人的交往是一门独特的艺术，也是一场伴随人生的漫长修行。交往处事过程中的很多细节都反映出一个人的情商高低。高情商的人办事效率高，成功概率大；反之，低情商的人一般都很难办成大事。

　　情商是情绪商数的简称，它是一种能力，也是一种技巧。只要我们多点勇气，多点机智，多点磨炼，多点感情投资，就能营造一个有利于自己生存的宽松环境，建立一个属于自己的交际圈，创造一个更好发挥自己才能的空间。

　　美国哈佛大学的教授丹尼尔·戈尔曼认为，情绪智商包含五个方面的内容：

　　一是了解自我，时刻监视情绪的变化，这是情绪智商的核心。一

个人只有认识自己，才能成为自己生活的主宰；二是自我管理，调控自己的情绪，使之适时适度地表现出来；三是自我激励，能够依据活动的某种目标，调动、指挥情绪的能力，使人走出生命中的低潮，重新出发；四是识别他人的情绪，即通过细微的社会信号、敏感地感受到他人的需求与欲望，实现与人顺利地沟通和交往；五是处理人际关系，调控自己与他人的情绪反应。

这五个方面是测试情商能力高低的试金石。拥有这些能力的人自信而不自满，乐观兼有幽默，他们心理承受能力强，能站在别人的角度想问题，有较好的人际关系，做起事来不怕困难，能够应对大多数人难以应对的问题，能处理好很多人处理不了的难题。

高情商的人处世，从不把自己放在生活的泥淖里，哪怕琐事繁多，也会井井有条，有理有节。高情商的人待人，从不将自己陷入交际的漩涡里，只会心无旁骛，一心一意经营自己的事业。现代社会，人们面对的是快节奏的生活，高负荷的工作和复杂的人际关系，不懂处世技巧，不懂人情世故的人是难以获得成功的。

本套丛书从正向思维、精准识人、幽默风趣、办事能力以及修炼心态等多方面对日常生活中的处世方法进行了诠释，它既是一本提升情商的智慧之书，又是一本关于待人处世的交际之书。书中通过教你把握做人的分寸和处世的技巧，将做人与处事有机统一起来，以塑造成功的人格魅力，进而让你的生活更加充实，让你的事业更加成功！

目录

上编　不抱怨

第一章　抱怨是无能的表现

抱怨不能解决任何问题 \ 002

抱怨是负面情绪的宣泄 \ 004

抱怨是逃避现实的工具 \ 008

抱怨是一种不良的习惯 \ 009

抑制不良的情绪侵袭 \ 012

更新我们的思想观念 \ 015

播种高尚的思想种子 \ 019

营造仁爱与快乐氛围 \ 022

第二章　失败者才会抱怨

抱怨不能改变人生 \ 025

抱怨让你失去机会 \ 027

抱怨破坏你的人际关系 \ 032

抱怨别人是惩罚自己 \ 035
认识自身高贵的一面 \ 037
把负能量变为正能量 \ 041

第三章　摒弃抱怨走向成功
忍受不可避免的现实 \ 048
看淡生活中的不平事 \ 051
不要抱怨，学会换位思考 \ 053
公平的命运靠自己创造 \ 056
以平和的心态直面人生 \ 058
与其抱怨，不如行动 \ 062
及时化解抱怨的压力 \ 065
勇敢地向着梦想迈进 \ 067

下编　凝聚人
第一章　用迷人的个性凝聚人
培养富有魅力的个性 \ 070
有公德心的人受欢迎 \ 074
积极的品格最具魅力 \ 076
用真诚地微笑打动人 \ 078
说笑话也能带来好人缘 \ 081
安慰人不要吝啬微笑 \ 083
多付出一点同情心 \ 085
幽默感带来高人气 \ 089

第二章　用良好的习惯凝聚人

　　正直做人，不愧我心 \ 092

　　善良是温暖的阳光 \ 094

　　有担当的人有魅力 \ 096

　　谦逊的人受人爱戴 \ 099

　　宽容待人，海纳百川 \ 102

　　坚韧能助你取得成功 \ 104

第三章　用他人的力量凝聚人

　　学会与他人广泛合作 \ 106

　　众人拾柴火焰高 \ 108

　　用他人之力促自己成功 \ 111

　　学会倾听，了解别人 \ 115

　　三个臭皮匠，顶个诸葛亮 \ 118

　　与他人合作的诀窍 \ 127

　　善于从他人的立场看待问题 \ 132

　　请求对手的帮助 \ 136

　　不要忽视你生命中的贵人 \ 141

　　求同存异，化干戈为玉帛 \ 142

　　公正待人，赢得认同 \ 146

　　激励部属，共创辉煌 \ 149

上编
不抱怨

　　有些人似乎天生就爱抱怨,抱怨老板、抱怨同事、抱怨工资、抱怨客户、抱怨薪水太低付出太多……好像世界上就只有他是最不幸最倒霉的人,不抱怨他就没法过日子。可是抱怨有用吗?抱怨不但不能缓解所面临的窘境,不会解决你的问题,只能让你的生活越来越糟……停止抱怨吧!停止抱怨,或许你的生活马上就会改观。

第一章 抱怨是无能的表现

抱怨不能解决任何问题

抱怨，是最没影响力的语言。遇到困难、心情不好的时候，看淡一点，静静地思考一下面临困境的原因在哪里。当我们遇到困难的时候，每一个人都会或多或少地抱怨生活中的不公平。回想一下，我们在满腹牢骚时，能解决什么问题呢？

对上司满腹牢骚时，上司觉得像你这样的员工很难缠，公司的规定自有他的道理，奖金的分配也是有根有据的，你这样满腹牢骚，到底是对谁不满意呢？从此以后，一个不好的印象就留在他那里，这似乎对你没有什么好处，非但没有，你还有可能因为自己的一两句抱怨，在以后的工作中，失去更多升职和加薪的机会。

对于同事也是如此，你的牢骚满腹，只能让他们认为你这个人一点都不沉稳，稍微有一点不顺心，就会心怀不满。一个人想方设法让别人觉得自己有修养还来不及，为什么要用一两句毫无作用的牢骚，来毁掉自己好不容易才建立起来的良好形象呢？

公司要裁员，小文和小肖都被列在了解雇的名单上，按照公司的规定，被解雇的人员第二个月必须离开公司。

小文回家后，痛哭了一场，第二天到了公司，还是愤懑不平，她逢人就抱怨："我平时在公司干得这么卖劲，这么多人，凭什么要把我裁掉？公司真的是太不公平了！"

而且越到最后，话说得越难听，甚至有些话里的意思是，她之所以被裁员，是有人背后告了她的状。除此之外，她还把宣泄不完的愤怒都发泄在工作上，该她负责的工作故意拖延，甚至有很重要的数字文件也不认真处理。

小肖和小文的遭遇是相同的，但她态度却完全不一样。小肖虽然心情也很沉重，毕竟这是自己工作了多年的公司，而且待遇不薄，所以她没有向任何人抱怨，她觉得公司这样做也是不得已而为之。于是她暗下决心，先做好手头的工作，以后再寻找更好的机会。

在公司里，她在工作之余也会和同事们表示遗憾，说一些大家以后不能再在一起工作的话，并且及时地交接工作，以免自己走后给他们带来工作上的不便。

一个月后，公司却只通知小文一个人离开公司，人事主管的解释是："公司准备多留一个人，小肖在工作上仍然认真负责，且毫无差错，所以留下了她。"

不但在职场中，在家庭生活中也是如此，牢骚满腹，总是抱怨，会让家人没有安全感，也会让他们觉得你对他们来说不再是可以评判正确与否的标准，因为你总是吹毛求疵，对于他们认为没有问题的事情也挑三拣四，你的威信因此会大打折扣。

所以说，抱怨是最没有影响力的语言，遇到困难、心情不好的时候，看淡一点，静静地思考一下面临困境的原因在哪里，用什么方法可以解决。不但自己不发牢骚，还去安慰那些和你一样遭遇困境的人，这正是建立威望的好时机。

抱怨是负面情绪的宣泄

"我错了，我真的错了，我就不该嫁到这个地方来，我不嫁到这儿来，我的夫君就不会死，我的夫君不死，我就不会沦落到这么一个伤心的地步。"

看过电视剧《武林外传》的人，想必都会对同福客栈佟掌柜的这段唱词耳熟能详，这段唱词在整部电视剧中出现的频率之高，已经不能用一百以内的数字来计算。每每遭遇挫折，平日里乐观开朗的佟掌柜总会甩起水袖，掩住面庞，然后满是悔意和苍凉地用陕西腔调将这段话悲苦地吟出。

当你在电视机前为着佟掌柜动不动就进行的此类表白捧腹大笑时，是不是也从中看到了自己的影子呢？

女友莫名其妙地吵闹着向你提出分手、前两天还对你很是器重的上司突然之间便对你不冷不热、在平整的大马路上走着走着就一个趔趄扭伤了脚踝、一向精明的你在不经意间便被骗子那并不高明的手段玩弄于股掌之间……

在每个人的生命中，总是会猝不及防地遭遇到各种各样的光怪陆离之事，而负面情绪，便伴随着这些事情的出现汹涌而来，伤心、失落、愤懑、烦躁、难过、郁闷便也随之成了现代人的口头禅和常态。

约翰在华盛顿的一家大型电器企业工作。最初进入到这家企业的时候，他只是一家分店的一名普通员工，而他负责的工作，便是日常的货物搬运和店铺的清扫工作。

在这个岗位上，约翰勤勤恳恳地工作了十年。在这十年里，他无怨无悔地忍受着顾客的刁难、上司的责骂、同事的排挤、工作的挫折、妻子嫌弃的唠叨……

这十年过得很漫长，但因为他一直都在积极地追求着，因此还算是充实而平静。十年之后，约翰不再是那个默默无闻的小导购员了，他成了十几家连锁店的领导核心。而他在攀上事业顶峰的时候，却逐渐感到了失落。

在一个闲适的晚上，约翰夹着雪茄在新别墅的宽大阳台上回忆起了自己的辛劳岁月。在这十年中，工作似乎一直就是他活着的动力和核心，他把自己三分之二的时间都投入到了奋斗和数不清的应酬之中。

儿子出生的时候，他因为要参加一次重要的资格考试而没有陪在妻子身边；父亲突发脑血栓住院，而他自己却因为生意远在法国；亲人的生日派对，他从来都没有时间亲自参加，只是从蛋糕店订购一个生日蛋糕送去；十年来，他从没有和妻子共度过一次情人节，而陪着儿子去动物园的次数也寥寥无几……

想到这十年的付出和辛劳，现在拥有的名誉、金钱在他眼中突然变得一文不值，而这所装修华美的新居，竟也令他感到厌恶。

"我对现在的生活厌恶极了，从早到晚的工作，我没有一点时间去感受生活，去享受和家人在一起时的快乐。"

"我把那么多的时间花在了那些毫无意义的事情之上，比如整晚地陪着那些可能和我产生利益关系的客户喝酒、想方设法博得一些陌生人的欢心、参加上流社会那些无趣又喧嚣的晚宴、整夜地待在办公室里处理那些不着边际的数据，我没时间给儿子换尿布、没机会去参加他的家长会、周末的时候没办法和他一起在花园里打球，因为我必须陪我的客户打那些慢悠悠的高尔夫……我厌倦现在的生活，我觉得很累！非常累！"

在第三根雪茄快要抽完的时候，约翰深情而又有些愠怒地跟妻子发起了牢骚。牢骚过后，他便作出这样一个决定：辞掉工作，然后轻松平静地去过普通人的生活。

第二天，他便向上司提交了辞职申请，上司再三劝他再考虑考虑，可约翰态度坚定得仿佛十头牛都拉不回来。劝阻无效后，上司只好作出妥协："我不批准你辞职的要求，但我可以给你放个长假，在你想要工作的时候，我随时都欢迎你回来。至于辞职申请嘛，我先替你保管着，等你回来的那天，我再交还给你！"

"那随便你好了，如此枯燥无味的生活，我是再也不想重复了。"说完这句话后，约翰便洒脱地离开了上司的办公室。

离职以后，约翰便带着一些积蓄来到一个风景迷人的小岛上度假。这里的空气是那么清新，而人们的生活又是那样安逸，躺在温暖的海边，约翰甚至有了永远生活在这里的想法。

  日子一天天地过去,十多天后,约翰却再也找不到初来岛上时的那种闲适和放松了,他突然开始怀念以前忙碌的日子,在这种情绪的主导下,海边轻柔的微风也让他觉得厌烦。

  于是,他又开始了抱怨:"这样的日子有什么意思,看着太阳从天尽头升起,然后便躺在海边等待着她慢慢落下,没有变化,也没有新意,百无聊赖……"

  在这样的抱怨中,小岛上的诸多美好再也激不起约翰一丝一毫的兴奋。又忍受了五天的寂寥之后,约翰便回到了曾被自己唾弃的那个喧嚣俗世中,继续激情澎湃地投入到以前的工作里去了。

  在负面情绪出现的时候,抱怨便是人们用来麻痹自己的一种逃避现实的方式。在负面情绪的影响下,很多自己曾经坚持的人生观和价值观在顷刻之间就变得一文不值。于是,值得抱怨的事情又多了些,生活便显得更加黯淡无光。

  其实,当你被负面情绪左右的时候,那些牢骚、抱怨虽然可以让自己暂时放松,但它们却并不是你真正的需要。

  当这种因为情绪波动而产生的美好希望被满足以后,你便无法再从中找寻到更多的满足感和幸福感了,而唯有在直面现实的时候,你才能在创造生命价值的过程里,找寻到自己真正的幸福和满足。

  抱怨和逃避,只是一场负面情绪的喧嚣盛宴,看似庞大而隆重,但与追求和理想比较起来,却寡淡的没有任何意义。

抱怨是逃避现实的工具

世界上的爱抱怨之人，大体上可以分成两类：一类人是光说不做的空想者；另外一类人，便是想都懒得想，只知道一味埋怨世道不公的"全职"抱怨者。让我们来看看这两种人的人生是如何阻塞在抱怨里的……

在伦敦，有一个名叫克里斯汀的女孩子。她的父亲是当地一家声誉很高的大型医院的脑外科医师，母亲则在伦敦一所著名的大学里任教，克里斯汀便在这样一个可算得上是极其幸福的家庭中长大。

从克里斯汀懂事起，她便对演员这个职业有着异乎寻常的热爱，在很小的时候，她便常常学着电视里那些歌手的样子拿着麦克风摇头晃脑地唱歌，家人也总是被这个小人儿惟妙惟肖的表演逗得捧腹大笑。

在上初中之后，克里斯汀便更加坚定了自己想要当演员的理想，她觉得自己生来就具有当演员的天赋，因为她即使不说话，也可以用肢体表现出任何她想表达的意思，或诙谐，或深情。

朋友们都很愿意和她聊天，因为她极强的语言表达能力和丰富的表情与肢体语言总是能让别人感到轻松和愉悦。而且，克里斯汀还有一个绝招，那就是不管在任何场合，只要她愿意，她随时都可以流下眼泪。

她自己常说："只要有人能给我一次在镜头前露脸的机会，我一定会用我的笑容和表演征服所有的人。"克里斯汀想当演员的愿望很强烈，可在现实中，她却没有为自己的这个理想做过任何努力，因为父母虽然对她这个演员的职业规划不反对，但似乎也并不怎么支持。

而她自己呢，也不知道如何凭着一己之力去实现这个理想。日子一天天地过去，克里斯汀按着父母的想法和安排上高中、上大学、上研究所，然后在一所大学做讲师。

时间一天天流逝，克里斯汀距离自己曾经的梦想越来越远，而曾经的理想，只会在她工作不顺心或是心情郁闷时的牢骚声中出现："我本来可以成为一个像褒曼那样举世闻名的好演员，可我却生不逢时，没有遇到赏识我的人，长这么大，我居然连一次星探都没有遇见过……唉，演艺界没有人来挖掘我，我只好在教师这个岗位上耗费着我的青春和生命了……"

和那些忙着把所有时间和精力投入到为实现理想而努力奋斗的实干家比起来，空想者似乎有更多的时间和精力去发牢骚，在大谈理想之后，便忙着大叹现实的不平和与自己的格格不入。于是，理想便在这些空想家的抱怨和牢骚声中变得沉重起来，人生也似乎因为理想的沉重而变得充满了苦楚。

在现实中，空想者是根本不可能取得任何成就的，因为他们不敢或是根本就不愿为自己的理想而奋斗。他们所能做的，只是抱着那个永远都不可能实现的理想，也可以说是幻想期待着奇迹的发生。牢骚，也自然而然地变成了他们平衡情绪或逃避现实的工具。

抱怨是一种不良的习惯

长期的抱怨会侵蚀你的生理与心理健康。如果你没有学会给自己良性的心理暗示，至少不用不良的暗示来迫害自己。不分场合、不分对象地习惯性抱怨，什么都改善不了，还会失去原本可能到手的东西。

我们都知道，抱怨不是一种好习惯。在几千年前，荀子就说过："自知者不怨人，知命者不怨天，怨人者穷，怨天者无志；失之己，反之人，岂不迂乎哉！"

法国作家罗曼·罗兰也说过："应当让人懂得，他是世界的创造者和主人，对于世间一切不幸他都有责任，生活中美好的东西、荣誉也属于他。"因此，面对工作中暂时不完善的地方，我们最好不要牢骚满腹，不要怨天尤人，不要像裁判员、检察官那样居高临下地评判、抨击和指责别人，而应当看到自己的责任，拿出实干的精神和勇气来。

对工作和公司产生种种抱怨情绪，甚至采取一些消极对抗的行动，这是人的一种正常的心理反应。但是，一味地抱怨，不仅什么都改善不了，还会失去更多的东西。

有一位资深人士准备到一家新公司应聘，在众多竞争者中他的工作经验最丰富，学历最高，工作成绩也最显著。经过复试，他本已脱颖而出，却没想到最终被录用的竟不是他。

他很惊讶，到这家公司问个究竟，得到了这样的回答："的确，您的经验、能力是最突出的，但从您对您原来的公司的形容中，我们发现您是一个很喜欢抱怨的人，抱怨中午的工作餐不是人吃的，抱怨工作差、工资少，抱怨空有一身绝技却没人赏识……您口中的前公司那么差，而据我所知，我们两家公司的规模和体制差不多，我想您到我们公司来也一定会有同样的想法，所以……"

所有公司的领导都会认为，抱怨只是一种无能的表现。工作中不可能事事如意，也许暂时会有不顺，但不可能永远地失衡下去。只有将之化为动力，才能真正地提高工作效率，收到实际的效果，才会得到领导的认可。

　　某心理学家做过一个关于抱怨的心理测试，得出了这样的结论：如果你想抱怨，生活中一切都会成为抱怨的对象；如果你不抱怨，生活中的一切都不会让你抱怨。

　　有位成功人士说得好："就算生活给你的是垃圾，我认为，你同样能把垃圾踩在脚底下，登上世界之巅。"

　　何况，一味地抱怨不但于事无补，有时还会使事情变得更糟。所以，不管现实怎样，都不应该抱怨，而应该换种想法来思考问题，靠自己的努力改变现状并获得幸福。

　　比如，我们应明白骑在驴上找马这个道理。现在这份工作的经验，是你开始另一份更适合你工作的垫脚石。没有一份经历是全然失败的，这份工作至少让你多了一个总结经验的机会。"他山之石，可以攻玉"。在不断的调整中才有可能寻找到自己的最佳位置，可这个前提是，你得首先有个位置作为坐标。

　　不要浪费过多的时间在无聊的事情上。如果你的工作让你一点成就感也没有，那就赶紧想办法另谋高就，而不是不停地抱怨。抱怨不会提高你的口才，也不会让你得到什么有益的经验。只会使你浪费更多的时间，从而错失更多的机会。

　　另外，不抱怨就是给自己良性的心理暗示。心理暗示的作用是非常强大的，我们都知道良性心理暗示的正面作用，可很少去想不良心理暗示的负面作用。

　　当人忧郁、气愤、心情不佳时呼出的气体是有毒的，这个你知道吗？长期地抱怨会侵蚀你的生理与心理健康。如果你还没有学会给自己良性的心理暗示，至少你不应该用不良的暗示来迫害自己。

最后，也是非常重要的一点，如果你真的要发泄而抱怨，那么你必须要分清场合，看清对象，你可以和家人或知心好友说说，他们是真正关心你的人，会用心地倾听，并且可能会给你一些好的建议。切忌同那些交情一般且有工作关系的人去抱怨，否则，只会给你带来不利。

请记住：在工作中，没有什么是一成不变的。如果你不能适应，不能调整心态，就永远无法摆脱烦恼。一切都会变好的，你的生活也是美好的。对生活中的困难和人生中的困惑，只要你坚持乐观向上的态度，充满信心，咬紧牙关，少一点抱怨，多一些热爱，那么所有的美好都将属于你。

抑制不良的情绪侵袭

事物作用于我们的力量也就是我们作用于事物的那种力量。比如，使一个人心里感到恐惧不安会大大地降低他工作效率的事情，但在另外一个人看来，这也许根本就不值一提。我所认识的人当中有些人的思想修养达到了一定的高度，他们绝不允许任何事情动摇他们的信念。

例如，有一个老人尽管痛失了所有的财产和亲人，成了一个贫穷的人，一个无家可归的人，一个无依无靠的人，一个孤苦伶仃的人。但是，人们却看不到他有任何的抱怨，他从来没有流露出任何的失落感，为什么他能做到这一点呢？

仅仅是由于他有效地把握了正确思考的法则。他能够控制自己不去想痛苦和悲伤的事情，或者，通过自我的心理治疗后，他能正确看待那些使他痛苦或悲伤的事情。他努力地从心理失调走向心理的平衡与和谐，用思想的真理去战胜谬误。

他极其擅长人类精神方面的分析，一旦他感觉到仇恨和嫉妒等等精神毒药在侵蚀他，那么，他马上就会用仁爱、亲切和善的思想去化解它们。邪恶和嫉妒的毒药绝不可能接近他，因为他认识到人的本质应该是仁爱、亲切与善良。

当你感到恐惧或忧虑时，你同时也赋予了某种东西以恐惧或忧虑的力量，这种力量反过来作用于你，否则，这种东西是不可能使你感到恐惧和忧虑的。

你对某种东西感到恐惧，这一情况本身就表明，你已经在自身和恐惧之间建立了某种联系。而一旦你懂得了如何去把握自己的精神特质，你就能做到斩断这种联系。

你要知道，任何的痛苦、沮丧、忧郁、焦虑等等，都是某种精神毒药引起的，但只要施以恰当的方法，是容易制服这种精神毒药的，就像水能轻易地将火浇灭一样。

我们曾经被谆谆教导要爱我们的敌人，如今我们才明白这一处世之道包含的真知灼见，因为如果憎恨我们的敌人，只会使正在燃烧的怒火更如火上浇油，而爱则能熄灭我们正熊熊燃烧的怒火。在这个世界上，充满爱的心灵里不会有任何敌人的。因此，爱我们的敌人这一戒律中包含着真理的光辉。

纯洁的思想能克服肮脏的思想和耽于酒色的念头，而且非常的迅速有效。很多人都看到过这样的情况，在很短的时间里，纯洁和无私的爱能使一个污浊肮脏、道德败坏的人迅速地发生巨大的变化。

其他人身上的东西往往迎合了我们对这些事情的看法，甚至我们在这些事情上希望看到什么，我们就能看到什么。如果我们希望从他人身上看到正直、崇高、纯洁和真实的一面，那么，其他人的这些美好特性往往就会跃然而出，就会满足我们对他们的期望。但是，如果我们想寻找他们不好的一面，我们也容易找到。

如果我们以一种卑鄙、嫉妒和可耻的思想与他人交往，如果我们刻意地去寻找他们身上的粗野，那我们自然会找到他们身上流露出来的粗野习气。我们总是把自己对他人的评价、对他们看法的信息传递给他们，而我们遇到的每一个人也会给我们不同的评价。

你允许在你的内心中成长的一切，你同意停泊在你头脑中的一切，你恩准栖息在你思想王国里的一切，都会成为在你生命中成长的"种子"，这些种子会引发与它们相似的东西。在一个人的心灵中，仇恨的种子不可能开出仁爱的鲜花，邪恶的思想也将结出邪恶的果实，而报仇的种子则将带来血淋淋的后果。

无论你以什么样的思想来对待他人，你总会发现他们会以相似的思想来对待你。如果你内心中那伟大的生命力——那颗妙不可言的仁慈博爱之心向一个人表示敬意，哪怕他可能是一个戴罪之人，他那伟大的内在力量也会出来与你心中的生命力相见，并表示亲切和友好。

但是，如果你恣意妄为，你以恶魔般凶恶的力量——仇恨、嫉妒、邪恶等等，来对待他人，那么，这些力量将从你的对方那里激发出同样的恶魔来。好心好意的结果总是好心好意，邪恶的结果总是邪恶。仇恨会与仇恨相对抗，付出仁爱则会得到仁爱，因为思想也遵循物以类聚的法则。

人的思想甚至还遵守一个类似的数学定理那样的规则。缺乏仁爱的思想交换来的只能是仇恨，但是，如果你的思想中充满爱意，那它也会激起充满爱的思想。要想获得朋友，我们必须表示友善；要想为人所爱，必须先有付出爱。

即使是凶残的野兽也懂得对我们的各种思想做出相应的反应。一个驯兽员通过表示亲切友好的善意，用一根细绳便能指挥一头野兽，但如果靠使用暴力，也许十个人都不能使这只野兽动一下。在我们身上有这样一种规则：用善意来回应善意，用凶残来回应凶残。

一个佛教徒说："如果一个人对我不怀好意，我将慷慨地施与我的仁爱之意。他的邪恶意图越强，我的善良之意也就越多。"

更新我们的思想观念

我们必须明白的一个深刻教训便是，我们的身体是建立在我们的观念基础上的。我们的身体协调还是不协调。

健康还是不健康，完全依我们习以为常的观念和我们前人的观念而定。有一些人懂得这一教训后，在短短的一年间，因为他们坚持正确的思考，其风貌为之大变，以致很少有人能认出他们来。他们以前的那副疑虑重重、愁容满面、焦虑不安的面孔上，如今却写满了希望、快乐和喜悦。

圣保罗的箴言说得很在理，他说："更新你们的思想，你们就能获得新生。"这就是说，我们应该改变、净化、更新和提高我们的思想观念。

到处都是有衰亡就有生长，只要我们继续发展，只要我们不停地更新思想观念，不停地追求新知和进步，那么，退化、衰变、老化和腐败的过程就绝不可能在我们身上出现。

存在一条永恒的更新法则，这条更新法则在我们身上不断地起作用。唯有在我们形成不利的思想观念和心态混乱时，这条更新法则才会失灵。

我们许多人都曾有过思想观念突然更新的神奇经历。这种观念更新不期而至，一下子驱散了我们头脑里的阴云，让欢乐和幸福的明亮光线射进了我们的头脑，这种观念更新至少暂时改变了我们的整个人生观。

我们沮丧时，觉得一切都暗淡无光时，也许一些好运会突然降临至我们头上，或者我们多年不曾见面的一个终日乐滋滋的好友突然光临我们的寒舍，或者是我们作乡间旅游，由于从这些事情中获得了新的启迪，所以，我们所有的心灵创伤都得到了根治。

有时，我们旅游时，也许我们碰巧会见到一些迷人的风景或碰巧见到一些我们从书上得知的、长期以来一直渴望见到的精美艺术品，这种强烈的情感和兴趣，这种美丽、壮观、庄严的事物给人带来的巨大启示，能暂时完全改变人们的忧郁和焦虑不安的心情，而这种忧郁和焦虑不安的心情在不久之前却使我们痛苦不堪。

许多人认为，思想观念不可能有太大的改变，他们认为，思想的范围、界限早已由遗传注定了；他们还认为，自己能做的无非就是稍微给头脑一些教养，以使它稍微亮堂一些。

但是，这样的例子数不胜数——人们成功地彻底革新了他们的思想，强化了他们由于先天不足或缺乏锻炼而带来的能力上的缺陷。同样，也有许多人本来极度缺乏的智识能力后来竟然成为他们的核心优势，成为奠定他们品格的基础。

就比如说勇气吧。许多非常成功的人士曾经完全不具有这种品质，如果一直是这样，就会毁灭他们的前途。但是，在他们父母和师长们的悉心训练下，他们一个个都变得顽强、坚毅起来了。

勇气的获得可以通过树立自信来实现，也可以通过自己不断地暗示来实现，还可以通过思考那些英雄的故事，阅读那些大英雄们的人生故事和作品，来培育自己的勇气。通过提醒自己畏惧是一种不良品质，通过坚持不懈地做一些勇敢的事情，也可以帮助人们获得勇气。

在人类早期，人类的大脑非常原始，因为当时人类的要求大体就是自我保护和获取食物，这种情形仅仅要求人脑具有比较低级的、动物似的功能。但是，逐渐地，对人脑的要求越来越高，越来越要求全面的、多样的发展人脑的机能。在今天这样高度发达的文明社会中，脑的机能也变得异乎寻常地复杂。

文明社会的每一项新的需要都对大脑提出了新的要求。正如动物和人类要改变自己的体格以适应变化多端的气候和生活条件一样，大脑同样需要发展它的功能以适应生活日益复杂化的新要求。

大脑总是不断发展变化，以适应对它提出的各种新要求，它总是不断地产生新的机能，强化有缺陷的机能，以便最终能使这种有缺陷的机能可以从事有益的活动。

埃尔默·盖兹教授曾经为了强化一些小狗的感觉，诸如视觉、听觉等等，而对它们进行了训练。其他一些大小相似或同一窝出生的小狗则没有机会获得训练，这样它们就无法发挥它们那些特定的脑机能，在这种情况下，它们这些特定的机能是不可能得到发展的。

比如，大脑中主管视觉的那部分功能就这样得到了训练。用这种办法训练出来的小狗能分辨出七种深浅不同的红色和绿色。

大脑随着它的活动条件、活动动机以及个人所必须面对的情况的改变而改变。大城市中生活紧张的人的大脑非常不同于农庄中生活闲适之人的大脑。

生活在城市之中的人们要求其脑力获得多样化的发展。城市人思维更敏捷、行动更迅速、感觉更灵敏,因为城市生活的复杂和紧凑使然,因此,与农村居民相比,城市人的确是一种非同一般的人。

通常来说,人的大脑的适应性非常好。各种职业对大脑都有各种不同的要求,都要求大脑发展与该职业密切相关的功能和特性,因而随着职业、行业、专业的激增,大脑也就呈现出一种新的适应性特点。这样,大脑从总体上就赋予文明世界以更大的多样性和更大的活力。

比如,多年如一日地专注于精神事物的牧师其大脑特性就非常不同于律师、商人或建筑师的大脑。

我们也可以不费吹灰之力地区分一个一生从事与脑力有关职业的人和一个商人。工匠往往能发展和强化一些独特的能力,比如观察力、远见、精明和系统条理化能力等。领导者往往大大地发展了某种能力,比如创造力、利用和控制他人的能力、透视人性的能力以及深谋远虑的洞察力等。

一个催人奋发的环境往往就是使大脑的发展得到改变的一个强有力因素,形成抱负本身便很好地说明了启迪的力量。一个生长在贫瘠乡村的孩子也许有从事某一特定行业的巨大天赋,但是,如果没有合适的刺激来激发他的个人抱负的话,那么,他绝不可能培养出那种本可以辅佐他成就伟业的能力。但是,如果他去了城市,置身于一个催人奋发的环境,那么,他的整个脑结构就会发生巨大的变化。

在一些大学生身上,特别是在那些来自农村的大学生身上,我们经常能看到这种突然改变的例子!大学生之间思想火花和伟大抱负的交流、碰撞以及接触到一些催人奋发、感召力强的人物，通常能使这些年轻人看到他以前从未意识到的潜在力量，因而这也可改变他的一生。

有许多这样的例子，即当思想观念改变时，当人们原先以为他们没有任何专长的观点发生了改变时，那些受错误观念束缚的天赋会迅速地展现出非凡的潜力。

播种高尚的思想种子

通过观察你目前的品格和道德状况，每个人都明白你在自己年轻的土壤里播撒了什么样的种子。人们无须回顾和调查你的童年，你这颗已经长成的"庄稼"就足以说明你的过去。你现在仅仅是在收割你播种的东西，如果你播种的是杂草的种子，你就不会期待闻到芬芳的气息。

那么，你怎么可能希望通过播种仇恨和凶残的种子，而收到友善和幸福的果实呢？相反，如果我们播种仁慈、高尚、鼓舞人心的思想种子，那么，我们就会收到和谐、美好和幸福的累累硕果。如果我们播种富足的思想种子，我们往往就会获得财富。而如果我们播撒卑鄙、忧郁、吝啬和失败的思想种子，那我们就一无所获。

当我们看到一张忧郁不堪、使人厌恶的面孔，我们就知道，这是因为他播种了自私和可耻的思想种子。当我们看到一张平静安详、自信豁达的面孔，我们就知道，这是因为他播种了和谐、希望和无私的思想种子。

许多人似乎认为，我们生活在一个不确定的未知世界中，我们深受命运的残酷折磨。但是，事实真相却是，我们正处于一股洪流当中——这股洪流正奔向具有绝对的法律和秩序的天国，在那里没有什么东西是偶然的，没有无因之果，存在都有其理由。

在那里，即使是我们生命过程中最微不足道的细节都遵守着一条绝对可靠的法则，这一法则使得上帝的子民在他们的生命征途中达到最完美的和谐。

无论在哪里有混乱，我们都能确知，这一混乱源于播种了不和谐的思想种子。除此之外，别无他故。每一种不和谐，无论是痛苦、疾病、贫困、失败，还是不幸，都只是意味着一个人无法与他本性中最好的一面协调一致，只是意味着他无法与自己崇高的一面相协调。

老是怨天尤人，老是悲悲戚戚、哭哭啼啼地向人们倾诉自己不幸的人，并不是一个真正的人和完整的人。他来到这个世界仿佛只是滥竽充数而已。

在未来的某个时候，我们将学会使自己免受思想敌人的侵害，将学会消灭扰乱我们情绪的敌人，就好像要保护自己的家园免遭盗贼的偷窃一样。因为各种不和谐的思想会给我们带来可怕的痛苦，给我们造成各种羞辱和窘迫，甚至带来致命的伤害。

我们完全有可能学会将不和谐的思想拒之于心灵的大门之外，或者我们会用一种完全相反的思想来治疗这些思想上的疾病。

既然身体是灵魂的产物，那么，充满不健康思想的灵魂必然会产生一个病态的、不健康的身体，这是一个千真万确的事实。快乐和满怀希望的思想本身就能治疗许多疾病，如忧郁、焦虑和沮丧等等。而仅仅靠乐观便能治愈一些最严重的心理疾病。

坚定地树立乐观的思想，这样你就能将滋生疾病、带来痛苦和导致失败的悲观思想扫地出门。一定要坚定地守住自己思想的大门，一定要把那些破坏你幸福和成就的所有思想敌人拒之于思想的大门之外，这样，你就会惊异地发现，在很短的时间里你的力量大大地增强了，你的生活发生了重大的变化。

树立健康的思想，树立富于生机与活力的思想习惯，这种思想的习惯既是一种现实的存在，又是一种永恒的真理，更是一种妙不可言的万灵药，这种习惯将使你感到力量陡增。我们会感到伟大的内在力量正强有力地支撑着我们，我们的思想和情感充满了真实性，生机勃勃，富有创造力。

所有可能导致软弱、失败、不幸或贫困的思想都是极具破坏性的思想，都是消极和颓废的思想。这些思想都是我们的敌人。无论什么时候，如果它们想侵入你的心灵，你都要谴责并驱逐它们，因为它们本身就是窃贼，会窃去我们的舒适、和谐、力量、幸福与成功。

每一种真诚的思想、美好的思想和鼓舞人心的思想，如果存在于心中，往往就能使自我不断地获得新的生命，并能消除人们头脑中的混乱，从而可以振奋精神。

当人的头脑中充满这些催人奋发、鼓舞人心的思想时，那些颓废的思想、消极的思想和堕落的思想就不会再恣意妄为了，因为这两类思想势不两立、不共戴天。

我们往往会长成如自己所希望的、所憧憬的和所渴盼的那样，而不会像我们所憎恨的、所蔑视的和极力想摆脱的那些东西那样，我们会渐渐地从自己的身上清除我们所憎恨和蔑视的那些东西的影响，而它们也逐渐地失去了控制和摆布我们生命的影响力，也逐渐地无法再影响我们的品格了，久而久之，其影响最终烟消云散。

无论如何不能持有这样一种荒谬的观点,即认为我们自己是贫穷者,我们是尘世间的可怜虫,我们因各种各样的限制最后只能归于失败,我们是弱者,我们正滑向堕落的深渊;我们正好要与之相反,要相信真理和美好的东西主宰着我们的命运,而这终将使我们的品格臻于完美。

这样,那些被我们否定了的东西最终将从我们的思想意识中消失,并最终滚出我们的生活中。

营造仁爱与快乐氛围

由于我们拥有富于生命力的思想,由于我们拥有诚实正直的思想,由于我们拥有乐观的思想和美好的思想,我们的生命因此而力量倍增,而这些来自正确思想的巨大力量则可以巩固和完善我们优良的品格。

懂得这一人生秘密的人往往抓住了通行于世界的根本原则,能够认识到世间事物的真实性,并过上一种真实的生活。那些生活在真理和现实的人会觉得自己很安全、很有力、很平和,而这种安全感、力量感和安宁感是不会光临到那些只懂得表面生活的人身上的。

我们很难估量日常思想习惯的品质对我们生命的价值大小。这些思想习惯到底是正确还是病态的,保持健康还是导致腐朽,随着思想性质的不同,其价值自然也有很大的不同。

思想的品质决定着理想的品质。如果一个人思想低劣,那他是不可能拥有高尚理想的。无论发生什么,都应该用正确的思想去直面生命,用健康的、快乐的、乐观的思想去直面生命,都应该满怀希望,坚信生命中充满了阳光雨露。

传播成功思想、快乐思想和鼓舞人心思想的人，无论到哪里都撒播阳光的人，是世界的救助者，是负担的减轻者；他们能宽慰失意的人，安抚受伤的人，激励沮丧泄气的人。

学会传播快乐吧，学会慷慨大方地传播快乐吧！毫无保留地奉献你的快乐吧！让快乐在家庭里洋溢，在大街上流淌吧！让快乐在汽车里、在商店里荡漾吧！就像玫瑰花儿散发芬芳一样。

当我们明白仁爱的思想能治愈疾病的时候，当我们明白关爱的思想能为创伤止痛的时候，当我们明白和谐、美好和诚实正直的思想能振奋人心、使人升华的时候，当我们明白那些与此相反的思想总会带来死亡、破坏和毁灭的时候，我们就真正领悟到了正确生活的真谛。

一些人多年以来对其他人怀有仇恨或深深的嫉妒，尽管他也许没有意识到这一点，但这种心态使他无法最充分地展现自己的才能，并因而破坏了他的幸福。不仅如此，他还营造了一种充满敌意的氛围，容易使得对他有成见的人群起而攻之，容易引发冲突，这样，他的整个一生都因此而受到束缚。

心中绝对不能有痛苦、嫉妒、仇恨和居心叵测的思想，也决不能让心灵受到各种不利情形的束缚，否则，他必定会因此而付出巨大的代价，比如效率受损、工作质量低下以及内心失去平衡和安宁等等。

当一个人对他人怀有不友善甚或仇恨的思想时，他就无法做好他的工作。我们的各种能力唯有在身心和谐的情况下才能发挥到最佳的水平。要记住，心中一定要充满善意，否则，我们便无法做好手头的工作。仇恨、怨愤和嫉妒可称得上是毒药，而这些毒药对我们身上那些崇高的东西又是致命的，正如化学性的毒药对我们的身体是致命的一样。

对他人怀有一种亲切友好的态度，一种善意的情感，能使我们有效地免于会给自己带来痛苦的仇恨思想或中伤他人的思想，因为仇恨思想或中伤他人的思想是无法穿透我们用友爱所铸就的盾牌的，是无法穿透我们用善意所铸就的城墙的。

有些人一辈子都少有恼怒，有些人一辈子都保持着心境平和的状态，他们的生活过得是多么轻松、快乐、美好和幸福甜蜜啊！他们一生中都没有陷入过混乱和苦恼，这是因为他们的本性当中就有和谐的因素。他们爱天下的人如兄弟，所以，天下的人也爱他们如兄弟。他们更没有敌人，因为他们从不激起对抗和冲突，因此，他们很少感到痛苦或烦恼。

而其他一些性情暴躁、易怒和任性的人，则总是处于水深火热般的痛苦之中。他们总是难以为人所理解或总是遭人误解，而其他人也好像总是在不断地伤害他们的心灵。他们总是引起不和，因为他们自己本身就是不和谐的。

没有哪一个人能做到怀着仇恨、抱怨、嫉妒和怨愤的情感同时又秘而不宣，所以，这种情绪迟早会严重地损害他自己的名声。许多人还奇怪为什么自己不受人欢迎，奇怪为什么自己为其他人所厌恶，奇怪为什么自己总是居于少数派的地位，他们不知道这正是由于他们流露出忧郁、怨愤和混乱的思想而扼杀了自己的魅力。

相反，那些总是显得亲切友好、关爱他人、鼓舞人心和富有同情心的人，那些对每个人都怀有好感的人，那些内心不受仇恨、忧郁或嫉妒思想侵蚀的人，却到处受人欢迎、令人愉悦。

以后，人类将意识到，每种混乱的思想，每种竭力想恶意地利用他人的思想，每种不择手段去获取不义之财的思想，将使人得不偿失。

人们将会发现,世界上的事情就是按照正义的法则来安排的,所有与正义、平等、诚实和无私的精神相和谐一致的事情都是有价值的。以后的年代里,每个人都想行正义之事、做正义之人,那样的时代将给每个人带来欢乐、和平与繁荣。

当人类学会以正确的思想来对待他同时代的人时,人类将迈进一个更高的文明阶段,人们发现行善要远远好过作恶,人类会普遍地渴望去遵守"你想要别人怎样待你,你就应该怎样待别人"的黄金法则,这样的时代会带来普遍的和谐与安宁。

第二章　失败者才会抱怨

抱怨不能改变人生

吃了好多闭门羹之后,沮丧的独臂乞丐终于在一个炎热的午后,敲开了这座装饰精美的别墅的大门。来开门的是一个老太太,体态丰满,神态安详,独臂乞丐一看,便赶紧蹙起眉头可怜巴巴地向着老妇人开始了他那套说辞:"您是个好心人,求求您给我点儿钱吧,天气这么热,我讨了一上午都没要来一分钱。"

看着脏兮兮的来人,老妇人并没有赶紧给他些钱然后厌恶地将其赶开,她只是不动声色地上下仔细打量起了乞丐:"小伙子,我看你年轻力壮的,你干吗不凭着自己的力量去养活自己,却要在这儿低三下四地以乞讨为生呢?"

"用我自己的力量……怎么可能?我只有一只手臂呀……"乞丐边说边向老妇人晃动着那个空荡荡的袖管,"唉,都怪我命不好呀,你以为我喜欢现在的生活?我活得恶心死了,连只狗都不如,可我只有一只胳膊,我能干什么?除了这样将就活着,我还能怎么样?"乞丐对自己目前的状况显然很不满。

听了乞丐的牢骚,老妇人一言不发,只是打开院门,作出一个让乞丐进去的手势。乞丐疑惑地跟着老妇人进入院子里。这所房子显然建好没多久,外面虽然装修得很华丽,可院子里却乱糟糟的。

走到屋门口的一堆砖头旁边,老妇人停住了,扭过头来对独臂乞丐说:"你要是能帮我把这堆砖头搬到花池旁边,我就给你钱!"

"什么?"听了老妇人的要求,乞丐不由得惊呼一声。他在心里抱怨道:"现在的有钱人可真是抠门儿,跟我这样一个残疾人都这么较真儿!"

老妇人似乎看穿了乞丐的心思,但她并没有说什么,只是走到砖堆旁边,用一只手捡起一块砖头丢在花池旁边:"你看,一只手也可以的!"

乞丐无奈,只好学着老妇人的样子用一只手搬运起来,可心里却叫苦连天。两个小时以后,乞丐终于把砖头移了过去。在他气喘吁吁地坐在地上再也不能动弹时,老妇人却端着一杯水笑盈盈地从房间里走了出来:"来,小伙子,喝点儿水吧,这是你的酬劳,你拿好。"说完后,老妇人便把两百块钱塞到了乞丐手里。

"酬劳?"乞丐很是不解。

"对,你帮我干活了,这是给你的酬劳!不要再因为你身体的缺陷而抱怨了，看到了吧，你也可以养活自己的！"老妇人以一种毋庸置疑的口吻说。

独臂乞丐拿着钱，心灵却被深深地震撼了。他站起身来，向着老妇人鞠了一躬，然后便昂着头走出了大门。

多年之后，独臂乞丐因为他味美价廉的馄饨店而远近闻名。说起往事，他总要发出这样的感慨："是那位大妈的两百块钱让我找到了人生的目标，从那以后，我只想要靠我自己的能力养活自己！"

美国散文作家爱默生有句名言：靠自己成功。成功并不是天上掉下来的馅饼，砸到谁就是谁的。成功，是需要我们去努力、去搏击，然后用汗水和泪水促使其实现的。

在你因为理想难以实现而大发牢骚时，你要先静下心来想一想，自己是不是真的有什么远大而又切合实际的理想；即便你有了这样的理想，你也要认真思考一下，自己是不是为了理想的实现付出过什么。

抱怨让你失去机会

生活中，我们经常可以看见这样一些人，他们整日在不同公司之间穿梭，看起来很忙，但却不是在为工作而忙，而是在忙着到处寻找工作。他们曾经在许多公司任职，从事过不同的职业，能力不能说没有，但却被自己满腹的抱怨掩盖。

其实，他们所抱怨的东西并不是导致失业的最主要原因。恰恰相反，这种抱怨的行为正好说明，他们现在的处境——四处寻找工作，完全由自己一手造成。

他们说：“每天累死累活，只能拿到这么点钱，这算是什么工作。”

他们说："老板太抠门，干得再好有什么用？"

他们说："公司领导一个比一个差劲，这根本就是一个烂摊子，在这干得再久也翻不了身……"

他们就这样，抱怨公司的老板抠门；抱怨工作时间过长；抱怨公司管理制度严苛；甚至抱怨自己当初怎么会进这家公司……他们的这些抱怨，有时在管理者和被管理者固有的矛盾之间会得到一些实据，因而也许会受到一些善良之人的宽慰，使自己的内心压力暂时得到一定的缓解，并不能给公司造成损失而影响自己的发展。

但是，持续的抱怨势必会使人的思想摇摆不定，进而不能专注地工作，甚至敷衍了事。久而久之，问题自然就出现了，到那时即使你不炒老板的鱿鱼，老板也已将你排在了最应辞去的人之列。何况，如果你因此养成抱怨的习惯，想找到下一份工作，或者想在下一份工作中有所作为，将会是一件很难的事。这一点，凡是频繁换过工作的人都应该有深刻的体会。

《致加西亚的信》的作者阿尔伯特·哈伯德曾向一位聘用过数以百计员工的管理者请教，他是如何考察不同的应聘者的。这位管理者说："我招聘员工时，十分看重应征者如何评价自己刚刚离开的那家公司和以前从事的主要工作。如果前来应征的人只是说过去雇主的坏话，甚至恶意中伤，这种人我是无论如何也不会加以考虑的。"

抱怨使人思想肤浅，心胸狭窄，一个将自己头脑装满了抱怨的人无法容纳未来，也不会被未来容纳。

看看我们周围那些只知抱怨而不努力工作却在努力找工作的人吧，他们从不懂得珍惜自己目前的工作机会，总是抱着近乎愚蠢的奢望，以为下一个工作会更好。

他们不懂得，丰厚的物质报酬是建立在努力工作的基础上的。更不懂得，即使薪水微薄，也可以充分利用工作的机会提高自己的技能。他们在日复一日的抱怨中，失去一次又一次工作机会，任自己的大好年华白白流逝，使自己未得到良好增长的技能在飞速发展的现代社会变得一钱不值。

他们始终没有清醒地认识到一个严酷的现实：在竞争日趋激烈的今天，工作机会来之不易。不珍惜工作机会，不在自己现有的工作中努力，不管学历有多高，能力有多强，最终都会被庞大的失业队伍淹没。

小王大学毕业后便找到了一份不错的工作，同学、朋友都祝贺他，他开玩笑道："瞧瞧你们那点追求，这工作就算好了，这只是开头，好的还在后面呢。"

小王工作后，在公司附近租了一套房子，这时他的女友也找到了一份不错的工作，于是俩人决定合租。两个人两份工资，交完房租外，剩下的足够贴补生活之需，日子过得相当惬意。

可是好景不长，没过几个月小王就突然烦躁起来，从公司一回家就对女友诉说对公司的不满，抱怨公司领导层的无能，没几天就辞职另找了一份自己认为不错的工作，并将家也搬了过去。

如此几年后，他因不停更换工作，将家从南城搬东城，再从东城搬到北城，有时一年中光搬家就有好几次。她的女友开始还以为他真的没碰上好工作，还经常安慰他，让他不要着急。

后来越发觉得不对,也慢慢对他各种各样的抱怨产生了反感,终于在他又一次准备辞掉工作时,向他发出了最后通牒。

她说:"咱们俩在一起这么几年,光工作你就换了七八个,每个你都说不行,难道这些公司真都像你说的那样不行吗?我看你干事就是虎头蛇尾,而且不愿意吃苦,别人住在东城都可以去北城上班,你为什么不行?"接着说:"如果你这次再不坚持下去,我看我们也只能做普通朋友了。"

听了女友的话,小王不知如何是好,没几天就一个人搬了出去。原来,这次不是他不想坚持干下去,而是他没好好干公司要解雇他,他不好意思给女友说实话,才说是自己想要辞职的。这样的事在他身上并不是第一次发生,却是第一次的无可挽回。

几个月后,小王在一家超级市场门口偶然碰到他的女友,女友问他最近怎样,他很尴尬地笑了笑说:"现在要找一份好工作真是不容易,到处都是找工作的人,竞争很激烈。不过我刚找到一家还算合适的,虽工作性质和以前不同,工资也没有以前的高,但和我找的别的几家比起来已经很不错了。"

女友看到他这种情况显然不知道说什么。他急忙说:"我得走了,这家公司约我两点半面试,我不能迟到。"

故事中小王的情况具有一定的普遍性。生活中像他这样因不努力工作而去努力找工作的人比比皆是,他们在一次一次的失业中降低了自己，使自己得到了应得的藐视。

人们说，赌博就像用两只碗来回倒一碗水，倒来倒去，只有一个结果：碗里的水越来越少。其实，因为自己不努力而频繁更换工作也一样，是用无数个碗来倒一碗水，最后能剩下什么可想而知。

现在社会上找工作的人越来越多，光北京一年大的招聘会就有几十场，每一场都是人满为患。据此，很多人认为，大多数人的失业是因为用人单位减少了对劳动力的需求，才使得很多很有能力的人无工可做。

事实真的是这样吗？当然不是，现在许多公司、机构里，有很多空缺职位没有合适的人填补。在报纸上，到处都有"诚聘职员"的广告，许多老板也正急切地想找到能为自己所用的人才。再者，一年几十场的大型招聘会本身也说明这种说法根本不能成立。

如果非要对此作出解释，那答案或许只有一个，所有的公司需要的都是那些受过良好的职业训练、具有非凡才干的人才和那些能够努力工作、积极进取的员工，而不是投机取巧，马虎轻率、嘲弄抱怨、朝秦暮楚的平庸劳动力。

迈斯曾经做过许多种工作，却一次次地沦落为一位可怜的失业者。他总是唉声叹气地对身边的人说："工作压力太大，生活负担太重。"他渴望能够获得一个有充分闲暇时间的工作，有时候他甚至将无所事事看成一种人生乐趣。

如此他换了很多种工作，但没一个能达到他要求的标准。于是他到中年时，仍觉得自己的生活苦不堪言，想改变却又无从着手，只好逢人便说："我怎么这么倒霉，这么多年连个像样的工作都找不到。"

一个人不停地抱怨只会浪费时间和精力，也就是恰在此时，机会已经从他们的身边溜走了。人都有好逸恶劳的习性，如果不是被环境所迫，多半都只会安于现状，不求上进。而当不幸真的降临时，他们却只会问："为什么倒霉的事总发生在我身上？"偏偏从不在自己身上找原因。

好工作不是找出来的，是干出来的。其实，我们每一个人一直都拥有成为优秀员工的潜能，一直都拥有被委以重任的时机，一直都面对升迁和加薪的大门。

但是，为什么一定要等到无路可走的时候，在遭遇人生的"晴天霹雳"之后，才试着改变自己的心态和做事方式呢？不要在平安舒服的日子里让光阴一点点溜走，不要在那里坐等"晴天霹雳"突然将你击倒。努力工作的人懂得，要把命运牢牢地掌握在自己手中，不给"晴天霹雳"击倒自己的机会。

有位哲人说过，只有拒绝成长的人，才会觉得成长痛苦不堪。上天通常都是先用温和的报警来提醒我们，但当我们对他的报警置之不理时，他老人家就会重重地敲下一锤来。

从平凡的工作中脱颖而出，一方面由个人的才能决定，另一方面则取决于个人的进取心态。这个世界为那些努力工作的人大开绿灯，直到他生命的终结。

抱怨破坏你的人际关系

我们在抱怨时，可能尝到获得注意力或同情的甜头，也可以回避去做让自己紧张的事；然而抱怨的行为也是双刃剑，将带来负面的影响。

"烦死了，烦死了！"一大早就听见王宁不停地抱怨，一位同事皱皱眉头，不高兴地嘀咕着："本来心情好好的，被你一吵也烦了。"

　　王宁现在是公司的行政助理，事务繁杂，是有些烦。可谁叫她是公司的管家呢，事无巨细，不找她找谁？

　　其实，王宁性格开朗，工作认真负责。虽说牢骚满腹，但该做的事情，一点也不曾拖延。设备维护、购买办公用品、交电话费、买机票、订客房……王宁整天忙得晕头转向，恨不得多长出几只手来。再加上她为人热情，中午懒得下楼吃饭的人还请她帮忙叫外卖。

　　刚交完电话费，财务部的小李来领胶水，王宁不高兴地说："昨天不是来过了吗？怎么就你事情多，今儿这个，明儿那个的。"抽屉开得噼里啪啦，翻出一个胶棒，往桌子上一扔，说："以后东西一起领！"小李有些尴尬，又不好说什么，忙赔着笑脸说："你看你，每次找人家报销都叫亲爱的，一有点事求你，脸马上就长了。"

　　大家正笑着呢，销售部的王娜风风火火地冲进来，原来复印机卡纸了。王宁脸上立刻晴转多云，不耐烦地挥挥手："知道了。烦死了！和你说一百遍了，先填保修单。"单子一甩，"填一下，我去看看。"王宁边往外走边嘟囔："综合部的人都死光了，什么事情都找我！"对桌的小张气坏了："这叫什么话啊，我招你惹你了？"

　　态度虽然不好，可整个公司的正常运转还真离不开王宁。虽然有时候被她抢白得下不来台，但也没有人说什么。

怎么说呢？她不是应该做的都尽心尽力做好了吗？

可是，那些"讨厌""烦死了""不是说过了吗"……实在让人听了不舒服。特别是同办公室的人，王宁一叫，他们头都大了。"拜托，你不知道什么叫情绪污染吗？"这是大家的一致反应。

年末的时候公司民主选举先进工作者，大家虽然觉得这种活动老套可笑，暗地里却都希望自己能榜上有名。奖金倒是小事，谁不希望自己的工作得到肯定呢？领导们认为先进非王宁莫属，可一看投票结果，50多份选票，王宁只得了12张。

有人私下说："王宁是不错，就是嘴巴太厉害了。"

王宁很委屈："我累死累活的，却没有人体谅。"

有时，抱怨的确可以让人的情绪得到发泄，有益健康。但如果抱怨太多，就会使人厌烦。抱怨绝对不是好事，它不会为你带来多少正面的效益。

很多人不喜欢每天只知道抱怨的人。因为经常抱怨的人，生活的态度非常的消极，对任何事都处于不满意的状态。其实完全没有那种必要，无论怎么样的生活，都是自己必须要过下去的，何必不停地去抱怨生活呢？

长期抱怨的人，最后可能会被周围的人们放逐，因为每个人都发现自己的能量被这个抱怨者榨干了。他们喜欢抱怨的天性，把我们原有的怜悯变成了厌烦。相反的，有些面临严苛处境的人，却能保持乐观，不让自己感觉像是受害者。

我们更不喜欢看到一些人为了向其他人炫耀自己的某一方面，然后故意去抱怨一些事情，好像自己很了不起一样。说穿了，无论你怎么抱怨，这都是生活。生活意味着自己必须要过下去，何必为了自己不能得到想要的生活而抱怨地活着呢？坦然面对生活中发生的一切，才是人生。

抱怨别人是惩罚自己

古人云："人之有德于我也，不可忘也；人之有愧于我也，不可不忘也。"这句话的意思是说：别人对我们的帮助，千万不可忘了；反之，别人倘若有愧对我们的地方，应该乐于忘记。

不抱怨，是一种平和的心态和远观的智慧。有一句名言："抱怨是用别人的过错来惩罚自己。"老是抱怨别人的"坏处"，实际上最受其害的就是自己的心灵，搞得自己痛苦不堪，何必？这种人，轻则自我折磨，重则可能导致疯狂的报复。

在中国历史上，李世民在一定意义上就是依靠不抱怨的宽容之心得到众臣鼎力相助的，从而拉开了盛唐的序幕。

唐朝的李靖，曾任隋炀帝的郡丞，其最早发现李渊有图谋天下之意，并亲自向隋炀帝检举揭发。后来，李渊灭隋后要手刃李靖，而李渊之子李世民反对报复，再三强求保他一命。后来，李靖驰骋疆场，征战不疲，安邦定国，为唐朝立下赫赫战功。

在唐朝王室争权中，魏征曾鼓励太子李建成杀掉李世民，李世民发动玄武门政变夺取帝位后，同样是不抱怨旧恶，量才重用，使魏征觉得"喜逢知己之主，竭其力用"，为唐朝盛世的开创立下了汗马功劳。

再说秦王嬴政,若不是听取了李斯"海河不择细流,故能成其深"的喻谏,收回逐客令,实行不计前怨、广纳贤才的政策,恐怕就会失去李斯等一大批客臣的支持,难以顺利完成统一天下的大业。

纵观历史与今天,如果做人没有变通思维,只抱怨旧恶,从而以恶报恶,开创一方事业只能是一句空话。

宋代的王安石对苏东坡的态度,应当说也是有那么一点"恶"行的。王安石为相时,因为苏东坡与他政见不同,便借故将苏东坡降职减薪,贬官到了黄州,弄得苏东坡好不凄惨。然而,苏东坡胸怀大度,他根本不把这事放在心上,更没有抱怨王安石对自己的恶。王安石从宰相位子下台后,两人关系反倒好了起来。苏东坡不断写信给隐居金陵的王安石,或共叙友情,互相勉励,或讨论学问,十分投机。

相传唐朝宰相陆贽,有职有权时,曾偏听偏信,认为太常博士李吉甫结伙营私,便把他贬到明州做长史。不久,陆贽被罢相,贬到明州附近的忠州当别驾。

后任的宰相明知李、陆有点私怨,便玩弄权术,特意提拔李吉甫为忠州刺史,让他去当陆贽的顶头上司,意在借刀杀人。不想李吉甫不抱怨旧怨,上任伊始,便特意与陆贽饮酒结欢,使那位现任宰相借刀杀人之阴谋成了泡影。

对此,陆贽深受感动,便积极出点子,协助李吉甫把忠州治理得一天比一天好。李吉甫不图报复,宽待了别人,也帮助了自己。

有的人就是心胸狭隘,凡事斤斤计较,计较前嫌,对别人的过失总是耿耿于怀,时时想着揪别人的小辫。这样的人,典型的"小肚鸡肠",心胸狭隘,待人刻薄,根本没有一点宽容之心,还谈什么成大器、立大业呢?

文中子《止学》云："君子不念旧恶，旧恶害德也。小人存隙必报，必报自毁也。和而弗争，谋之首也。"意思是说：君子不抱怨以往的恩怨，抱怨以往的恩怨会损害君子的品行。小人心有隙怨一定要报复，这样只能让自己毁灭。讲和而不争斗，这是谋略首先要考虑的。

古来成大事者都是能够从长计议，向前看而不追忆他人过去的不是。古人古事，脍炙人口。以古为镜，可以净心灵，辨是非，明前途。不抱怨旧恶是灵活做人的一个特征。人与人相处，最难得的是将心比心。谁没有过错呢？当我们有对不起别人的地方时，是多么渴望得到对方的谅解啊！只有既往不咎的人，才可以甩掉沉重的包袱，而大踏步地前进。在许多情况下，人们误以为"恶"的，又未必就真的是什么"恶"。退一步说，即使是"恶"，对方心存歉疚，诚惶诚恐，你不念旧恶，以礼相待，说不定他也能改"恶"从善。所以，人要有点"不抱怨旧恶"的精神，才能与人和谐相处。

认识自身高贵的一面

对我们来说，一个大问题就是，我们并没有充分意识到体内存贮着这一巨大的力量，而且我们也不懂得采取合适的方式来激发这一酣睡的力量，并使之行动起来，尽管我们看到了很多例子，在危急关头人的巨大内在力量是会被激发的。

人类身上有某种永不腐败、永不败坏和永远无法被玷污的东西，这种东西一贯正确而纯洁，这种东西就是人类本身高尚尊贵的一面，也就是使人类新生的原则或力量。

这种东西如果被激发出来，就会对那个极其堕落的人产生作用，直到使那个人重新找到他丢失的善良本性，直到使那个堕落的人重新恢复到他的正常状态。当一个人处在正常状态时，他就会想去做正确的事情，因为他是被正义、诚实和真理支撑起来的。

一个人变坏并不是一种正常状态，一个正常的人想做正确的事情，就好像一朵花香芬芳四溢和展现美丽一样，是最正常不过的。而一朵枯萎、凋谢和不带任何芬芳美丽的花朵，就称不上是一朵正常的花儿。

人类必须坚守公正、真理和正确的立场，因为上帝造人本身就包含了公正、真理和正确的意思。所以，公正、真理和正确是人类与生俱来就该享有的权利，是人类生活中最神圣的东西。

人类身上崇高的一面最终将获得胜利。真理将战胜谬误，和谐将战胜混乱，这是确定不移的。因为真理是永恒的事实，而谬误和虚假则不是事实，它只是真理缺失时暂时出现的情况；混乱也不是事实，它也只不过是和谐缺失时暂时出现的情况，而和谐才是宇宙中伟大的事实。

没有任何一个朋友会像这一能够帮助我们解决任何问题，这一伟大而仁慈的人生原则一样，会像这一创造我们并一直支撑着我们的神秘力量一样，如此无私、如此真诚地善待我们，而这也来源于我们的意识与上帝的和谐。

创造我们的力量，也就是使我们每天经过睡眠之后获得新的生命与活力的那种力量，也就是在我们的体内不断地更新身体细胞的力量。"我包扎伤口，是上帝使伤口愈合。"这是法国著名外科医生安布罗斯·帕雷写在巴黎医学院墙壁上的一句名言。

未来的医生将会告诉病人，创造过程无时无刻不在他们身上进行，那种创造他的力量也在永不停息地再创造和恢复他的整个生命力。要证明这一点很简单，比如人一旦骨折或拉伤了肌肉，那么治愈过程同时就会开始。未来的医生还将告诉病人，我们的教育、思想和信念如果不与这一创造过程相抵触，而是去帮助它的话，那么，这一治愈过程就会更迅速地完成，治愈效果也将更为彻底。

我们都意识到，在我们的内心深处有一股力量的洪流，这股洪流可以为我们补充无限的力量。如果我们将自己置于这一成功的洪流中，这一友好的洪流中，这一力量无穷的洪流中，那么，这种力量的补给就会自然而然地、源源不断地流向我们。

一些购买了草原农场的人有时会发现，以前的农场主曾经试图在农场里打井，但无法找到水，因而将整个农场出售了，但那些有事业心的农场买主则钻得更深，最终使井水源源不断地涌出。

许多人也因为没有深入到自己内心深处的本我意识当中，而没有找到他们生命中奔涌不止的活泉，所以，他们的生命才是干涸和贫乏的。但是，如果我们挖得深一些，能够直达我们伟大的内在力量那儿，那么，我们就会找到生命中奔涌不息的活泉，只要这一生命的活泉能滋润我们，我们就绝不会再干渴、再贫乏。

我们也曾见过自己身上的这一伟大潜能得以激发的时刻。有时，也许是一次痛失亲人的经历在我们的内心深处开了一道裂缝，因而使我们看到了自己以前绝不知道的那种力量；也可能是读了一本鼓舞人心的书，也可能是一个善于激励人的朋友，使我们看到了自己巨大的发展潜力，但是，无论原因是什么，一旦我们感到了源于万物之源的这种力量的震颤，那我们就真的会判若两人。

当一个人感受到自己身上跳动着真理和正义原则的强有力的脉搏

时,他就会懂得,即使世界上所有的人都反对他,他和自己遵循的原则仍然是处于绝对优势地位的。

这就是为什么林肯会成为一个如此强有力的人的原因,林肯成为伟人,主要原因不仅在于他头脑中的那些思想,更在于他身后强有力的原则,他立身、行事、处世所遵循的真理和正义。正是这些,使得他成为一个强有力的一代伟人。

林肯知道,在他的心中有某种重要的东西,有某种比单纯意义上的人性更重要的东西在身后支撑着他,这是一种带有神性的伟大力量。林肯也知道,如果他违背了这种重要的东西,那他就会迅即被剥夺力量,并失去心灵的宁静。他感到自己只不过是真理和正义的代言人,他仅仅是充当了一个真理正义之神和普通人之间的中介罢了。

只要人们能和他们心中的这一神圣原则保持协调,只要一个人能和这一永恒的、永远在发生效力和永远不会滋生罪孽的原则保持一致,那么,他就能获得最大的成功与幸福。

许多人根本就没有意识到,树立一个适合自己的远大抱负是一件多么神圣的事情。我们身上那种不断推动我们前进、促使我们向上的东西是什么呢?是伟大的内在力量在推动我们,在鼓励、鞭策我们,是那伟大内在力量在不断地激励我们要竭尽全力,做任何事情都要追求完美。

一旦我们开始意识到自己心中的那种伟大的生命力能够满足所有的心理需求和所有的渴望,那么,我们将不再处于贫乏和饥渴的状态,因为世界上的一切美好东西都将属于我们。一个人一旦懂得了把握伟大的内在力量,他就决计与贫乏的生活无缘,属于他的只能是富足、充实和美好的生命旅程。

把负能量变为正能量

如何才能快乐地生活下去呢？芝加哥大学校长罗伯特·哈金先生说："我一直按照一个小小的忠告去做，这是已故的西尔斯百货公司董事长朱利亚斯·罗森沃德告诉我的。他说：如果你手中有个柠檬，何妨榨杯柠檬汁！"

伟大的人物都采取那位芝加哥校长的做法，但是一般人的做法则相去甚远。要是他发现生命给他的只是一个柠檬，他就会自暴自弃地说："我完了！这就是命运。我连一点机会也没有。"然后他就开始诅咒这个世界，开始自怨自艾，自暴自弃。

可是，当聪明人拿到一个柠檬的时候，他就会说："从这件失败之中，我可以学到什么呢？怎样才能吃一堑，长一智，怎样才能把这个柠檬做成一杯柠檬汁呢？"

伟大的心理学家阿德勒花了一生的时间来研究人类和人们所隐藏的保留能力。最后宣称发现人类最奇妙的特性是"把负变为正的力量"。

下面要讲述的这位女士的经历正好印证了那句话。这位女士是瑟尔玛·汤普森。

"战时，我丈夫驻防加利福尼亚州沙漠的陆军基地。为了能经常与他相聚，我搬到附近去住。那实在是个可憎的地方，我简直没见过比那更糟糕的地方。我丈夫出外参加演习时，我就只好一个人待在那间小房子里。那里热得要命——仙人掌树荫下的温度高达华氏125度，没有一个可以谈话的人。风沙很大，所有我吃的、呼吸的都充满了沙尘！

"我觉得自己倒霉到了极点，觉得自己好可怜，于是我写信给我父母，告诉他们我放弃了，准备回家，我一分钟也不能再忍受了，我情愿去坐牢也不想待在这个鬼地方。我父亲的回信只有3行，这几句话常常萦绕在我心中，并改变了我的一生。

"有两个人从铁窗朝外望去，一个人看到的是满地的泥泞，另一个人却看到满天的繁星。

"我把这几句话反复念了好几遍，我觉得自己很丢脸。决定找出自己目前处境的有利之处，我要找寻那一片星空。

"我开始与当地居民交朋友，他们的反应令我心动。当我对他们的编织与陶艺表现出极大的兴趣时，他们会把拒绝卖给游客的心爱之物送给我。我研究各式各样的仙人掌及当地植物。我试着多认识土拨鼠，我观看沙漠的黄昏，找寻300万年前的贝壳化石，原来这片沙漠在300万年前曾是海底。

"是什么带来了这些惊人的改变呢？沙漠并没有发生改变，改变的只是我自己。因为我的态度改变了，正是这种改变使我有了一段精彩的人生经历。我所发现的新天地令我觉得既刺激又兴奋。我着手写一本书——一本小说。我逃出了自筑的牢狱，找到了美丽的星辰。"

瑟尔玛·汤普森所发现的正是耶稣诞生前500年希腊人发现的真理："最美好的事往往也是最困难的。"

20世纪的哈里·爱默生·佛斯狄克也这样说："快乐大部分并不是享受，而是胜利。"不错，这种胜利来自一种成就感，一种得意，也来自我们能把柠檬榨成柠檬汁。

不知你是否听说过佛罗里达州那位快乐的农夫？他甚至把一个毒

柠檬做成了甜柠檬汁。这位农夫用多年积攒的钱买下了一片农场，结果令他非常颓丧。

那块地既不能种水果，也不能养猪，能生长的只有白杨树及响尾蛇。后来他想到了一个好主意，他要把那些响尾蛇变成他的资源。他的做法使每一个人都很吃惊，因为他开始生产响尾蛇肉罐头。

还不仅如此，每年来参观他的响尾蛇农场的游客差不多有20000人。他的生意做得非常大。他将响尾蛇所取出来的蛇毒，运送到各大药厂去做蛇毒的血清；将响尾蛇皮以很高的价钱卖出去做女人的鞋子和皮包；将装着响尾蛇肉的罐头销到了世界各地。更令人惊奇的是，这个村子后来改名为"佛罗里达州响尾蛇村"。可见，当地人是多么尊敬这位把毒柠檬做成了甜柠檬汁的先生！

在世界各地，有许多"把负变正"的男人和女人。

已故的威廉·伯利梭生前曾经这样说过："生命中最重要的一件事就是不要把你的收入拿来当作资本，任何一个人都会这样做。真正重要的是要从你的损失中去获利。这就需要有才智才行，聪明人和傻子的区别就在这里。"伯利梭曾在一次火车失事中摔断了一条腿。

不过，还有一个断掉两条腿的人，也把负的转为正的。他的名字叫本·佛森。尽管他断了两条腿而坐在轮椅里，但他看上去却非常开心。下面就是他所讲述的故事。

"事情发生在1929年，我砍了一大堆胡桃木的枝干，准备做我的菜园里豆子的撑架。我把那些胡桃木枝子装在我的福特车上，开车回家。中途，一根树枝滑到车下，卡在车轴上，当时正是在车子急转弯的时候。车子冲出路外，我撞在一棵树上。我的脊椎受了伤，两条腿再也站不起来了。"

"那一年我才 24 岁，从那时起我就再没有走过一步路。"

那么年轻就被判终身坐着轮椅过活。他怎么能够这样勇敢地接受这个事实，"我当时也确实难以接受。整个心中充满了愤恨和难过，每天都在抱怨命运对自己的不公待遇。可是随着时间一年年过去，我终于发现愤恨使我什么也做不成，只有使自己的脾气见长。我体会到，大家对我那么好，那么有礼貌，所以我至少应该做到一点，对别人也很有礼貌。"

随着时间的流逝，佛森是否还觉得他所碰到的那一次意外是一次很可怕的不幸？"不会了，相反，我现在还很庆幸有过那一次经历。"

当佛森克服了当时的震惊和悔恨之后，就开始生活在一个完全不同的世界里。他开始看书，对好的文学作品产生了喜爱。在 14 年里，他至少读了一千四百多本书，这些书为他带来了一个新奇的世界，使他的生活比他以前所想到的更加丰富。他开始聆听很多好音乐，以前让他觉得烦闷的伟大的交响曲，现在都能使他非常的感动。

更为重要的是，他现在有时间去思想。"有生以来第一次，我能让自己仔细地看看这个世界，有了真正的价值观；我开始了解，以往我所追求的事情，大部分实际上一点价值也没有。"

读书思考的结果，使他对政治有了兴趣。他研究公共问题，坐着轮椅去发表演说。由此他认识了很多人，很多人也认识了他。今天，本·佛森仍然坐着他的轮椅做了佐治亚州州务卿。

现在，很多人都有一个很大的遗憾，就是没有机会接受大学教育。他们似乎认为未进大学是一种缺陷。但告诉你一个跌破大牙的事实，许多成功的人士都没上过大学，因此，上不上大学并没有这么重要。有谁听说过传奇人物阿尔·史密斯的故事？

史密斯的童年非常贫困。父亲去世后,靠父亲的朋友帮忙才得以安葬。他的母亲每天必须在一家制伞工厂工作10小时,再带些零工回来做,做到晚上11点钟。

他就是在这种环境下长大的,有一次他参加教会的戏剧表演,觉得表演非常有趣,于是就开始训练自己在公众场合演说的能力。后来他也因此进入了政界。

30岁时,他已当选为纽约州议员。不过对接受这样的重大的责任,他其实还没有准备妥当。事实上,他还搞不清楚州议员应该做些什么。他开始研读冗长复杂的法案,这些法案对他来说,就跟天书一样。

他被选为森林委员会的一员,可是他从来不了解森林,所以他非常担心。他又被选入银行委员会,可是他连银行账户也没有,因此他十分茫然。

如果不是耻于向母亲承认自己的挫折感,史密斯先生可能早就辞职不干了。绝望中,他决定一天研读16个小时,把自己无知的酸柠檬,作成知识的甜柠檬汁。因为这种努力,他由一位地方政治人物提升为全国性的政治人物,他的表现如此杰出,连《纽约时报》都尊称他是"纽约市最可敬爱的市民"。

这位传奇人物就是阿尔·史密斯。

在阿尔开始自我教育后的10年,他成为纽约州政府的活字典。他曾连续任4届纽约州长,当时还没有人拥有这样的纪录。1928年,他当选为民主党总统候选人。包括哥伦比亚大学及哈佛大学在内的6所著名大学,都曾颁授荣誉学位给这位年少失学的人。

如果史密斯先生不是每天坚持读16个小时,把他的缺失弥补过来,他绝对不会有今天的成就。

尼采对超人的定义是:"不仅是在必要情况之下忍受一切,而且还要喜爱挑战这种情况。"

如果你对那些事业有成者做过深入的研究,就会深刻地感觉到,他们之中有非常多的人之所以成功,是因为他们开始的时候都有一些会阻碍到他们的缺陷,促使他们加倍地努力而得到更多的报偿。正如威廉·詹姆森所说:"我们的缺陷对我们有意外的帮助。"

是的!很可能弥尔顿就是因为瞎了眼,才能写出更好的诗篇来。贝多芬因为聋了,才能作出更好的曲子。

海伦·凯勒之所以能有光辉的成就,也就因为她的瞎和聋。

如果柴可夫斯基不是那么的痛苦——他那个悲剧性的婚姻几乎使他濒临自杀的边缘——如果他自己的生活不是那么的悲惨,他也许永远不能写出他那首不朽的《悲怆交响曲》。

如果陀思妥耶夫斯基和托尔斯泰的生活不是那样的充满悲惨,他们可能也永远写不出那些不朽的小说。开创生命科学的达尔文也说:"如果我不是那么无能,我也许不会做到我所完成的这么多工作。"很显然,他坦诚自己受到过缺陷的刺激。

达尔文在英国诞生的同一天,在美国肯塔基州森林里的一个小木屋里也降生了一个孩子。他也是受到自己缺陷所激发而成就了一世伟业。他就是亚伯拉罕·林肯。

如果他出生在一个贵族家庭,在哈佛大学法学院得到学位,又有幸福美满的婚姻生活的话,他也许绝不可能在他心底深处找出那些在葛底斯堡所发表的不朽演说。也不会有在他第二次政治演说上的所说的那句如诗般的名言——这是美国的统治者所说过的最美也最高贵的话:"不要对任何人怀有恶意,而要对每个人怀有喜爱……"

佛斯狄克在其著作中写道："有一句斯堪的纳维亚地区的俗语说，冰冷的北极风造就了因纽特人。我们什么时候相信人们会因为舒适的日子，没有任何困难而觉得快乐？刚好相反，一个自怜的人即使舒服地靠在沙发上，也不会停止自怜。反倒是不计环境优劣的人常能快乐，他们极富个人的责任，从不逃避。我要再强调一遍——坚毅的因纽特人是冰冷的北极风所造就的。"

如果我们真的灰心到看不出有任何转变的希望——这里有两个我们起码应该一试的理由，这两个理由保证我们试了只有更好，不会更坏。第一个理由：我们可能成功。第二个理由：即使未能成功，这种努力的本身已迫使我们向前看，而不是只会悔恨，它会驱除消极的想法，代之以积极的思想。它激发创造力，促使我们忙碌，也就没有时间与心情去为那些已成过去的事忧伤了。

世界著名的小提琴家欧尔·布尔在巴黎的一次音乐会上，忽然小提琴的琴弦断了一根，他面不改色地以剩余的三条弦演奏完全曲。佛斯狄克说："这就是人生，断了一条弦，你还能以剩余的三条弦继续演奏。"

这不只是人生，这是超越人生，是生命的凯歌！

威廉·伯利梭的这句话说得非常好，应该刻在铜板上，挂在每一所学校的教室里："生命中最重要的一件事，就是不要把你的收入拿来当作资本。任何一个人都会这样做。真正重要的是要从你的损失中获利。这就需要有才智才行，聪明人和傻子的区别就在这里"。

第三章 摒弃抱怨走向成功

忍受不可避免的现实

正视自己遇到的难题,并以坦然之心去接受和改变它,这样便能使问题得到根本的解决。比尔·盖茨说过:"要学会接受不可避免的现实,学着去应付缺陷带来的问题,并且不为此而抱怨。"

我们只能接受已经存在的事实并进行自我调整,怨天尤人不但能毁了自己的生活,而且会使自己精神崩溃。

我们要意识到,抱怨比缺陷本身对我们更有害。如果我们能把用来抱怨的一半时间和精力,用来解决由此带来的问题,那么我们就不会再有抱怨。我们会发现,原来以前的生活中,我们只学会了为问题而抱怨,而没有真正学会如何面对和解决问题。

有一次,著名小提琴家欧利·布尔在巴黎举行音乐会。在饱含深情的演奏过程中,小提琴上的 A 弦断了。一般来说,演奏者在这种情况下会停下来,换一把小提琴再演奏。如果不巧找不到另外一把适用的小提琴的话,这支曲子也就只好到此为止了。

但是欧利·布尔在这种情况下表现出了与众不同的天才:他用剩下的三根弦演奏完了那支曲子。

我们不去讨论欧利·布尔的精湛技艺,只看看他遇到问题时的镇定、从容。他教我们如何直面生命中的不足与缺憾:小提琴的 A 弦断了，就在其他三根弦上把曲子演奏完。任何人都有自己的缺点和弱点，但是区别在于，能不能实事求是地对待自己的不足，利用剩下的三根琴弦，拿出勇气去突破自己。

荷兰阿姆斯特丹有一座15世纪的教堂遗迹，里面有这样一句让人过目不忘的题词："事必如此，别无选择。"这和欧利·布尔的断弦之作有着异曲同工之妙。对待环境和外界的不利因素，我们要学会接受和改变，而不是每天面对着这些困扰抱怨和发愁。

从前，有一老一小两个相依为命的盲人，每天靠弹琴卖艺维持生活。一天，年老的盲人终于支撑不住，病倒了。他自知不久将离开人世，便把年幼的盲人叫到床前，紧紧拉着他的手，吃力地说了一番话。

年老的盲人说："孩子，我这里有个秘方，这个秘方可以使你重见光明，我把它藏在琴里面了。但你千万记住，你必须在认真地弹断第一千根琴弦的时候才能把它取出来，否则，你是不会看见光明的。记住，一定要认真地弹。"年幼的盲人流着眼泪答应了师傅，老盲人含笑离去。

时光荏苒，岁月如梭。小盲人用心记着师傅的遗嘱，不断地弹啊弹，将一根根弹断的琴弦收藏着，铭记在心。

当小盲人弹断第一千根琴弦的时候，当年那个弱不禁风的少年已经到了垂暮之年，变成一位饱经沧桑的老者。他按捺不住内心的喜悦，双手颤抖着，慢慢地打开琴盒，取出秘方。可是，别人告诉他，那是一张白纸，上面什么都没有。

泪水滴落在纸上，他却笑了。刹那间，他看见了，他看到了师傅的良苦用心，看到了他一生辛勤中的幸福。一千根琴弦的磨炼，日日夜夜的期盼，这些都是这无字秘方的真谛。

在这秘方的指引下,他坦然接受了命运的不公,在漫漫无边的黑暗探索与苦难煎熬中,他没有退缩,没有抱怨,他有的是现在的幸福和永远的希望。因为有了遥远的希望,他能沉下心来,看看近在眼前的幸福。这一千根琴弦,每一根都饱含着他的深情。

成功学大师卡耐基也说:"有一次我拒不接受我遇到的一种不可改变的情况。我像个蠢蛋,不断作无谓的反抗,结果带来无眠的夜晚,我把自己整得很惨。终于,经过一年的自我折磨,我不得不接受我无法改变的事实。"

在美国东部有一所学校有着严重的困扰,因为它紧邻一个治安极差的贫民区,学校的玻璃经常被顽童打破,学生的车子总是失窃。

"我们这么伟大的学校,怎能有那么糟糕的邻居。"愤怒的董事们开会商讨此事,当举手表决时,竟然一致通过:"把那些不文明的邻居赶走!"董事们的方法很简单,以学校雄厚的财力把贫民区的土地和房屋全部买下,改为校园。

校园变大了,但是问题不但没有解决,反而变得更严重。因为那些贫民虽然搬走了,却只是向外移。隔着青青的草地,学校又与新贫民区相接,加上校园扩大难于管理,治安就更乱了。

董事会一筹莫展,头疼不已,于是他们请来当地的警官共谋对策。"当你们与邻居相处不好时,最好的方法不是把邻人赶走,更不是将自己封闭,而是应该试着去了解、沟通,进而影响、教育他们。"警官说。

警官的话没有嘲讽之意,可是校董们听后,却如芒刺在背。因为他们发现身为学府的董事,竟然忘记了教育的功能。他们相顾半晌,哑然失笑。

后来，他们设立了平民补习班，送研究生去贫民区调查探讨，捐赠教育器材给邻近的中小学，并辅导就业。还开辟部分校园为运动场，供青少年们使用。没有几年，这所学校的环境治安已经大大地改观，而那邻近的贫民区，也步入了小康。

我们要学会适应而不要抱怨不利的环境。对不可避免的现实的苦恼和抱怨，解决不了任何实际问题。只有正视自己遇到的难题，并以坦然之心去接受和改变它，才能使问题得到根本的解决。

命运中总是充满了不可捉摸的变数，如果它给我们带来了快乐，当然是很好的，我们也很容易接受。但事情却往往并非如此。有时，它带给我们的会是可怕的灾难。这时如果我们不能学会接受它，反而让灾难主宰了我们的心灵，整天抱怨老天的不公，那生活就会永远失去阳光。

看淡生活中的不平事

生活确实有它不公平的一面，绝对的公平是不存在的，世界不是根据公平的原则而创造的。

生活，有时候并不像我们想象的那样美好，它往往存在着许多的不公平。有的人，从生下来就显得那么顺利，干什么都一帆风顺，心想事成，没有什么坎坷，事业、爱情，都让人羡慕；而有的人，从生下来就注定是个倒霉鬼，生活的艰辛，事业的挫折，情感的失意，无不困扰着他，甚至有时连一个小小的打算都难得实现。

亨特遭到女友抛弃后去请教大师，他说女友提出分手一点伤感的情绪都没有，还活得好好的，对此他感到愤恨难平，他抱怨老天不长眼睛。大师非常诧异，问他为什么。

亨特回答："我们在一起时发过重誓的，先背叛感情的人在一年内一定会死于非命，但是到现在两年了，她却还活得很好，老天真是太不长眼睛了，难道听不到人的誓言吗？"

大师笑了，他告诉亨特，如果人间所有的誓言都会实现，那人早就绝种了。因为在谈恋爱的人，除非没有真正的感情，个都是发过重誓的。

如果他们都死于非命，这世界还有人存在吗？老天不是无眼，而是知道爱情变化无常，我们的誓言在智者的耳中不过是戏言罢了。

"那我该怎么办呢？"亨特问。

大师没有直接回答他这个问题，而是给他讲了一则寓言：

"从前有一个人，用水养了一条非常名贵的金鱼。一天，鱼缸被打破了。这个人有两个选择：一个是站在水缸前诅咒、抱怨，眼看金鱼失水而死；另一个是赶快拿一个新水缸来救金鱼。如果是你，你怎么选择？"

"当然是赶快拿水缸来救金鱼了。"亨特迅速而理智地说。

"这就对了，你应该快点拿水缸来救你的金鱼，给它一点滋润，救活它，然后把已经打破的水缸丢弃。一个人如果能把诅咒、抱怨都放下，才会懂得真正的爱。"大师语重心长地对亨特说。亨特顿悟，面露微笑，欢喜而去。

生活中，即使我们遇到不公平的事，也不要整天怨天尤人，其实，抱怨也没有用，它丝毫改变不了你的境遇，只会徒然增加自己的烦恼而已。

面对生活中不公平的人和事，学会包容显得尤其重要。只要我们能够平心静气，不被其所牵绊，不因它而抱怨，不公平自然会慢慢转变成公平。

你也许没有好的家境背景，但是你经过漫长的坚韧努力，最后获得了突出的成绩，这是由不公平变成公平；你也许这次没评上职称，但是你忍耐下来，从改进自己的工作入手，最后你成了公司独当一面的人物，这也是由不公平变成公平。

既然如此，你又何必对不公平耿耿于怀呢？人的心理常常受到伤害的原因之一，就是要求每件事都必须公平。其实，世界上根本就没有绝对的公平，所以我们不要事事都拿着一把公平的尺子去衡量。不要抱怨生活中的不平，如果你能够包容，看淡生活中的不平事，那么，这不平事也许会转变成公平之事。

不要抱怨，学会换位思考

在与人相处的过程中，多数人习惯于站在自己的思想立场上为人处事、说话办事、思考问题。其实，若想与对方增进感情，了解对方的真实想法，我们应学会换位思考。

所谓"换位思考"，就是指个人不但考虑到己方的情况，而且还能站在对方的立场上思考问题。换位思考的实质，其实就是设身处地为他人着想，即想人所想，理解至上。

换位思考是个人对他人的一种心理体验过程，将心比心、设身处地地站在对方的立场上体验和思考问题，从而与对方在情感上得到沟通，为增进理解奠定基础，为进一步获得成功做好铺垫。

当我们站在对方的立场上时，我们就会找出对方思维的合理点，从而理解其令我们不能接受的做法的产生根源，进而提出双方都能够接受而且对沟通有利的建议和对策，最终解决问题，实现双赢或多赢。

换位思考能让我们学会变通，解决常规性思维下难以解决的事情。因为换位思考能让我们真正了解别人的心理需求，感受到他人的情绪，从而进行准确的沟通。

通过换位思考，我们将能把握住对方的心理，成功说服对方。换位思考还可以让我们欣赏到他人优点，并给予对方真诚的鼓励，从而使沟通更加和谐高效。

与人交往需要双方的理解、认同和适应。要想真正做到相互理解，实现彼此适应，进行完美的沟通，就必须学会进行换位思考。

只有站在对方的角度上看问题，我们才能切实地知道他人心里的真实想法，做到知己知彼，最后以双赢的原则分配利益。掌握以下要领，我们将能更好地进行换位思考，成为一名沟通高手。

第一，换位思考要以保持个人风格为前提，使用换位思考是为了和对方进行更好的沟通，却不是为了达成共识而刻意去承认对方一切都正确。

第二，我们自己进行换位思考是为了更好地理解别人，但我们不能要求别人也同样必须使用换位思考来理解我们。这是一项只适用于自身的沟通方法。

第三，换位思考实质上是以人为本进行沟通的一种体现，它更强调满足人的心理需求，通过潜移默化来实现成功沟通。因此我们应当将其变成一种沟通习惯，融入灵魂深处，才能从根本上改变我们的沟通态度，促进沟通的发展。

第四，换位思考作为一种思维方式和解决沟通障碍的办法，有它的特定条件。我们的换位思考是要以讲原则为基础的。胡乱"换位"不仅对解决问题无益，还会使我们在沟通上陷入被动。

换位思考不仅对沟通很有必要，而且它做起来其实并不难。无非就是换一种立场看待问题，从各个不同的角度研究问题，以开放的心态去研究冲突，从而对问题本身获得新的理解。

不过，在进行换位思考时，要有三点必须做到。第一就是要有好奇心，即我们要有用别人的眼睛去看问题的念头，许多人在进行换位思考时因为缺少了这一个要素，只是简单去猜测别人的想法，而不是真正从对方的角度出发去考虑问题。所以他们的思考结果往往都是错误的。第二是要有耐心。要能周到细致地考虑问题，这样我们才会清楚事情的原因。第三就是要怀有一颗仁善之心。

我们如此费力去研究对方的心理，根本目的是解决沟通的问题，是保证双方的利益而不是伤害谁的利益。

当我们理解了对方的心理后，就要尽量去体谅对方，选择最合适的沟通方法以达成一致。当对方体会到我们的良苦用心后，自然会有所触动，从而成为我们的朋友。

生活中，我们经常要进行换位思考往往是因为我们遭遇到苦恼与挫折，惯常的思维使我们无法摆脱困扰，除了造成心理上的伤痕之外，还会导致行为上的偏差。

所以，我们要从生活自身的逻辑出发，学会变通进取，换一种立场看问题，从失败和挫折中不断总结经验，产生创造性的变迁。

通过换位思考，可以让我们突破固有的思考习惯，学会变通，解决常规性思维下难以解决的事情;通过换位思考,可以让我们了解别人的心理需求,感受到他人的情绪,将沟通进行到底;通过换位思考,可以让我们揣摩到对方的心理,达到说服对方的目的;通过换位思考,可以让我们欣赏到他人优点,并给予对方真诚的鼓励,使团队和谐高效;通过换位思考,可以让我们很好地进行服务定位……

总之,换位思考就好比一面镜子,我们往往可以在这面镜子中清楚地照出自己的错误;换位思考可以让我们超越狭隘心灵的束缚,真正做到超越"自我";换位思考可以让自己在宽容别人的时候也给予自己一片"清凉"。

公平的命运靠自己创造

强者的最大优势,就是他们从来没有对命运听之任之。他们从来不会抱怨命运的安排,而是自己站在命运驾驭者的位置上。

鲁迅曾经说过:"真的勇士,敢于直面惨淡的人生。"每个人都有各种不足,但是敢于正视一切弱点,并有勇气自己去创造命运,那才是精彩的人生。

强者们通过自身的努力,完成一次次的蜕变,给自己挂上一串串花环。

她叫张玉良,是一名青楼女子,后来有人把她赎了出来。恩人给了张玉良一个介质,她把它当作起跳点,奋力跃起,并最终成为世界级的艺术家,书写了一代传奇。

张玉良17岁的时候，遇到了潘赞化，即刚刚上任的安徽芜湖海关监督。张玉良有一种预感，她觉得这个男人可以救她。于是张玉良就冒着很大的危险去求潘赞化，让他帮忙把她赎出来。不知出于什么原因，潘赞化竟答应了她，并真的把张玉良赎了出来，纳为小妾。

张玉良跟随潘赞化到了上海，他们居住在渔阳里。由于张玉良喜欢绘画，就跟随邻居一位绘画教授洪野先生学习绘画，并考取了刚创立的上海美术专科学校，校长刘海粟将其名字改为"潘玉良"。这对她来说，意味着新生活从此开始。

潘玉良非常热爱艺术，她将艺术视为生命，每一张画卷，都倾注了她全部的心血。1921年，潘玉良留学巴黎。1927年，她习作的油画《裸体》获意大利国际美术展览会金奖。这次获奖奠定了潘玉良在画坛的地位。

结束了9年的国外漂泊的生活，潘玉良回到了上海，她先后举办了4次画展，这些画展震动了中国画坛。由于在家里不被潘赞化的太太接受，1937年，潘玉良借参加法国巴黎举办"万国博览会"和举办自己的画展的机会，再次离开了祖国。

作为外国人眼中有艺术天分的中国人，她的作品曾多次入选法国具有代表性的沙龙展览，并在美国、英国、意大利、比利时、卢森堡等国举办过个人画展，曾荣获法国金像奖、比利时金质奖章和银盾奖、意大利罗马国际艺术金盾奖等20多个奖项。

谁不喜欢将命运掌握在自己手中呢？那么，就从现在开始，锻炼你的把握能力吧。首先，让我们的头脑中充满积极和勇敢，要敢于面对生活的艰难。困难不过是人生的一个组成部分，是攀登高峰时必须经历的有益训练。

其次，将外部条件抛之脑后。优秀和平庸之间没有不可逾越的鸿沟。古希腊智者普罗太戈拉斯说："人是万物的尺度。"这里借用一下，"我是优秀的尺度"。

再次，敢于行动。命运就握在你的手里，如果你不信，握握自己的拳头，为自己加一次油，从跨越一个小障碍开始，你终会发现命运绝非你想象的一样桀骜不驯、不可一世。

海明威说过："一个人必须是这世界上最坚固的岛屿，然后才能成为大陆的一部分。"既然我们都喜欢公平，那么，我们就要及早地放弃对命运的抱怨，试着去创造命运，早日成就自己。

以平和的心态直面人生

适时调整自己，扼制抱怨，等待时机，是我们生存必备的修养。人生在世，谁都会有不顺心的时候，也会有突然跌落逆境的时候。人只有在千百次打击、磨炼之后，才会变得更加坚强、成熟。生于忧患，死于安乐。这是古人从大量历史事实中提炼出来的警句，直到今天，它仍以其深刻性启迪着人们。

当你一次又一次地碰壁，一次又一次地失败，一次又一次地受挫时，你可能会自问："现在应该怎么办？"甚至会抱怨，老天对自己为何如此苛刻？其实，此时的"绝境"并非真正的绝境，调节一下自己，也许你对整件事情的把握会有所改观。

英国劳埃德保险公司曾从拍卖市场买下一艘船，这艘船于1894年下水，在大西洋上曾138次遭遇冰山，13次起火，116次触礁，207次被风暴扭断桅杆，但是它从没有沉没过。

劳埃德保险公司基于它不可思议的经历和在保费方面带来的可观收益，最后决定把它捐给国家。现在这艘船就停泊在英国萨伦港的国家船舶博物馆里。

不过，使这艘船名扬天下的却是一名来此观光的律师。当时，他刚打输了一场官司，委托人也于不久前自杀了。尽管这不是他的第一次失败辩护，也不是他遇到的第一例自杀事件。然而，每当遇到这样的事情，他总有一种负罪感。他不知该怎样安慰这些在生意场上遭受不幸的人。

当这位律师在萨伦船舶博物馆看到这艘船时，他忽然有了一种想法，为什么不让他们来参观参观这艘船呢？于是，他就把这艘船的历史抄下来和这艘船的照片一起挂在他的律师事务所里，每当商界的委托人请他辩护，无论输赢，他都建议他们去看看这艘船。

因为这艘船的经历告诉我们：在大海上航行的船没有不带伤的，没有谁的生命旅程是一帆风顺的。就算屡遭挫折，我们依然要坚强地、百折不挠地挺住。

任何通向成功的道路，都布满了荆棘，并充满了数不清的辛酸与煎熬、艰难与困苦。可以这么说，所有成功者在获得成功之前都是失败专家。

在奋斗的征程上，有的人只走了几步便回头了，成为一个哀怨忧愤的小人物,湮没在茫茫人海中;有的人走得稍远一点,但是也没有坚持下来,因为多次的失败令他焦头烂额,抱怨声起,于是打了退堂鼓;有的人走得更远一些,甚至走到了离成功只差很小一步的地方,而此时必定是他人生中最黑暗的时刻。

只要能够再走出那么一小步,成功就将属于他。所以,我们应如这种人一样,千万别让一时的抱怨阻挡我们跨出那一小步。

大学毕业后,有一个年轻人到一家外资单位上班。他的工作有点像秘书,但大家都叫他"助理"。他从大学里的一个学生领袖到做别人的"助理",心里很难受。特别是老张、小李等人动不动就唤他去打杂时,心中就有一股无明火。他觉得很没尊严,自己又不是奴才,凭什么被他人指挥着干这个又做那个。

不过,事后冷静一想,他们并没有错,自己的工作就是这些"一地鸡毛"。刚进公司时,王经理也事先对他这么说过,但一涉及具体事情,他的情绪就有点失控。有时咬牙切齿地干完某事,又要笑容可掬地向有关人员汇报说:"我做好了!"有几次还与同事争吵起来。从此以后,他的日子更不好过了,孤傲不成,倒是孤独了。

一天,女秘书小吴不在,王经理便点名叫他到他办公室去整理一下办公桌,并为他煮一杯咖啡。年轻人硬着头皮去了,王经理一眼就看出他的不满,便一针见血地指出:"你觉得很委屈是不是?你有才华,这点我信,但你必须从起点做起!"

年轻人心里一惊,"他竟懂我心!"他笑了笑,表示感谢。经理叫他先坐下来,聊聊近况。可没有椅子呀!他总不能与经理并排坐在双人沙发上吧?经理到底在开什么玩笑?

这时,王经理笑着意有所指地说:"心怀不满的人,永远找不到一把舒适的椅子。"看到经理如此亲切和蔼,年轻人放松了许多,他心里想:"原来,王经理不像一个'剥削者',他更像自己的一个合作伙伴,只不过,他是长辈,我需要尊重他。"

手脚忙乱地弄好一杯咖啡后,年轻人开始整理王经理的桌子,其中有一盆黄沙,细细的,柔柔的,泛着一种阳光般的色泽。他觉得奇怪,心想:"这干吗用的?又不种仙人球,这人真怪!"

王经理似乎看出他的心思,伸手抓了一把沙,握拳,黄沙从指缝间滑落,很美!他神秘地一笑:"小伙子啊,你以为只有你心情不好,有脾气,其实,我跟你一样,但我已学会控制情绪,不再抱怨……"

原来,那盆沙是用来消气的,是经理的一位研究心理学朋友送的,一旦他想发火时,可以抓抓沙子,它会舒缓一个人的紧张、激动的情绪。

朋友的这盆礼物,已伴他从青年走向中年,也教他从一个鲁莽的少年打工仔,成长为一名稳重、老练、理性的管理者。王经理说:"先学会管理自己的情绪,才会管理好其他的人。"年轻人的心一下子爽朗了许多,他也忍不住抓了一把那黄金般的沙子。

适时调整自己,扼制抱怨,等待时机,是生存必备的修养。中国有一句古话"十年河东,十年河西",就是说目前虽然处于不幸的环境中,但是终究会有峰回路转的一天。此言提醒人们要学会忍受现在的痛苦,等候时来运转。

在漫长的人生旅途中,失败和挫折在所难免。与其不断地抱怨命运的不公,不如在在失败中看到自己的不足,不断地调整方向,改变策略,直到前面露出希望的曙光。把一次次的失败看成重新开始的机会,把失败当作一条寻找通向成功的台阶,把沿途的所见所闻当作特别的风景来欣赏,这该是多么美丽的事情啊!

与其抱怨，不如行动

不要抱怨上天不公，是英雄总有用武之地。你被淘汰，只能证明你的准备不足。《诗经》中有一篇标题为"鸱鸮"的诗："迨天之未阴雨，彻彼桑土，绸缪牖户。今此下民，或敢侮予！"

意思是说：趁着天还没有下雨的时候，赶快用桑根的皮把鸟巢的空隙缠紧。只有把巢坚固了，才不怕人的侵害。后来，大家把这几句诗引申为"未雨绸缪"，意思是说做任何事情都应该事先准备，以免临时手忙脚乱，这就叫心动不如行动。

人生如风云变幻，想要以后不后悔，就要未雨绸缪，行动为先。民谚有云"囤谷防饥"，说的就是这个意思。一切都要尽早开始，做好准备，才能安然享受艳阳的高照，才能在暴风骤雨中有惊无险。

寒号鸟的故事人尽皆知。阳光明媚时，它忙于歌唱，非常自得地欣赏着自己嘹亮的歌喉。看到别人辛勤劳动，它反而嘲笑不已，好心的鸟儿提醒它说："快垒个窝吧！不然冬天来了怎么过呢？"

寒号鸟不以为然："冬天还早呢，着什么急！"然而，冬天眨眼就到了，鸟儿们晚上躲在自己暖和的窝里安乐地休息，而寒号鸟却在寒风里冻得发抖。它也忏悔，但是过了寒夜，迎来朝阳，它就又忘记了垒窝的大事。

就这样，日复一日，它在滴水成冰的冬夜被冻死了。事情已经明显地摆在了眼前，寒号鸟都不愿意去做，那它只有抱怨天气寒冷，等待死亡的惩罚了。

世界上最可悲的一句话就是："曾经有一个非常好的机会，可惜我没有把握住。"遗憾的是，这种事情在很多人身上都发生过。其实，机会对我们所有人都是平等的，它有可能降临在我们每一个人的身上，但前提是在它到来之前，你一定要做好准备，做到未雨绸缪，这样你才不会再被抱怨缠身。

鼹鼠是完全生活在地下的地鼠，它们擅长在地底挖洞，挖的不只一条，而是四通八达、立体网状的坑道。要挖出这样的坑道当然很辛苦，但一旦完成，它们就可以守株待兔地等食物上门。

同样，在地底钻土而行的蚯蚓、甲虫等，常会不知不觉闯进鼹鼠的坑道中，被来回巡逻的鼹鼠捕获。鼹鼠在自制的网状坑道里绕行一周，就可以抓到很多掉进陷阱的猎物。如果俘获的昆虫太多，吃不完的就先将它们咬死，放在储藏室里。有人就曾在鼹鼠的储藏室里发现数以千计的昆虫尸体。

鼹鼠的生活哲理就是先花些时间，做好完善的硬件设施，未雨绸缪，这样才有安逸清闲的日子可过。只有这样，才不会因为没有食物而抱怨。我们在惊叹动物的精明的同时，也会看到自身的不足。

很多糊涂人，处于养尊处优环境中的人，或者侥幸经历过一两次幸运事件的人，总以为食物是充足的，未来是美好的，没有什么可担忧的，于是就在守株待兔中，优哉地蹉跎了岁月。等到要用真功夫时，才发现自己什么本事都没有。相反，有所准备的人，才能安然享受命运的垂青。

2005年西甲赛场上，一位神奇的门将赫然出世，他就是西班牙的卡梅尼。那个赛季，卡梅尼6次扑点球成功，而罚球者都是声名显赫的球员，如托雷斯、罗纳尔多、巴普蒂斯塔和洛佩斯等。

2007年,尽管卡梅尼才20出头,但他已经成了西甲不折不扣的"扑点球大师"。对于扑点球,卡梅尼有着自己独特的理解:"罚点球就像西方的决斗,是两个人之间的决斗。要想战胜对手,你就必须了解对手,了解对手使用什么武器,知道对手会往哪个方向踢,会踢半高球还是低平球。"

当人们惊叹于卡梅尼的扑点球天赋时,他的老师——西班牙的守门员教练恩科马透露说:"做到这一点,卡梅尼付出了极大的努力。卡梅尼每场比赛之前都要观看无数的录像带,尤其是对手罚点球的录像带。在走上球场之前,卡梅尼其实早就知道,对方阵中谁会主罚点球,主罚点球的人是左脚还是右脚,喜欢往左边踢还是往右边踢。"

正因为这样,西班牙足球俱乐部已经宣布,联赛结束后的第一件事,就是给卡梅尼加薪并修改合同,全力保住这名天才门将。

我们听到很多人抱怨"这次升职没有我,那是因为老板偏心"或者"这次下岗轮到我,我怎么那么倒霉"。

如果你问他们:为了这次升职,你做了哪些努力?为了这次不下岗,你弥补了哪些不足?他们就会哑口无言。

平常若不充实学问,临时抱佛脚是来不及的。不要抱怨没有机会,平时没有积蓄足够的常识与能力,即使让你升职,你能胜任吗?不要抱怨上天不公,是英雄总有用武之地,你被淘汰,只能证明你的准备不足。

谁不想自己有一个精彩的未来人生?可是精彩的人生不会自己主动走过来,我们所需要的就是要未雨绸缪,打好基础,为美好的未来做好充足的准备,然后坦然地走向未来。

及时化解抱怨的压力

当我们遇到不快的事情时，不要求全责备，要考虑能否用其他更好的方法解决，从而取得化干戈为玉帛的圆满结果。

当人们处于不快的状态中时，抱怨就会随之出现，而且它还会与怒气联起手来，把人搅得思维混乱。其危害性就如同数学中的平方，这种几何升级常打得人措手不及。但是如果我们能够把这种抱怨进行开方处理，压力也就不会在我们的心里驻足，一切都会变得风平浪静。

一个人因为小事和邻居争吵起来，吵得不可开交，谁也不肯让步。最后，那人气呼呼跑去找牧师抱怨，牧师是当地最有智慧、最公道的人。

"牧师，您来帮我们评评理吧！我那邻居简直不讲理！他竟然……"那个人怒气冲冲，一见到牧师就开始了他的抱怨和指责，正要大肆指责邻居的不对，却被牧师打断了。

牧师说："对不起，我现在正有事，麻烦你先回去，明天再找我说吧。"第二天那人又愤愤不平地来了，不过显然没有昨天那么生气了。

"今天，您一定要帮我评出个是非对错，那个人实在是太不像话了……"他又开始数落邻居的劣行。

牧师不紧不慢地说："你的怒气还没有消除，等你心平气和后再找我说吧！正好我的事情还没有办好呢。"

一连过了好几天，那个人却没有来找牧师了。碰巧牧师在前去布道的路上遇到了那个人，他正在农田里忙碌着，心情显然平静了许多。牧师问道："现在，你还需要我来评理吗？"说完，他微笑地看着对方。

那个人羞愧地笑了笑，说："我现在已经心平气和了！想来也不是什么大事，根本就不值得抱怨的。"

牧师仍然不紧不慢地说："这就对了，我之所以不急于和你说这事，就是想给你时间消消气啊！记住不要在气头上轻易说话或者行动。"

生活中，我们总是会遇到很多不顺心的事，很多人总是为了一点小事，不是不停地抱怨，就是针锋相对地指责，最终酿成大过错。当我们怒火正旺时，不妨告诉自己：等三天之后，再想这件事情吧。其实，如果真等到心平气和时候，我们会发觉根本就没有什么是值得抱怨的。

进行开方处理，就是不要在怨气与怒气正盛时轻易说话或行动。因为此时是人思维混乱的时候，根本不能理性地看待问题，总是将事情的严重性夸大，往往酿成大的过错。尤其是脾气暴烈的人，更应该慢慢学着控制一下自己的情绪，以化解不快。

在人际关系中，如果遇到别人给自己难堪，我们也可以用机智去化解不快，打破僵局，千万不要让自己陷入困窘压抑之境。

有一次，林肯正在演讲，一个青年递给他一张字条。林肯打开一看，上面只有一个单词："笨蛋。"

林肯脸上掠过一丝不快，但他很快恢复了平静，笑着对大家说："我收到过许多匿名信全部只有正文，不见写信人的名字。而今天正好相反，刚才这位先生只署上了自己的名字，却忘了写正文。"

林肯面对这样的"羞辱"并没有抱怨，将事情扩大化，而是用幽默的方式将怨气转移。不仅体现了他的智慧、机敏和胸怀，也在暗中"教训"了那个青年。

细观那些成功的人，无不是心胸开阔、襟怀坦荡的人。他们不会因为细微小事而斤斤计较、抱怨、指责、针锋相对、大动肝火，而是凡事抱着达观随和的态度，轻松自如地化解了矛盾。

不据理力争并不是懦弱、忍气吞声，而是体现了一个人的涵养。化干戈为玉帛代表着智慧，也是一种能力的体现。因此，当我们遇到不快的事情时，要学着放弃抱怨和指责，不要求全责备，要考虑能否用其他更好的方法来解决问题，从而取得化干戈为玉帛的圆满结果。

当我们正在抱怨或生气的时候，不妨告诉自己：过三天之后，再想它吧，或者可以采取其他更为缓和的办法，但一定要记得不针锋相对，自找麻烦。

勇敢地向着梦想迈进

常听有人老是在抱怨生活中的种种苦难、折磨。对他们来说，人生似乎是极大不幸，还是让我们以极普通、实际方式来探讨这种心态。

如果目前的工作对你毫无困难，老板完全可雇用一个能力不如你的人，来做这些不需多用头脑的例行公事。在企业世界中，有能力解决复杂问题的人，才是雇主最重视的人。

我们经常因为面对问题或挑战，而得到成长或使能力变得更强。有心参加奥运赛跑的选手，如果你往下坡跑来训练自己，绝对没有机会得奖。反之，如果平日训练的时候就往上坡跑，速度及耐力必定会随之增大，得奖的机会也就大得多了。

拳击选手吉尼·东尼一辈子最幸运的事，就是曾经在比赛中打断了双手。他的经纪人觉得他再也不可能用力出拳争取重量级冠军。然而，东尼却决心做个有头脑、有技巧的拳击家，而不是出拳的猛将。

拳击史家可以告诉你，他果真成了拳击史上数一数二的好手。如果他像没有断手之前那样只知凶狠出拳，绝对无法打败最强悍的重量级选手杰克·谭普西。总而言之，如果东尼没有遇到断手的问题，绝不会浴火重生，得到重量级冠军的荣誉。下一次遇到困难、险阻或任何问题，应该笑着说："我成长的机会来了！"

他首次参加职业高球赛时，穿着网球鞋、两美元的裤子，没戴手套，背着 20 美元的球袋，以及总价 70 美元的球杆。他有啤酒肚，留着络腮胡，打球的姿势也不雅观。他的手抬得又高又远，挥杆画出大约四分之三个圆圈，和一般高尔夫球职业选手教人打球的方式大相径庭。

他是谁呢？他就是最近在世界高尔夫球职业赛中创造佳绩的罗勃·蓝德斯。50 岁的他，可以说是最不可能名列职业高球名将的人。如果有人把他写成剧本，好莱坞片商绝对不会花钱买下来。

罗勃从 22 岁开始打高尔夫球，28 岁第一次参加职业赛。1983 到 1991 年之间，他因为背痛无法练习运动。从那时候起，他平均每周只打一次球。这位球坛名将一生起伏很大，他原先的工作每年有 1.8 万美元的收入。但是公司倒闭，他就失业了。为了谋生，他只好砍柴出售，因此手臂非常强壮。

他有一座小农场，就在农场的房舍和牛群上空打高尔夫球。为了筹措到佛罗里达州的旅费，以便符合参赛资格，他把手中 1 万美元的股票以 4000 美元变卖掉。

罗勃·蓝德斯的梦想几乎是个遥不可及的梦，但是他志在必得，利用每一个机会练习，为这项艰难的挑战做准备。他不像有些人那样自怜自怨："我真是命苦呀！"反而以百折不挠的态度，开创了崭新的局面。或许你和我也可以本着相同的态度达成梦想呢！

下编

凝聚人

所谓凝聚人，就是把人紧紧地团结在一起。俗话说："人心齐，泰山移""团结就是力量"。如果一个人或者组织能够用真情、真心、细心为基层员工办好事、办实事、谋利益，急他们所急，想他们所想。说话办事都合乎他们的意愿、温暖他们的心扉、感动他们的情怀、树立他们的志气、凝聚他们的力量，那么，这个人就能克服一切不能克服的困难，完成所有难以完成的任务。

第一章　用迷人的个性凝聚人

培养富有魅力的个性

什么叫迷人的个性呢？迷人的个性就是能够吸引他人的个性。

然而，什么样的个性能吸引人呢？人的个性是人的特点和外表的总和。人与人的特点不一样，外表不同，所以个性肯定不同。世界上绝对没有完全相同的两个人，因为他们的个性不同。你的脸，你的眼，你的嘴，你的言行是与别人不同，这一切的不同构成了不同于别人的你。

然而，你的个性是不是令人满意呢？那可是另一回事。

作为一个独立的人，你的个性就是你的品格所代表的那一部分，那一部分不一定是通过你的外表表现的。然而人的外表又是个性必需的一部分。我们认识一个人，首先是从他的外表，他的穿着打扮，进而才有交流，才会知道他品格的高低，才会领略他内在的个性是什么。

外表是一部分，不过关键的还不是这些。就算是在你和别人握手的时候，也会显出你的个性，由此感觉到你和同你握手的人的关系是好还是坏。

此外，还有眼神，这也是构成你个性的一部分，通过你的眼睛，人们能够进一步了解你，分析你是不是他们所喜欢的，或者如果他喜欢，他还会用眼神和你交流。还有你的身体的活力——当然有时我们称它为魅力,也是个性中重要的一个组成部分。当然还有其他的。

然而,个性在人与人之间交流时是通过某种的方式来表达的,这个方式能够用来表现你个性的魅力,从而让别人不讨厌你。这个方式是对别人的生活、工作表示出莫大的关心和兴趣。

为了说清楚这个问题,拿破仑·希尔讲述了他亲身经历的一个故事:

在有一天上班时候,我正在办公室办公,有一位老妇人来找我,并且要亲自见我本人。我的秘书一再试探过她此行的目的,可是她自始至终守口如瓶。

所以,我想她可能是一名推销员,想到这里来搞推销一本书或者别的什么东西。当我想起自己的母亲也曾做过同样的工作时,我想去接待一下她,并买下她推销的书,无论是什么,我都要买下来。

当我走出办公室,踏上走道时,我看见了她——站在会客栏杆外——脸上充满了微笑。

我的确见过许多人的微笑,但是总觉得她是笑的最甜的。我从没见过她,也从没见过这样的笑。也许当时是受她的感染,我的嘴角也露出微笑。

我和她还有一段距离时,她友好地抬起右手,信步向我走来。自然而然地,我也伸出右手去和她握手。对我而言,我初次见面的人,一向不会对他太友善,不然以后他要我做我不情愿的事,我很难推脱。可是……

不过这位老妇人看起来不会让我为难的。我的想法是这样的。当我的手和她的手一接触时,我才惊奇地发现,不仅仅她的外表有惊人之处，就连她的握手也如此不一样。

她很用力地握住我的手，但又不是太紧。和她的握手让我感到：她和我握手，是令她十分荣幸的事。在握手之中，她传达了她对我的好感。

我的交往很多，和我握手的人更是数不胜数。然而像这位老妇人这样和我握手的，并且如此的艺术，我真的没有遇到过。当我一接触到她的手时，我似乎感到，我已经"失败"了。我知道，我会答应她的请求，无论是什么请求，就算是我一时做不到，我也会全力以赴的。

能够这么说，看到那个深入人心的微笑，以及那个特别的握手，我心中的全副武装早已被解除，使我成为一个完全的"俘虏"，并且心甘情愿。

老妇人从容不迫地说："我来的目的是想告诉你……"

我马上问："告诉我什么？"

"先生，您所从事的，我认为是天底下最美好的工作。"

她说话时，眼睛注视着我，并且手也握得更紧一些，像在强调一样。我好像被看穿了似的，站在那里不知所措。

我清醒过来之后——当时我仿佛被迷住了，我的同事都说我迷上了这位老妇人，并且这成了我办公室的一大笑话——我赶忙伸手打开我的办公室的门，并深深地向她一鞠躬："请进，亲爱的女士，请到我的办公室里来，我们可以好好聊。"我当时真如一个绅士在街上碰见大户人家的小姐般地彬彬有礼。

在此后的时间里，我静静地聆听了我有生以来听过的最聪明而又迷人的谈话。并且，都是她，我的这位客人完全占了上风，一路领先，带着我谈天说地，我只有听的份，没有讲话的权力，她的话简直太迷人了。

她一坐在椅子上便拿出一本书，我以为我猜对了，她是来向我推销书的，并且对付这样的事，我已有绝招。可是她没有向我介绍这本书，她只是翻阅这本杂志，并且持续地把其中的她事先勾画好的一一念出来，并已毫无怀疑，这本书上的内容都是有成功哲学基础的。

在她访问的最后几分钟内，我几乎是处于被完全迷惑的状态，并且在这种一切人都可能不会拒绝她的意见的状态下，她很巧妙地向我说出了她推销的某些保险的优点。她并没有要我当时就购买，然而她的说明方式却驱使我想去买。

当然，最后我没有买那些保险是因为我已经买过了。于是我把她介绍给我的好友，并请我的好友把她介绍给其他人。这样一来，她卖出的保险比卖给我的保险金额足足多了7倍。

我们是凡人，我们或多或少都有些自负。

我们在这方面是相似的——我们会聚精会神地聆听别人对你内心深处的评价，然后，作为一种回报，我们也会仔细聆听别人切身相关的问题。而且到了最后还说："这人真是太好了！"而你却已经买下他的推销品。

有公德心的人受欢迎

在这个社会上，有两种人——生产者和消费者。二者是对立的关系，而目前的趋势是，应想出一种办法来，把两种人拉拢在一起，来减少中间的剥削。

倘若你找出了缩短生产者和消费者之间距离的办法，那么你就有权分享消费者所节省下来的钱，你也有权分享生产者赚到的一部分利润。

但是值得一提的是，你所制定出来的赚钱的方法无论是怎样都要减轻消费者的负担，而且要公平地对待生产者，让他们的利润也提高。但是也不能让生产者从消费者身上获取暴利，虽然消费者是很有耐力的，可是他们的忍耐是有限的，我想再贪婪的奸商也不会超过这个限度，因为他知道后果。

你能够把钻石市场垄断，并且到南非去，把那里挖出来的宝玉占有，进而哄抬价格，就算你如此做了，你也不会遇到责难。然而，当食品、衣服等其他的生活必需品的价格也像钻石一样贵，愤怒的群众也许会把你这个奸商从家拽到大街上痛打一顿。

人都希望发财。当你有足够的勇气承担财富带来的负担，那么告诉你一个获得财富的方法——和普通人的赚钱方法相反。你能够用最低的利润把你所有的商品回报给这个世界，而不是尽量地向这个世界索取你应得的利益。

当然，这里说的最低的利润是要保证生产继续运转的前提下，不至于妨碍生产。福特发现，对他自己最无害的办法，就是尽量提高劳动者的工资，而不是像别的业主那样去狠心榨取劳动者的工资，这样对工人来说是一种安慰，他们能够更加努力地去工作来回报企业。

还有一个对福特自己有利的方法，在当时的汽车行业，大家都争相抬价，而福特却一反常人的举动，把自己的车降价出售。在当时，汽车的确很畅销，车子的价格不是关键的。

所以很多业主都借一时之举发了财，可是时间一长，结果表明，他们失败了，福特汽车以较低的价位占领了市场，并且越来越多的人开始喜欢福特汽车，最后别的汽车商纷纷倒闭。

对一个人或一个企业来说，也许有一个非常好的计划，可尽量去榨取消费者，却不会在当时受到惩罚。但是从长远角度来看，一旦你效法特定的计划，并加以实行，那样，你不仅可以获得更多的利润，创出自己的产品，满足消费者，在心理上，你也可以获得更大的安慰。

走在大街上，你也许会听见有人常常辱骂约翰·洛克菲勒，而这部分人大部分都是由于心理上对人家的嫉妒，他们也想拥有像洛克菲勒那样的财富，然而他们却没有像洛克菲勒那样的能力。

关于洛克菲勒，不管他后来是怎样的有钱，有地位，可是当初他也只是一个低微的簿记员。

他能到今无这个位置，拥有这样的财富的原因，完全是因为他自己具有这样的能力，他能够指挥人、组织人，这一点并不是每个人都具备的，所以也不能要求每个人都像洛克菲勒一样有钱、有地位。

洛克菲勒在成功以前也像常人一样，必须每天花 25 分钱买一加仑的煤油，而且扛着这个大铁筒在骄阳下步行到家。现在的洛克菲勒却可能把煤油送到你的家门。无论你是住在城市还是农村，而价钱也只有原来的一半。

洛克菲勒先生把煤油的价格降了一半，让消费者节约了一大笔的钱。谁还有权再骂他呢？他本来也可以不降价，因为凭借洛克菲勒石油的垄断地位，他能够把煤油卖到一加仑50分，可是，他倘若真的这样做，我怀疑他现在肯定不是一个富翁，而是一位被人打得住进医院的病人。

积极的品格最具魅力

也许你喜欢拿漂亮的服饰来装扮自己，并且以此来吸引别人。然而你的内心只要存在有贪婪、怨恨、妒忌以及自私等想法，那么你将永远无法吸引任何人，却只能吸引你的同类——和你同样的自私、贪婪、怨恨、妒忌的人。

物以类聚、人以群分，你是什么品格的人，你周围也便是什么品格的人。

所有的人也许都可以用一个虚伪的笑容去掩饰他内心的真正感觉；用虚假的热情去和别人握手。倘若这些方式没有了一份真正的感情，那你吸引不了人，只会令他人逃得更远。

拿破仑·希尔认为，一个人之所以真正的迷人是由于：

（1）养成对别人的工作、学习产生好感和兴趣的习惯。而且，通过关注别人，发现别人身上的美的东西。

（2）培养一个人的说话能力，让他的话在众人面前有分量，有说服力。同时，你也能够把这种能力应用到日常的生活学习中或公开演讲的时候。

（3）为你自己创造一种和别人相异的独特风格，使它适应你的外在的条件和你所从事的工作。

（4）发展出一种积极的品格。

（5）学习怎样握手，使你通过这种方式表达你的热情。

（6）要想把别人"吸引"到你身边，首先要"被吸引"到别人身边。

（7）牢记要在合理的范围之内，你唯一的限制就是你在你自己的头脑中设立的那个限制。

在这七项中，其中2和4是最关键的。

一旦你真正拥有，或建立了好的思想、行动或者感觉，那么可以说你就建立了一种积极的品格，然后用你自己的极富分量的说服力来表达你自己，那么你的迷人个性将展现无遗。

一个具有这种积极品格的人是非常有吸引力的，但是这种力量有时是看不见的。不过只要这个人在人群中一走，就算他一句话也没说，你仍会感到那种"看不到的内心深处的力量"。

需要提醒你注意的是，发展"迷人个性"还有一个重要因素，就是"与他人友好的相处"。当然不是说这个习惯能给你带来物质上的收获或者是金钱，关键是通过和别人的友好相处，使自己产生一种美化的效果，让别人觉得你这个人和蔼可亲，平易近人。

你和蔼可亲，平易近人，别人将会和你友好的相处，并且感到快乐，那么你也会感到快乐，而这种快乐是其他的方式或方法不能得到的。

倘若你有吵架，当然有时只是吵嘴的毛病，那么一定要改掉它，不要向别人挑战，不要处处示威，更不要做无畏的争吵。摘下你的有色眼镜，看到每个人的真善美；扔掉你的"铁锤"，停止敲打，因为一切的奖都是给建设者的，无论哪一方面，而非破坏者。

建设房子的是艺术家；把房子拆掉的买卖破铜烂铁的是旧货商。倘若你只是满腹牢骚，这个世界肯定不会听你"胡言乱语"。但是一旦你把乐观带给人间，世界也会聆听你的每句话。

因此，迷人的个性有如下特点：一是善于言谈，二是懂得微笑，三是富于同情心。

用真诚地微笑打动人

拿破仑·希尔说过：真诚的微笑能够让人们和睦相处，也给人带来成功。旅馆大王康拉德·希尔顿就是一个证明。

希尔顿拥有"皇后""皇帝"两大饭店，被人称为"旅馆大王"。

1919年希尔顿开始了他的创业生涯，把父母留给他的2000美元和自己赚得几千万一块投资出去。他的资产从1500美元迅速增长到几千万美元，他自豪地将这一成就告诉他的母亲。

出乎他的意外，母亲只淡淡地对他说："我认为，以前的你和现在的你是一样的，钱固然重要，但还有比5100万美元值钱的东西，诚实待客是关键，你必须想出一种办法使住过你旅馆的人还想住你的旅馆，而且不会花去你大量的资本，这才不是短暂的办法，你的事业才有发展前途。"

有人问卡耐基为何他的演讲充满魅力？卡耐基朝那人微笑了一会

儿，说道："由于我会恰当地使用我的微笑。"微笑是人类情感共同的沟通，一笑便充满了意义。

戴尔·卡耐基在他的授课过程中，也曾碰到不少的尴尬局面，但他总能很轻易地解决这些麻烦。

某日，有个从法国来的年轻漂亮的女学生用挑逗的话问年轻的教师卡耐基："亲爱的老师，法国女子和美国女子相比你更喜欢哪一个？"

突然冒出的这句话，的确让人很难回答。卡耐基倘若回答是前者的话，觉得有点儿不近情理，若是选择后者，又会伤了这位法国女学生的心，这样不利于他今后工作的开展。

这时，卡耐基对这位女学生微微一笑，迎着她挑逗的目光说："只要喜欢我的女子，我都喜欢她！"

如此简单而又轻松的一句话，便将这位法国女士的浓情融于微笑中。这句话不但合情合理，而且令听者心情愉快，这就是微笑的艺术魅力。

卡耐基将他的微笑艺术不但充斥于课堂，还融入生活之中去。

有一次，他匆匆地回到家，却发现家里坐着两个怒气横生的男子。卡耐基觉得很奇怪，便上去问他们为什么不请而至。

其中的一个男人开口说道："我按照你课里教的去做，但我没有成功。"

卡耐基听到后微微一笑："你学的是什么课程，你又是如何做的呢？"

在卡耐基微笑的力量下，这名男子放松了一些，他向卡耐基做了陈述，说他是卡耐基的函授学生，学的课程是推销，但他总是不成功。

卡耐基耐心地替他分析了不成功的原因，直到夜已深了，两名男子才离去。

卡耐基这时才放松下来，坐着喝了杯啤酒，他终于又明白了，微笑的魅力不但能排除尴尬而且还可以勉励人、给人信心。

于是他在日记中写道："我至今才明白微笑的真正含义，它不仅给你带来不少生活中的好处，还让你认识并体会到人们互相不怀疑的美妙。"

人人都会微笑，但在应付一些具体事例时，还需要一定的灵活度和口才。急中生智并非大家都能办到的，就算这次应付过去，下次就不一定能这么顺利了。

卡耐基对此提出了一些措施，这并不以聪明的人为基础，对于一般人都能够从中获利。

运用微笑来应付一些事情是件好事，微笑充满着一种神秘的色彩。你的微笑就是一种无声的回答，让对方的内心感到温暖和舒适。

微笑还能避开一些苛刻、无聊的话题。有很多名人甚至是外交家遇到这样问题时都以微笑应答，使那些提问者不易再持续地问下去。

微笑的好处还不少呢！

当恋人和你怄气时，他（她）为你的行为生气，你可以微笑一下，看看结果会怎样！

当你和朋友为一个问题而争执不休时，你也可以微笑一下，显出你的气度有多大！

当你的妻子责怪你忘了她的生日时，微笑一下吧！微笑在生活中有着不可抵挡的作用，只要你很好地使用，一定会从中受益匪浅的！

说笑话也能带来好人缘

当一群人聚会时，倘若大家都不高兴，那相聚便失去了意义。但这当中只要有一个人能在此刻谈笑风生、妙趣横生的话，整个聚会便会是呈现另一番景象了，大家都会跟着进入一种热闹和谐的气氛中。显而易见，这是一个会运用笑话秘诀的交际者。

说笑话要算交际艺术中最不容易的一门儿了。它不但需要人的乐观天性，更需要一定的知识和技巧。卡耐基的课程中便着重训练这一技巧，许多原本木之内的学生，学习之后都能将笑话讲得幽默诙谐，和过去大不一样。

拿破仑·希尔讲过这样一则故事：

一个年轻的推销员在一大群人中推销一种新产品。人们不了解这种产品，因此对他的行为都不予理会。这时，人群中有人喊道："喂，小伙子，讲个笑话吧，说得不错我们就买你的产品。"

年轻人没有选择，只好讲了个笑话。

可他说完后一个人也没笑，人们只是用眼睛盯着他，这时推销员急了,大声问:"为何没有人笑啊?"

人群中这才哄笑起来,原来人们只是因为他说了大半天笑话没有一点好笑才乐的。

寇地斯,一个医生,他的医术非常高明,但说笑话总是比不上别人,这一直是他的苦恼。

卡耐基告诉他不要灰心,一般没受过训练的人中,失败者占60%,成功者只占10%,而剩下的30%只能算是及格者。而这成功的10%也多是由于他们天生就是一个说笑话的高手。卡耐基告诉他,只要经过训练,他完全可以成为一个笑话说得很不错的人。

当寇地斯大夫成功地接受了卡耐基的课程训练后,他同卡耐基一起参加了一个庆祝州棒球队获胜的欢迎会。

若是在过去,他站起来和每个人说话都会脸红心跳的。但现在不同了,他此刻以轻松的笑话为开头,说了一段话,在场的嘉宾都为之喝彩。

后来,寇地斯大夫在报上发了篇文章,详细介绍了自己的受益情况。

卡耐基认为,说笑话或许不会让人大笑不已,最平常、最轻松的笑话便是最高级的笑话。

说笑话的人不笑出来,那又是一种方法。当然,也不能板着张脸,脸上要微含笑意。倘若这时说话者都笑了起来,听者的精神也会紧跟着不再紧绷神经,没有接着听下去的劲儿了。说笑话时,要从表情到手势都统一起来,当然一定要配合笑话的内容,要说得很逼真,让听者纵声大笑。

还有一个秘诀,那就是在讲笑话的同时,一定不要卖关子,特别是在关键的地方。笑话不同于一般的对话,它需要急转而下,得让听者在突然一瞬间爆笑出来,如果是这样的话,那你的笑话就算成功了。

值得注意的是,当你已说了一半,而无一人发笑,这时你只有自己捧场,令自己放声大笑,这么做将不会使会场的气氛陷入尴尬。

在别人讲笑话时,你也要尽量捧场,你捧了他的场,在你说时,他也自然会给你个面子的。如此,你便是交际界的高手啦!

安慰人不要吝啬微笑

在现实生活中,有很多人需要安慰,比如:死者的家属,失败者,病人以及他们的家属等。在很多时候,你都要微笑地去安抚这些人,这样你才会和群众紧紧连在一起。

同情心是人人都有的,即使再冷酷的人也是有的。

同情心怎样运用是交际艺术中的又一关键的环节,在这个世界上,正是由于人们互相的勉励和安慰,在心灵上相互体贴,才让人类发展到如今这个水平。

卡耐基常对他的亲人和朋友们说:"好好养病,过不了多久你就会健康地走出医院啦!"

"好好干,凭着你的聪明才智,定能作出一番作为的!"

"只要你坚持不懈,成功之路就在你脚下!"

卡耐基的朋友们也常在如此的言语激励下，获得信心和勇气。对一切人，卡耐基从不吝啬自己的微笑。

某日黄昏时分，卡耐基仍在自己的办公室工作。莫莉小姐突然急匆匆地从楼下奔上来，一副惊慌的样子。

"别急，莫莉，有什么事儿慢慢说？"

休息了片刻后，莫莉道来："刚才莫西先生来找我，说你的好友卡西娜病了，住在州立第五医院！"

"是吗，谢谢你，莫莉！"

卡西娅是卡耐基的同乡，年内基过去在曼哈顿时，她曾给了卡耐基很大的帮助，因此卡耐基决定一刻也不耽误，趁着黄昏就去看她。

外面已经暮色浓重了，卡耐基买了一束鲜花，赶到州立第五医院。他轻敲了下房门，听见里面传出微弱的声音："请进。"

卡耐基这才轻轻地推开房门，捧着鲜花来到卡西娅的床边。这时卡西娅的精神马上愉悦了起来，高兴地冲着卡耐基说："谢谢你，我的老朋友！"

卡耐基接着又关切地问："你现在感觉好些了吗？"

"好多了！"

"你可真是运气好，你不知道我此刻是多想能生点小病，能够少工作，多休息几日。"

卡西娅一听，乐了，便说："你真想病呀，那就来代替我吧！"

卡耐基的脸上始终挂着微笑："但愿是这样，童年，在玛丽维尔,每当我稍有一点不舒服,妈妈便立刻用手按着圣经为我祈祷,愿天主赐福给我!"

"我家也一样!"

两个人就这样从童年聊到家乡,聊了很多过去的事情。在这次的探病过程中,卡耐基充分地显示出了他的微笑安慰法,不但使对方心情愉悦,而且又加深了他们彼此的友谊。

但要做到这种微笑式的安慰,还需要掌握一些技巧。

比如你的朋友失恋了,他(她)现在一定很痛苦。你若要安慰他(她),还得懂得一定的策略。

这时,你若说"忘了他(她)吧!"或"明儿我给你介绍个好的!"这些话,对方也许早就听腻了。那么你该如何做呢?你能够约对方到郊外散散步,给他(她)讲些有趣的笑话,让他(她)知道生活是五彩缤纷的,一条路上不平坦,并不意味着所有的路都走不通。让他(她)重新鼓起生活的勇气,再对他(她)说些海阔天空的事,例如"幸福就是音乐和啤酒"之类的话。

切记,在你报以微笑的同时,不可太多表示你的怜悯,那样会很容易让对方讨厌你的。

微笑的安慰,绝对是一种赢得新朋友,巩固友谊的好方法。

多付出一点同情心

拿破仑·希尔认为,同情在中和酸性的狂暴感情上,有不少的化学价值。每天活动在你周围的人有75%都希望得到同情。你给了他们同情，他们便会不讨厌你。

你是否想拥有一个神奇的短句，它能够免去争执，除去不好的感觉，并创造良好的环境，还能让他人注意倾听？

这句话就是："我一点不怪你有这种感觉。倘若我是你，我的想法也会跟你一样的。"

就算是脾气最坏的老顽固听了这段话也会软化下来的，而且你要很诚恳地说这话，拿出你百分之百的诚意吧，因为你倘若真的是那人的话，你的感觉将会和他完全一样的。

拿亚尔·卡朋曾说：如果你拥有他的身体、情感和头脑，如果你身处他那样的环境，你势必会同他完全一样。

想想你的身边有3/4的人需要同情，留些同情给他们吧，他们需要你的同情。

一个白宫的主人，没有一天不遇到很多棘手的问题。塔夫脱总统就是一个典型的例子，但他凭着多年的经验，总结出"同情"在中和酸性的狂暴感情上有着巨大的化学价值，并且在他的《服务的道德》一书中，详细举例说明了他是怎样平息一位母亲的怒火的。

塔夫脱的书中这样写道：

> 一位住在华盛顿的女士，她的丈夫在政治上很有威信，她来见我，纠缠了我6个多星期，要求我给他的儿子某个职位。她还请了不少参议员和众议员帮她，并同他们一起来见我。
>
> 她所要的这项职位需要拥有某些技术条件，我根据局长的推荐雇用了另一个人，随后我便接到这位母亲的来信，信

中她说我是世界上最没有能力的人，因为我令她很不愉快。她甚至还在信中说她将连同某个州代表共同投票反对一项我感兴趣的行政法案，她说这是我的报应。

倘若换你收到这样一封信，你也许会想别跟一个无礼的女人认真，随后你可能会写封回信。

但如果你有充足的智慧、有头脑，就要把这封信放进抽屉锁上两天——像这样的书信，你至少要迟上两日再回——之后再拿出来，这样你就不会再想要把它寄出去了。

其实我就是如此做的。我静静地坐下来，用尽可能礼貌的语气给她写了封回信。

我对她讲，碰到这种事，作为一个母亲肯定非常失望，但事实是任命谁并非由我个人来决定。

我对她表示，我很希望她的儿子在他目前的职位上能完成她的期望。结果她的怒气化解了。之后她还写了个条子给我，说她很遗憾过去的行为。

令我惊奇的是，我送出去的那项任命案并未被通过，又过了一段时间，我收到一封声称是她丈夫的来信，但据我看来，笔迹和上次的如出一辙。

信上说，因为她在这件事情上受到的打击，导致神经衰弱、卧病于床，现已演变成胃癌。问我能不能把那个职位让给他的儿子。这逼得我不得不再写一封回信，当然这次是写给她的丈夫。

在信中我说我很同情他们的遭遇，并希望那诊断结果是假的，但要把送出去的人换掉，那是不可能的。我所任命的那个人最终获得了通过。

不久,我在白宫举行了一次音乐会,出乎意料的是最先向我的夫人和我致敬的,竟是这位丈夫和他差点"死去"的妻子。

满古是吐萨市一家电梯公司的业务代表,这家公司负责维修市里最佳的旅馆的电梯。旅馆为了效益,每次维修只准停两个小时,但一般的修理至少要花上8个小时。而在旅馆准停的这两个小时内,他们的公司又可能派不出工人。

于是,满古先生在派出一位最好技工的同时,打电话给这家旅馆的经理。

他没有和经理争辩,只是说:"瑞克,我知道你的客人很多,你不想影响效益,因此尽量减少停开时间,我很明白这一点,我们会尽量配合你的要求,然而你要明白,当我们检测出故障,而我们不把它彻底修好,那么电梯的情况会更糟的,到时候时间也许不会变短。我知道你不会愿意让客人这几天都不方便的。"

经理也没了方寸,只有让电梯停开8个小时,这样总比停几天要好得多。满古从客人的方面去分析问题,而顾客是旅馆的上帝,基于这个理由,他很容易地赢得了经理的同意。

还有一个例子。

诺瑞丝是个钢琴教师。而她的学生贝贝蒂留着长长的指甲。要知道想弹好钢琴，留指甲是不允许的。那么诺瑞丝是怎么做的呢？

在开始教课之前，她们谈话的时候根本没有关于她指甲的问题。因为那样做会打消她学习的愿望，她也知道贝贝蒂常以她的指甲为傲，并且经常花很多时间去修理它，使她的指甲看起来格外吸引人。

在上了第一节课之后，诺瑞的太太觉得时机到了，于是对她说："贝贝蒂，你的指甲好漂亮，你想把钢琴也弹得如此这般美吗？那么如果你能把指甲修短一点，你就会发现把钢琴弹好真是太容易了。你认真想想，好不好？"孩子听完后，冲她做了个鬼脸，没有答应她的要求。

然而在第二个星期，贝贝蒂来上第二堂课时，出乎她的意料，贝贝蒂竟把她心爱的指甲剪掉了。

诺瑞丝太太成功了，她并没有强迫孩子必须那样做，她只是暗示孩子："我很同情你——我知道做这样的决定谁都会于心不忍，但在音乐上面的收获，会是你最好的补偿。"

因此，你想要别人接受你的想法，就要先对他人的愿望表示同情。

幽默感带来高人气

怎样运用智慧的幽默，是快乐人生中很关键的一条。这样的玩笑开起来，不但不会伤害别人的感情，而且又能让自己的周围时时充满欢乐，能做好这一点，能给你带来好人缘和超高的人气。

有人曾抱怨自己爱开玩笑，但却往往不小心因此而伤了很多朋友、亲戚的心，结果反而乐极生悲。开过分的玩笑确实是会伤人感情的，也正因如此，切记开玩笑的一些禁忌。

卡耐基在曼哈顿的那些日子，迫于生计，他只得在一个马戏团工作。在那儿工作就得排演戏剧。

某日，他邀一名叫丽丝的小姐到忧郁小室里做客。丽丝坐在椅子上，他自己换了件深色的西装。出人意料地，他把双手高举在空中握紧，并大叫道："丽丝、丽丝，我只爱你一人，我要紧拥着你而死去。"

忧郁小室在场的其他人全惊呆了，他们以为卡耐基一定是疯了。

丽丝当然明白卡耐基是在演戏，但在这么多人面前，她还是有些不安，因此她想站起来远离这里。

但卡耐基并没有给她离开的机会，他走过去跪在丽丝面前，继续大叫着："噢，丽丝，我就是如此爱你，我要像罗密欧那样拥着你而死！"

丽丝这时自然而然地进入了角色，她缓缓将头低下，深情地望着卡耐基。

如雷般的掌声响起后，卡耐基最后站起来并大声宣布这只是一场排练，并取得了意料不到的成功。在场的所有人都围着他们欢呼，庆祝他们的成功。

但也正是这样一个机会，给卡耐基带来了点小麻烦。

可能是演得太逼真了吧,再加上忧郁小室里同学们的渲染,使得戏团里纷纷传言着卡耐基和丽丝的一些谣言。

这也把丽丝的男友招来了,并气势汹汹地强迫卡耐基让步。

起初,他也是不明所以,在来者说明事实之后,他才恍悟,这原来是一场误会。

丽丝的男友开始还怀疑卡耐基的解释,但卡耐基会心的微笑让他的怒火平息了不少。

卡耐基趁机又继续说到:"我的本意只是想开个玩笑,但没想到竟弄成这样,真是太出乎意料了。"

通过卡耐基耐心而又平和的解释,丽丝的男友终于和他尽释前嫌,并且还成了很不错的朋友。

从这件事上,卡耐基明白了,生活需要欢乐和笑谑的阳光,但阳光过于强烈,很容易摧毁友谊和爱情这些过于娇嫩的花朵。

因此,特别在社交场合,开玩笑是可取的,可以活跃气氛,显示出你的幽默才华,但做事情要有度,玩笑开过了头,就会适得其反,让大家生厌,这反而会影响到你的交际活动。

那如何才算有智慧的幽默呢?

首先,在开玩笑前要分清你的朋友类型。总的来看,也不外乎三种:一是聪慧狡猾,一是大智若愚,再有一种是介于这两者之间。和聪明人开玩笑时,他不会让你占便宜,他会反攻你,没准你会对他甘拜下风;遇到第二种人,他会表现得无所谓,和大家一起高兴,或者装作好像不懂此事的样子。因此，这两种人的玩笑还是开得的。

但第三种人就不是这样，他们总是在玩笑过后会恼羞成怒，当然结局就是在意料之中了。

因此，安全的玩笑是要以了解朋友为前提的。你应当清楚并判断出你的朋友是何种类型，这样开起玩笑来才会无伤大雅，取得你既定的目的。

还要尤其注意的是：

切记不要把自己的欢乐强加在别人的痛苦之上！也就是说，玩笑而不是取笑，不要拿人家的一些缺陷，比如断足、驼背等去取乐；也别拿人家生意上赔钱、考试失利这样的话题去说。

像这样的问题，你应给予的是同情和爱怜，你应去鼓励他们，给他们信心和勇气。这样，你在他们心中便会成为一个有情有义的大好人，自然地便会对你产生敬佩之情，无形中树立了你的尊严。

第二章　用良好的习惯凝聚人

正直做人，不愧我心

有这样一段话：做人的唯一指南就是自己的良心，回首往事，唯一使人感到慰藉的是自己行为的正直与诚实，生活中要是没有这种慰藉是非常不明智的。有这样一个故事：

一个顾客走进汽车维修店，自称是某运输公司的汽车司机。他对店主说："在我的账单上多写点零件，我回公司报销后，有你一份利益。"但店主拒绝了这样的请求。

顾客纠缠说："我的生意不算小，会常来的，你肯定能赚许多钱！"店主告诉他，这事无论如何也不会做。

顾客气急败坏地说："你为什么不这么干？我看你是太傻了。"店主火了，他要顾客立刻离开，到别处谈这种生意去。

这时顾客露出微笑并满怀敬仰地握住店主的手："我就是那家运输公司的老板，我始终在寻找一个固定的、信得过的维修店，你还让我到哪里去谈这笔生意呢？"

面对引诱，不怦然心动，不为其所惑，虽平庸如行云，纯朴如流水，却让人领略到一种可贵的人生境界。这就是正直。正直是我们人类的一种优秀品德。正直的人最容易得到人们的尊敬。

那么，什么是正直呢？所谓正就是正确、公正、刚正，直就是率直、刚直、坦直。正直就是要不畏强势，要能够坚持正义，要勇于承认错误。正直意味着有勇气坚持自己的信念。这一点包括有能力去坚持你认为是正确的东西，在需要的时候义无反顾，并能公开反对你坚信是错误的东西。

怎样才能成为正直的人呢？我们至少应该做到以下几个方面。

第一，要有诚实善良的心和率真的性格。有一颗诚实善良的心就是要宽厚地对待他人和万物，也就是要有良心。为人率真，光明磊落，不阳奉阴违，处理事情坚持公平正义，不偏听偏信，能够严格要求自己，不谋私、不贪利，不挑起是非。

第二，要是非分明。什么是对，什么是错，什么是荣，什么是辱，坚持什么，反对什么，我们自己的心里要有本账。如果把坏的说成好的、假的说成真的，就谈不上正直了。

第三，勇于实践正直的品德。有位诗人曾说过："正义的路是崎岖的路，它只欢迎勇敢的人。"有位哲人曾说："一个正直的人要经过长久的时间才能看得出来。"因此，如果我们选择了做正直的人，从某种意义上讲就是选择了勇敢和牺牲，选择了无私和忘我。

第四，要刚直不阿。对的要敢坚持，错的要敢反对，敢讲真话，不唯上，不唯书，只唯实，为坚持原则、维护正义，勇于牺牲个人利益，不怕得罪人。

第五，做一个正直的人，还要听得进别人对自己的不同看法。《弟子规》有云："闻过怒，闻誉乐，损友来，益友却。"就是说听到别人的批评很生气，听到别人的称赞就很高兴，损友来了，正直的朋友就走了。

善良是温暖的阳光

人世间最宝贵的是什么？就是善良。正如法国大作家雨果所说："善良是历史中稀有的珍珠，善良的人几乎优于伟大的人。"善良是温暖的阳光，多一些善良，你就会感受到更多的美好与幸福。

一场暴风雨过后，成千上万条鱼被卷到一个海滩。一个小男孩每捡到一条鱼便送到大海里。他不厌其烦地捡着。

一位恰好路过的老人对他说:"你一天也捡不了几条。这样劳累,又有谁在乎呢?"小男孩一边捡一边说道:"这条小鱼在乎。"一时间,老人为之语塞。

善良之心,人皆有之;善良之举,人人可为。是否善良,并不在于钱财多与少,也不在于年龄大与小、体格强与弱,只在于是否有一颗善心。善良是我们人生路上最好的朋友,是我们的无价之宝。

有爱心

善良就意味着有爱心,懂得关爱他人。生活中我们要对亲人、朋友、同事多一些关心,对弱者多一些力所能及的帮助,多做一些举手之劳的事情,就能培养爱心。

例如,当看到别人身陷危难之时,要伸出援手,尽自己的力量去帮助他人;在公车上,给行动不便的人让个座;路过球场时,帮球场上的人捡回滚到我们脚边的球;参加志愿活动,给那些老人、孤儿送去一些温暖;把节省下来的零花钱捐给希望工程……这些都是善良之举。

从根本上来说,做到善良一点也不难,因为善良没有大小之分,没有贵贱之分,有的只是真情。爱心的付出不分场合和时间,只要我们有心,随时随地都可以播撒我们的爱心。

不求回报

有的同学会说:"我付出了善良却得不到回报。"但是你知道吗?善良本身就是上天给你的最高奖赏。

因为一个善良的人在帮助别人的时候,内心总是充满快乐。有时候帮助他人也是在帮助自己,这就是"送人玫瑰,手有余香"的道理。

况且，你曾经帮助过的人，有一天也可能帮助你。这很容易理解，比如你帮助了自己的同事，有一天，当你遇到困难时，他肯定会第一个冲出来帮助你。

"爱出者爱返，福往者福来"，人生就是这样，谁也离不开别人的帮助，当你帮助别人搬开绊脚石时，可能正好为自己铺平了道路。对他人多一分理解、宽容、支持和帮助，其实也是善待自己和帮助自己。

懂得感恩

善良就意味着有一颗感恩的心。常怀感恩之心，对世间所有人、所有事物给予自己的帮助表示感激，并铭记在心。

当一个人懂得感恩时，便会将感恩化作一种充满爱意的行动，实践于生活。一颗感恩的心，就是一颗和平的种子，因为感恩不是简单的报恩，而是一种追求阳光人生的精神境界！感恩是一种处世哲学，是一种生活智慧，感恩更是学会做人、成就阳光人生的支点。

因此，请感谢我们的老师，感谢我们的父母，感谢我们的朋友，感谢陌生人，感谢对手，感谢挫折，感谢苦难……

懂得感恩的人，是勤奋而有良知的人；懂得感恩的人，是聪明而有作为的人。做一个善良的人，让自己永存爱心，因为一个心存善良的人一定会得到回报的。

有担当的人有魅力

责任心是我们做人的基础。有责任心的人，一定是有魅力的人，受人尊敬的人。有这样一个真实的故事：

有一个男孩，在12岁时就用自己瘦弱的肩膀撑起了一个家。他，12年如一日，一边读书一边克服难以想象的困难，照看时常发病的父亲，抚养捡来的妹妹。

这期间，他也曾经动摇过，也曾经想到逃避，但一种责任感最终让他只是默默地坚持，不愿放弃。他就是洪战辉，一名"带着妹妹上大学"的普通大学生，用自己的行动感动了全国人民。

当人们得知他的故事，想要捐助他的时候，他却拒绝了。他在一封公开信中这样写道："我不接受捐款，是因为我觉得一个人自立、自强才是最重要的！苦难和痛苦的经历并不是我接受一切捐助的资本！一个人通过自己的奋斗改变自己劣势的现状才是最重要的！"

还有一段是这样写的："普通人就应该做普通的事，尽自己应该尽的责任，这有什么奇怪的？奇怪的应该是现在一些普通人不去做或者不愿去做或是不敢去做普通的事情，要么是不去尽、不愿尽、不敢去尽作为一个人应该尽的一点责任和义务。做人应该有责任心，能担多大的责任，方能成就多大的事业，我认为就是这个道理。"

你发现了吗？在这两段文字中，有两个字在闪闪发亮，那就是责任。"做人就应该有责任心。"这是洪战辉的铮铮豪言。这就是我们应该学习的榜样。

事实上，责任是我们每一个生活在一定社会关系中的人与生俱来的。一个人只要生活在这个社会中，就要承担着许许多多的责任。不要以为青少年的责任就是学习。

对事情负责,可以提升自己的能力,对别人负责,可以赢得机遇和信任;对自己负责,可以得到发展。这个世界上最简单的道理就是:一旦你抛弃了责任,你也就抛弃了自己。

因为责任感是一个人日后能够立足于社会,获得事业成功与家庭幸福的至关重要的人格品质。正如高尔基所说:"人需要责任感,就像盲人需要明亮的眼睛一样。"

那么,我们如何才能养成负责任的好习惯呢?首先我们要认识责任并树立强烈的责任意识。在平时的学习和生活中,我们应该清醒地认识到自己应负的各种责任,并时刻想着如何履行责任。

为自己负责

从点滴小事做起,是养成负责任习惯的捷径。不要什么事都依赖父母,自己的事自己做,才是负责的表现。此外还要从父母那多争取锻炼自己的机会,在锻炼中成长,这样就可以在自我服务中增强责任心。

凡事要么不做,要做就要做得认真、做得出色、做到最好。平时不要轻易许诺,如果许诺了就要做到。否则,你就可能养成说话不算话的坏习惯,责任也就无从谈起了。

为自己负责还意味着对自己的错误负责。很多人在面对自己所犯的错误时,往往不愿意承认自己的过失,还会寻找各式各样的借口,试图逃避自己应承担的责任,试图消除自己内心的愧疚。如果你如愿地做到了,那么你很可能会第二次犯同样的错误并能够再次找到"更好的借口"。

所以,我们应在一开始的时候就将寻求借口的路堵死,勇敢地面对错误,承担责任。这样才会从错误中吸取教训,从失败中学习和成长。

对他人和社会负责

人不可能脱离社会独立存在,必须依赖于很多人。比如我们所走的每一步路,都有无数人在为我们服务,无数道路建设者、养路工人、清洁工人、司机、交警等,更不用说吃的粮食、穿的衣服、工作和娱乐设施了。

有为他人服务、为社会服务的意识,是社会对一个现代人最基本的要求,它应该成为一种习惯。

也许我们会说,我们能做什么呢?其实,服务于他人、服务于社会并不需要多么惊天动地,只要我们肯做就行了。积极参加社会公益活动,比如维护社会秩序,关心帮助孤寡老人,定期对社区进行扫除,宣传文化知识,爱护环境等都是我们履行社会责任的最好方式。

谦逊的人受人爱戴

我们都有这样的体验:如果有两个人站在你面前,一个很谦逊有礼,另一个摆出一副傲慢的样子,你喜欢哪一个呢?当然是那个谦逊的人。

对一个人来说,谦逊是非常重要的。只有谦逊,才能保持不断进取的精神,才能增长更多的知识和能力。因为谦逊的品格能够帮助你看到自己的差距,学到更多的知识,也可以使你能冷静地倾听他人的意见和批评,小心行事。

正如高尔基所说:"智慧是宝石,如果用谦逊镶边,就会更灿烂夺目。"我们一定要明白,谦逊是可贵的品质,在平时的生活与学习中要保持谦逊的态度。那么,我们如何做到谦逊呢?下面这几点能够提供有效帮助。

保持一颗坦荡心

我们首先要保持一颗坦荡的心,既不因自身的长处而骄傲,也不因自身的短处而气馁,既不因别人的优点而忌妒,也不因别人的不足而嘲笑。

有些人自以为能力很强,很了不起,做事比别人强,看不起别人。由于骄傲,他们往往听不进去别人的意见,由于自大,他们做事很专横,总是轻视别人,看不到别人的长处,这样是很不好的,因为世间是没有十全十美的人的。

保持一颗平常心

无论是身居高位还是地位卑微,无论是名家硕儒还是初学少年,闻道有先后,术业有专攻,尺有所短,寸有所长,没有任何一个人能在每一个方面都超过别人。

记得一位哲学家说过这样一句话:"自夸是明智者所避免的,却是愚蠢者所追求的。"真正的明智者之所以不会自吹自擂,是因为他知道宇宙广大、学海无涯、技艺无穷,终其一生也不能洞悉其中的全部奥秘。

喜欢自夸的人是最没有本事的人,你要清楚地认识到这一点,即使自己真的在某些方面做得好,也不要自夸,因为比你做得好的人还有很多,你要做个谦虚的人,始终保持平常心。

保持一颗进取心

知识的海洋浩瀚无边，即使穷尽毕生精力也只能掬起一朵浪花，因此，我们要不断超越自我，在这个过程中，人生会变得更加充实，自身价值会不断得到提升。

所以，不要因为自己成绩比较好就沾沾自喜、骄傲自满，这样是很不好的，也不要不懂装懂，因碍于脸面而不敢去问别人问题。我们要时刻告诫自己：只有谦虚才能学到更多的知识。

要保持空杯心态

如果你想学到更多学问、提升能力，就要把自己想象成"一个空着的杯子"，而不是骄傲自满、故步自封。你需要用空杯心态去重新整理自己的知识体系，去吸收现在的、别人的、正确的、优秀的东西。

如果你不去领悟，不去感受，不去学习，仍然高枕无忧地躺在过去成功的经验之上，这样对自己将来的发展是极为不利的。

因此，你要随时对自己拥有的知识进行重整，让自己的知识总是最新的，永远不要自满，永远在学习，永远在进步，永远保持身心的活力。不过谦逊也要有度。过度的谦逊不仅是在欺骗自己，也是在欺骗别人，更是对自己能力的诋毁。这样会阻碍自己的发展，还会使人感觉到你虚伪狡诈。只有保持虚怀若谷的态度，才能给人留下良好的印象。

总之，谦逊是一种很好的品质和习惯，用谦逊来打扮灵魂，会使自己在前进的路上走得更顺畅！

宽容待人，海纳百川

海纳百川，靠的是宽容的心。大自然包容万物，靠的是它宽广的胸怀。做人也一样，要懂得宽容。在生活中能以律人之心律己，以恕己之心恕人，不去苛求任何人，就是一种宽容。也只有有智慧的人，才会在心中留出一片天地给别人。

宽容是一种美德，那么，怎样才能做到宽容待人呢？

容忍别人的缺点

我们应该明白，人人都有缺点和不足，只要不是特别过分，就应该理解和宽容。在学校和同学相处，要学会包容和忍耐别人的缺点。因为自己也可能有别人讨厌的缺点，多一点包容也就是多给自己机会与别人好好地相处。世界上没有相同的两个人，所以要学会容忍别人的缺点。

把复杂事情简单化

如果与一个性格特别执拗的同学在一起，两个人都不懂得宽容的话，那么双方的矛盾就会越来越深。其实，这样的朋友也没有别的毛病，只是性格太执拗，要想包容他，你就必须把复杂的问题想得简单一点，否则的话冲突会越来越激烈。

不要记仇

仇恨可以蒙蔽人的眼睛，仇恨就是人心里长的一个毒瘤。心里有仇恨的人不但不懂得如何去宽容别人，还会为自己埋下隐患，实在是不值得啊！

不因"小"而不为

大凡成功的人，都是从细小的事做起的。困难的事，其实是由很多容易的事组成的。而宽容的人，总是不会计较名誉、地位，愿做小事，不去纠结把有好处的事情让给别人去干。

所以说，认真做好每一件小事，你也就学会了宽容。

学会理解别人

只有理解别人，才能以豁达的胸怀原谅别人。他人无意的过失伤害了自己，不予计较和追究，原谅、宽恕他人的错误和过失，哪怕是他人故意刁难自己，只要没有造成严重伤害，对方又表示了歉意，也应原谅对方。

百忍成金

俗话说"百忍成金"，意思是说，人要学会容忍。同学之间、朋友之间、家人之间，其实都没有什么过不去的坎，忍一忍吧，正所谓退一步，风平浪静，让人三分，海阔天空。

总之，我们要多从别人的角度考虑问题，这样就更能宽容别人。值得注意的是，宽容待人并不是一味地对别人好，从而失去判断是非的基本原则。

另外，宽容不仅是宽容别人，还应该学会宽容自己。例如自己做错了事就勇敢承担责任，然后在释怀同时吸取教训，而不要耿耿于怀。

总之，我们一定要学会原谅他人，学会善待自己，让宽容成为生活中不可或缺的一种习惯。如果你们能做到这一点，相信在你们的面前一定是温暖的阳光！

坚韧能助你取得成功

"咬定青山不放松,立根原在破岩中。千磨万击还坚劲,任尔东西南北风。"自古以来,竹子就以其坚韧的毅力获得人们的喜爱。人们将其作为毅力的象征。什么是毅力?毅力是人们为了实现某个理想而表现出来的坚强持久、顽强不屈的意志。

当我们要实现一个目标,或者想改正某个缺点时,就离不开毅力。只有毅力才会使我们成功。而毅力来源于我们毫不动摇的信念和决心。

成功学家卡耐基在他的书中写了这样一个故事:

有人向他的一位朋友推荐一个少年,在那个人向他的友人举出了少年的种种优点后,卡耐基的朋友这样问道:"他有耐性吗?这是最要紧的事。他能坚持吗?"

是的!你有耐性吗?你有坚韧的毅力吗?你能在失败之后仍然坚持吗?你能不管遇到任何阻碍仍然前进吗?

事实证明,一个人是否养成了顽强不屈的习惯,关键是看他如何面对失败与挫折。

2012年伦敦奥运会女子单人3米跳板跳水比赛中,随着吴敏霞完美地跃入水中,她终于在坚持了10年后,站在了世界最高领奖台上。对此,她并不惊讶,因为她已有心理准备站在胜利者的领奖台上,因为她深知她已付出努力。

其实,吴敏霞并不是天生就有跳水运动员的天分。因为伤病,吴敏霞的大部分闲暇时光几乎全被理疗占据了。每天10个小时的训练之后她会第一时间到理疗室报到,进行康复性治疗。

从2001年福冈世锦赛到2011年上海世锦赛,吴敏霞坚持了10年,也忍耐了10年,这3米跳板金牌才姗姗来迟。不是每一个人都能经历这种漫长的等待,并在等待中不断磨砺、提高自己,但是吴敏霞做到了。

赛后,当记者问她是什么让她在经历两届奥运会以后又重新站在奥运赛场并取得了如此骄人的成绩时,吴敏霞只是淡淡地说:"一个人不论做什么事情,一旦信念不坚定,在遇到困难和挫折时,就会打退堂鼓!"

看似很简单的一句话,却说明一个不简单的道理:信念加上毅力才能成就梦想!吴敏霞正是用微笑面对磨砺,用毅力坚持梦想,才有了如今闪耀的收获。她用一点一滴的执着,让梦想成真。

是的,做任何事情,要想取得成功,都必须有一种顽强的毅力。在生活中,我们每个人都有自己做人的目标和方向,当我们的方向选准了,目标找对了的时候,有毅力坚持到底就显得十分重要。

可是真正的坚持并不是一件容易的事,毅力也不是放在嘴边说的,它是一小步一小步不间断地积累。滴水穿石,愚公移山,这些看似不可思议的事情由于毅力的支撑而变成了实实在在的事。所以成功属于坚韧者,属于那些有毅力的人。

也许你会问:"为什么我坚持了却没有胜利呢?"这其实并不难回答,问题就在于你是否长期坚持了。如果只是坚持了三天、五天、一个月、两个月,当然是无法做到"水滴石穿,绳锯木断"了。

你应该时刻记住:一个有毅力的人,一个坚强的人可以征服世界上任何一座高峰。也许现在你的力量很小,但只要你拥有了锲而不舍的精神,便没有不可征服的高峰;也许现在你的智力不如别人,但只要拥有坚韧不拔的毅力,便没有不可逾越的障碍。

"行百里者半九十",坚持到最后一刻,胜利才会属于你,笑到最后的也将是你。从现在开始,让顽强、坚持成为我们的人生法则吧!

第三章 用他人的力量凝聚人

学会与他人广泛合作

作为一位很有名气的演说家,哈特瑞尔·威尔森曾经对人提起他小时候在得克萨斯州时,有一次他跟两个朋友在废弃的道轨上行走,其中一位朋友身材很一般,而另一位则是个胖子。令人意外的是,在比赛谁走得最远时,那个胖男孩竟把他俩甩出老远。

这下激起了他的好奇心,他向那位肥胖朋友请教。那位肥胖朋友指出,他由于肥胖所以看不到自己的脚,因此他不像别人那样只盯着自己的脚,而是选择道轨上较远的一个目标,并朝目标走。接近目标时,他又选择了另一个目标……这样下去，他始终朝着新目标前进。

胖男孩带有哲学意味的话不无道理，倘若你只向下盯着自己的脚，那你所看到的只是铁锈和发出异味的植物而已。另一方面，当你看到道轨上某一段距离的目标时，那才能真正地看到目标的完成。

拿破仑·希尔想说另一个重要的一点，如果哈特瑞尔和他的朋友在两条道轨上手牵着手一块儿行走，那又会是如何的情景呢？我想，他们会不停地走下去而不至于跌倒。这分明是合作的可贵之处。

乔治·马修·阿丹说得对："帮助别人往上爬的人，会爬得更高。"即如果你帮助别人获得他们所需的事物，你也会得到自己想要的事物，而且帮助得愈多，得到的也愈多。为什么呢？因为许多年轻人为了自己攀登高峰而相互倾轧、相互践踏，最后只能造成两败俱伤，而合作者却获得双赢。

大雁就知道合作的重要性。它们呈人字形飞行，并且人字形的一边比另一边长一些。这些雁定期还要变换领导者。领头雁在前方开路，有助于它左右两边的雁造成局部的真空。

科学家经过试验发现，成群的雁以人字形飞行，比一只雁单独飞行能多出百分之十二的距离，这就看出了合作的关键性。倘若人类也能像加拿大雁一样同伙伴合作而不是斗争的话，那么人类会取得更大的进步。

在生活中，家庭尤其是配偶是最好的一种帮助来源，可惜它总是被人所忽视。如果夫妻双方能并肩协作，而不是随便应付，那么双方会毫无困难地以最快的速度达到目标，而且在此过程中获得更多的乐趣。

可能你的配偶在开始时未能接受你的热忱，但你不要失望，更不要灰心丧气。你能够采用别的行之有效的方式，把你的建议推广给对方,使他(她)明白你的参与的重要性。

这种家庭关系的紧密结合和共同兴趣比我们想象的更重要,因为它将会使你建立起比较有意义的关系。实际上,这本身就是一个美丽的目标。

众人拾柴火焰高

合作就是一群人为了达到某一共同目标,而把他们自己联合在一起。它是一切组合式努力的开始,被拿破仑·希尔称为"团结努力"。"团结努力"的过程中包括三项最关键的因素。

为了证明组合和合作的重要性,我们能够拿法律事业来加以更好的说明。倘若一家法律事务所只拥有一种类型的思想,哪怕它拥有几名甚至几十名能力很强的人才,它的发展也会受到不少的限制。我们知道法律制度是非常错综复杂的,不是单独一两个人所能提供的,它需要的是各式各类的人才。

显然地,只把人组合起来还远远不够。在这良好的集体组织所包含的人才中,每个成员必须都能提供这个团体其他成员所不能提供的特殊才能,即将自己的工作做成不可能替代性的工作。

一个组织良好的法律事务所应该拥有怎样的人才呢?最起码应该具有替各种案子做好充分准备工作的特殊才能的人,还有能够了解把法律条文与证据同时纳入一个很不错的计划中的具有想象力的人。当然,这些人没有必要具有出庭处理案件的能力。

因此,法律事务所不得不有熟悉法庭程序的人才。不一样的案子需要不一样的专门人才来做事前的准备工作,以及出庭处理。这样分下去,就更细了。你总不能让一个专门研究民法的律师去处理刑事案件吧?

一个了解"组织、合作努力"原则的律师,在寻找合伙人时,他绝不会采用"听天由命"的办法,找自己熟识的人,或跟自己个性合得来的人,而是看他们是不是拥有特殊的专门法律才能,是不是对自己所想要执行的专门法律及其程序极为熟悉的律师。

采购员、销售员和财务员已成为商业中必需的人才。当这三种人互相协调、合作后,才能拥有个人所无法拥有的强大的力量。

不少商业难以逃脱失败的命运的原因在于它们拥有清一色的人才。单从天性上而言,能力最强的销售人员都是热情的、积极的;而一般而言,最有能力的财务员则是沉稳的、深思熟虑的。任何企业想获得成功,必须发挥这两种人的协作作用。

现代企业都拥有一种被称为"动力型"的另一种被称为"平衡型"的人才。

美国最著名的一家法律事务所是由两名律师合伙开办的。其中一个人只负责准备该事务所接受案件的诉讼材料,而另一个人则直接出庭处理案件。他们都不是消极的工作者,仅仅通过不同的方式来表现自己的专长罢了!

我们在从事事业之前,应该对自己分析一番,看自己究竟属于哪一种人才,然后选定一个与自己的才能拥有一样性质的"明确目标"。倘若你与别人合伙的话,你也应该认真分析他们,让他们从事适合本性的工作。

人能够分为推动者和管理者两类。推动者可以成为一名能干的销售员和组织者,而管理者则能够在公司买入资产后,成为一名极佳的保管员。

我们不得不让一个人去从事与自己个性相符合的工作,如此才能达到资源的合理配置。倘若让一个"管理者"去推销东西,让一名"推动者"去安排管理一套书,其结果是显而易见的。他们都不容易逃脱失败的命运,这也是世界上最大的悲剧——大部分人从来不曾从事过最适合自己个性的工作。

拿破仑·希尔奉劝那些在选择工作时仅采用金钱做标准的观点、而不去考虑自己的个性与能力的人,如此的话你很不容易在事业上有所成就。

当然,倘若金钱也能带来成就的话,我们又何乐而不为呢?最高水平的成就包括思想上的平和、幸福和享乐,这些只有从事自己最喜欢的工作的人,才能享受到这些。

那些不了解合作努力原则的人,就像走进生命的大漩涡之中,他们会遭受不幸的毁灭。"适者生存"是永恒的真理,我们可以在世界上找到许多证据。我们所说的"适者"就是有力量的人,而所谓的"力量"就是合作努力。

我们不能像有的人那样无知、自大,总认为自己驾驶一叶小舟,就能驶过处处充满危险的生活海洋。殊不知有些漩涡比任何危险的海域还要危险。

为了获得生命中的成就,我们应该合作努力,而不仅仅是单独行动。当然,有些人会说:"我要一个人跑到荒野之中隐居,远离各种人类文明,总可以吧?"实际上,他更需要依赖合作性的努力,需要依赖他本身以外的力量来生存下去。

一个人只要能够和其他人友好合作，无论他是靠自己辛勤工作谋生，还是靠利息收入过活，都会生活得顺心一点。如果一个人抛弃生活哲学中以"竞争"为基础的部分，而采用以"合作"为基础的部分，那么他会比较容易过日子，甚至会获得意料之外的额外的"幸福"。这一切不是任何人都能享受到的。

　　经过冲突和竞争方法而获取的财富，当然会让它们的主人受到伤害、那么经过合作努力而获得的财富呢？它只会给主人带来喜悦，而不是在心中留下伤疤。

　　人类为了积聚物质财富而努力去奋斗。这些努力占去了我们在这个世俗世界挣扎奋斗的大多数时间。当然，我们没办法改变这种人生随之既来的物质倾向，但我们能够改变追求财富的方法。"合作"就是追求财富的最好基础。

　　通过"合作"，我们能够获得双重奖励：它不但可以使我们获得生活所需求的一切，而且又可以使我们的内心获得平静，这是贪婪者可望而不可即的。有些人会说了，"黑心的人也可以积聚庞大的物质财富"。这一点，我们是承认的，然而他们是以出卖自己的灵魂为前提的。

用他人之力促自己成功

不团结导致灭绝

　　在这个合作努力的时代中，我们能够看到，只要取得成功的企业都以某种合作的形式下经营。在每天的新闻报道中，都可以看到如此的报道:"在同一管理机构下合并的工商企业,创造了比以前更大的力量。"为了运用高度的团结和合作,从而引出无比的力量,同类的各企业间不断进行合并。

知识是散乱而无序的,并不是真正的力量,只能是一种潜伏性的力量,只有从它那里可以发展出真正的力量。这就像图书馆只包含了一切没有组织的宝贵知识——但并不是力量,原因在于它们没有被组织和联合起来。

远古时代那些庞然大物如恐龙等在灭绝之后,尽管它们消失得无影无踪,但有足够的证据证明,不团结就会带来灭绝的噩运。所以,从每一种能源形式到每一种动植物的生命,若要避免灭绝的噩运,只有团结起来。

从电子到最小的质子,再到宇宙中最大的星球,它们都证明了宇宙最初的一项法则,即"组织"。要起成为最幸运的人,我们必须要认识到这项法则的重要性,并且自己努力熟悉这项法则的各种形式,以及利用这项法则为自己创造利益、谋得幸福。

人们能够认识到这项法则——团结力量的价值,然而最不容易的是如何以这种法则作为其力量的经纬。

企业家要想使企业在竞争中立于不败之地,他所要做的一件工作就是引导和自己工作的人,在一种和谐的精神下,最大限度地奉献他们的努力和智慧。

但是这一点是很不容易的事情,只有像亨利·福特、爱迪生、洛克菲勒、哈里曼及拿破仑·希尔这样有能力的领袖,才能达到这项理想的目的。要不,他们如何会在所从事的行业中出人头地?世界上怎会听到他们的大名?

所有人只有拥有这项知识及能力——和谐地联合个人思想的原则，并发展出力量，才能在任何行业中获得成功。因为力量和成功是相辅相成的，这是很关键的。

合作是领导才能的基础

在合作活动中，有一个人的活动方式很不平常，但他的作用并不次于以更直接的方式提供有效服务的人。这个人是领导人物，他能引导其他人投入到协作之中，从事适合他们的工作，发挥他们的积极性，更有效地为工作服务。

在工商企业中，有些人像卡耐基那样很能够鼓舞并指挥手下的一些幕僚人员，并让他们取得在没有这种指挥影响力之下的更大的成就。

要想获得成功，必须拥有"共同谅解及合作的精神"。每位销售经理，每位军事领袖，以及各行业的领导者，都了解这种和谐精神的价值和关键性。那么，这种精神是如何获得的？它经由自觉或强制的纪律而获得。在这种过程中，个人的理想被融合成一种"智囊团"，同时个人的思想受到修正，此时的思想融为一体。

怎样造成这种融合呢？不一样的人采用不一样的方式。有的人采用强迫的方法，有的人会采用说服的方法，有的人则会采用惩罚或奖赏的手段，其目的是清晰的，那就是减少某一团体组织中的个人思想，使它们融合为统一的思想。在各行业中，从政治、经济，到一个企业，我们都能找到一个使用这种技巧并获得成功的领袖人物。

世界上真正伟大的领袖不仅宣扬自己的思想，而且善于吸引其他思想。拿破仑·波拿巴手下的士兵为何能够为他毫不畏惧地去牺牲？关键是被他的个性所吸引。他所谓的个性就是能够像磁铁那样，把所接触过的所有人的思想全部吸引过来。

怎样让这位了解合作精神的领袖在离开团体时，融合的集体思想不至于马上分裂崩溃呢？

值得称赞的是，最成功的人寿保险销售组织或其他销售团体，每周都要集会一次，或一次以上。它们的目的是把所有的个别思想融合成为一个集体智慧，如此就能够在一段时间内不断激励个人的思想。

在这些"鼓励会议"上，团体内部成员或团体外部成员彼此之间交流个人的思想，并且互相鼓励，达到鼓舞人心的目的。

人类的头脑好比电池，其能量也会衰减直到耗尽，令人沮丧。泄气。怎样才能避免出现这种现象呢？为了改变人脑能量衰减的情况，必须加以"充电"——和一个更为充满活力的思想进行接触。

不要忘了尝试——"充电"这项试验。

倘若你自己不培养出要这样做的强烈欲望，那么，你就无法以进取的精神与别人交谈。你可以运用自我暗示原则向别人提出种种说法，无论说法是真是假，都会在自己的潜意识中留下难以磨灭的印象。

合作加速成功

除了以上的条件，你还不得不发扬合作的精神，才能更好地发展自信心和领导才能。

倘若人单独做一件事，那么他是没办法坚持长久的，更不容易取得什么成就。两个或两个以上的人可以结成联盟，如此，在和谐和谅解的基础之上，每个人都将倍增自己的成就能力。

何时这项原则表现得最为明显呢？在工商企业，尤其在老板和员工之间保持完美团队精神的工商企业。这种团队精神发扬得比较好的地方，就会出现双方都很繁荣，又能友善相处的景象。

Cooperation在英文中是最关键的一个单词。我们能够深刻体会"合作"这个词在家庭事务中所扮演的重要角色。领袖们正是利用这个重要的原则才能坚持如此之久。

缺乏这种合作精神将导致什么结果呢？只会是失败，而且多过因其他综合原因的失败。拿破仑·希尔在自己长达25年的商业经验和观察中，亲眼看到了由于冲突及缺乏合作原则而倒闭的各色各样的工商企业。在处理法律事务的过程中，他看到因为夫妻之间缺乏合作而造成家庭破裂的各种案例。在研究各国历史的过程中，他发现因为缺乏合作精神而发生了一场场灾祸。

我们不要忘记这些教训，并对它们进行深入研究，才能获得对合作的深刻印象，使它永远印在记忆之中，永不磨灭。

学会倾听，了解别人

人人都需要被倾听和被了解

每个人在以言语表达自我的时候，即使在连自己都不了解自己的情况下，也急切希望获得别人的倾听和了解。如果在一起的几个人都想同时让别人倾听和了解自己，但不把倾听别人和了解别人放在首位，那么只会弄得不欢而散。

不知你能不能做到，在自己最不乐意时，将自己被倾听和了解的需求放在一旁，而去了解和帮助头痛人物，让他们充分地表达他们自己，倘若你能做到，那么他们能够、甚至愿意倾听你的可能性就随之增加了。每个人都希望自己被别人倾听和了解，然后就会减轻自己的心理包袱。

学会倾听

大多数人一生中十分之七的时间在从事各种各样的沟通：写作、说话和倾听。我们大都上过写作、说话课，可又有谁正式上过倾听课呢？我们不得不学会沟通过程中的这种最重要的技巧。

约翰·洛克菲勒特别注重倾听。他所实行的政策往往是经过倾听大家的意见，进行开诚布公的讨论连最后一点证据都经过论证才下结论。我们从中能够体会到：只有懂得倾听的人才有可能在感情、事业、家庭等各方面取得成功，并且把握住其他人错过的机会。

不要小瞧了倾听练习，就是这一点点倾听练习可以创造出令人难以预料的结果。倘若你听了长者的劝告，人生道路上就会少走许多弯路；如果你注意倾听顾客真正的需求，就可以避免把金钱，时间浪费在他们根本就不需要的东西上。

倾听的原则

下面是一些重要的倾听原则：

（1）倾听是一种主动的过程。在倾听时要使心理高度保持自觉性，努力捕捉对方倾谈的重点。

（2）切勿多话。亿万富翁富卡以少说多听而著称，曾在关键业务会上做到一言不发。他说："上帝给了我们两只耳朵，却只给我们一张嘴是让我们少说多听的。"同时说和听并不容易，为了避免因话多而丧失开发业务的机会，有人在利用所谓的"火柴燃烧法"，设想你手里拿着一支燃烧的火柴，当你认为火焰即将烧到手指的时候，你要停止说话，寻求别人的回应。

（3）切勿耀武扬威或咬文嚼字。面对你谈话的对象，有的需要保持沉默，表现出你想倾听对方意见的意思。

（4）表示兴趣。出自真心地去倾听，会让被倾听的人受宠若惊，他们会感到自己是"重要人物"了。

（5）专心。如果你经常心不在焉，你可以练习怎样才能排除使你分心的事情来培养专业的能力。

（6）切勿速下论断。下结论之前，你必须先听听其他人的意见，然后才能拿出一个中肯的意见。

（7）切勿花所有的时间去思索你的下一个反应。

我们注意到，在课堂上经常发言的一般是成绩差的学生，他们把时间花在思索下一步该怎样说的问题上。

（8）鼓励别人多说。我们在谈话时不妨先言不及义地闲聊一阵子，然后出自诚心地鼓励别人拿出精辟的见解、有意义的陈述以及有价值的信息，你也要时常称赞一下，这样才能激发出更有意义、更有价值的谈话。

（9）听意见而不是词汇。在你大脑中形成的是整体，而不是零零碎碎的东西。

（10）选择性。要专注对方谈话中关键的事实，抓住实质的东西。

（11）让别人知道你在听。怎样才能做到这一点呢？一是保持视线接触，用我们的眼睛和耳朵去倾听；二是偶尔答一句话或点点头，告诉对方，我们在有兴趣地听。

（12）无声的停顿。在现实中，我们也许会遇到沉默或缺乏反应的场面，那我们可以偶尔地作暂停回答、点头这些反应，或许能激发出更有价值的信息。

（13）停止焦虑。情绪不集中时，如何能很好地接受信息呢？

（14）对事不对人。不管别人的态度或感觉怎样，哪怕是仇人，也有值得我们听的地方。

（15）注意非语言性的暗示。我们要学会解读情境，注意对方的话和非语言方面表达的差异。

（16）注意弦外之音。注意未说出的话，未讨论的信息或者来不及答复及答复不完全的问题。

（17）记录你所听到的。在一些重要的情况下，你可以拿出纸笔或录音机，但最好放在被倾听人的视线之外，否则会使对方害羞或者谈话过于谨慎。

（18）接受并提出回应。把刚说的重点复述一遍，是最佳的方法。

（19）善于利用听到的东西。

办理业务的人员要特别注意这一原则，应该利用所倾听到的顾客意见来达到销售的任务。

三个臭皮匠，顶个诸葛亮

一个人能够凭着自己的想象力，取得一定的成就，然而如果把自己的想象力和别人的想象力结合起来，就会取得出乎意料的成就。我们可以把每个人的"心智"这样一个独立体结合起来，形成一个比之强大的"能量体"，那么，它创造财富的力量是令人无法想象的。

如果你我各有一个设想，那我们交换的结果就可能是各得两个设想。同样道理，我们思考一个问题往往会沿着同一思维模式进行，但如果拿到集体中讨论，那么，我们也许从别人的想法中产生新的联想。$1+1>2$ 是个富有哲理的不等式，这表明集体的力量并不能简单地认为是单人的累加之和。

我们应该充分发挥集体的智慧和力量,而不是去限制、扼杀它。

这种集思广益的思维方法在现代社会运行中,已取得巨大的成就。欧美一些财团采用群体思考法提出的方案,在数量上比一样的单人提案多70%。

在企业经营中,企业家要集思广益,充分调动人们的积极性,在自身周围聚拢起一批专家,让他们各显其能、各尽其才,为企业的腾飞贡献各自的力量。

如何达到集思广益的最高境界呢?须兼具人类四种特有的天赋、利人利己的动机以及设身处地的沟通技巧。集思广益能够创造奇迹,能够开辟前所未有的新天地,这更能激发人类更大的潜能,勇敢地面对人生的各种艰难险阻。

两块木头所能共同承受的力量,大于这两块木头独自的承受力之和,两种药物并用的效用,也可能大于分开使用的效用之和。集思广益的观念从这类自然现象中得出,就是全体大于部分的总和。

然而人类社会不像自然界那么简单。集思广益,也就是说,即集体创新,然而创新的结果很难预料。创新的路上难免会碰到艰难险阻,人只有肯放弃眼前安适的环境,才能开创新的事业。

集思广益的精髓在于尊重差异,取长补短。在家庭中,夫妻双方生理、精神、情感与社会角色的不一样,能够成为开创新生活和促进个人成长的契机,孕育出更为美好的下一代。

敞开胸怀、博采众议

所谓集思广益的沟通,就是指敞开胸怀,接纳一切别有见地的想法,同时也要贡献自己的拙见。

有人在家庭或其他人际关系中总是抱怨,"空有无尽的潜力,却毫无用武之地"。原因在于他们习惯于从前固有的疑、闭、锁的个性。

在日常生活中,人总是有"众志成城"的经验,比较常见的有,一场球赛能够暂时激发起团队精神。有人会认为这是特例,然而特例却可以经常发生。出现这种现象的前提是勇于冒险,而且肯博采众议。

创新就要承担风险,勇于面对失败的考验。只有那些肯稳扎稳打的人,才能经得起这种煎熬,迎来胜利的曙光。

课堂上的集思广益

拿破仑·希尔的朋友约翰先生积累了多年的教学经验。他深信考验师生集思广益能力的教学状况是出现濒临混乱边缘的时候。

他难以忘记曾教过一班大学生"领导哲学与风格"的课程。那是在刚开学的时候,有一位同学做口头报告时,坦白地吐露自己的心声,内容感人泪下,深深地触动了班上的其他同学。

受此影响,别的同学也纷纷走上讲台,畅所欲言地发表自己的看法,甚至对内心深处的疑虑也毫不隐瞒。

当时,那种信赖和坦诚的气氛深深地触动了约翰先生。他也浑然忘我地投入其中,并慢慢地萌发了放弃原先的教学计划的,开始尝试新的教学方式。

最终,大家决议抛开课本、进度表和口头报告,重新修订教学计划和作业,全班都投入到课程内容的策划之中。三周后,大家又把这一段的学习心得汇集成书。接着,又重新制定计划,重新分组。

为了另外一个截然相反的目标,大家的努力热情比过去高涨多了。这段看似普通的历程却对这班学生的成长产生了积极的影响。最主要的是培养出罕见的向心力和认同感,以后他们经常举行同学会,一直持续到今天，每个人对那个学期的点点滴滴都不容易忘怀。

为何在这么短的时间内，这班学生就能够完全互信与合作？约翰认为，他们个性已不再幼稚，渴望进行有意义的课程尝试，而自己适时地提供了催化剂，所以对那班同学而言可谓"水到渠成"。

约翰从此后另辟蹊径，也曾与人合作失败过。然而这一切都那么重要，他重新爬起来，勇敢地进行第二次、第三次……尝试。

人只要鼓起勇气，真诚地言他人所不言，往往能得到相应的反馈，集思广益的沟通以此开始。

会议桌上的集思广益

拿破仑·希尔曾经与全体同事一起拟订公司的使命宣言，那次会议给他增添了美好的回忆。

起初，会议像原先预料的那样有秩序地进行，可一到自由发言时，却成了百家争鸣，那场面非常热闹。最后达成共识，形诸文字，成为一则令人满意的使命宣言。

还有一次，拿破仑·希尔应一家大型保险公司邀请，主办当年度的企划会议。经过一番调查后，他打算抛弃过去那种只由主管发表意见，而无大家发言的开会方式。

拿破仑·希尔强调集思广益的关键性。经过他的一再解释和坚持，他们只好同意改变形式。会议的重头戏就由些批评与辩护转到聆听与集思广益。

会议开得非常成功，让人不再感到无聊，每个人争着发言。最后，大家对公司所面临的主要挑战有了更深的认识，任何意见。都受到重视，新的共识崭露雏形。

让我们记住拿破仑·希尔这句有意义的话吧！"一旦体会到集思

广益、众志成城的个中滋味,眼前便会展现一片崭新的世界,人也如同脱胎换骨。并且更加毫无怀疑,将来还会有更多开阔眼界的机会。"

沟通三层次

集思广益必然需要人们之间进行心灵上的沟通。

沟通分为不同的层次:

低层次的沟通因为双方信任度不高,在遣词用句方面自然多加留心,力求做到无懈可击。这谈不上有效的沟通,相反只会让双方更坚持自身的立场。

中间一层是在非常成熟的人之间彼此尊重的交流方式。在交流中,即使掌握了对方的意向,但又无法了解背后深层次的原因,仍然达不到完全开诚布公的境地。

这种沟通方式一般以妥协折中而不了了之,那只会让双方互有得失,而无法达到集思广益所能收获的那么多。

一脚踏油门,一脚踩刹车

在讨论问题发生分歧时,不少人不但不及时刹车,反而猛踩油门,给对方施加更多的压力,给自己找来许多自圆其说的理由,这都是不够独立的表现。不管你是企图讨好他人而损己利人,还是仗势欺人,损人利己,都无法创造出合作的氛围。

缺少安全感的人却总爱坚持己见,一意孤行,处处要其他人附和自己。他们根本不知道,容纳不同的观点是人际关系中最难得之处。我们希望求同存异,并不是要求一定要一致,即使一致也未必齐心。搞合作必须尊重差异,团结才能互补。

创造性组合除了对人际关系非常重要外,还对个人也十分重要。有些需要创造力解决的问题,单靠理性是没办法解决的,只有把闲置的右脑调动起来,让它主管的直觉和创造力和左脑相配合,共同协作,才能解决单靠一方无法解决的难题。

尊重差异

不一样的人,不一样的个体有着不同的心理、情绪和智能,而且每个人眼中的世界也是不同的,我们在与人合作的过程中必须重视这些问题。

有些人总以为自己最客观,片面地认为别人都失之偏颇,其实他们是画地自限,把自己束缚在一个小圈子里。

我们要向虚怀若谷的人学习。他们勇于承认自己的不足,注意吸取其他人的见解,因此能增广见闻。这正就是所谓的"三人行,必有我师焉。"

完全矛盾的两种意见同时成立,这是心理使然。在现实中,我们能够看到,有些矛盾不仅可以并存,而且都言之在理。

有的人喜欢与所见略同的人沟通,实际上这是在浪费时间.消耗精力。只有在歧见中沟通,才会有所收益。

教育家李维斯在著名寓言《动物学校》中阐述了个别不同的重要性:

有一天,为了教育下一代如何应付日益严峻的挑战,动物们计划设立动物学校。为了方便管理,校方要求所有动物一律要修完包括飞行、跑步、旅游和爬树等本领在内的全部课程。

问题就出现了:

兔子跑步堪称一流,但是在游泳课上,只能望池兴叹,一筹莫展。

松鼠是爬树高手,然而飞行课的老师定要它自地面起飞,而非借助材从顶上降落,弄得它一节课下来精神不振。结果飞行不但没学会,爬树反而只得了个丙。

老鹰在爬树课上可不听老师那一套,它第一个爬上树顶,坚持要用自己最拿手的方式。

一学期糊里糊涂完结了,校方找不出各门均优秀的学员来代表毕业班致辞,最后在无奈之下只好邀请不起眼的鳗鱼出山。鲤鱼的泳技是一流的,别的如飞、跑、爬等项只能勉强过关。

校方未将掘土打洞列为必修课,这下激怒了地鼠家族。它们先把子女托付给獾当学徒,然后联合土拨鼠这些鼠帮弟兄另设学校。

化阻力为助力

在互相依赖关系中,对付阻挠成长和改变的最有力的途径即集思广益。为了形象说明这个问题,社会学家李曾用"力场分析"模型来描述鼓励上进的助力与阻挠上进的阻力,如果是平衡或互助的状态。

如何看待助力和阻力呢?助力一般是积极、自觉、符合发展规律的力量;而阻力多半是消极、负面、不自觉、不合逻辑、社会性和心理性的因素。

可以以家庭为例,认同家庭应该和睦相处,气氛应该开放和尊重的观念,就可以认为是我们所说的助力。然而单有助力是远远不够的,家庭中还有诸如夫妻间关系失和、子女间关系不睦,或者由于工作忙碌而无暇顾家等阻力,时刻在抵消正面的力量。

不要一味地增加推力,而要想方设法消灭阻力,不然总有阻力积累超过助力的那一天。

怎样才能破解阻力,甚至化阻力为助力呢?这得看我们是不是能够配合利人利己的动机,设身处地的沟通技巧和集思广益的整合能力。

拿破仑·希尔曾经多次参与谈判,然而由于双方怨恨颇深,难以调和、沟通,看来只能诉诸公堂。这时拿破仑·希尔会建议:"我们能不能寻找一个两全其美的解决方案呢?"

当事人只会口头答应,而内心则认为根本没办法行得通。我们为何不换一种问话方式?"假如我能够使对方心服,你能否同意重新开始新的沟通?"在通常情况下,答案毫无疑问是肯定的。

这样一个在法律上与心理上对立的难题,然而经过拿破仑·希尔的私下调解,在数小时或数天内就迎刃而解了。其实,这是集思广益后产生的最不错的解决方案。

有一天早晨,一位土地开发商向拿破仑·希尔打来了求救电话。这位开发商需要更多的资金才能完成土地开发,接着出售获得现款后才能偿还贷款。但是银行以拖欠贷款为由,拒绝再提供贷款,并且还打算没收抵押的土地。双方无可奈何只好交给法庭来处理。

这件事情波及面非常广,连附近居民都抗议开发进度缓慢,弄得市政府很被动。为了打赢这场官司,双方都已投入成千上万的诉讼费,让本来就资金缺乏的开发商犹如雪上加霜。

受开发商的委托,他勉强同意尝试准则4、5、6,来安排与银行方面在开庭之前进行谈判。

谈判刚开始时很不顺利，银行方面的律师关照谈判人员不要说话，而由他本人发言，以防止影响将来上法庭时的立场。

在前一小时半，拿破仑·希尔讲述利人利己，有效沟通和集思广益等观念，并把银行方面的顾虑写在黑板上，摆在双方的面前。起初对方不知他玩什么把戏，不为所动，随后随着讲解的深入，双方终于能够沟通了。双方都盼望能私下和解，不希望诉诸法庭。银行谈判人员不顾律师的一再警告，畅所欲言地发表自己的看法。后来双方立场虽没有变化，然而不再竭力替自己辩护，也乐意听对方的说法。拿破仑·希尔趁此时机把土地开发商的意见又写到黑板上。

经过一番沟通，本来的误会消除了，和解向前迈出了重要的一步。四小时后——原定结束时间，可会场上的气氛依然那么热烈，开发商的建议正得到对方的热烈响应。又过了半个多小时，经过一番讨价还价，双方最后达成初步协议。随后官司撤回，双方又进行了几次谈判，那片土地上终会矗立起一栋栋宿舍楼。

我们并不是为了证明，不走法律途径也能解决问题。诉诸法律是在无可奈何的情况下才进行的，有些事情我们通过合作、沟通就能得到很好的解决。

重视个人参与

世界是一个整体，万事万物都彼此联系，团结能发挥最大的力量。

拿破仑·希尔认为，日本人的经营方式改变了全球市场，关键在于不忽视个人参与。这种见解很有深度。个人参与在一定程度上左右集体的成败。在集体中，一个人要想被他人认同，只有集中精力投入到参与和解决问题中去，发挥个人的创造力和想象力，付出得越多，取得的成就愈大，得到的回报也愈多。

集思广益作为正确有效的原则，也是前面所提到的所有准则的集大成者。我们当然没办法控制别人的思想或集思广益的过程，但总可以对他们施加自己的影响。

在不利的环境中，我们也能够进行个人参与，仅仅重点表现进行内心的组合。旁人的诋毁算不了什么，我们应该化解来自负面的阻力，取别人之长补自己之短。在僵持不下，看似无法解决的情况下，我们为什么不另辟蹊径，寻找第三种可能性。

与他人合作的诀窍

大部分人往往要求别人接受自己的观点，处处显示出比其他人优越，那么你在无形中就得罪了人。尤其是推销员，常犯这样的错误。

在与朋友交往中，你要让他表现得比你突出。当然，有时就算你不赞同他的观点，你也不要随意打断他的谈话。在那种他有许多话要急着说出来的时候，他是不会理睬你的。你不要自找尴尬，应该抱着一副心胸宽广的样子，耐心地去听。

每个人都喜欢展示自己，然而他们却讨厌别人在自己面前自吹自擂。

"如果你想树立敌人，只要处处压制他就行了。但是，如果你想拥有朋友，你必须让朋友显得比你突出。"

我们也许不理解法国哲学中的这句话。实际上，就是在与朋友交往中让他们优于我们，超越我们，那样他们就有一种优越感。不然，他们就会产生自卑进而导致嫉妒，造成关系的破裂。

因为每个人都希望他人重视自己、关心自己，讨厌他人在面前自吹自擂，因此我们要谦虚地对待身边的一切，鼓励他人畅谈他们的辉煌，而自己不要唠叨得没完，这样使他人拥有一种优越感，对我们人际关系很有好处。

应该给别人创造畅所欲言的机会，让他们充分表达出自己的心声。倘若你想取得别人的合作，切记不要用命令的语气或方式行事，而要征询他的意见、想法，让他觉得没有被强迫的感觉。

我们希望按照自己的想法，方式来做事，其他人也是一样，不希望被迫按照命令行事。

西奥多·罗斯福当年任纽约州州长时，做出了一些超凡的业绩。他一方面和政治领袖们保持良好的合作关系，另一方面又强行做一些他们不希望进行的改革。罗斯福是如何做的呢？

当一个很重要的位子出现空缺时，罗斯福会邀请政治领袖们推荐合适的人选。他说："开始，他们也许提出一个才能普通的党棍，即那种需要'照顾'的主儿。我告诉他们，任命如此的人对他们不会有好处的，再说议会也不会通过。"

"随后他们又会把一个老公务员推荐给我，然而他只求平安，没有改革意识。我告诉他们，这种人难孚众望，紧接着我请求他们，让他们给我找出一个更合适的人。"

"第三次推荐的，还算可以，然而不是最理想的。"

"接着，我会感谢他们的支持，请求他们推荐一个更适合这职位的人选。这次他们会提出令我满意的人选。我对他们的支持表示感谢，接着任命他们所推荐的人选，这项功劳看似是他们的……"

"我能够用类似的方法，让他们支持像'文职法案'和'特另税法案'这类全面性的改革方案。"

罗斯福的策略是成功的，他尽量地向他人请教，并尊重他们的建议，让他们觉得这一切都是自己的建议。

长岛的一位汽车商人领着一位苏格兰人看过一辆又一辆汽车，但总不能令对方满意，他只好求助于拿破仑·希尔。

拿破仑·希尔建议：停止向"苏格兰佬"推销，不提供一丁点意见，让他自行购买，好让他觉得自己在出主意。几天后，有位顾客来用旧车子换一辆新车时，这个新方法派上了用场。这辆旧车可能对"苏格兰佬"有吸引力，因此他打电话让"苏格兰佬"来提点儿建议。

"苏格兰佬"来了后，汽车商说："精明的买主，你对此很在行。请你帮忙试试这车的性能，然后给我一个建议价？"

"苏格兰佬"感到自己的能力得到赏识，心里非常高兴。他开着这辆车出去逛了一圈儿，回来后建议道："300元足以买下它。"

"好的，那我就买下它吧！不知你是否愿意以这个价钱买下它？"这位商人问道，300元？这正是他的主意，于是痛快地答应了。

这种方法不但适用于政坛和商场上，而且在家庭生活也同样奏效。

让我们看看俄克拉荷马州吐萨市的保罗·戴维斯是怎样运用的：

"我们全家享受了一次非常有情趣的观光旅游。我早就梦想到美国的历史古迹和首都去看看。但是我夫人南茜却提出另一套度假计划，很显然我们只能在两者之中取其一了。"

"我们的女儿安妮刚读完美国历史，碰巧对美国的历史很感兴趣。我趁机提出看她喜欢不喜欢在度假的时候，到课本上读过的地方走走，她说非常喜欢。"

"两天后，吃饭时南茜宣布，倘若大家都不拒绝，那我们度假就改在东部各州，也就是我想去的地方。她还说这次旅游不但对安娜很有教育意义，对我们而言，也是一件快乐的事情。"

一位 X 光制造商利用这样的心理战术成功地向布鲁克林一家最大的医院的 X 光科推销了自己的产品。他利用人性的弱点，给负责 X 光科的犊大夫写了一封信，大意如下：

"我们厂新近完成了一套新型的X光设备，愿你能给我们提供宝贵意见，并指导我们进一步改进。希望你在百忙之中能抽出时间亲临指导，我乐意在你指定的任何时候，并派我的车子去接你。"

"接到这封信，我很惊讶，"L大夫说，"我觉得受到很大的恭维。我觉得不该错过这次不容易得的机会，尽管我很忙，但还是推掉一些应酬去了一次。我越看那些设备越爱它。"

"没有人试图把它推销给我。我觉得应该按自己的意见来为医院买下这套设备，因此就在众多推销商中选定了它。"

在散文《自己靠自己》一文中，爱默生说："在天才的每一项发明创作之中，我们能发现自己过去摒弃的想法；这些想法再次呈现在我们面前的时候，它们又显得那么伟大。"

威尔逊当政时对爱德华·豪斯上校的秘密咨询和意见信赖的程度，竟远超过对自己内阁的信赖程度。我们认为，简直有点儿不可理解。

熟知内情的何登·史密斯曾在《星期五晚邮报》的一篇文章中引述豪斯的一段话。

"结识总统后，"豪斯说，"我发现，改变他一项看法的最好办法，就是把新观念引入到他的头脑中，让他对之发生兴趣。第一次使用这种方法是在一个偶然的机会下，那次我到白宫拜访总统，他对我催促赶快执行一项政策不感兴趣。然而几天之后，在一次聚餐会上，他把我的建议当作他的意见提了出来。"

豪斯对威尔逊的做法没有在意，由于他很老练，他不想在荣誉上纠缠，要的是成果。他抓住了威尔逊这一特点，使威尔逊对他提高了信任度。

实际上，在现实生活中具有类似威尔逊那样人性弱点的人比比皆是，我们可以使用豪斯的手法。

卡耐基曾被一个新布仑兹维克成功地应用这种技巧，让自己照顾了他的生意。当时，卡耐基正预备到新布仑兹维克去钓鱼和划独木舟，然而面对当地各个露营区寄来的邮件、宣传册，他实在不容易做出选择。

在众多信件中，有一家营区的主人给他寄来了以前到过当地的几个纽约人的姓名和电话号码，让他自己去发现这家营区优越的条件。

他通过信上一个自己不陌生的朋友的介绍，了解到那家营区的条件，最后选择了这家营区。这家营区的高明之处在于让卡耐基将自己推销出去，而不是向卡耐基强行推销。

从上所写的材料，我们能够看到，你想让其他人接受你的思想，最好让他们觉得这个想法是他们自己的。

善于从他人的立场看待问题

我们要努力去了解其他人，从其他人的角度来分析问题，这样既能减少不必要的摩擦，又能增进友谊，创造生活奇迹。

当然，别人的观点不一定正确，可他并不如此认为，所以我们要用试着理解他来代替责备他。这是智者的选择。

既然别人那样认为，那么总有自己的理由。我们能够以这个理由为突破口，找到能够解释他行为的钥匙。

要把自己放在他的位置上来考虑问题。一旦能做到这一点，你可以节省很多时间和苦恼。

在《如何使人们变为黄金》中，肯尼斯·古地说："暂停一分钟，把对自己事情的深度兴趣,与对别人事情的漠不关心作比较。你就清楚,别人也抱有这种态度。于是,你也可以跟林肯、罗斯福这些名人一样,已经拥有了从事一切工作的唯一基础,那就是以同情的心理来接受别人的观点。"

纽约州汉普斯特市的山姆·道格拉斯,过去常抱怨太太将时间浪费在修整花草上,可草地并没有多大改观。她当然不喜欢听这些话,两人常为这件事不高兴。

在清楚了合作能产生巨大的力量之后,道格拉斯为过去的愚蠢行为而感到内疚。因为她在修整草地时也自有一番乐趣,可自己不仅没有称赞,反而大发牢骚,伤害了她的自尊心。

一天晚饭时,他陪着太太去除草,她很高兴。两人一同辛勤地干了一个小时,同时也愉快地交谈了一个小时。

后来,他经常帮她整理花草,并且常常地称赞她把草地花圃修整得那么漂亮。当然,两人皆大欢喜,由于他学会了以她的观点来看问题,就像所看的事物是杂草一样。

古拉德·黎仁柏在对自己著作《打人别人的心》进行评论时说:"当自己认为对方的观点和想法与自己的观点和想法一样重要时,交谈才能在融洽的气氛中进行下去。在交谈开始时,就要对方提出自己的目的或方向。当我们作为听者时,我们把所要听到话来管制自己所要说的话;当我们作为讲话人时,我们接受对方的观念将会鼓励对方来打开心胸来接受我们的观念。"

卡耐基喜欢在自家附近的一个公园里散步和骑马。他非常崇拜橡树,特别不忍心看到那些嫩树和灌木被一些原本能够避免的无情大火所吞噬。有些火灾是由到公园来享受野外生活,在树下煮蛋或热狗的小孩们所引发的。

虽然公园里树有"禁止生火"的告示牌,但由于警察失职,仍造成火灾接连不断。

看到这种没有人管理的情况,他就利用到公园骑马的时间,自觉充当公园的保护者。起初,他没有注意到孩子们的看法。

他一看到有人生火,就来到那些生火的孩子们面前,用权威的口气命令他们把火扑灭,不然,他就叫人把他们逮起来。他只是尽情宣泄自己的感觉,却没有去了解他们当时的看法。

孩子们只是不甘心而愤恨地屈从了,但是等卡耐基一走,他们又燃起了大火,大有把整个公园烧毁之势。

随着岁月的流逝,卡耐基对做人处世有了更深一层的认识,更懂得怎样从别人的角度看问题。倘若现在他再碰到上面的事,他会说出像下面的一段话:

"孩子们,玩得痛快吗?瞧,你们煮的是什么?……我小时候也爱玩这玩意儿,现在仍旧喜欢。然而在公园里生火,是不安全的。当然你们是很小心的,可别的人不会这么做。如果他们看见你们生火也生起火,回家又不把火熄灭,那么火就有把公园烧毁的危险。一旦发生那种不幸的话,我们可就连一棵树都看不到了。你们玩得高兴时,千万要记住把火堆旁边的枯叶拨开,在离开之前,用泥土把火堆掩埋起来,不知你们愿意吗?下次,你们最好把火生到山丘的那一头,这样既玩得痛快,又可以避免发生火灾。倘若那样做的话,不知怎么感谢你们才好!孩子们,祝你们玩得痛快!"

两种说法,两种效果。后一种让孩子们觉得保住了面子,心里舒服一点,卡耐基也觉得舒服一点。事情的圆满解决,在于卡耐基首先考虑了别人的看法，再来处理问题。

面对个人问题变得非常严重的时候，我们可以从其他人的角度考虑问题。使紧张的气氛得以缓解。

> 大洋洲南威尔斯的伊丽莎白·诺瓦克曾讲：
> 负责我买车分期付款账户的男子给我下了最后通牒，让我在周一早晨以前补交六星期的欠款，不然他们公司会采取进一步行动。
> 然而，我周末未筹到款，因此周一一大早他就气势汹汹地打来电话。我心平气和地向他解释，以他的观点来看待这件事情。
> 我真诚地为给他带来这么多多余的麻烦而道歉，并且说自己定是令人最头痛的顾客。他的口气开始缓和下来了，并且说我还不算是最令他头痛的顾客。
> 他开始给我举几个很不讲理的顾客。我静静地听着，让他一吐为快。接着根本不需要我开口，他就说我一时筹不齐款也不要紧。他让我在月底之前先交一小部分，然后方便的时候再把剩下的补足，就没问题了。

你也许觉得在做事之前先考虑一下其他人的观点，是否应该这么做？这不是在浪费时间吗？做是应该的，当然会花费很多时间，但这会使你交到朋友，获得更好的解决方式。

"在会见某人之前，我宁肯在他办公室旁边的人行道上多走几小时"，哈佛商业学院的唐哈姆院长说，"不贸然走进他的办公室。因为当时脑中还没有清晰的概念，更不知说什么好，那样只会把事情搞糟。首先，我必须对他的兴趣和动机作出正确的判断。"

让我们记住这句话吧！

倘若你想改变人们的观点，而不至于伤害他的感情或引起憎恨，规则的第 8 条是："试着真实地从别人的观点来看问题。"

请求对手的帮助

每个人都有做个伟大人物的欲望。请人帮个忙，不但让对方觉得自己重要，也能够为你赢得友谊和合作。

有一次卡耐基驾驶汽车到法国旅行，不幸迷失了方向。这样他就停下陈旧的福特车，向当地的一些农民打听道路。

那些穿着木鞋的农民看着卡耐基的衣着和乘坐的福特汽车，认为他是个百万大富翁。他们看着百万富翁向自己请教，自己倍感荣幸，认为这是对自己的重视，就对站在一旁毕恭毕敬的卡耐基七嘴八舌起来。其中有一个小子为有如此罕见的机会而激动得不得了，挤到卡耐基的面前，他要单独享受这指示方向的乐趣。

我们也能够试试这个原则。下一次你在迷路的时候，能够向一个经济状况或社会地位均比不上你的人请教，"希望你能帮个忙，告诉我怎么到达某个地方。"你会收到良好的结果的。

本杰明·富兰克林运用这项原则，将一个刻薄的敌人变成知心好友。当他年轻时，他拿他所有财产办了一家小印刷厂。为了获得为议会印文件的工作，他想尽办法想进入费城州议会当文书办事员。但是面临着来自议会的巨大阻力，议会中最有钱又最能干的议员之一，却非常讨厌富兰克林，甚至公开责骂他。

如何讨对方喜欢呢？富兰克林想了许多办法，结果都一一否定了，最后他决定去请敌人帮自己一个小忙。

他打算用对方的虚荣心，让他觉得自己获得了尊重。

富兰克林给对方写了一封便笺，请求他把图书馆藏的那本稀奇而特殊的书借给自己，以便于自己好好研读几天。

在一周后还书的时候，富兰克林顺便附上一封信，强烈地表示自己的谢意。

富兰克林巧妙地利用对对方知识和成就的仰慕，终于赢得了双方的和解。在下次议会相遇的时候，对方竟主动和他打招呼，而且很有礼貌。从此以后，富兰克林时常向他请教，他也乐意帮忙，两个成为要好的朋友。

富兰克林这种心理方法——请求别人帮助的心理方法，对我们现在为人处世依然有效。

安塞尔就是运用这种心理方法获得了不少的成功。作为铅管和暖气材料的推销商，他很希望跟一位业务大、信誉好的铅管商合作。但是那位铅管商以粗鲁、无礼和刻薄而著称，让安塞尔吃尽了苦头。每当安塞尔打开他办公室的门，准备进入时，他便粗暴地吼道："你赶快走开，不要浪费我的时间！"

安塞尔毫不泄气，打算换一种方式，正是这种方式使他们在生意上建立了长期的伙伴关系，并且成为好朋友。

安塞尔采取的步骤是这样的：

安塞尔公司正在商谈在皇后新社区购一家公司，碰巧那位铅管商对那一带非常熟悉，并且有不少主顾。安塞尔打算利用这次机会，他去拜访时说："请别急，先生。我今天不是来推销产品的，而是真诚地向你请教。不知你能不能抽出一点时间？"

"我们公司想在皇后新社区设立一家公司，"安塞尔说，"你对那里的情况太熟悉了，比常住在那里的人还清楚，所以我请你帮个忙。"

那位铅管商竟出奇地客气起来，连忙让座："请坐请坐。"在接下来的一小时中，他不厌烦地解说那里的特性和优点，并且劝告不要在那里设分公司，以及讲解作为经销商怎样去拓宽业务的方法。

通过那次交谈，双方建立了稳固业务友谊的基础。就是通过请对方帮个小忙，让他感到一种"我是重量级人物"的感觉，结果安塞尔从过去经常吼骂自己的那个家伙那里获取了很多的订单。

我们可以看看肯·戴克这封信，看他如何巧妙运用"请帮个小忙"的心理方法，来加以研究一下它的效用。

几年以前，戴克给商人、承包商、建筑师的信，得到答复的实在少得可怜，连1%都不容易达到。

苦恼的戴克深深思索了很久，决定用在信的字里行间关注对方心理的方式，来打动他们的心。没想到下面这封信竟收到差不多5%的回信，而且信里充满了善意的建议和合作的态度。

我们阅读这封信的时候，可以试着设想一下，得到信的那个人心理反应会如何。

先生大鉴：

弟如今碰到难题，急需你的协助，不知能否赐教一二，弟则不胜感激。

本公司计划出版一本目录，可是由于缺乏如何才能使建筑师熟悉本公司所修整房屋的建筑材料，所以只出版了此类的第一本就不得不停下来。

谨随函附上印成此类的第一本，请您斧正。

弟知先生是著名的建筑师，所以冒昧请先生和全国各地的其他49位建筑师，担任裁决这本目录是否具有可行性的裁判，好使弟能说服本公司总经理，使未完成的事进行下去。

为了易于提出材料，弟在本函后面附列出几点问题，请您赐教一二。如果先生承予赐教，可请将信放入附有贴好邮票的信封里，弟不知怎么感谢才好。当然，先生对此事不负担任何责任，我们将根据先生提出的宝贵经验和建议而加以修改再版，一切仰仗先生的裁定。

不管如何，弟都要感谢先生的赐答之情。

敬颂

大安

展业部经理 肯·戴克敬上

还应该注意一点。在信中不要过度大棒别人，到处充满阿谀之辞或违心之论，那样结果只会事得相反。我们要出自真心诚意，发自真情实感来写这封信。

我们都希望得到其他人的赏识和看重，都想竭力去得到，然而我们应该知道，没有人会欣赏你那些违心之论和奉承之词。

本书所讲的这些原则并不是教诸位一套阴谋诡计，而是谈些有用的技巧，前提是必须出自真心。

交谈时的融洽能够让我们的谈话充满轻松愉快。

在日常生活中，我们与人交谈的目的，不外乎以下三种：

一是基于感情的，你心里想什么就用谈话的方式统统渲染出来，心里才感到痛快。它的目的是通过相互之间的谈话，让双方的感情有所增进。

二是基于意志的，是你企图通过说话来左右别人的意志，实际上有很多情形，你是在无意中左右了别人的意志。

三是基于求知的，是你想认识某一事物去请教他人，这就是我们所说的求知类。

这三项分类出自谈话艺术家之口。只有我们在平凡生活中明白每个人应酬的目的属于哪一类，才能做到有目的。

有些在应酬中"明知故犯"导致应酬不成功。比如说，你明知有求于人时要有礼貌，可是你经常对朋友横眉怒目，伤害别人的感情。

同样一句话，从不一样的人嘴里说出来，效果可差得太大了。例如，"邮筒在哪里？"和"在哪里有邮筒？"看似简单，其实会出现两种答案。我们在应酬中要注意措辞运用得当。方能收到好的效果。

不要忽视你生命中的贵人

在我们的人生中,要使自己的事业成功,甚至达到更高的目标,一个重要的前提就是不能忽视出现在自己生命中的贵人。这类人往往不是有过人的智慧,就是有你无法想象的能力,如果当他们出现在你的面前时,你无视他们的存在,对他们视而不见,听而不闻,那么过后就是你使出浑身解数,到头来终将折戟而归。

所以,在现实生活中,我们一定要加倍留意随时会出现在你生命中的贵人,因为他们对我们的事业发展,往往是起到非常关键的作用。

汉高祖刘邦本来只是一个无业游民,他不愿从事寻常百姓的工作,反倒结交了众多游侠,当他见到秦始皇出巡的行列时,仰天长叹道:"大丈夫当应如此。"从此广交各路豪杰,礼贤下士,将当时的萧何、张良、韩信等几个出现在他生命中的贵人收于帐下,最终打败霸王项羽,成就了帝王大业。

可以说,大到改朝换代,小到个人的成长,若不能重视自己生命中的贵人,王朝就不会兴盛,事业也不会发达,人生也不会有太多的成功。

在草原上有一个放羊的人养了一群羊,令他苦恼的是,羊群总是一种很散乱的样子,非常不好管理。

平日里,羊群在一起盲目地左冲右撞,如果有一只羊在一片新的肥沃的绿草地吃到新鲜的青草,后来的羊群就会一哄而上,你争我夺,会把践踏绿草,也全然不顾旁边有虎视眈眈的狼,或者远处还有更好的青草。晚上赶羊进栏时也会费很大的劲,它们总是四处逃窜,难以集中。

一个老人给他建议道:"你驾驭好领头羊,一切问题都会解决。"

可是,哪只才是结束这种混乱局面的领头羊呢?牧羊人犯了难。老人告诉他:找领头羊要靠你的眼光,找到了,你还要会利用它,这样你才会放好这群羊。

终于,牧羊人通过观察,找到了领头羊,又经过一段时间的磨合,羊群放起来比以前轻松多了,不久,他成了一个有经验的牧羊人。

在现实生活中,有身居高位却使自己的"政令"不能通行的尴尬,有要及时树立自己的威信可又怕伤害官场元老的两难,要想打开局面,盘活职场就先要找准你生命的贵人,分清谁是元老,谁有后台,谁最有威信。知道他们各自的利益所在,找准你生命的贵人,这样就会便于拿出相应的策略来对症下药。

求同存异,化干戈为玉帛

我们讲团结,讲求同存异,这样能够和平共处,将冲突转化为合作。我们要了解下面的技巧,才能把与头痛人物的关系由冲突转向合作,和自己所关心的人建立彼此信任的关系。

两种基本技巧：同化和转向

团结则和平共存，分裂则两败俱伤，这是从人际关系中总结出来的准则。倘若太强调人与人之间的不同，只会造成两者之间距离越来越远，最后导致冲突的产生。

在与人沟通之前，我们能够先找到共同的立场，如此会让我们相处容易些。其实我们和周围的人，不管是朋友，还是难缠人物，都有发生冲突的可能性，主要不同在于朋友之间的冲突会因彼此之间共同的立场而逐渐缓和。对于难缠人物的法宝就是减少差异，寻找两者共同的立场。

怎样减少不同呢？必须运用同化和转向。所谓的同化即以自己的行动来减少彼此之间的差异，设身处地为对方着想，来达到共同的立场。同化能使双方的关系更加融洽；转向能利用融洽的关系来改变互动的方式。

作为一项基本的沟通技巧，同化在人们沟通立场、加深关系时用途很广。我们不必惊奇，实际上同化会不时地出现在你我身边。

这样的例子不少。比如说，你在与其他人交谈的时候，说不定会发现，你们俩是同一地方长大的，这样双方内心的距离减少了，彼此感觉亲近多了，这就是同化的结果。

当你与别人一同进餐时，你会说："你吃什么？"实际上你是在发送友谊的讯号，而不是真的在于对方的口味。如果对方要了点饮料，那么你也会跟着来点。这也是同化的例子。

当你看到心爱的孩子从游乐场回来，而膝盖受了伤，眼中含着泪光，你会弯下腰向孩子关切地注视着，甚至用手抚摸着膝盖，用关怀的口气说："这儿痛吧？"这也是一种同化。

在你与乡音很重的人交谈时，你说话的腔调也时常会出现点乡音的味道。实际上这是你想和喜欢的人打成一片的本能反应。

当你西装革履去某个地方，发现当地人都穿短裤、T恤时，你会感到自己太格格不入了。

能够用许多方法来同化。脸部的表情、反应的多寡、身体的动作、语言上的音量和速度，以及言辞都能够用来与其他人同化。倘若我们不能消除彼此之间的差异，那么我们很难收到同化的效果，甚至造成差异的扩大，那是很严重的。

没有人会跟与自己对立的人合作。可惜人际关系中没有中间地带，你我之间不是冷漠就是熟悉，不是差之千里，就是观点一样，没有其他的选择。

不管你在倾心了解他人，还是要他人了解自己，同化往往处于第一位。只有先利用同化作用，与他人包括难缠人物建立一些关系之后，才能启发转变的方向，获得意料之外的结果。

下面所讲的策略，对你和难缠人物的沟通有着很好的促进作用。学了这些同化和转向的技巧后，并且成功地运用时会得到事半功倍的效果。

以身体语言和脸部表情来同化

有的人能够用手说话，而有的人则用嘴巴说话；有人对任何的人都笑容满面，而有人则满面愁容……这些不一样的风格都可能成为被人误会、产生幻觉的原因。

用手势说话的男人常会不客气地认为光用嘴巴说话的女人墨守成规呆板极了；而只用嘴巴说话的女人，就会认为说话时手舞足蹈是没有教养的表现；喜欢微笑的人，认为愁容满面实在令人生厌；而喜欢皱眉头的人,则会认为满脸赔笑的人阴险。

不知大家是否注意:当人们相处得正欢时,他们的动作、表情乃至神韵都非常相似。比如说,如果你对别人笑,别人也会报以微笑;一旦你同一种跷着二郎腿的人交谈甚欢,过不了多长时间,你也会把腿翘起来,当他放下脚后,你也会随着做一样的动作。更有甚者,当对方挠头时,你也许会感到头上同一地方很痒。

你可以观察自己是怎样与别人同化,而其他人又是怎样与你同化的,特别要注意双方非语言动作同化的过程。非语言的同化大都是自然发生,而一般双方都不自觉。

比如说,一对夫妻吵架时,他们之间有许多不同动作,却很少有同化。同化使人们之间产生信任和合作的气氛,倘若处理不当的话,人们之间就会出现信任危机。

怎样在有害气氛的情况下对付难缠人物呢?那你尽量在身体动作、脸部表情上尽量与对方同化。让对方感觉到,你们是朋友,而不是敌人。

非语言的同化是不是运用得越多越好吗?其实不是那样的,那只会让对方觉得在讥讽对方。要运用得恰到好处,不要引起对方的注意。同化往往在双方相处甚欢时才会引起的。

在一般情况下,动作行为上的转变需要一定的时间去适应,去同化。比如说,你跟一个喜欢抖腿的人在一起,起先你也许不会抖腿,但随着时间一分钟一分钟地过去,你的腿可能会跟着他的腿有节奏地抖起来。

要注意的是,对有敌意的动作,你要克制,千万不要被同化。如果有人对你挥拳大喊:"你是个蠢货!"千万不要以同样的方式对待:

"你也是个蠢货!"这已超出了同化的范围。当然,我们对于强暴、侵略性的同化是不赞成的。

以声音的音量和速度来同化

为了与其他人加强沟通,我们必须加强在音量和速度上的同化。如果对方说话越来越大声,你也会越来越大声;如果对方越说越快,你也会紧跟其后。说话快的人要的是速度,不然会感到别扭;说话慢的人喜欢享受自在感。安静的人讨厌和爱热闹的人在一起,爱热闹的人不喜欢和安静的人在一块。我们必须尽最大努力去和别人在音量和速度上同化,不然可能会产生极大的误会。

在日常生活,特别在家庭生活中,亲子之间存在着似乎无法调和的不同,这其实不是爱得是否够的问题,而是因为双方同化得不够。比如说,由于双方的语气,说话方式的差异,使双方无法沟通,从而进一步拉大双方的距离,甚至到了家庭破裂的地步。

如何消除这种非主观因素呢?这需要双方的共同努力,互相理解,进而认识到语音的音量大,速度快并不代表生气,并且双方尽量在音量和速度上互相同化,使相互的沟通成功。

公正待人,赢得认同

如果你是领导者,就必须是公平处事者。出于公心,调解纠纷,扶助弱小,一视同仁才能顺应下属愿望,赢得部下认同,和你同舟共济。

调解纷争扶助弱小

领导者并不是表现出强制的态度就能让部下心服。相反,身为领导者必须要有敏锐的头脑,来调解同行之间的纠纷,并且以柔和的心情来扶助弱小,若非如此便无法担任领导之责。

从动物园的实验中可以看到,如有争论由老大裁决、休息时弱者优先的守则,这也就表示了调解纠纷和扶助弱小,是身为领导者不可或缺的特质。生物研究学家K·罗连斯对有种乌鸦所做的研究,说明了首领的责任。这种乌鸦有着极为明确的顺位制,从上到下每只乌鸦的地位都有一定的顺序排列,且一生不变。他们从幼鸟时期开始就互相争取地位,但只有一只能够登上首领之位。

至于什么时候、什么情况之下可以决定谁是首领、谁是下阶层的人,身居高位的乌鸦是不会和同伴起争执,尤其是不会和身份地位比自己低的乌鸦起争执。若是加入争执,也一定是帮助地位低劣的人说话,这样才能平息地位较低者的不满。

总之,动物界的首领必须是公平处事者。

猿猴也是如此。猴群之中若有新的领袖出现,这领袖的立场也和前述的乌鸦相似。当同伴有了争执时,能够挺身调解纠纷、扶助弱小者,就有资格成为大家的领导者。

要成为领导者就必须能够顺应群体的期望,而解调纠纷、扶助弱小,正是象征了符合群众的期望。

就现代企业而言,受命担任领导者地位的人,一定要能够展现出实力来赢得大家的认同,这就必须要从指导部下、调解部下之间的纠纷等符合部下期望的事情开始做起。

上下级关系应协调平稳

上下级之间是一种相互依赖、相互制约的关系。这种关系处于良好的状态中,上下级的需要就得到满足。

一般来说，上级需要下级对本职工作尽职尽责勤奋努力，圆满地、创造性地完成任务。而下级则希望上级对自己在工作上加以重用，在成就上给予认可，在待遇上合理分配，在生活上给予关心。

对下级伤害最大的往往是，当下级工作取得成绩时受表扬的是上级，当上级工作发生失误时，挨打屁股的是下级，造成下级心理失衡。

因此，领导者要善于发现和研究哪些是下级关注的中心，并抓住这些中心问题，最大限度地满足下级最迫切的需要，从而调动下级的积极性。领导者在与下级关系的处理上，要一视同仁，同等对待，不分彼此，不分亲疏。不能因外界或个人情绪的影响，表现得时冷时热。

当然，有的领导者本意并无厚此薄彼之意，但在实际工作中，难免愿意接触与自己爱好相似，脾气相近的下级，无形中冷落了另一部分下级。因此，领导者要适当地调整情绪，增加与自己性格爱好不同的下级的交往，尤其对那些曾反对过自己且反对错了的下级，更需要经常交流感情，防止有可能造成不必要的误会和隔阂。

有的领导者对工作能力强、得心应手的下级，亲密度能够一如既往。而对工作能力较弱，或话不投机的下级，亲密度不能持久甚至冷眼相看，这样关系就会逐渐疏远。

有一种倾向值得注意：有的领导者把同下级建立亲密无间的感情迁就和照顾错误地等同起来。对下级的一些不合理，甚至无理要求也一味迁就，以感情代替原则，把纯洁的同志之间感情庸俗化。这样做，从长远和实质上看是把下级引入了一个误区。

而且，用放弃原则来维持同下级的感情，虽然一时起点作用，但时间一长，感情大厦难免会土崩瓦解。

领导者在交往中要廉洁奉公，要善于摆脱馈赠的绳索。无功受禄，往往容易上当,掉进别人设下的圈套,从而受制于人。

有功于人,也不要以功臣自居,否则施恩图报,投桃报李,你来我往,自然被"裙带"所缠住,也会受制于人。

馈赠是一种加强联系的方式,但在领导活动中往往诱使领导者误入歧途。有些馈赠的背后隐藏着更大的获取动机,特别是在有利害冲突的交往中,随便接受馈赠,等于授人以柄,让别人牵着鼻子走。

领导者在交往中,要注意自己身边人员的状况,从实际情况来看,领导者的行为在很大程度上受制于其贴近的人,这些人对于领导活动既有积极作用又有消极作用。

平时,领导者在一些事情上是依靠他们实现领导的,而他们又依靠有些人的帮助来完成领导者的委托,于是就出现了逆向的情况。领导者周围的人可直接影响领导行为,而这些人又可左右领导的行为,这里存在着一条熟人链。显然,这些人不仅向领导者表达自身的需要,而且还要为其他人办事,这自然增加了制约因素。

以上的原理告诉我们,领导者应该注意身边人的制约,不仅要调整好与他们的关系,而且还要改变他们中的人员结构,提高他们的素质,避免给工作增加阻力和困难。

激励部属,共创辉煌

领导者的作用在于建立各种激励制度,激励部属为实现管理的目标做出积极贡献。正确、积极、有效地激发部属干劲,是达到有效领导的重要途径。

要有一套激励体制

作为领导,仅仅了解职员的内心愿望还不够,不要以为多发奖金、多说好话就能调动员工的积极性。人是很复杂的,要让他们为你卖命工作,需要你施展更细微的手段。

有几个方法可以让下属的需求获得充分满足,同时又能激发他们的热情和干劲,提高工作效率。

(1)向他们描绘远景。领导者要让下属了解工作计划的全貌及看到他们自己努力的成果,员工愈了解公司目标,对公司的向心力就愈高,也会更愿意充实自己,以配合公司的发展需要。

所以领导要弄清楚自己在讲什么,不要把事实和意见混淆。

下属非常希望你和他们所服务的公司都是开放、诚实的,能不断提供给他们与工作有关的公司重大信息。若未充分告知,员工会对公司没有归属感,能混就混,不然就老是想换个新的工作环境。

如果能获得充分告知,员工不必浪费时间、精心去打听小道消息,也能专心投入工作。

(2)授予他们权力。授权不仅仅是封官任命,领导者在向下属分派工作时,也要授予他们权力,否则就不算授权,所以,要帮被授权者清除心理障碍,让他们觉得自己是在"独挑大梁",肩负着一项完整的职责。方法之一是让所有的相关人士知道被授权者的权责;另一个要点是,一旦授权之后,就不再干涉。

(3)给他们好的评价。有些员工总是会抱怨说,领导只有在员工出错的时候,才会注意到他们的存在。身为领导人的你,最好尽量给予下属正面的回馈,就是公开赞美你的员工,至于负面批评可以私下再提出。

（4）听他们诉苦。不要打断下属的汇报，不要急于下结论，不要随便诊断，除非对方要求，否则不要随便提供建议，以免"瞎指挥"。

就算下属真的来找你商量工作，你的职责应该是协助下属发掘他的问题。所以，你只要提供信息和情绪上的支持，并避免说出类似"你一向都做得不错，不要搞砸了"之类的话。

（5）奖励他们的成就。认可下属的努力和成就，不但可以提高工作效率和士气，同时也可以有效建立其信心、提高忠诚度，并激励员工接受更大的挑战。

（6）提供必要的训练。支持员工参加职业培训，如参加学习班，或公司付费的各种研讨会等，不但可提升下属士气，也可提供其必要的训练。教育训练会有助于减轻无聊情绪，降低工作压力，提高员工的创造力。

一个成功的领导人，能够满足员工的各种需求，善于用语言和行动激发下属完成任务的热情和信心，勇气和决心。这同样需要高度的技巧。中国有句俗话："请将不如激将"。激将法，也是其中办法之一。

愚蠢的激将法，往往是用嘲讽、污蔑、轻浮的语言将对方激怒，拼死一搏。一个优秀的领导人所用的激将法是聪明的激将法，他可以运用以下几种策略：

一是巧妙的激将法。运用激将法要看对象，年轻人的弱点是好胜，"激"就是选在这一点上，你越说他害怕，他就越勇敢。老年人的弱点是自尊心强，此点一"激"就灵，你越说他不中用，他越不服老，越逞强。所以当别人指责他放弃责任、隐退不出，嘲笑他不负责任、胆怯后退时，他的能量就激发出来了。

二是对比激将法。对比激将法是要借用与第三者（一般来说是强者）对比的反差来激发人的自尊心、好胜心、进取心。

用对比法激人，选择对比的对象很重要。一般来说，最好选择被激对象比较熟悉的人，过去情况与他差不多，各方面条件与其差不多的人。而且对比的反差越大，效果越好。

三是煽情激将法。煽情激将法需要用具体的有感染力的描述，用富有煽动性的语言激起人们心中的激情、热情。所用的可以是残酷的现实，也可以是轻松的远景，不拘一格。

四是绝路激将法。军事家都懂得一个道理，人到了没有退路的时候，往往特别勇敢。中国历史上破釜沉舟、背水一战而获全胜的战例不胜枚举。如果企业领导人懂得这个道理，在濒临绝境的时候，激励员工背水一战，也可以大获全胜。

俗话说"置之死地而后生"。所以，一个企业领导人若想让一个临死的企业"活"起来，就要想办法让员工们知道自身企业处于"绝地"的处境。

五是身先士卒激将法。这种方法军事家、政治家可以用，企业领导人同样可以用。一个企业的厂长发现必须加班制造一项产品，于是请领班找工人回来加班。领班面有难色，表示有很多困难，厂长没有再说什么，晚上亲自跑到工厂加班，领班听到后，立即找了几个工人将厂长换下来。从此之后，碰到加班的时候，这位领班再也没有讲价钱。

战场上主帅是不宜亲自出战的。主帅出战则意味着部将无能或失职，这个行动本身就是"激将法"。

激将法有智愚高下之分，领导者掌握好其分寸尺度，灵活发挥，机智应用，可以让你在需要员工拿出他们最大的力量，拼死效力时，派上绝妙的用场。

成功处世方略

精准识人

王金锋　刘元喜　编著

民主与建设出版社
·北京·

© 民主与建设出版社,2020

图书在版编目（CIP）数据

精准识人 / 王金锋, 刘元喜编著. -- 北京：民主与建设出版社, 2020.1

（成功处世方略）

ISBN 978-7-5139-2863-2

Ⅰ.①精… Ⅱ.①王… ②刘… Ⅲ.①心理交往—通俗读物 Ⅳ.① C912.11-49

中国版本图书馆 CIP 数据核字 (2019) 第 299543 号

精准识人
JING ZHUN SHI REN

出版人	李声笑
编　著	王金锋　刘元喜
责任编辑	刘树民
封面设计	大华文苑
出版发行	民主与建设出版社有限责任公司
电　话	（010）59417747　59419778
社　址	北京市海淀区西三环中路 10 号望海楼 E 座 7 层
邮　编	100142
印　刷	三河市德利印刷有限公司
版　次	2020 年 6 月第 1 版
印　次	2020 年 6 月第 1 次印刷
开　本	880 毫米 ×1230 毫米　1/32
印　张	25
字　数	605 千字
书　号	ISBN 978-7-5139-2863-2
定　价	128.00 元（全 5 册）

注：如有印、装质量问题，请与出版社联系。

前言

生活在现代社会，每个人都会有自己的难处，这些难处有的是事业上的困境，有的是生活琐事。在面对这些困境时，若不懂得处世为人的一些道理及应对方法，人生将会更加不易。俗话说，成功的人都是相同的，而失败的人总是各有各的理由，生而为人，不应该只羡慕嫉妒那些成功人士，而是要学习他们为人处世的方法，使自己也变成成功的人，因为，有时成功是可以复制的。

为人处世是一门学问，不同人士的处世之道不可复制，但只要我们用心学习就能拥有。人与人的交往是一门独特的艺术，也是一场伴随人生的漫长修行。交往处事过程中的很多细节都反映出一个人的情商高低。高情商的人办事效率高，成功概率大；反之，低情商的人一般都很难办成大事。

情商是情绪商数的简称，它是一种能力，也是一种技巧。只要我们多点勇气，多点机智，多点磨炼，多点感情投资，就能营造一个有利于自己生存的宽松环境，建立一个属于自己的交际圈，创造一个更好发挥自己才能的空间。

美国哈佛大学的教授丹尼尔·戈尔曼认为，情绪智商包含五个方面的内容：

一是了解自我，时刻监视情绪的变化，这是情绪智商的核心。一

个人只有认识自己,才能成为自己生活的主宰;二是自我管理,调控自己的情绪,使之适时适度地表现出来;三是自我激励,能够依据活动的某种目标,调动、指挥情绪的能力,使人走出生命中的低潮,重新出发;四是识别他人的情绪,即通过细微的社会信号、敏感地感受到他人的需求与欲望,实现与人顺利地沟通和交往;五是处理人际关系,调控自己与他人的情绪反应。

这五个方面是测试情商能力高低的试金石。拥有这些能力的人自信而不自满,乐观兼有幽默,他们心理承受能力强,能站在别人的角度想问题,有较好的人际关系,做起事来不怕困难,能够应对大多数人难以应对的问题,能处理好很多人处理不了的难题。

高情商的人处世,从不把自己放在生活的泥淖里,哪怕琐事繁多,也会井井有条,有理有节。高情商的人待人,从不将自己陷入交际的漩涡里,只会心无旁骛,一心一意经营自己的事业。现代社会,人们面对的是快节奏的生活,高负荷的工作和复杂的人际关系,不懂处世技巧,不懂人情世故的人是难以获得成功的。

本套丛书从正向思维、精准识人、幽默风趣、办事能力以及修炼心态等多方面对日常生活中的处世方法进行了诠释,它既是一本提升情商的智慧之书,又是一本关于待人处世的交际之书。书中通过教你把握做人的分寸和处世的技巧,将做人与处事有机统一起来,以塑造成功的人格魅力,进而让你的生活更加充实,让你的事业更加成功!

目录

第一章　面部表情识人

　　表情是心灵的显示屏 \ 002

　　面部表情显示的内心秘密 \ 006

　　从表情判断对方情绪 \ 010

　　通过表情看出人的谎言 \ 016

　　头发揭示出来的性情 \ 019

　　眉飞色舞有什么奥妙 \ 024

　　眼睛表露出心理活动 \ 029

　　从嘴型看人的个性 \ 035

　　下巴的形状预示性格 \ 040

第二章　体态表情识人

　　体型是性格的投影机 \ 044

　　头部动作显露的心理活动 \ 049

　　手是人类外在的头脑 \ 053

站姿是心理情绪的镜子 \ 055

走路姿势显露内心状况 \ 060

从坐姿观察人的性格 \ 063

第三章 服饰打扮识人

从穿着打扮识透人心 \ 070

从服饰喜好洞察性格 \ 072

从T恤样式观察心理 \ 076

提包发出的信号 \ 077

由手表看人的性格 \ 082

由戒指识人的心理 \ 085

以戴帽样式辨识人心 \ 086

从领带打法看男人个性 \ 090

从随身携带的笔考察人心 \ 093

第四章 日常习惯识人

从吸烟看对方微妙心理 \ 096

从饮食习惯认识人的性格 \ 102

由打电话观察人的个性 \ 104

从生活习惯了解性格 \ 108

由烹饪方式观察习性 \ 109

由习惯性动作识人 \ 111

购物方式不同见对方性格 \ 116

放松方式不同见对方心态 \ 119

从洗澡的方式观察朋友 \ 121

　　从睡姿体现出的性格 \ 122

　　从进餐习惯看性格 \ 127

第五章　生活细节识人

　　看破人心从细节入手 \ 130

　　随手涂写显露真性情 \ 132

　　从签名观察对方的性格 \ 136

　　从名片看透对方的性格类型 \ 138

　　从拿麦克风的方式轻松识人 \ 141

　　从敲门的细节辨识人 \ 143

　　从送礼体察人的性格 \ 144

　　从接受表扬的态度察看内心世界 \ 146

　　由处理信件方式知人真心 \ 148

　　从握杯的方式看人心 \ 150

　　从喝酒方式看人性 \ 151

第一章
面部表情识人

  面部表情是人们内心活动的真实写照,也是读懂别人心理的重要标识,一个人面部表情的变化,会反映他内心的渴望与动机。面部很容易表现出柔情、胆怯、微笑、憎恨诸多感情谱系,它是"观察内心世界的几何图",也是艺术最具有审美特性的地方。

  学会观察面部表情,你不仅能够看透一个人的内心世界,还能一眼看穿陌生人的个性特征、喜乐爱好等。

表情是心灵的显示屏

每个人都有一副独特而不容混淆的脸相,即使双胞胎也不例外。因此人们相见时,给人印象最深的就是脸。从这张脸上,大致能反映出年龄、性别、种族烙印,而且通过表情也可能流露出其人的情绪变化状态。

1912年诺贝尔奖获得者、法国生理学家科瑞尔在他的《人,神秘莫测者》一书中论述道:"我们会见到许多陌生的面孔,这些面孔反映出了人们的心灵状态,而且随着年龄的增长,反映得将越来越清楚。脸就像一台展示我们人的感情、欲望、希冀等一切内心活动的显示器。"

19世纪著名的乡土作家埃尔伯特·哈伯德有过这样的华美词句:"人的面孔是上帝的杰作,眼睛是灵魂的窗口,嘴部是肉欲的标记,下巴象征着决心,鼻子表现出意志;但在这一切之上而又隐藏于这一切之后的,是我们称之为'表情'的某种瞬间。"

现代心理学上对于表情的定义是这样的:表情是情绪的外部表现,是由躯体神经系统支配的骨骼肌运动,是感情性活动的外显行为。其实,表情反映的实质是人的心理,一个人或许不在意自己一个瞬间的表情,但是最了解一个人心理的只有他自己。

表情是无声的语言。当人们与他人交往时,无论是否面对面,都会下意识地表达各自的情绪,与此同时也注视着对方做出的各种表情。

而在几乎所有的生物中，人的表情又是最丰富、也是最复杂的。据统计，人的面部所能做出的表情多达25万种之多。正是这种特点，使人们的社会交往变得复杂而又细腻深刻。

在许多时候，我们可以通过对脸部具体部位的观察来看透对方。

美国心理学家拜亚曾经做过一项实验：他让一些人表现愤怒、恐怖、诱惑、无动于衷、幸福、悲伤等六种表情，再将录制后的录像带放映给许多人看，请观众猜何种表情代表何种感情。其结果是，观看录像带的这些人，对此六种表情，猜对者平均不到两种。可见，表演者即使有意摆出愤怒的表情，也会让观众以为是悲伤的感情。

从这个实验上看，虽然表情对揭示性格有很大程度上的可取性，表情相对于语言更能传递一个人的内心动向，但要具备在瞬间勘破人心，看似简单，实属不易。

人类在长期生活实践中，掌握了掩饰内心真实情感的手段，这种手段在现代商业谈判中屡见不鲜。洽谈业务的双方，一方明明在很高兴地倾听对方的陈述，且不时点头示意，似乎很想与对方交易，对方也因此对这笔生意充满信心。没想到对方最后却表示："我明白了，谢谢你，让我考虑一下再说吧。"这无疑给陈述方当头浇了一盆凉水。

在许多时候，人会用"面无表情"这种表情来掩饰自己的真正心理。这样做的原因通常有三种：一种是敢怒而不敢言，一种是漠不关心，另一种是根本没有放进心里去。当然，这种表面上的情形，也可能意味着他对人非常关心，而是不愿让人轻易地看出来。

有一种脸上的表情跟内心的情绪恰恰相反，这是因为人在潜意识里都不愿让人看出自己心理的变化，所以会以其他表情来阻止情感的"外泄"，刻意隐瞒自己的喜怒哀乐。

在许多时候，愤怒、憎恨、悲哀等感情能够从面部表现出来，很容易成为阻碍正常社会活动的因素，所以人们都竭力设法压抑这种负面的感情，而尽量表露出喜欢或笑容满面的正面表情。在现实生活中，最能体现这种现象的例子莫过于夫妻之间的争吵。当彼此间的关系到了无法协调的情况下，不快乐的表情反而会逐渐消失，现出愉快的笑脸，态度也显得谦恭而亲切，但实际上却早已不是这样一回事了。

人的心理活动中，表情是最能反映情绪表面化的动作。中国传统的人相学以脸型、相貌等占测一个人的性格与命运，虽然有失偏颇，但如果凭面部表情来推测和判断一个人的性格。大致上还是有相当的准确性的。

表情是内心活动的写照，透过表象可以窥探心灵的律动，把握情绪变化的尺度，了解感情互动的根源。表情就是传递这种信息的显示器，它可以为我们显示对方的心态、性格与意图。

表情反映心态

表情会因很多因素的不同而有差异，比如，性别、年龄、文化等等。但是，一般来说，单一的表情还是容易判断的，最难于判断的是有几种表情同时出现在一张脸上。另外，一些外部因素也会给判断情绪带来困难。

使判断复杂化的因素包括：先前是否见过要判断的脸，综合背景环境线索，判断者的情绪状态，被判断者的面部特征，观察面部的具体方法。

表情是情绪的晴雨表，通过表情，可以观察到与我们交谈的人言语之外的反应。眉飞色舞、笑逐颜开，标志着谈话气氛非常融洽；怒目而视、左顾右盼，则说明谈话没有找到路子。

一些细微的表情变化，也可以提示我们对方是否对话题感兴趣，是否愿意继续下去。比如，眼神的朝向可以提示对方是在倾听、思考还是漠不关心，嘴唇紧闭提示对方要下决心，青筋暴露说明对方马上就要发怒，该采取应急的措施了。

从表情推断人物性格

不同性格的人，在同一情绪下的表情可能不同：遇到高兴的事情时，开朗的人可能开怀大笑，一个腼腆的人则可能仅仅抿嘴笑笑，而一个抑郁的人可能只露出一丝苦笑。

经常面带笑容、面部肌肉自然放松的人，他的心态一般比较稳定、平静、开朗；而经常愁眉苦脸、面部肌肉紧张的人，他的心态往往不太稳定，可能心胸狭窄、脾气暴躁。

由于面部表情由面部肌肉的活动形成，肌肉活动会在脸上形成各种表征，比如皱纹等。久而久之，这些表征就会刻记下来。成为永久的表情，这些永久的表情会向外界透漏出本人性格方面的某些东西。

表情能帮助人们在交谈时去伪存真

由于各种各样的原因，人们在进行言语交谈时并不一定完全说出自己的真实想法，这样一来，交际的质量就会大打折扣。这时候，表情可以帮助交际的双方正确理解各自的真实意图。

因为多数表情是生理性的，可以不受意志支配，当一个人想隐瞒真相时，就会使有声语言偏离真实的意图。但是，这时候表情就可能背叛他，把被有声语言掩盖的事实揭露出来。

比如，当雇员对老板不满时，虽然嘴里说着得体的话，脸上却会露出不满的表情，或者至少是被掩盖的。除了有声语言会掩盖真情之外，人们还会使用表情来掩盖真实的感受或意图。

比如，有的人在谈论自称是让他快乐的事情时，脸上露着欣慰的笑。但如果他的感受是假的，很可能会有一种别的什么表情飞快地略过脸上，或者仅仅体现在眼睛里。这种短暂的表情称为瞬间表情，它是被蓄意隐藏了的，但是，随时会跳出来揭穿它的伪装。

面部表情显示的内心秘密

人的面部可以表现出不计其数的复杂而又十分微妙的表情，并且表情的变化十分迅速、敏捷和细致、可以真实、准确地反映情感、传递信息。

要引起他人的注意，完全可以通过面部表情的变化表达出来，在你未开口之前对方就从你的面部表情上得到了一定的信息，对你的气质、情绪、性格、态度等有所了解了。

所以有句话说得好，看人先看脸，脸是人的价值与性格的外观。所谓脸面不仅是指人的长相，主要是指面部表情。

人体中的面部是内部统一的表面尺度，同时也是在精神上获得完整的整体美的关键。因为从面部最丰富的精神性表现中，可以看出人的心灵变化。

面部结构不可能脱离精神，因为它就是精神的直观表现。人的面部表情是活动共同构成的，那种忽略面部的精神性而只是注重肉体的表现性，将是心灵和肉体的双重衰退。

面容是精神的体现，也是个性的象征，它与躯体有着明显的区别。面部很容易表现出柔情、胆怯、微笑、憎恨诸多感情谱系，它是"观察内心世界的几何图",也是艺术最具有审美特性的地方。

而身体相对于面部,尤其相对于眼睛而言,却居于较次要的地位,尽管它也可以通过动作和造型来表达情感,如手的造型等,但仍然是不足以与面部相比拟的。因为面部与躯体就犹如心灵和表象、隐秘和暴露那样存在着本质的差异。

区别一个人是谁的时候,我们不会忙着先看他的腰身四肢,也不是急于先看他的穿衣打扮,而是先看他的脸。俗话说:"看人先看脸,见脸如见心。"面部表情是写在脸上的心。

脸面是最重要的体态语言。因为在我们的身体上,没有哪一个部位能比脸更富有表情达意的作用,而且还具有既真又假、既静又动、既先天定型又自由可为的两重性。

我们常常说的"脸色",不是指静态的长相,而是指动态的面部表情。面部表情是一种丰富的人生姿态、交际艺术。不同的人的脸色,又可以成为一种风情、一种身份、一种教养、一种气质特征和一种表现能力。

脸上泛红晕,一般是羞涩或激动的表示;脸色发青发白是生气、愤怒或受了惊吓而异常紧张的表示。脸上的眉毛、眼睛、鼻子和嘴,更能表示极为丰富细致而又微妙多变的神情。

皱眉一般表示不同意、烦恼,甚至是盛怒;扬眉一般表示兴奋、惊奇等多种感情;眉毛闪动一般表示欢迎或加强语气;耸眉的动作比闪动慢,眉毛扬起后短暂停留再降下,表示惊讶或悲伤。

在面部表情上,对于嘴的作用不可轻视。嘴的表情达意一般如此,值得注意的是,人们大都懂得眼睛很会说话,而对于嘴的作用有点轻视。

美国的一位心理学家为了研究比较眼和嘴表情的作用,他将许多表现某种情绪的照片横切之后再综合复制，比如把表现痛苦的眼睛和一张表现欢乐的嘴配合在一起。

实验结果，他发现观看照片者受嘴的表情的影响远甚于受眼的影响，也就是说，嘴比眼能表现出更多的情绪。问题倒不在于嘴与眼相比，谁的表现力更强，而在于我们的嘴不出声就会"说话"，让我们看看嘴唇的"表情"：

嘴唇闭拢，表示和谐宁静、端庄自然；嘴唇半开，表示疑问、奇怪、有点惊讶，如果全开就表示惊骇；嘴唇向上，表示善意、礼貌、喜悦；嘴唇向下，表示痛苦悲伤、无可奈何；嘴唇撅着，表示生气、不满意；嘴唇绷紧，表示愤怒、对抗或决心已定。

可见，面部表情能够传达多么复杂而微妙的信息。

据美国心理学家保尔·埃克曼的研究，面部表情可分为最基本的六种：惊奇、高兴、愤怒、悲伤、藐视、害怕。他发现不管生活在世界上哪个角落的人，表达这最基本的六种感情的面部表情都是相同的。

1966年，他曾把一些白人的照片拿到新几内亚一个处于石器时代的部落中，那里的岛民与世隔绝，以前从未见过白人，但他们都能正确无误地说出照片上白人的各种表情是什么意思。

他还发现，生来就双目失明的人，虽然从未见过别人的面部表情，却能以同样的面部表情来表情达意。科学证明，面部表情是由7000多块肌肉控制的。这些肌肉的不同组合，甚至能使人同时表达两种感情，如生气和藐视，愤怒加厌恶等。

可见，容貌只告诉人们你出自什么模型，而唯有表情才说明你是谁，你是个什么样的人。因为表情后面是你的生活经历、学识修养、心态人格。

中国戏曲有脸谱的说法，就是以某些角色脸上画的各种图案，来表现人物的性格和特征。所以从某种程度上说，脸就是一张反映个人情绪和性格的晴雨表。

如果让一个天真质朴的儿童来画一个人，无论他画的是火星人还是章鱼人或是其他什么怪诞的人，他一定会先画出脸，尽管他可能会画出没有脖子的人，但是绝对不会画出没有脸的人。

在我们日常会话里，以脸、面代替人的情况往往很多，比如说遇见人，可以使用"拜颜""面晤""面接""会面"等词语来表示。

在高明的人看来，每个人的脸上都挂着一张反映自己肉体和精神状况的明细表，能够反映出每个人的性格，因而通过脸来判断人的性格是切实可行的。有些法官和检察官在法庭上进行长时间的讯问。这并不是因为被讯问者的脸上没有做出应有的反应，而是因为该法官或检察官并非高明的观察者。

古希腊哲学家德谟克利特创立了原子论，被后人誉为唯物论的鼻祖。有一天，德谟克利特在街上偶然遇见一位熟识的姑娘，德谟克利特和她打了一声招呼："姑娘，你好！"

第二天，德谟克利特再一次碰到与昨天同样打扮的那位姑娘时，却这样招呼道："这……这……太太，你好！"

德谟克利特这样一语道破，便转身离去。

一夜之间成为"太太"的那位姑娘被德谟克利特看穿时，脸上恐怕要涌上害羞的潮红了，这真是个有趣的小故事。

那么，德谟克利特是如何看穿那位姑娘"一夜之间变成太太"的呢？这是他仔细观察那位姑娘的脸色、眼睛的活动情况、面部表情及走路的姿态等一系列举止的结果。

据说，德谟克利特有时正吃着鲜美可口的瓜果，会突然从房间里跳出来，跑到地里去搞清楚瓜果为什么这么好吃。他就是具有如此极强烈的探索精神和敏锐的观察力。

现实中，不是每个人都能像德谟克利特那样善于从脸部看人，这种能力是要通过努力学习和长期实践才能得到的，它不是雕虫小技，而是一种极其重要的做人、看人的本领，发现并掌握它，往往能大大地帮助你做一个左右逢源、极受人喜欢的人。

从表情判断对方情绪

面部表情是指人们在社会交往中，在外部环境和内心机制的双重作用下，而引起的面部颜色、光泽、肌肉的收缩与舒展，以及纹路的变化，从而实现表情达意，感染他人的一种信息传递的手段。可以说，我们的整个面部表情是由脸色的变化，肌肉的收展以及眼睛、眉毛、鼻子、嘴巴的动作共同组成的。

面部表情语言就是指运用面部器官，如眉、眼、鼻、嘴来交流信息、表达情感。这种语言可以把我们具有各种复杂变化的内心世界，以最灵敏、最生动的特点展现出来。如将我们内心世界的高兴、悲哀、痛苦、畏惧、愤怒、失望、焦虑、烦恼、疑惑、不满等思想感情最充分地表达出来。

表情相对于语言更能传递一个人的内心动向，但要具备在瞬间勘破人心的本领，看似简单，实属不易。人类在长期生活实践中，学会了掩饰内心真实情感的手段，这种手法在现代商业谈判中屡见不鲜。

在人类的心理活动中，表情是最能反映情绪表面化的动作，中国传统的人相学以脸型、相貌等预测一个人的性格与命运，虽然有失偏颇，但如果凭面部表情来推测和判断一个人的性格，大致上还是有相当的准确性的。

因为我们就凭常识也知道表情是内心活动的写照。透过表象窥探心灵的律动，把握情绪变化的尺度，了解感情互动的根源，表情就是传递这种信息的显示器。所以，人们在通常情况下，没有经过相当程度对人们内心活动的研究，是不太容易探视出人心的真面目的。

俗语说"眼睛比嘴巴更会说话"，单凭眼睛的动态就大致可推测一个人的心理，但是，想要抓住一个人性格的主要特征，那就必须以眼睛为中心，仔细观察全面的表情才行。

以下，就具体说明凭表情判断性格的诀窍。

在几乎所有生物中，人的表情是最丰富、也是最复杂的。每个人都有一副独特而不容混淆的脸相，即使双胞胎也不例外，因此人们相见时，给人印象最深的就是脸。从这张脸上，大致能反映出年龄、性别、种族烙印，而且通过表情也可以流露出其人的当时情绪变化状况。

当人们与他人交往时，无论是否面对面，都会下意识地表达各自的情绪，与此同时也注视着对方做出的各种表情，正是这种过程，使人们的社会交往变得复杂而又细腻深刻。

如下这些"脸语"是比较容易读懂的：蹙眉皱额表示关怀、专注、不满、愤怒或受到挫折等情绪；双眉上扬、双目张大，可能是表现惊奇、惊讶的神情；皱鼻，一般表示不高兴、遇到麻烦、不满等等。愉快的表情在日常生活中很容易有被观察的机会，它的特点是：嘴角拉向后方，面颊往上拉，眉毛平舒，眼睛变小。不愉快的表情，它的特点是：嘴角下垂，面颊往下拉，变得细长，眉毛深锁，皱成"倒八"字。

我们可以将这些表情具体化，通过长期的观察与总结，可以得到如下的结果：

有心理学家研究，眉毛可有近 20 多种动态，分别表示不同感情。汉语中常用词语有：柳眉倒竖、横眉冷对、挤眉弄眼、低眉顺眼……宋代词人周邦彦有一句词："一段伤春，都在眉间。"这是因为一个人眉间的肌肉皱纹较为典型地体现出他的焦虑和忧郁，即眉头紧锁；而一旦眉间放开、舒展，则是心情变得轻松明朗的标志。

鼻子的表情动作较少，而含义也较为明确。厌恶时耸起鼻子，轻蔑时嗤之以鼻，愤怒时鼻孔张大，紧张时鼻腔收缩，屏息敛气。

人的大脑分为两半球，发自内心的感情通常由右脑控制，却具体反映在左脸上；而左脑则专司理智性感情，然后反映在右脸上。因此左脸的表情多为真的，右脸的表情有可能是假的。若想知道对方的真实感情，必须强迫自己去观察对方的左脸。

对于读懂表情，古人就有此方面的记载。

五代时期，梁惠王曾经雄心勃勃地想做一番大事，于是广招天下高人名士。有人多次向梁惠王推荐淳于髡，因此，梁惠王连连召见他，每一次都屏退左右与他倾心密谈。但前两次淳于髡都沉默不语，弄得梁惠王很难堪。事后梁惠王责问推荐人："你说淳于髡有管仲、晏婴的才能，哪里是这样，要不就是我在他眼里是一个不足与言的人。"

推荐人以此言问淳于髡,他笑笑回答道:"确实如此,我也很想与梁惠王倾心交谈。但第一次,梁惠王脸上有驱驰之色,想着驱驰奔跑一类的娱乐之事,所以我就没说话。第二次,我见他脸上有享乐之色,是想着声色一类的娱乐之事,所以我也就没有说话。"

那人将此话告诉梁惠王,梁惠王一回忆,果然如淳于髡所言;他非常叹服淳于髡的识人之能。

从面部表情上,读透内心所蕴藏的玄机,是识人高手厚积而薄发一时的秘技,而最经典的莫过于三国时,诸葛亮和司马懿合唱的"空城计"了。

当诸葛亮带领一帮老弱残兵坐守阴平这座空城时,兵强马壮的司马懿父子,率领20万大军兵临城下。在城墙之上,诸葛亮焚香朝天,面色平静,他旁若无人地洞开城门,自己端坐在城墙之上,手挥五弦,目送归鸿,飘飘然令人有出尘之想。

一场千古的双簧戏,由此拉开了帷幕,诸葛亮和司马懿,这对谋略上势均力敌的高手,一个在城墙之上,一个在城墙之下,用心机对峙着。

诸葛亮知道司马懿一眼能看穿他虚张声势的空架势,但诸葛亮更知道,司马家族和曹氏家族的冲突,倘若司马懿拿下了诸葛亮,三国鼎立之势不再,司马家族目前羽翼未丰,最后难逃兔死狗烹的下场。

精通军事的司马懿当然知道帮刘邦打天下的韩信的下场。诸葛亮的存在，让司马懿有了和曹操周旋的机会，对付诸葛亮，曹操还必须倚重司马懿，诸葛亮一倒，曹操立刻没了后顾之忧，安内是必然之举，那一刻，哪里还有司马家族的容身之地。

所以，在表情平静的背后，俩人心中都在波澜起伏，就是因为诸葛亮一生谨慎，心知司马懿不会下手，才敢下这招看似冒险的局，当司马懿的儿子提醒说，诸葛亮在使诈，城中必无伏兵。

心知肚明的司马懿立即打断他的话，以诸葛亮一生唯谨慎的话，搪塞过去了。机智的司马懿从诸葛亮平静的表情上领悟到，这是诸葛亮用谋略和他合唱双簧戏，这出戏，非大智大慧的人，绝不可能唱得如此之好。

在所有的肢体语言中，面部表情只是整个人类的肢体语言中一个细微的组成。可是我们的面部表情却是最丰富，也是最富有表现力的，更是肢体语言中最重要的一种。

这是因为我们在与对方的交谈中，可以从其面部最迅速、最灵敏、最充分地观察出他的感情变化。因为这是通过表情语言来传达的，也可以说面部表情是一种交流思想感情、传递信息的语言。

体育学的创立者伯德惠斯特尔指出，在人类70万种肢体语言中，我们的脸部可做出大约25万种不同的表情，占肢体语言的35.7%。可以说面部是非语言信息中最丰富、最集中的地方。

这是因为我们可以通过面部表情微妙的变化，看到如悲喜交加的情感，又爱又恨的心理，既紧张又高兴的情绪等各种感情之间错综复杂的形式，就像法国作家罗曼·罗兰说的那样："面部表情是 10 多个世纪以来培养出来的最成功的语言，是比嘴巴讲的要复杂千万倍的语言。"

正因为我们的面部表情可以如此灵敏、细腻、微妙地表达我们内心深处极其复杂的情感，所以法国作家雨果用"脸上的神气总是心灵的反映"来表达自己对面部表情的理解。

而美国心理学家艾帕尔·梅拉别斯还总结出这样的公式：情感的表达 =7% 的言辞 +38% 的语音 +55% 的面部表情。从这个公式中我们仍然可以看出面部表情对他人影响的比重之大。

不但如此，面部表情的传递也具有"心有灵犀一点通"的效果，因为它同时也是感情的自然流露。比如我们笑逐颜开的脸面就是愉快开心的特征，而蹙额锁眉的面孔则是惆怅不安的反应，板着一张脸则说明这个人的内心十分不高兴。

所以说不同的面部表情可以表达出我们不同情绪下的心理状态，以及一个人的个人隐私，包括内心的想法、动机、情感倾向等。这就更需要我们在说话的时候能够注意观察听众的面部表情，以便可以更好地察觉到自己的说话效果，同时还可以恰当地运用自己的神色来传递某个情境中想要表达的信息。

更重要的是我们可以通过察言观色来明确对手的信息，以便我们可以想出应对的策略。

面部表情反映的是内心的想法，自己的想法和对方的心意都可以通过面部表情传达出来。

通过表情看出人的谎言

人为了某种需要，或者有难言之处时，常想隐瞒自己的真实思想，这时候，往往会出现心口不一的情况，这也会在表情上表现出来。譬如，嘴上说欢迎却情不自禁地皱着眉；口称赞同却不由自主地摇着头；一边要求别人保持镇静，一边却控制不住自己发抖的声音……此时，是应相信他的话呢还是相信他的表情呢？

当他人说话内容与表情的冲突不明显地显现出来的情况下，没受过正式训练的人要判知他人的真正内心，就感到很困难，这时候，受骗的可能就在所难免。

其实一个人在说谎时，不论他装得多像，都多少会从他的表情中显露出来，因为一个人在清醒的情况下，是能够支配自己说些什么和不说什么的，但是不可能完全控制自己的各种情绪表情不流露出来。

人的情绪是在植物性神经系统控制之下的，植物性神经系统又支配着内分泌腺、外分泌腺体和内脏器官的活动，而情绪的改变一定会带来呼吸、循环系统，骨骼、肌肉组织，内外腺体以及新陈代谢过程的一系列变化。

在情绪状态中，内部机体的变化又会表现在机体外部活动的变化中，成为各种表情动作，所以，一个人说谎时总会在表情上泄露天机。

在日常生活中，当人们在说谎时，会流露出一系列的表情动作。

笑常用来作为掩饰内心真实情绪的表情，这种笑是一种假笑，它与真笑不同，真笑是一种发自内心的笑，比如听众在听相声或观众观看喜剧电影时所发出的笑，它是一种无意识的笑。而假笑是故意装出来的，如舞台上演员扮演角色的笑。

这两种笑有本质的不同，前者是由位于大脑皮层后边的边缘系统控制；后者是由面部通向大脑皮层的神经控制。孩童的表情大都属于前者，他们是不会假装出笑来的。但随着孩子渐渐长大，大脑皮层中控制面部表情的部位的机能越来越完善，就能任意扮出各种表情了。

但是人们没有注意到当人的表情出现的时候，左右脸的变化是不对称的，表情是从左边开始的。多年前美国学者沃尔夫对人的面部表情做了深入的研究后，在一篇论文中指出：人的脸部表达情绪时，左边要比右边变化强烈。

论文发表后，美国宾夕法尼亚大学的几位心理学家随即找了86个不同性格的人进行了一系列的实验，让他们表达六种基本情绪：喜怒哀惊忧怕。结果证实了沃尔夫的论文的正确性：人面部表情左右不对称，表情是从左边脸部开始变化的。

这是由于左脸是由大脑右半球控制的缘故，大脑右半球通常和外界有着直接的联系，不必通过言语作为媒介（言语是由左脑控制），因而左脸的表情要比右脸来得快来得强烈些，但不仔细地看是看不出来的。

而假笑就不同了，假如你稍微仔细地观察一下就会发现，故意装出来的笑是很不对称的，一般左脸笑得强烈得多，并且持续的时间很长（真笑一般持续4～5秒钟），总给人一种不自然的感觉。比如小说《进退》中有下面的描述：

他抬起头，脸上带着笑容说："好，我按照领导意图下午就去办。"

林杉……笑容一直在脸上保留着，直到把两位领导送出办公室的门。

林杉在这里的笑是假笑，在谦恭有礼、满脸含笑的背后，掩盖着林杉的麻木不仁和徇情拉关系等不正之风的真面目。

美国加州大学心理学家艾克曼在他的新著《撒谎——在市场、政坛和婚姻上讲假话的蛛丝马迹》中对人在说谎时的表情做了颇有价值的研究。

有一次，艾克曼通过电视摄像机对正在精神病院接受治疗的一位家庭主妇进行观察。这位病人过去曾经多次自杀未遂，现在又要求回家度周末。由于这时她看上去精神愉快，故得到了医生允许，但艾克曼教授在放慢镜头仔细观察时发现，她脸上掠过了一丝绝望的阴影。

与此同时，她的一条肩膀微微耸动了一下，虽然这表情仅持续了二十四分之一秒，而这恰是说谎的特征。后来经过再三询问，这位主妇承认当时确实动过设法出去后再自杀的念头。

说谎者的面部表情不对称及人们微笑和惊诧的表情会出现过长的情况，在前面已做过说明，除此之外，说谎者的手势和面部表情往往不同步，比如假装发怒是先拍桌子，然后才板起脸，显得做作了；音调会突然降低或提高；常常发生言语中断和口误等现象。

应该看到，通过面部表情能相当程度地了解人的内心世界，但是有些说谎者有一种能驾驭自己的面部表情的本领，他们内心翻腾，而面部平静，不露一点声色。

这时，手的动态便成为我们测谎的重点观察对象。正如奥地利作家斯格芬·茨威格在小说《一个女人一生中的二十四小时》中对赌徒的手的描写：

"赌博者的手更能流露心情。因为……差不多所有的赌徒，很快就能学会一种本领，会驾驭自己的面部表情……他们能抑制住嘴角的纹痕，咬紧牙关压下心头的慌乱，镇定眼神不露显著的急迫。他们能把自己脸上棱棱突暴的筋肉拉平下来，扮成满不在乎的模样，真不愧技术高妙。然而，恰恰因为他们痉挛不已地全力控制面部、不流露心意，反而正好忘了两只手，更忘了会有人专门观察他们的手。他们强带欢笑的嘴唇和故作镇静的目光所想掩盖的本性，早被别人从手势中全部猜透了。而且在泄露隐秘上，手的表现最无顾忌……"

头发揭示出来的性情

科学研究发现，头发同人体的其他组织或器官一样，也需要营养，并且所需的营养物质种类有几十种之多。因为头发所需营养全部来自头部的血液循环，所以头发过长，所消耗的营养势必就多，大脑的正常生理活动就会受到影响。

发质不同显示的性格

俗话说："头发长，见识短。"这句话还是有一定道理的。从男人方面来讲，根据每个人的发质不同，也能看出其性格来。

（1）头发像钢丝，又粗又硬，而且还很浓密的人。这样的人性格内向，脾气暴躁，疑心比较重，不会轻而易举地相信别人。他们最相信的就是自己，所以凡事都要自己动手操纵和掌握一切，才觉得放心。他们做事很有些魄力，而且组织能力也比较强，具有一定的领导才能。这一类型的人，理性的成分要大大地多于感性，所以在涉及感情方面的问题时，往往会显得很笨拙。

（2）头发很粗。但色泽淡，而且质地坚硬，很稀疏的人。这一类型的人性格外向，有虚荣心，自我意识极强，刚愎自用，听不进别人半句话，他们不甘心被人领导，追求身心自由，但却渴望能够驾驭别人，使唤别人，不给别人自由。极端自私自利，没有容人的度量，目光比较短浅和狭窄，只专注于眼前，看不到长远的利益，如果不改掉这个毛病，一生将不会有大成就。

（3）头发柔软，却极稀疏的人。这一类型的人，性格比较外向，头脑聪明，但没有主见，个性刚强，凡事都要争先，总是以自己为中心，他们喜欢出风头，更爱与人争辩，借此来吸引他人的目光，获得他人的关注。

在他们的性格中，自负的成分占了很多，他们妄自尊大，不把任何人放在眼里，尽管自己在某些方面表现得不怎么样，仍自我感觉良好。他们做事的时候，多缺少必要的思考，常会做出错误的判断，而且还容易疏忽和健忘，往往把事情做得很糟糕。

（4）头发浓密粗硬。却能自然下垂的人。这种人性格内向，心思比较缜密，优柔寡断，喜欢独处，比较敏感，往往能够观察到特别细微的地方。他们的感情比较丰富，虽然容易动感情，但对情感并不专一，属于那种处处留情的人。

（5）头发浓密乌黑。还和胡须连在一起的人。这种类型的人是男性，性格鲁莽粗犷，耿直无私，豪放不羁，具有侠义心肠，疾恶如仇，喜欢多管闲事，好打抱不平，脾气大大咧咧的，有为朋友两肋插刀的义气。

（6）头发淡疏，粗硬而卷曲的人。这一类型的人，性格沉稳，很有城府，有知识，思维比较敏捷，善于思考，并有很好的口才，能够很容易地说服别人。

意志坚强，他们的性格弹性比较大，可以说能屈能伸，能很快适应各种环境。但他们的能屈能伸是在坚守一定的原则和基础之上进行的，所以无论外在的东西怎样多种形式地不断变化，其内在还有一些稳定不变的东西。

（7）头发浓密柔软，自然下垂的人。这一类型的人，大多性格比较内向，话语不多，善于思考。从某种程度上说，他们具有很强的耐性和韧性，这一类型人所从事的事业多是和艺术方面有关的。

（8）头发自然向内卷曲。如烫过一样的人。这一类型的人，脾气大多比较暴躁，粗鲁无礼，敏感多疑，而且疑心比较重，总是患得患失，在犹豫和矛盾中挣扎，除此之外，嫉妒心还很重。

（9）发根弯曲，发梢平直的人。这一类型的人自我意识比较强，处处炫耀自己，爱吹毛求疵，说话不经考虑，放荡不羁，厌恶被人约束和限制，不会轻易地向他人妥协。

（10）秃顶的人。这种人比较聪明，性格憨厚，善于思考，才思敏捷，为人处事随和大方，心地善良，比较务实，有很强的责任感。

（11）头发和胡须连在了一起。且又浓又粗的人。这种类型的男性，给人的第一感觉往往是剽悍、强壮。除此外，他们还显得比较鲁莽，性格豪放不羁，有侠义心肠，喜欢多管闲事好打不平，多不拘于小节。

不同发型显示的性格

上面说的是不同发质的人所具有的不同个性,我们再来看看不同的发型又代表着怎样的个性,通过仔细地观察,我们就不难发现这一点。

男士不管是留长发、剃光头,或是其他各种各样比较特别的发型,都有一个普遍的共同点,那就是标新立异,想别出心裁地突出自己,增加自身的魅力。

与男士相比,女士的发型若要研究分析起来,则显得比较复杂。女性把头发梳得很短,并让它保持顺其自然的状态,说明这个人比较安分守己,甚至是封闭保守的;如果她把头发梳理得很整齐,但并不追求某种流行的款式,则表明这可能是比较含蓄,但有较强烈的自主意识的一个人;在自己的发型上投入很多的精力,力争达到精益求精的程度,说明这是一个自尊心比较强,追求完美,爱挑剔的人。

女性若留着飘逸的披肩发,则说明她比较清纯、浪漫;若留的是齐眉的短发,则显得天真活泼,无忧无虑;烫成满头卷发,代表这个人较有青春的活力,或多或少地充满些野性。

头发长长的,直直的,看起来显得非常飘逸和流畅,这种人的性格大多界于传统与现代之间,他们既含蕴世故,又大胆前卫,只是要视情况而定。他们通常有很强的自信心,对成功的渴望很迫切。

头发很短,这样看起来很简洁,而且也极为方便,这一类型的人,大多有勃勃的野心,他们的生活总是被各种各样的事情占据着。他们在内心很想把这些事情做好,但实际上却往往什么也做不好,因为他们缺少必要的责任心,在遭遇困难、面对挫折的时候,往往是选择逃避。他们做事时准备工作往往做得很细致。

热衷于波浪烫发的人,说明他们对流行是比较敏感的,他们大多很在乎自己外在的形象,并且知道怎样才能使自己的外在形象达到最佳的效果。

他们比较现实,在绝大多数时候,能够根据客观实际来协调和改变自己。他们能够把握自己的命运,无论对任何一件事情,都会积极主导着自己的生活,使之达到符合自己的要求。

喜欢蓬松及前端梳得很高的发型,这一类型的人比较保守,而且还有点固执或者也可以说是执着。他们喜欢上了一件东西,认准了某一件事物,在绝大多数的情况下,不会轻易地改变自己的想法及观念。

故意把发型弄得很怪,这一类型的人,表现欲望很强烈,他们希望自己能够吸引更多的目光,他们经常不考虑他人的心情和感受,有什么话就说什么话。

他们对任何一件事情都有自己独特的见解和认识,并且会始终坚持自己的立场,他们很有一股魄力,敢于同权势对抗,不屈不挠。虽然这些人的行为有时显得让人有些难以接受,但却有不少人尊敬他们。

喜欢平头的人,大多男子汉的味道更浓一些,他们讨厌娘娘腔十足的人,而对很有硬气的人十分有好感。他们自己本身看似缺乏温柔,但实际上也有温柔的一面,他们的思想从一定程度上来说还是相对比较保守和传统的,他们也很在乎自己在他人面前的表现。

喜欢剃光头的人,多是努力在营造一种能够让人产生误解的想法,这样很容易给人一种神秘感,让人猜不透他们心里在想些什么。

让自然来决定自己的发型,并且长时间地保持。这一类型的人多总是怨天尤人,但却从来不从自己身上寻找原因。更不会付诸行动去寻求改变。他们容易向别人妥协,所以很多行动并不是真正的发自内心。

眉飞色舞有什么奥妙

眉毛的色彩形态

对眉毛的要求有四个方面,即"清秀油光""疏爽有气""弯长有势""昂扬有神",也就是说,眉毛应该有光、有气、有势、有神。在这四个方面,清秀油光显得最为重要。

一个人的眉毛,如果能够油光闪亮,就像珠宝那样熠熠生辉,价值连城;如果暗淡无光,就像珠宝黯然失色,可能就一钱不值了。

眉毛有光亮,显示这个人的生命力比较旺盛。通常的情况是这样:年轻人的眉毛都比较光润明亮,而老年人的眉毛往往比较干枯而缺乏光彩。

这就是因为年轻人生命力旺盛,而老年人生命力开始衰退。从珍禽异兽的羽毛上也能够表现这一点,如老虎、豹子、孔雀、天鹅等。动物中皮毛的光亮好像也在显示着动物的位置和等级。

眉毛的光亮可以分为三层:眉头是第一层,眉中是第二层,眉尾是第三层。层数越多,等级越高,给人的印象越好,得到他人的提携越多,成功的可能性越大。因此人们认为眉毛有光亮的人运气特别好。

眉毛有气象有起伏,给人一种文明高雅的感觉。眉毛短促而有神气,也给人一种气势。如果眉毛太长而缺乏起伏,就像一把直挺挺的剑,就会让人觉得过于直白。这种人的脾气比较火爆,喜欢争强好胜,一辈子都是自己把自己搅得不得安宁。

如果眉毛太短，甚至露出了眉骨，又缺乏应有的生气，就会给人一种单薄的印象。这种人让人感到不舒服，有人无端地跟这样的人过不去。

眉毛长而有势的人会成功，正如古人所说的"一望有乘风翱翔之势"。可以这样说，这种眉毛具备了光亮、疏朗、气势和昂扬的优点，给人留下一种很好的印象。

人们认为，这种人把"立德、立功、立言"三不朽全占了。一个人即使只有其中一项，也会叫人刮目相看，而三项都占的人自然容易成功。

所以，在观察一个人的时候，观察他的眉毛是非常必要的，尤其是在眉毛运动的时候，下面让我们具体分析一下，相信这对把握一个人的心理具有很好的帮助。

皱眉所代表的心情可能有好多种，例如：惊奇、错愕、诧异、快乐、怀疑、否定、傲慢、希望、疑惑、愤怒和恐惧。要确实了解其意义，只有回头去看它的原因。

一个深皱眉头忧虑的人，基本上是想逃离他目前的处境，却因某些原因不能如此做。一个大笑而皱眉的人，其实心中也有轻微的惊讶成分。

这种表情通常表示严重的烦恼和忧郁，有些慢性疼痛的患者也会如此。急性的剧痛产生的是低眉而面孔扭曲的反应，较为和缓的慢性疼痛才产生眉毛打结的现象。

在某些情况下，眉毛的内侧端会拉得比外侧端高，而成吊额眉似的夸张表情，一般人如果心中并不那么悲痛的话，是很难勉强做到的。

眉毛先上扬，然后在几分之一秒的瞬间内再下降，这种向上闪动的短捷动作,是看到其他人出现时的友善表示。它通常会伴着扬头和微笑,但也可能自行发生。

眉毛闪动也经常出现于一般对话里,作为加强语气之用。每当说话时要强调某一个字时,眉毛就会扬起并瞬即落下。像是不断在强调:"我说的这些都是很惊人的!"

眉毛连闪,是表示"哈罗!"连续连闪就等于在说"哈罗!哈罗!哈罗!"如果前者是说"看到你我真惊喜!"则后者就在说"我真是太意外,太高兴了!"

眉毛传递的内心秘密

眉毛的主要功用是保护眼睛,但它还能传递人内心的秘密。人们的心情变化了,眉毛的形状也会跟着改变。从眉毛也可识人,眉毛的动作大致有五种表现:

(1)扬眉。当眉毛扬起时,会略向外分开,造成眉间皮肤的伸展,使短而垂直的皱纹拉平,同时整个前额的皮肤挤紧向上,造成水平方向的长条皱纹。扬眉这个动作,能扩大视野。但同时也要认识到,一个眉毛高挑的人,正是想逃离庸俗世事的人,通常会认为这是自炫高深的傲慢表现,而称为"高眉毛"。

当一个人双眉上扬时,表示非常欣喜或极度惊讶,单眉上扬时,表示对别人所说的话、做的事不理解或有疑问。

当我们面临某种恐惧的事件时,可以用皱眉来保护眼睛,也可以用扬眉来扩大视野,两者都对我们有利,但我们只能选择其一。一般的反应是:面临威胁时,牺牲扩大视野的好处,皱眉以保护眼睛;危机减弱时,则会牺牲对眼睛的保护,扬眉以看清周围的环境。

(2)皱眉。皱眉的情形包括防护性和侵略性两种。防护性的皱眉只是保护眼睛免受外来的伤害。但是光皱眉还不行，还需将眼睛下面的面颊往上挤，眼睛仍睁开注意外界动静。

这种上下挤压的形式，是面临外界攻击、突遇强光照射、强烈情绪反应时典型的退避反应。

至于侵略性的皱眉，其基点仍是出于防御，是担心自己侵略性的情绪会激起对方的反击，与自卫有关。真正侵略性眼光应该是瞪眼直视、毫不皱眉的。最常见的皱眉，往往被理解为厌烦、反感、不同意等情形。

（3）耸眉。耸眉指眉毛先扬起，停留片刻，然后再下降。耸眉与眉毛闪动的区别就在那片刻的停留。耸眉还经常伴随着嘴角迅速而短暂地往下一撇，脸的其他部位没有任何动作。

耸眉所牵动的嘴型是忧伤的，有时它表示的是一种不愉快的惊奇，有时它表示的是一种无可奈何的样子，此外，人们在热烈地谈话时，会做一些小动作来强调他所说的话，当他讲到重要处时，也会不断地耸眉。

（4）斜挑。斜挑是两条眉毛中的一条降低，一条扬起，这种无声语言，较多在成年男子脸上看到。眉毛斜挑所传达的信息介于扬眉与皱眉之间，半边脸显得激越，半边脸显得恐惧。扬起的那条眉毛就像提出了一个问号，反映了眉毛斜挑者那种怀疑的心理。

（5）闪动。眉毛闪动，是指眉毛先上扬，然后在瞬间再下降，像流星划过天际，动作敏捷。眉毛闪动的动作，是全世界人类通用的表示欢迎的信号，是一种友善的行为。

当两位久别重逢的老朋友相见的一刹那，往往会出现这种动作，而且常会伴随着扬头和微笑。但是在握手、亲吻和拥抱等密切接触的时候很少出现。

眉毛闪动除了作为欢迎的信号外,如果出现在对话里,则表示加强语气。每当说话者要强调某一个词语时,眉毛就会很自然地扬起并瞬即落下。眉毛的变化丰富多彩,心理学家指出,眉毛可有20多种动态,分别表示不同心态,与眉毛相关的动作主要有:

双眉上扬,表示非常欣喜或极度惊讶。

单眉上扬,表示不理解、有疑问。

皱起眉头,要么是对方陷入困境。要么是拒绝、不赞成。

眉毛迅速上下活动,说明心情愉快,内心赞同或对你表示亲切。

眉毛倒竖、眉角下拉,说明对方极端愤怒或异常气恼。

眉毛的完全抬高表示"难以置信",半抬高表示"大吃一惊",正常表示"不做评论",半放低表示"大惑不解",全部降下表示"怒不可遏"。

眉头紧锁,表示这是个内心忧虑或犹豫不决的人。

眉梢上扬,表示喜形于色。

眉心舒展,表明其人心情坦然、愉快。

一个人的眉毛从外观上大致可分为眉头与眉尾,也就是前半段与后半段两部分。眉毛清秀弯如新月,显示聪明智慧,端庄博雅。眉毛竖立的人,往往性情勇猛。眉毛又黑又浓密,头发又厚,多是思想不太敏锐的人。眉毛上长有螺旋状毛的人,刚健勇猛。

眉毛有代表性的几种类型

人的眉毛可分为有代表性的几种类型:

(1)敢爱敢恨型。浓且聚合有力,眉头与眉尾的浓密程度均匀,眉毛往同一方向平顺排列,显示很有主见,对事情的看法有独到的见解，是个主观判断意识相对强的人。许多新时代女性的眉毛都有这种特征，有主张的女性大都属于这类眉形。

（2）火爆浪子型。眉头的眉毛特别往上翘，像炸弹开花般往上散开，不论左右眉都一个样子，表示个性冲动，尤其是青少年时期虽然乳臭未干，但叛逆心强，在行为和言词上态度强硬。

（3）朝令夕改型。眉尾的眉毛形状是否良好，是否排列平顺，与眉头眉毛的浓淡程度是否一致等很重要。眉尾部分不宜疏松，如果眉毛看起来总有几根眉毛散散地分开，处事容易虎头蛇尾，难以坚持到最后一分钟。

（4）情绪激动型。眉头与眉尾浓度均匀、聚合有力且排列平顺，表示这种人处理事情不会只有三分钟热度。另外有一些人眉头较浓而眉尾稀薄，前半段很黑，后半段却什么也没有，这类眉形的人，很容易意气用事，凡事先斩后奏，不计一切后果，哪怕是陷阱，也会先跳下去再说。如果眉毛前后浓密一致的人，情感与理智就会并重，做事稳扎稳打，决不以"险招"取胜。

眼睛表露出心理活动

从医学观点来看，眼睛是人类五官中最敏锐的器官，它的感觉领域几乎涵盖了所有感觉的70％以上，其他感官与之相比就显得微不足道。

以饮食为例，人们吃食物时不仅靠味觉，同时会注重食物的色、香以及装盛食物的器皿等。如果在阴暗的房间里用餐，即使明知吃的是佳肴，也会产生不安的感觉，无心品尝或胃口大减。

相反，如果在一流饭店或餐厅用餐，用精致的器皿装食物，并重视灯光的调配，定会大开饮食者的胃口，吃得津津有味。这是视觉影响人们心理的一个例证。

中国有句名言："眼睛是心灵的窗户。"不仅嘴巴能说话，眼睛也会"说话"。孟子在《离娄章句上·第15章》中有一段观察人的眼神来判断人心善恶的论述："存乎人者，莫良于眸子。眸子不能掩其恶。胸中正，则眸子瞭焉；胸中不正，则眸子眊（mào，眼睛昏花）焉。听其言也，观其眸子，人焉瘦（sōu，藏匿）哉？"

这段话的意思是：观察人的方法，没有比观察人的眼睛更好了。眼睛不能掩盖人们内心的丑恶。一个人心中正直，眼睛就显得清明；心中不正直，眼睛看上去就不免昏花，听一个人讲话，观察他的眼睛，这个人内心的好坏又怎么可以隐藏得了呢？

孟子这段精彩的论述，说明了一个人的内心动向，必然会反映在他的眼睛里。心之所想，不用言语，从眼神中就会找到答案，这是每个人无法隐瞒的事实。常常有这种情况，有些人口头上极力反对，眼睛里却流露出赞成的神态；有些人花言巧语地吹嘘，可是眼神却表现出他是在撒谎。

眼睛的清浊，极为重要。睡眼惺忪的人，眼睛表现模糊不清；而眼睛雪亮、目光炯炯的人，自然显得聪明伶俐。

演技绝佳的演员靠眼睛表演。倘若某个歌星演唱时目光呆滞，那他（她）绝不可能成为名演员。判断证人在法庭上作证的可靠性，要注意他眼睛的动向。

满脸佯装微笑的证人，注意他的眼睛，会发现那是一双不安的眼睛，根本没有笑的神志。如果眼睛真的在笑，心也会随之轻松。但是，对证人来说，那是非常紧要的关头，心情没法放松，眼睛也就根本不可能真的笑。

希腊神话中有一个故事说有三个姐妹，外人只要一接触其中一位名叫美杜萨的眼光，便立刻化为石头。这个故事在于说明眼神的威力。人们在日常生活和工作中，如果完全不注意别人的眼睛，就无法了解对方内心世界的微妙变化。

事实上，人们无法彻底隐瞒心事，即使有人摆出一副无表情的脸孔，但并不能维持长久。老年人常说："听别人讲话，或对别人讲话，要注意对方的眼睛。"

有的人在交谈时不看对方的眼睛，可能是胆怯、信心不足、难为情或畏缩。情侣初次相会，也常常这样。大人物讲话或听别人谈话时，往往能大大方方地直接望着对方的脸面，他们的见识、心理状态就不存在前几种情况。

眼睛是心灵的窗口，通过观察眼睛可以让我们探测到对方的内心世界。无论一个人心里正在想什么，他的眼神都会忠实地反映出来。

眼睛是人类心灵沟通的重要工具，经由眼神可达到交换彼此意见的目的。就像刚才所说，人类内心的所思、所虑，不管对方嘴里说得如何动听，其眼神也会出卖他自己。

现在，让我们来讨论一下，在交谈时怎样从对方的眼神和视线里探出对方的真正意图。

和你谈话时，他的眼睛并不是看着你

在说话进入正题的时候，对方时而移开视线看向远处的话，不是他根本不关心你说些什么，就是正在算计某些事情。

瞪着你不放时

遇到对方有"啊！事到如今，听天由命吧！"这种态度，则表示他的谎言或罪过即将被揭穿，此时他瞪着你不放就是一种故作镇定的姿态。

对方眼神闪烁不定的时候

当某人内心正担忧某件事，而无法真正坦白地说出来的时候，他会有这样的眼神。可理解为对方心里有自卑感，或正想欺骗你。

当你和生意伙伴见面的时候，看到对方灰暗的眼光，就应该想到对方有不顺心的事或发生了什么意外的事情；而当你和对方交谈时，对方的眼睛突然明亮起来，则表示你的话正说中了他的心里最急于表达的事情。

在交际过程中，只要我们细心观察，你就会发现眼睛确实会传达主人的心思。

医学研究发现：眼睛是大脑在眼眶里的延伸，眼球底部有三级神经元，就像大脑皮质细胞一样，具有分析综合能力。所以，眼睛在人的五种感觉器官中是最敏锐的，大概占感觉领域的70%以上。

而瞳孔的变化，眼珠转动的速度和方向等活动，又直接受脑神经的支配，再加上眼皮的张合，眼与头部动作的配合等一系列动作，人的感情就自然而然从眼睛中反映出来，而且它所流露出的信息比言行更为真实。

所以，想要了解一个人，一定要注意观察他眼部的动作。

眼睛上扬

眼睛上扬，是假装无辜的表情。这种动作是在佐证自己确实无罪。目光炯炯望人时，上睫毛极力往上抬，几乎与下垂的眉毛重合，造成一种令人难忘的表情，传达着某种惊怒的表情。斜眼瞟人则是偷偷地看人一眼又不愿被发觉的动作，传达的是羞怯腼腆的信息。这种动作等于是在说："我太害怕，不敢正视你，但又忍不住地想看你。"

眼睛眨动

眨眼的系列动作包括连眨、超眨、睫毛振动等。连眨发生于快要哭的时候，代表一种极力抑制的心情。超眨的动作单纯而夸张，眨的速度较慢，幅度却较大。

动作的发出者好像是在说："我不敢相信我的眼睛，所以大大地眨一下以擦亮它们，确定我所看到的是事实。"睫毛振动时，眼睛和连眨一样迅速开闭，是种卖弄花哨的夸张动作，好像在说："你可不能欺骗小小的我哦！"

挤眼睛

挤眼睛是用一只眼睛向对方使眼色表示两人间的某种默契，它所传达的信息是："你和我此刻所拥有的秘密，任何其他人无从得知。"在社交场合中，两个朋友间挤眼睛，是表示他们对某项主题有共通的感受或看法，比场中其他人都接近。

两个陌生人间若挤眼睛，则无论如何，都有强烈的挑逗意味。由于挤眼睛包含两人间存有不为外人知道的默契，自然会使第三者产生被疏远的感觉。因此，不管是偷偷的还是公开的，这种举动都被一些重礼貌的人视为失态。

眼睛往上吊

这种人心里藏着不可告人的秘密，喜欢有意识地夸大事实，他们性格消极，不敢正视对方。

眼睛往下垂

这个动作有轻蔑对方之意,要不然就是不关心对方的情形。这种动作的发出者一般个性冷静,本质上只为自己设想,是任性的人。

眼珠转动

眼珠转动快速表示此人第六感敏锐,反应快,能迅速地看透人心。这种人往往特立独行,有情绪化的性格。

眼珠转动迟缓则表示此人身体五官感觉迟钝,感情起伏少,不易受他人影响,自己的生活方式没有协调。

此外,眼珠转动的方向不同表示的意思也不同。眼珠向左上方运动,表示回忆以前见过的事物;眼珠向右上方运动,表示想象以前没见过的事物;眼珠向左下方运动,表示心里在自言自语;眼珠向右下方运动,表示正在感觉自己的身体;眼珠左或右平视,表示正在尽力弄懂所听到语言的意思。

瞳孔变化

瞳孔的变化是人不能自主控制的,瞳孔的放大和收缩,真实地反映着复杂多变的心理活动。若一个人感到愉悦、喜爱、兴奋时,他的瞳孔就会扩大到比平常大4倍;相反的,遇到生气、讨厌、消极的心情时,他的瞳孔会收缩得很小;瞳孔不起变化,表示他对所看到的物体漠不关心或者感到无聊。

正因为眼睛传达的信息胜过千言万语,所以许多艺术家在其作品中都是通过对眼睛进行刻画来实现人物的心理描写。著名导演斯坦尼斯拉夫斯基晚年时甚至还要求演员在表演时把自己的动作姿势降低到最低限度。要求"几乎任何动作也没有,只有眼睛在动"。

电影《克莱默夫妇》中,为争得对儿子的监护权,夫妇俩对簿公堂,当听证与辩护对克莱默夫人不利时,她抬起那双闪烁着泪花的眼睛,直勾勾地望着丈夫,眼睛里透露出处于绝望无援中、渴望丈夫念夫妻恩爱之情的求助感。此时,任何言语,任何动作,都不及这双眼睛诉说的力量。

这正如爱默生所说的:"人的眼睛和舌头所说的话一样多,不需要字典,却能从眼睛的语言中了解整个世界。"

从嘴型看人的个性

人们常用吐字清晰、口齿伶俐来形容一个人的嘴上功夫,说他口才好,能言善辩,这只是其中的一个方面,凡是嘴上功夫好的人,不论是知识水平高的或是低的,一般来说,思维都相当敏捷,而且人很机灵,一点也不显呆板和笨拙。

不同嘴型反映的内心思想

嘴是五官之一,它能发出声音,使人与人之间可以进行沟通,同时它也是维持生命的消化器的入口。医学研究发现,嘴的大小、弹性,可以表示一个人的健康度、行动力与生命力。

此外,虽然嘴型主要是天生的,但嘴部的惯常动作,在积年累月之后往往也能影响一个人先天形成的嘴型,所以从嘴型也能窥探出一个成年人的内心思想。

(1)仰月形的嘴。这种嘴,唇角上扬,也称新月嘴。这种嘴型的人性格明朗,感情丰富,同时头脑清晰,意志强,行动力优异,所以工作机会多,让人感觉他总是很幸运。

（2）伏月形的嘴。伏月形的嘴，唇角下垂，这种人性格认真，但冷峻怪异，较难相处，怨天尤人者多。虽然本质上具有体贴之心，但不易被人了解。这种人顽固，缺乏协调性，因而赚钱机会少。

（3）四字形的嘴。四字形的嘴，好像长方形四字一般，上下唇均厚。这种嘴唇的人，个性强，正直老实，人情味浓，性格温和，有文才，头脑好。

（4）一字形的嘴。一字形的嘴，上唇与下唇合拢呈一直线，是有信念、意志强、身体健康、认真而顽固的标志。

（5）修长形的嘴。嘴型横向修长，具有明朗、诚实的好人品，且有社交能力，懂得人情世故，个性圆满。

（6）承嘴型。承嘴是下唇突出，仿佛承住上唇一般。这种人爱讲歪理，猜忌心重。任性自私，较难得到上司的赏识和提拔，但是忍耐力强。

（7）盖嘴型。盖嘴是上唇突出，盖住下唇的嘴型，这种嘴型者是讲道理、有义气、个性强的人。

（8）怪嘴型。怪嘴型是好像用嘴吹火般的嘴型。这种人个性强，有独立的性格，但是粗野、顽固，故人际关系差，话多，与人纠纷多。当然，光从嘴型来看人可能有失偏颇，最好把嘴型与嘴部动作结合起来看，这样会看得更准确。

嘴巴的动作反映的内心世界

有些心理学家曾做过这样的实验：他们请来最好的演员，让他们做出各种各样的表情，并把这些面部表情都拍下来，然后把其中眼睛鼻子嘴巴耳朵的部分都剪下来，剪下来以后把一个高兴的眼睛配上一个悲伤的嘴巴，把一个悲伤的眼睛配上一个高兴的嘴巴，接下来观察到底是哪一个部位最能代表人的情绪。

最后发现，观察人的情绪实际上不光只看眼睛，另外还有一个很重要的部位，那就是嘴巴。所以嘴巴的动作在表现一个人的情绪方面，也是非常关键的一个部位。

嘴巴张开闭合、向前向后、向上向下、抿紧放松，这4种基本方式可以画出多种嘴角弧度，而不同的嘴角弧度就形成了不同的嘴部动作。丰富的嘴部动作，从某种程度上也可以折射出一个人的性格特征和心理态度。

（1）人的下嘴唇往前撇的时候，表明他对接受的外界信息持怀疑态度，并且希望能够得到肯定的回答。

（2）嘴角老是向下撇的人，性格固执、刻板，不爱说话，很难被说服。

（3）人的嘴唇往前撅的时候，表明此人的心理可能正处在某种防御状态。

（4）在与人交谈中，嘴唇的两端稍稍有些向后，表明他正在集中注意力倾听谈话。

（5）嘴角稍稍有些向上，这种人看起来机灵活泼，他们的性格大多是比较外向的，心胸也比较豁达，能与人很好地相处，很随和。

（6）嘴巴缩起的人，干活仔细，疑心病很重，容易封闭自己。

（7）在与人交谈时，用上牙齿咬往下嘴唇，或是用下牙齿咬住上嘴唇以及双唇紧闭，这多表示一个人正用心地听另外一个人的讲话，他可能是在心里仔细地分析对方所说的话，也可能是在认真地反省自己。

（8）口齿不清，说话比较迟钝的人，可以分不同的情况来讨论：

一种人是不仅在说话方面表现得不够出色,在其他各个方面的表现也都是相当平庸的,这样的人若想获得很大的成就,不太容易。还有一种人,他们的语言表达不精彩,而且也不太经常表现自己,但一旦表达,肯定会有不凡的见解,这说明这个人具有某一方面或某几方面比较出众的才能。

(9)说话时以手掩口,表示其人性格较内向、保守,不敢过多暴露自己,还表示对对方存有戒心,或者在做某种自我掩饰。

用手掩嘴这个动作另外一个意思,还表明可能是自己做错了某一件事情,而进行自我掩饰。这和张嘴伸舌头表达的意思差不多。

(10)嘴抿成"一"字形的人,其性格坚强,交给他的任务一般都能圆满地完成。

还有些嘴部的小动作也有助于看穿一个人。例如,时常舔嘴唇的人,很可能内心压抑着因兴奋或紧张所造成的波动,因此他们常口干舌燥地喝水或舔嘴唇;打呵欠是想暂时逃避下意识的欲求表现;清嗓门且声音变调之人,是对自己的话没有把握,具有杞人忧天的倾向。男性常见咬住烟头,用唾液加以润湿的动作,是不成熟的心理表现。

嘴巴特殊动作反映的内心世界

此外,嘴巴还有一个典型的动作,就是笑。不同性格的人,在笑的时候,嘴部的动态会有所差异,我们可以根据这个特点来分析一个人的性格。

(1)笑时嘴两端猛向上方翘者。这类人善于社交,有亲切感,具有冒险的精神和积极的作风,乐于助人,容易让人亲近。同时拥有秘书的能力,善于处理繁杂事务,越繁杂反而越觉得有趣。

(2)开口大笑时嘴两端成平者。这类人的性格不拘小节,动作大方。但忽冷忽热，遇到不如意的事，随即弃之不理，容易受他人误解。这种人具有很好的经商才能。

（3）笑时微开口，且嘴两端稍下垂者。这类人的性格略显内向，注意细节，喜欢分析对方言语，但做事时常半途而废，难达愿望。是属于不满现状型。他们一般在手工艺、缝纫等技能方面很拿手，外语能力亦佳。

（4）喜欢眯眼笑，笑时嘴两端向下。几乎不开口者。这类人的性格倔强固执，不易表露内心。有时明知其事，但假装不知而不予人语。平常性情尚称和气，但一旦不悦即大发脾气。他们一般多才多艺，有理想、抱负，但不愿与人合作行事。

嘴巴对于人而言，其重要性是不言而喻的，通过它可以把食物送到肠胃里，以维持生存的必需，也是通过它，进行与外界的沟通和交流。

人嘴部的动作是相当丰富的，这些丰富的嘴部动作，从某种程度上可以折射出一个人的性格特征和心理态度。

在人际关系方面，对于这一类型的人要分两种不同的情况来讨论。一种是人际关系处得不好的，这是因为他们倚仗自己的口齿伶俐，总是处处抢先，出风头，而对他人持不屑一顾的态度，自己不在理上，也要争个天昏地暗，在理上更不饶人。这种为人态度当然不会受人欢迎，人际关系处不好也是很正常的。

而另外一种则完全不同，他们希望自己和所有人都处好关系，并努力朝着这一方面做。这种人多比较圆滑，他们能够依靠自己的口齿伶俐和能言善辩来化解各种矛盾，促使个人的人际关系和谐。

下巴的形状预示性格

下巴位于面部的最下方,与眼睛这扇心灵的窗口距离最远,往往容易被遗忘。就像我们很难把眉毛和眼睛隔离开来分析一样,我们也很难把下巴和嘴隔离开来分析。

人们的下巴和颌部形态有相当大的差别。由于形态不同可影响声音的性质,所以从下巴和颌部的不同动作也可能看出某些人的心理状态,得到其他的一些重要信息。

就好像漫画上出现的飞扬跋扈、好管闲事的婆婆常常以"突出的下巴"为特征,可见,下巴也是人类心理活动的一个重要的指示计。下巴的动作虽然极为细腻,但却能左右他人的印象。

站在镜子前,将下巴抬高或缩起,会产生不同的判别印象。下巴抬高时,胸部及腹部都会突出,有骄傲、自大的样子;反之将下巴缩起,稍似驼背,个性上显得很懦弱、气馁,若此时观察对方,将会发现其眼球向上翻滚,仿佛怀疑心重。

我们可从各种场合注意对方下巴的角度。

第一,下巴抬高,此人十分骄傲,优越感、自尊心强,常带否定性的眼光或敌意。

第二,下巴缩起,此人仔细,疑心病很重,容易封闭自己,不易相信他人。

从上面的叙述中,我们已经看出,人的个性在下巴上有一定的反映。下面我们将进行更深入的探讨。

当然，观察一个人不能单独看下巴，还要把下巴作为下颚的主宰而观察整个下颚。下颚就人类或动物而言，是担任发声或咀嚼的器官，从外形上看来，男性多带有稍许棱角的下颚与颧骨。

实际上，下颚形态的男女差别具有相当的决定性，所以，男人不论如何改装成女人，其下颚也无法蒙骗人们的眼睛。而且，下颚也决定了声音的性质。譬如：电视、电影的幕后配音者，何人担任哪一角色的配音工作，据说也是取决于下颚的形态。

与生俱来的下颚形态，可以用以推测某人性格的特点，譬如："拥有意志坚强的下颚者"或是"尖细的下颚表示神经质"之类。为探讨对方现在想些什么、想要表达什么时，单凭看下颚的外观形状是不够的，只有留意下颚的动作，才能透彻地解读身体言语。

提及下颚的动作，我们最容易注意到的，即是"突出""收缩"的动作。处于极度疲乏的状态，一般人便会做出"伸长下颚"的动作；除了此种由于肉体上的要求而表现出来的姿态以外，"突出下颚"的动作，一般而言，不论男女，均属具有攻击性的行为，可视为一种想表示"扑向前去狠揍一顿"意图的动作。

迪斯蒙得·摩里斯曾经说明："突出的部位，表示带有意图侵略对方势力范围的性格。"下颚的突出亦是如此，乃是用来作为自我主张的工具。因此，突出的程度越大，则其自我主张的程度也就越高。

譬如："颐指气使"之类的表现，采取此种动作，也是自认对方是小辈或自己很明显地站在优势地位，且很有把握自我主张时，所表现出来的身体语言。外国人在发怒时，经常将下颚伸向前方，这也可以视为想将其愤怒情感扔向对方的一种攻击欲求的表现。

另外，下颚突出不明显的男性，乃是欠缺自我主张之人，此种说法也是源自同一个论点。

像此种由下颚的突出以表现的自我主张,利用不同形状而表现出来者,即是"络腮胡"。胡子也是使下颚更加突出,以表现自我主张的象征。

在我们身边想必也有不少蓄留胡须的人,但是一旦跟他深入交往,很意外地可以发现这种人多半属于懦弱、缺乏个性的人。此种类型的人,即是想将他在语言、态度上不能表现自我主张的部分,用蓄胡须的行为得到补偿。

前面讲到外国人愤怒时,往往做出将下巴伸前的动作,但东方人恰与之相反,而以缩下巴者居多,此或许是由于国情不同所致,较之西方人的表露攻击欲,东方人往往深藏不露,以待敌之不备。

西方谚语说"缩下巴的人最为阴险",所以,当东方人愤怒时,便会无所不用其极。由于攻击欲内藏之故,表现身体言语的下颚动作,因而也就不采取突出的形态。

乍看之下,十分恭顺似的,其实内心却潜藏着极为复杂的情绪,由此也可以看出东方人特有的复杂而微妙的心理。除了此种下颚本身的动作之外,尚有利用手之类接触下颚的动作。

第二章
体态表情识人

　　体态语言，也称动作语言，是人们下意识地表现出来的一种心理活动。在日常人际交往中，体态语言是有一定规律可循的。了解这一点，不仅有助于理解别人的意图，掌握他人的个性，从体态语言窥视他人的内心世界，而且能够使自己的表达方式更加丰富，表达效果更加直接，进而使人与人之间更加和谐。

体型是性格的投影机

体型是指人的身材体态和高矮胖瘦,是人最明显的外部生理特征之一。作为一种了解自己与他人性格和心理的简明辅助手段,研究体型对性格的影响是有着一定价值的。

德国精神病学和心理学家克雷齐默尔在1921年发表了《身体结构和性格》,最先将体型与性格联系起来,并进行归类和系统研究。

在工作或社交场合当中,人们总是把自己的内心包裹得严严实实,要想了解一个人的性格,并不简单。

但是,人至少有一样东西是难以包裹的,这就是他的体型。人的体型无法受意识控制,然而却能反映内心。因此,我们可以通过体型识人,来大致判断一个人的性格。

筋骨强壮而体格结实的体型

这种人的外形特征是肌肉发达、筋骨强健、体态匀称、肩幅宽阔、头部肥胖。他们办事原则性强,诚实正直,因此从事举重、摔跤和土木工程方面的工作可望出人头地。

然而,在公司银行当经理的人,也会有这种形态的。这种人做事认真可靠,一丝不苟,出任公司或银行里的经理是最佳人选。他们处处以秩序为重,讲求规律,一旦着手某种工作,必坚持到最后完成,过着充实而又踏实的生活。

另外,这类人做事速度迟缓,总是慢半拍,讲话哆哆嗦嗦,没完没了,写文章过于冗长,谨慎而周到,洋洋洒洒上万字。在谈到电影情节时,更是会发表一大堆谬论。

按照上面所说的各点,这种人虽值得信赖,但缺乏幽默感。他们不仅有顽固执着的一面,还有拘泥形式思考的习惯,缺乏情趣而呆板。被妻子要求离婚的人,也是这种类型的人居多。

肥胖(即脂肪质)的体型

肥胖质和肥胖型的体型的特征就是胸部、腹部和臀部囤积了大量脂肪。因腹部附着脂肪,所以从整体看来,像是有很多肉。一般来说,中年人最容易肥胖。

拥有这种体型的人,适应能力很强,能对环境做出快速的适应,多属于好动的人,乐于被奉承和偷懒。同这种体型的人接触,你往往可以感受到对方开朗的性格。

这种人十分活跃,一旦被人奉承,任何事情均愿代劳,虽然口头上说"很忙、很忙",事实上,终日享受着忙碌的乐趣。这种人偶尔也会忙里偷闲,是风趣可爱的人。

这类人的性格特征是活泼开朗,喜好社交,行动积极,善良而单纯。他们颇富表演才能,既充满活力,又稳重、祥和、温文尔雅。他们经常突然改变为喧哗或文静的态度,属于躁郁质类型。

这类人通常适于从事政治、实验工作或临床医师。因天赋敏锐的理解力和决断力,他们对任何事都有迎刃而解的能力,往往能出类拔萃。只是他们往往对事情的思虑缺乏一贯性,言谈间极易因轻率而失言,并且自恃高大,骄傲自负,时常将自我意识强加于人,喜爱干涉对方。

未成熟状的体型

在你的周围可能经常会见到脸孔如小孩的未成熟形态的人。此种人的特征是,各方面都有浅薄而广泛的知识,可谓样样都会,但行行不精。喜爱对小说、音乐、戏剧加以评论,同时具备其他各种知识,讲话时妙趣横生,经常使人捧腹大笑。

这种体型的人,通常具有自我观念坚强的性格。他们的周围经常是热闹非凡的气氛,话题的中心不是自己时,他就不开心,同时对别人所说的话一点都不听,非常任性。

对于这种人,询问有关他自己的事情时,他便会眉飞色舞地说个不休,并且在言谈之间常喜欢标榜自己如何,使人常感到过于放纵,而产生不舒服的感觉。

另外,他们常在别人的评价中调试自己,往往显得没有主见,易受他人意见左右。

从另一角度看,这类人可谓是天真、浪漫的人,殊不知自己还有没变成大人的地方正是令人感到悲哀之所在。被人奉承时还好,一旦受人冷淡摒弃时,嫉妒心会变得很强烈,形成一种歇斯底里的状态。对于这种人,要特别注意。

纤瘦但身体结实的体型

这类人体型略显纤瘦,但长得结实匀称。他们自尊心强,喜欢争强好胜,自我意识特别强烈且很固执,对任何事情都喜欢带着一种挑战的意味。他们信念坚定,干事情充满信心,不论遇到怎样的苦境,都向着既定的目标去努力,决不退缩。

强烈的信心加上判断灵敏,做事果断,在商业方面实在是前途无量。他们对所有人来讲都是值得信赖的好伙伴,是商业交往中的好顾客。相反,当这种人误入歧途时,就会变成一个强制、专制、高傲、猜忌、蛮横的人,不允许别人对自己有任何意见与反抗。

具有如此体型的人,他们在事业和做人方面都缺乏应有的性格魅力,但他是一个有能力且可能具有相当权力潜质的人,因为他们有宁负天下人的气魄。

所以在自己的正确性被认同之前,必会不择手段主张自我的正当性。他们常被认为是事业上的偏执狂,但由于性格上的弱点,即使是别人跟随他,迎合他,他同样还是会和别人保持心理上的距离。他在家庭生活中也可能是个"孤家寡人",容易遭受背叛。

瘦瘦细条的体型

这类人最大的特征是任何事情都归咎到自己身上,带有强迫性格。强烈的敏感使他们对自己周围的变化反应非常快,常会触景生情或是睹物思人,喜爱自寻烦恼,以至于自己想要诉说的苦衷难于表述,结果把责任强加到自己的头上。

这种人常常心神不定,情绪容易失去平衡,且思想容易混乱。其实这是种难能可贵的性格,具有丰富的感受性和纤细的感觉,是生活态度非常慎重的人。他们如果从事艺术性的工作,大多可以取得别人达不到的成就。

特别纤瘦型

这种外表瘦弱、苗条的人常给人无所适从、无法接近的感觉。其实,他们神经纤细并且本性善良、冷静沉着,对生活采取慎之又慎的态度,但他对事情犹豫不决且意志薄弱,容易产生气馁心理,是个令人难以捉摸的人。

这种类型的特征一般是对人对事冷静,甚至冷淡,性格复杂且无法适当地表明立场。这种人有相互矛盾的分裂质。

比如对于幻想兴致勃勃，保持快乐，但又不喜欢被人探出隐私，心事仿佛用冷酷的面罩覆盖着，也常用孤傲来排斥企图接近他们的异性。对于这类人，有人会不喜欢而视之为一般的交往对象，有人感觉到这类人是不易接近的贵族，具有罗曼蒂克的气质。

这类人对无关紧要的事固执己见，他怪癖、不善变通、性格倔强，并且表情呆板，在没下决心之前用行动来决定，这就是纤瘦人的缺点。这种人因为有纤细神经的关系，其优点是对文学、美术、手工艺等兴趣高，对时尚有敏锐的感觉。在社交上则拥有非常优雅高超的手腕。但总体上说来，这类人是很难接近的。

娃娃脸半成熟型

这类人怎么也看不出年纪大小，脸长得像个娃娃，即未成熟型的人，他们以自我为中心，个性很强，又称为显示性性格。如果话题不是以他们为中心，他们就会不愉快，他们完全不听他人的话，属于任性类型。

他们对每一门类都不精通，但拥有广泛知识，谈吐风趣，擅长搞笑。谈话常用"我……"这样的句式，没完没了。

他们属于天真而无心机的人，但他们自己并不知道自己没有成人个性和思想，所以是个悲剧。

如果自己被奉承，就感觉很好；如果被冷遇，就会嫉妒，这时要小心他们变成歇斯底里状态。如果这类人是女性，你只能担任她的听众。在商场上，要注意这类人，她们轻薄任性，没有主见，受他人意见左右，如果对她过于信赖而受损失，可就追悔莫及了。

头部动作显露的心理活动

头是人的身体最聪明的、机智的部位,而脸则是人的身体语言中表情最丰富的部分。人的一眨眼、一颦一笑、一点头、一咧嘴……无不透露着人生的喜、怒、哀、乐。

学会解读头部的动作语言,你将会在交际场上,轻轻松松洞悉人心,掌握住成功人生的契机。

低头

将头部垂下成低头的姿态,它的基本信息是"我在你面前压低我自己",但是这种姿态并不仅限于地位低下的人。当同事或居上位者做此动作时,它的信息乃是以消极的方式表达:"我不会只认定我自己",然后变成这样的含义:"我是友善的。"

猛地把头垂下然后隐藏脸部,也可用来表示谦卑与害羞。在心怀敌意的情况下,把头低下则具有截然不同的意义,其主要差异在于眼睛向前瞪视敌人,而不是随着脸部而下垂。

抬头

抬头是有意投入的行为。下属进入上司的办公室,站在上司面前,注意到上司正低着头在桌上写东西。如果他对眼前的人物有畏怯之感,一般地说,他会站在那无声无息地等候,直到上司把头抬起来看他,才开口讲话。

头部突然高高抬起又回到原来的位置。这动作时机是刚刚遇见但还不十分接近的时候,它表示"我很惊讶会见到你"。在这儿,惊讶是关键性的要素，头部上扬代表吃惊的反应。

摇头

摇头本质上是否定信号。颈部把头猛力转向一侧，然后再回到原来的位置，这是单侧的摇头，同样传递"不！"的信息。头部半转半倾斜向一侧是一项友善的表示，因为这种动作特别像是在与同路的人打招呼。

点头

"嗯！说的也是！……"我们经常看到电视访问时，主持人会以如此唯唯诺诺的应答方法来诱使对方滔滔不绝地说下去。所以说，杰出的访问者是善于回答并能使他人关不住话匣子的。

如上述般的回答方式，除了语言外，还有一种身体语言，那就是点头。当一个公司举行面试时，主试官频频点头示意和极少点头的情形比起来，前者容易引起应征者谈话的兴趣，而点头的动作也具有回答的效果，也就是表示："我正在听你说话。"或"请继续说！"这种意思一旦传递给对方，对方便会有：

"对方已能明白我的话了"或"对方接受我的说法了"的想法，因此便可继续发挥，大胆阐述了。

相反，如果听者吝于点头的话，那么说者便会觉得言论不受重视，索然无味而不愿继续下去。最后，终于产生相对而无语的情况。

关于点头方面的实验，有以下的结果：

第一，当对方针对谈话内容或音律，向你做点头的动作，表示其对你某种承诺的允许及好感。

第二，在两人的谈话过程中，对方点头超过三次，就表示不耐烦或有否定的意味。

第三，若点头的动作与谈话情节不符，表示对方不专心，或有事情隐瞒。

晃动头部

摇晃头部时，说话者正在说谎，而且试图压抑住要表示否定的摇头动作，但又不能彻底。

晃动头部，一般被用来表达特别惊讶的意思。其中隐含刚得知的消息是那么不寻常，以至于必须晃动头部才能确信这不是做梦。

摇头晃脑

在日常生活中，我们经常看到有人用"摇头"或"点头"，以表示自己对某件事情看法的肯定或否定。但是，如果你看到一个人经常摇头晃脑的，那么你或许就会猜测他不是得了"摇头病"就是神经病了。

不过，如果我们撇开这种看法而从身体语言的角度来看的话，这种人特别自信，以至于经常唯我独尊。他们也会请你帮他（她）办事情，但很多时候，你做得再好他（她）都不怎么满意，因为他（她）有自己的一套行为准则，他（她）只是想从你做事的过程中获取某种启发而已。

这种人，一般在社交场合中很会表现自己，却时常遭到别人的厌恶，他们对事业一往无前的大无畏精神倒是被很多人欣赏。

探头

颈部驱使头部向前伸并朝向感兴趣的方向。这种动作比较复杂，因为它既可以表达浓烈的爱，也可以表达深刻的恨。

前一种情况是两个相爱的人，伸长脖子深情专注地凝视对方的眼睛；后一种情况则像两个冤家伸长脖子，探出头部以表示他们都瞧不起对方，而且瞪视对方如同洞察对方的眼睛；第三种情况则出现在某人渴望吸引你全部的注意力之时，因此他会把自己的脸探出来，以阻挡其他任何可能吸引你的东西。

头部从兴趣之源缩回，这是回避的动作。

头部后仰

头部后仰，这是势利小人或非常自信之人鼻子朝天的姿态。当一个人把头向后仰的时候，其情绪变化包括：从沾沾自喜、桀骜不驯到自认优越而存心违抗。基本上，这种姿态是挑衅的仰视而不是温顺的仰视。

侧头

头部轻轻地歪在一边，这个动作源自幼时舒适的依偎——小孩把他的头部依靠在父母的身上，当成年人（通常是女性）把头歪斜一侧时，此情此景就像倚在想象中的保护者身上一样。

歪着脑袋倾听

歪着脑袋聚精会神倾听的姿态，不仅仅出现在人类身上。动物也有相同的表现，例如刚满三个月的小狗听到或看到吸引它注意力的新事物（如新的狗屋、第一次见面的其他动物等）时，头也会歪一边。

头部僵直不动

头部僵直，表示一个人特别有魄力而且无所畏惧，所以甚至什么东西在身侧摔破，都不屑一顾，或者是心里觉得无聊的表现。

颈部使头部从感兴趣之点往侧面方向移开，通常来讲，这是一种保护性的动作；或把脸部移开以回避对身体有威胁的事物，在特殊情况下，这个动作可借着掩饰脸部而隐藏自己的身份。

手是人类外在的头脑

人的双手不仅是劳动的器官，同时也是人们表情达意的重要工具。德国著名哲学家康德曾经提出："手是人类外在的头脑。"

实践证明，凡性格、气质、心理活动违常的人，其手掌往往会增添若干条障碍线，且线条紊乱而庞杂，甚至指甲、皮肤色泽都会留下印记。

自从17世纪以来，手型引起了科学家的极大关注，首先是解剖学家，继之是人类学家、生物学家与遗传学家，他们先后对手纹进行了观察、分析和研究，并作出了许多贡献。

柴罗便是一位举世公认的权威。下面介绍一下柴罗有关手型与性格关系的论述。

柴罗在视掌纹之前，必须鉴别出手的全貌，诸如手掌的大小与厚薄、指型的长短和硬软、皮肤的润泽与干燥、手纹线的纯杂等，通过详尽细致的观察，他将手划分为七种主要手型。

（1）劳动型的手：大拇指和其他手指都又短又粗，指节如树根一样厚硬粗糙，指背三约纹深而杂乱，掌背表筋浮露，皮肤色泽较深。这种手表明他是重体力劳动者，精神易紧张，易上肝火，善于思想。

（2）正方形的手：中等形状，外形直而方，筋骨厚而坚实，除手指外，手腕部也比较接近四方形，手背三约纹较淡，这种手表示此人做事实际、精确、性格温和而有毅力，精力充沛，各方面发育良好。

（3）哲理型的手：外形修长，拇指和手掌都很大，手指骨节突出，手背三约纹比较明显，皮肤颜色较深，手背筋肉和血管隆起。这种手表明此人有决断能力，善于思考，不易动感情，相信事实而不抱信仰，擅长逻辑思维，较少理想主义，严于律己。

（4）挂刀型的手：状如铁铲，手指扁平，筋骨结实有力，掌、指厚而方。这种手说明此人乐观、自信、聪明，总是力争名列前茅。

（5）艺术型的手：柔韧，大拇指纤细，手指如锥状，手型的指型均细，皮肝色较白，肌肉柔软富有弹性，显示出此人属于诗人、艺术家、音乐家一类。

（6）精神型的手：手指柔弱无力，指掌薄而略弯曲，皮肤白，青筋较明显，这种人爱美而且好"想入非非"，他们宁可去听午间交响乐会也不情愿把钱花在午餐上。

（7）混合型手：手指形状不一。柴罗认为这种情况下要借助人的姿态。如果对方是混合型手，并且见他双手叉放在背后，这便表明他是一个小心谨慎的、善于思考的人；如果他将两手放在前面，就说明此人很有尊严感、冷静，处事缓慢而明朗；如果他的左手空置在一旁，右手放在齐腰部，手掌向上，手指握成半松弛状态，这说明此人将自己看成是举足轻重的人物，指望别人顺从和尊敬他，总觉得他的意见或愿望是唯一可信和重要的。

观察了某人的手型和摆放的姿势以后，再检视手的颜色，皮肤的质地以及肉的"手觉"。粉红色的手说明人的身体健康，充满活力；缺乏血色的手则说明相反的情况；皮肤淡黄者或呈紫色的，表明人的性格多疑、易怒、急躁、古怪或忧郁。

摸上去柔软的手掌是一种没有反抗力的表示，这种人在生活上是随波逐流的，结实的手掌显示了它的主人劳逸得体；捏上去坚硬而没有弹性的手掌，是吝啬的利己主义者的象征。

假如两种情况同时存在，则说明此人行事的动机和动力没有一定。手指的指甲形状也是重要的，例如，指甲长说明这个人的性格温和不易发脾气；指甲短的人爱挑剔、好与人争辩；椭圆形指甲的人总是后悔莫及，缺乏进取心；圆指甲的人，总是风风火火，但通常热情不长久。

柴罗的上述理论来源于无数次反复细致的观察和验证，是人的手型与性格关系内在规律的总结。但是这些没有经过统计学处理，也没有进行深入的机理探讨，因此不可能百分之百的正确，应当指出，某些江湖骗子观掌相命，预测未来，与根据手型揭示人的健康、性格和心理活动是不能同日而语的。

站姿是心理情绪的镜子

美国心理学家尼仑格和其他一些学者拍摄了大量录像资料，经过反复研究分析，发现通过观察一个人简单的不同站姿，就可以窥探到他们的性格。由此可见，站姿也是窥探陌生人性格和心理的一扇窗子。

古人云：立如松。即是：抬头，双眼平视前方，嘴唇微闭，面带微笑，下颌微收；放松双肩，稍向下压；挺胸、收腹、立腰；双臂自然下垂于身体两侧，双腿直立，膝和脚后跟靠紧。

良好的站姿可以显示个人良好的精神状态和高雅的气质。但是，如果我们认真观察便会发现：除了军人会被要求按军姿站立，分辨不出差别之外，采取标准站姿的人实在很少。

单从立姿的本身讲并不表示什么意思，但它也有一个相当广的变动范围。站立这种简单的司空见惯的动作，竟然是迥然不同，几乎一个人一个样。

站立时背脊挺直、胸部挺起、双目平视

这种人较为友善，易于亲近，并且可以很快地和你成为好朋友。他们的人际关系较为协调，给人一种很随和、喜欢交际的形象，他们从来不给别人出什么难题。为人敦厚笃实，一般也会得到他人的信任。

这样的人很适合当推销员、业务员等。如果让这类人去与客户建立关系，他们时常是先站在客户的立场替客户着想，帮助他们分析利弊，在交往中经常会收到神奇的效果。

这种人平常喜欢安静的环境，找一二知己叙旧或者摆弄一下棋盘，给人的第一印象总是斯斯文文的，不过一旦碰上比较气愤的事，他们也会暴跳如雷。

对于男女关系的问题他们有一种大彻大悟的体会，"男人不必为女人活着，女人也不必为男人活着"。他们最讨厌把感情建立在金钱上，也最不愿听到别人说他们是为了某种目的而与某人交往。

站立时弯腰曲背

这是一种封闭型的立姿，表现出自我防卫、闭锁、消沉的倾向。与对方相比较，精神上处于劣势，反映出惶惑不安或自我抑制的心情。若是与双手插入口袋的姿势相配合，则是心情沮丧的苦恼的反映。

两手叉腰的立姿

这种姿势属于开放型动作，有一种想要使自己给对方造成优越感，或威严感的愿望，也是具有自信心和精神上优势的表现。如果上身再加上挺胸的动作，那就可以考虑他有威吓他人、虚张声势的动机。另外，如果脖子扭向一旁，那么不可能是对对方抱有好意，要是这时，再垂下眼睑不愿正视对方，那就表示出他的情绪可以与斗败的狗相比了。

如果对面临的事物没有充分的心理准备（即不害怕他人的进攻袭击），是不会采用这个动作的。这种姿势还被认为是成功者所独有的站姿，它可使人联想到那些雄心勃勃、不达目的誓不罢休的人，这些人在向自己的奋斗目标进发时，都爱采取这种姿势，男士在女士面前常多用这种姿势，以表现他们的男子汉形象，可以警告对方不要进入他的领地。

但女士如果采用这种姿势，则给人的感觉缺乏温柔，有"母夜叉""河东狮吼"之嫌。

双臂交叉站立

双臂交叉抱于胸前，是一种防御性的姿势，防御来自眼前人的威胁感，保护自己不产生恐惧，这是一种心理上的防卫，也代表对眼前人的排斥感。这种人性格坚强，不屈不挠，不轻易向困境压力低头。但是由于过分重视个人利益，与人交往经常摆出一副自我保护的防范姿态，拒人于千里之外，令人难以接近。对于年轻女孩来说，这种姿势不太雅观。

这个动作似乎在传达着"我不赞成你的意见""嗯……你所说的我完全不明白""我就是不欣赏你这个人"。当对方将双臂交叉抱于胸前与你谈话时，即使不断点头，其内心其实对你的意见并不表示赞同。

也有一些人在思考事情时，习惯将双臂交叉抱于胸前，但是一般来说，有这种习惯的人，基本上是属于警戒心强的类型。在自己与他人之间画下一道防线，不习惯对别人敞开心胸，永远和对方保持适当的距离，冷漠地观察对方。而且叛逆性很强，时常忽视对方的存在，具有强烈的挑战和攻击意识。

著名的日本演员田村正和，在电视剧中常摆出双臂交叉抱于胸前的姿势，因此他给观众的感觉，绝不是亲切坦率的邻家大哥，而是高不可攀的绅士。他不是那种会把感情投入对方所说的话题中，陪着流泪或开怀大笑的类型。他心中似乎永远藏有心事，在自己与他人之间筑起一道看不见的墙。这种形象和他习惯将双臂交叉抱于胸前的姿势，似乎非常符合。

一般情况下，当父母对孩子说"到这儿来"，想给孩子一个拥抱时，一定会张开双臂，拥他入怀。但如果将双臂交叉抱于胸前对孩子说"到这儿来"，孩子们绝不会认为你要拥抱他，而是担心自己是否惹你生气，准备挨骂了。

不过，若你有不想告诉他人的秘密，又想找人商量时，请选择习惯将双臂抱于胸前的人，他们会将你的秘密守口如瓶。但是，要和这种人成为亲密的朋友，可能要花上一段很长的时间。

在工作中，他们不会因传统的束缚而绑住手脚，即使偶尔被绑，他们也会用牙齿咬断这根绳索；如果嘴也被封住，他们会不断地用鼻孔出粗气，显示他们的存在。这种人的创造力也会发挥得更加淋漓尽致，原因不是在于他们比别人聪明，而是他们比其他人更敢于发挥自己。

一手托下巴，一只手托这只手臂的肘关节的站立姿势

两脚交叉并拢，一手托着下巴。另一只手托着这只手臂的肘关节的站立姿势。这种人多数是工作狂，他们对自己的事业颇有自信，工作起来非常专心。废寝忘食的行为对他们来说是家常便饭，自己的另一半更是经常被冷落在家，幸运的是他们的伴侣多是理解型的。

这种人更为引人注目的是他们多愁善感，从他们丰富的面部表情就可以看出，他们是那么容易喜怒无常，甚至，在他们的言行中也表露无遗。

刚才还在与你喜笑颜开，夸夸其谈，突然脸色沉了下来，一句话不说，最多时不时地参与你们谈话中苦笑一下，显得很深沉的样子，谁也不知道他们是因为刚刚失恋了还是刚才在办公室走廊里被上司训了一顿？抑或昨天看电影迟到了，没有看到故事的开头？

他们对这个世界倒是很富爱心，可以经常看到他们的奉献精神。

这种人很坚强，他们一般不会向人屈服，也不会由于重重摔了一跤，就不再继续在充满泥泞和荆棘的道路上前行。

双脚自然站立，偶尔抖动一下双腿

双脚自然站立，偶尔抖动一下双腿，双手十指相扣在腹前。大拇指相互来回搓动。这种人的表现欲望特别强，喜欢在公共场合大出风头。如果什么地方要举行游行示威，走在最前面的，扛着大旗的多数是这种人。

从表面上看，此人充满了自信，而实际上，专家研究发现，这是一种表示焦急而沮丧的常见姿势。譬如，一个人刚刚失去了眼看就要到手的好生意，一个人刚刚失恋，一个人刚刚失去了一个他认为"千载难逢"的机会，那么他们可能会将十指交叉起来，其实他们是故作镇静，实际上正处于沮丧之中。

他们大都争强好胜，容不下别人，倘若大家都说太阳是圆的，他们一定会说是方的；如果大家都说是方的，这种人肯定会问大家："太阳怎会是方的呢？"他们不是愚蠢，而是聪明得很，大家都不能把井里的月亮捞出来，他们就行，不信？他们用一个洗脸盆就办到了。

十指交叉有时也表示一个人的敌对情绪。观察资料表明，这种手势的相对高度与人沮丧心情和敌对情绪的关系十分密切。也就是说，十指交叉的人往往很难对付。

为了缓解这种人的敌对情绪，可以递给他一本书之类的东西，他紧扣的手指就会自动松开，他的心理就会得到放松，情绪就会得到缓解。经过这样一番调节，下一步的工作才会有效地进行下去。

走路姿势显露内心状况

通过一个人走路的姿势，可以了解他的快乐或悲痛，勤奋或懒惰，以及是否受欢迎。从走路的姿势上看准一个人，有许多种方法。

每个人的走路姿势都有所不同，对熟悉的人，我们在很远的地方或拥挤杂乱的场合中，一眼就可以认出他来。有一些特征是由于躯体本身的原因造成的，如迈步的频率、跨步的大小和姿势会随着情绪的变化而改变。

如果一个人很高兴，他会脚步轻快，反之，他就会双肩下垂，走起路来好像鞋里灌了铅一样。莎士比亚在《特尔勒斯和克尔斯达》一书中有段对一只大公鸡走路姿势的描述，文字极为生动："这个高视阔步的运动家，以自己的脚筋而自豪。"

一般说来，走路快而双臂摆动自然的人，往往有坚定的目标，并且能锲而不舍地追求；习惯于将双手插在口袋中，即使天气暖和也不例外的人，爱挑剔，喜欢批评别人，而且颇具神秘感，常常显得玩世不恭。

一个人在沮丧时，往往两手插在口袋中，拖着脚步，很少抬头注意自己是往何处走。在这种心情下，如果他走到井边，朝里面望望，也没什么可大惊小怪的。

走路时双手叉腰，上身微向前倾的人，如同事业上的短跑运动员。他想以最短的途径、最快的速度来达到自己的目标。当他似乎无所作为时，往往是在计划下一步的重要行动，并且积蓄了能突然爆发的精力，那叉起的前臂，就像代表胜利的 V 字型一样，成为他的特征。

一个人心事重重时，走起路来常会摆出沉思的姿态。譬如头部低垂、双手紧紧交握在背后。他的步伐很慢，而且可能停下来踢一块石头，或在地上拣起一张纸片看看，然后丢掉。那样子好像在对自己说："不妨从各个角度来看看这件事。"

一个自满甚至傲慢的人，可能采取墨索里尼式的走路姿势。他的下巴抬起，手臂夸张地摆动，腿是僵直的，步伐慎重而迟缓。这样走路是为了加深别人的印象。

速率和跨度一致的步伐往往为首脑人物所采用。这样走路，容易让随从和部属跟在后面时保持步调一致，形成小鸭跟着母鸭的队形，以显示追随者的忠实和服从。

疾行，这是一种脚步沉重而快速的行走方式，控制得住心里的焦急。

急走，这是焦虑的女性常有的步态，她们以细碎的步伐优柔寡断地急速运动，不仅显得慌张，且经常改换方向。如果一个男人的步态也是如此，那么，这将显示此人喜欢吹毛求疵，而且个性比较阴柔。

慌张地走，这是一种脚步快而轻的走法，行走的人还会经常变换方向，心情焦虑地到处乱窜。他们大多精力充沛，精明能干，敢于面对现实生活中的各种挑战。他们适应能力特别强，尤其是凡事讲求效率，从不拖泥带水等。

慢跑式地走，以这种方式走路的人，多半属于健康情况欠佳或年事已高，是典型的现实主义派。他们凡事讲求稳重，"三思而后行"，绝不好高骛远，具有务实精神，"癞蛤蟆想吃天鹅肉"的情况绝对不会发生在这种人身上。

他们一般不轻易相信别人，他们特别重信义、守承诺。不过，要是你属于经常撒谎的人的话，最好别和他来往。否则有朝一日，他发誓一辈子都会忌恨你。

高视阔步，显现较强烈的自信心，典型的例子常见于想让接近他的人留下深刻印象。

大摇大摆地走，采取这种步态的人，虽有自信的气势但又充满自夸与自满。

左右摆动着走，能让人感觉友善且不具胁迫感。

迈开大步走是一种冷酷且具有权势的步态，常见于地位崇高的男性。

散步，这种松懈的步态常用来消磨时间。闲逛，信步而走。没有固定方向而且大方地显出他们心情的闲逸。

游手好闲的步调是踌躇不前，时断时续。这是一种懒散、徘徊的步态。

无精打采地走，这是另一种疲惫的步态，身体略为前倾，上身有点弯腰驼背，身体前倾来帮助行走，这种弯腰驼背的步态最常见于卑屈的下属身上。

慢吞吞地走，这是生病或精神憔悴时拖着两脚走路的步态。医院里，动过手术的病人最常出现这种步态；大街上，则可看到流落街头的老人慢吞吞地走。

蹑足行走，这是一种不光明磊落的步态，当一个人不希望自己的行为被他人察觉的时候，会采用这种步态。

步态蹒跚，这是一种双腿沉重的步态，当一个人觉得疲倦或心情郁闷时，则出现这种步态。

碎步，走得很快但步伐很小。这是一种女性夸张的走路方式，多见于有神经质的女人身上。

以跳跃的方式走路，每跨出一步就要身体向前跃出一步，这是一种充满欢乐的步态，显示动作者的健康与乐观。

从坐姿观察人的性格

观察坐姿的"三要素"

我们可以通过对人们不同坐法的观察，洞悉对方心理。观察人们的坐法，一般包括距离、方位和姿势这样三个要素。

第一要素：对方选择座位时，对你采取什么样的距离。这个距离的大小，一般可以表示对方进入你身体领域的程度。如果在公共汽车上，一个陌生人坐在你旁边，而且已经接触甚至挤碰了你的身体，必然引起你的不快。如果是你的密友或恋人坐在你身边，即使挤靠得很紧，你也绝对不会产生不快的感觉。这说明，允许对方进入自己身体领域的程度越大，双方之间的关系越亲密。

第二要素：对方坐在什么方位上。如果对方不是坐在你的对面，而是坐在你的旁边，说明他在心理上有倾向于你的一体感；而坐在你正对面的人，比坐在你旁边的人，更希望你了解他。如果对方虽然坐在你的旁边，却急着将身体前倾，想看清你的面部表情，无疑对你怀有疑虑或关切之情。

第三要素：对方坐的姿势如何。在沙发里深坐的人，心理上已占据优势，甚至念念不忘居高临下；而在沙发里浅坐的人，则有意表示恭顺，并表示他对你的谈话很感兴趣。在椅子上跷起二郎腿的坐法，倘是男性，表示他内心怀有不肯认输的反抗意识；倘是女性，也许是在有意吸引男子的关注。

深坐与浅坐的心理差别

对于人类，立姿是最适合活动的状态。因此，坐的时候，人们常常选择便于站起的姿势。舒适而深深坐入椅内的人，可视为在向对方表现处于心理优势的行为。因为本来所谓坐的姿势，是人类活动上的不自然状态，坐着的人必然在潜意识中想着立即可以站起来的姿势。心理学上，称它为"觉醒水准"的高度状态，随着紧张的解除，该"觉醒水准"也会因而降低。因此腰部是逐渐向后拉动，变成身体靠在椅背、两脚伸出的姿势。此并非发生何事，立即可以起立的姿势。这是认为跟对方不必过分紧张之人所采取的姿势。

可是，与此相对的，始终浅坐在椅子上的人，是无意识地表现着其比对方居于心理劣势，且欠缺精神上的安定感。因此，对于持这种姿势而坐的客人，如果同他谈论要事，或托办什么事，还为时过早。因为他还没有定下心来。

狮子除了捕食、饮水，几乎整天在睡觉；而狮子喜欢捕食的一种马类，总是很神经质地站着。同样的道理，深坐的人在精神上占了优势；而屈居劣势的人，在座位上常感不安，浅坐在那里，无意中表现出一种服从对方的倾向。

坐着时动作的不同

坐在椅子上的行为，也因人的不同而产生了各式各样的坐法。有的人是把全身猛然扔出似的坐下，有的人则慢慢坐下，也有些人小心翼翼地坐在椅子前部，还有些人将身体深深沉下似的坐着。此等行为，无不坦白地说出了各人的心理状态。那么，在身体言语术上，对以上行为该怎么解释呢？

当我们看见某人猛然坐下的行为，一定视为不拘小节的样子，其实，完全出乎你所料的情形很多。换句话说，在其所表现的似乎极端随意的态度里，其实是在隐藏内心极大的不安。这是由于人具有不愿被对方识破自己真正心情的抑制心理，尤其面对初次见面之人，这一心理更加强烈。像此种人坐下后，往往便表现出有些不安、心不在焉的态度，由此更可立即看出其心情。当然，知心朋友之间，则不能一概而论，而视为与其态度一致的心情表现。

从千奇百怪的坐姿看人性

每个人在坐着时都会呈现出不同的姿势，有的人喜欢跷二郎腿，有的人喜欢双腿并拢，而有的人喜欢两脚交叠，真是各种各样，千奇百怪。那么，这不同的坐姿又反映了什么各自不同的心理呢？

自信型的坐姿

这种人通常将左腿交叠在右腿上，双手交叉放在腿跟儿两侧。他们有较强的自信心，非常坚信自己对某件事情的看法。如果他们与别人发生争论，可能他们并没有在意与别人争论的观点的内容。

他们的天资很好，总是能想尽一切办法并尽自己的最大努力去实现自己的理想。虽然也有"胜不骄，败不馁"的品性，但当他们完全沉醉在幸福之中时，也会有些得意忘形。

这种人很有才气，而且协调能力很强。在他们的生活圈子里，他们总是充当着领导的角色，而他们周围的人对此也都心甘情愿。

不过这种人有一个不好的习性，喜欢见异思迁，常常是"这山看着那山高"。

温顺型的坐姿

这种人坐着时喜欢将两腿和两脚跟儿紧紧地并拢，两手放于两膝盖上，端端正正。这种人一般性格内向，为人谦逊，对于自己的情感世界很封闭，哪怕与自己特别倾慕的爱人在一起，也听不到他们一句"火辣"的语言，更看不到一丝亲热的举动。对于感情奔放的人来说，实在是难以忍受。

这种坐姿的人常常喜欢替别人着想，他们的很多朋友对此总是感动不已。正因为如此，他们虽然性格内向，但他们的朋友却不少。因为大家敬重他们的为人，正所谓"你敬别人一尺，别人敬你一丈"。

在工作上，这种人虽然行动不多，但却踏实认真，他们能够埋头为实现自己的梦想而努力。犹如他们的坐姿一样，他们不会去花天酒地，他们很珍惜自己用辛勤劳动换来的成果，他们坚信的原则是"一分耕耘，一分收获"，也因此他们极端厌恶那种只知道夸夸其谈的人。在他们周围，想吃"白食"是不行的。

古板型的坐姿

坐着时两腿及两脚跟儿并拢靠在一起，双手交叉放于大腿两侧的人，为人古板，从不愿接受别人的意见。有时候明知别人说的是对的，但他们仍然不肯低下自己的脑袋。让人感觉他们是不易接近的贵族，具有罗曼蒂克的气质。

这类人对无关紧要的事固执己见，怪癖、不变通、倔强，并且表情呆板，在没下决心之前用行动来决定，这也是纤瘦人的缺点。这种人因为有纤细神经的关系，其优点是对文学、美术、艺术等兴致盎然，且对流行有敏锐的感觉。若让他们上台去表现自己，他们明显地缺乏耐心，哪怕是只有十分钟的短会，他们也时常显得极度厌烦，甚至反感。

这种人凡事都想做得尽善尽美，干的却又是一些可望而不可即的事情。他们爱夸夸其谈，而缺少求实的精神，所以，他们总是失败。虽然这种人为人执拗，不过他们大多富于想象，说不定他们只是经常走错门路。如果他们在艺术领域里发挥自己的潜能，或许他们会做得更好。对于爱情和婚姻他们也都比较挑剔，人们会认为这种人考虑慎重，但事实不然。应该说是他们的性格决定了这一切，他们找对象是用自己构想的"模型"，如"郑人买履"一样寻觅，这肯定是不现实的做法。而一旦谈成恋爱，则大多数都倾向于"速战速决"，因为他们的理念是中国传统型的"早结婚，早生贵子，早享福"。

羞怯型的坐姿

把两膝盖并在一起，小腿随着脚跟儿分开成一个"八"字样，两手掌相对，放于两膝盖中间的这种人特别害羞，多说一两句话就会脸红，他们最害怕的就是让他们出入社交场合。这类人感情非常细腻，但并不温柔，因此这种类型的人经常让他人觉得莫名其妙。

这种人可以做保守型的代表，他们的观点一般不会有太大的变化，他们对许多问题的看法或许在几十年前比较流行。在工作中，他们习惯于用过去成功的经验做依据，这本身并不错，但在如今这个时代，因循守旧者肯定是要被这个社会淘汰掉的。不过他们对朋友的感情是相当真诚的，每当别人有求于他们的时候，只需打个电话他们就肯定会效劳。他们的爱情观也受着传统思想的束缚，经常被家庭和社会的压力压得喘不过气来,而自己仍要遵循那传统的"东方美德"、"三从四德"等旧观念。

坚毅型的坐姿

这类人喜欢将大腿分开,两脚跟儿并拢,两手习惯于放在肚脐部位。这种人有勇气,也有决断力。他们一旦考虑了某件事情,就会立即付诸行动。自然在爱情方面,他们一旦对某人产生好感,就会去积极主动地表明自己的意向。不过他们的独占欲望相当强,动不动就会干涉自己恋人的生活,时常遭到自己恋人的讨厌。

他们属于好战类的人,敢于不断追求新生事物,也敢于承担社会责任。这类人当领导的权威来源于他们的气魄。其实很多人并不真心地尊重他们,只是被他们那种无形的力量威慑而已。从另一个角度来说,他们不会成为处理人际关系的"老手"。当他们遇到比较棘手的人际关系问题时,他们多半只有求助于自己的老婆。但是如果生活给他们带来什么压力的话,他们一定能够泰然处之。

放荡型的坐姿

这种人坐着时常常将两腿分开距离较宽,两手没有固定搁放处,这是一种开放的姿势。这种人喜欢追求新奇,偶尔成为引导都市消费潮流的"先驱"。他们对于普通人做的事不会满足,总是想做一些其他人不能做的事,或许不如说他们喜欢标新立异更为确切。

这种类型的男人平常总是笑容可掬,最喜欢和人接触,而他们的人缘也确实很好。因为他们不在乎别人对他们的批评,这是其他人很难做到的。从这方面来说,他们很适合于做一个社会活动家或类似的工作。不过这类人的日常行为举止着实不敢让人恭维,或许很多这种类型的人还没有认识到他们的轻浮给家庭和个人带来的烦恼。

第三章
服饰打扮识人

服饰是装饰人体的物品总称，包括服装、鞋、帽、袜子、手套、围巾、领带、配饰等。服饰是人类文明的标志，又是人类生活的要素。一个人的衣着打扮，可以充分地展示他的真实心理状况、审美观点等个性特征。所以，根据这一特点，我们可以轻而易举地从衣着打扮来判断一个人的性格特点及心理活动。

从穿着打扮识透人心

人类本来是赤裸裸的，但大家为了隐藏自己的庐山真面目，才穿衣服。其实，大家根本不曾料到，为了要穿上自己喜欢的衣服，包括颜色、质地和情调的配合，反而把自己毫无掩饰地呈露出来。因为每个人所选购的衣服，穿在身上虽然遮掩自己的裸体，却反使自己的心理状态坦露无遗。

由此看来，衣服是人体的一部分，它跟穿着者难以分开。这在心理学上叫作"延长自我"。根据这套理论，你便可以通过服装，分析对方的心理状态。

从服装的华丽或朴素识透心理

喜欢穿着华美的人，大体上意味着此人怀有很强烈的自我显示欲。

如果衣着华美的情状超过了限度，那就变成撩人眼神的奇装异服了。一般而言，喜爱穿着这类衣服的人，固然怀有极强的自我显示欲，同时也常常具有歇斯底里的性格，尤其对金钱的欲望特别迫切。

另一种人穿着朴素。这种人属于体制顺应型，通常缺乏主体性的性格。不过，其中也有人对于身体某一部位的打扮非常讲究，例如领带、袜子或衬衣。这种人虽然也属于体制顺应型，但他们在某些方面十分能够坚持自己的主张，也颇具有个性。

从服装的"同调行为"和"部位打扮"看

服装的流行现象与人类的心理活动之间的关系非常密切。法国的启蒙思想家波特尔曾讥笑流行服装是"三心二意的讨厌女神"。然而，倘有人很容易地便被这位"女神"引诱，只能说明他做事太欠考虑。一般而言，女性比较注意社会上现时流行哪些服装，而且也比较容易随着这种流行趋势的变化而变化。这是女性的一种特有爱好，心理学上称之为"同调行为"。然而，目前在男性当中，也不乏跟随服装流行潮流而走的人。这却是一种很引人注目的现象。大体上说，这些人的性格，都属于体制顺应性。同时，也是对自己缺乏信心的一种表现。

至于"部位打扮"，指的是人们特别重视对自己身体某个部位的打扮。这种人所以如此，有的是为了掩饰自己体貌上的某种不足或缺点。比如有的女性对自己的容貌缺乏信心，怀疑自己对男性缺少吸引力，便故意穿上超级迷你裙。而有的男性秃顶很明显，便故意穿上豪华的鞋袜，想以此弥补头顶的缺陷。凡属这种类型的人，对自己的弱点，总是耿耿于怀，成为精神负担，时时反映出一种冲突与矛盾难以解决的心理症结。

通过对方服装的突然变化，去分析他的心理

一位职员，平时都穿固定式样的西装。但有一天，他却突然改穿潇洒的夹克、鲜艳的长裤，还改换了颜色完全不同的领带，同事们不禁好奇地问："今天他有什么事吗？"从表象或精神方面说，这种人的内心，必然受到了某种刺激，使他在想法上发生了若干变化，而怀有某种新的企望。

有的人会因为情况不同而改变爱好，甚至穿起完全没有经过选择的服装，明显系情绪不安所致。或者说，他们有意脱离单调的工作，

希望过富有变化的生活。

相反，也有人对服装的流行状况毫不关心，个性十分强硬。他们认为，倘与别人采取同调行为，岂非等于失去了自我。这种人在工作当中，即使碰到很小的事情，也会开口闭口以自我为中心，结果常常招致无味的龃龉。

此外，还有一种人，懂得适度地逐次适应服装的流行潮流，选择适合自己的服装穿用。这种人能够很适度地尊重自己的主张，不会完全盲从他人。

从服饰喜好洞察性格

"衣服是文化的表征，衣服是思想的形象。"这是郭沫若说过的话，意思是说人可以通过穿着打扮来向外界展示自己。

随着社会的进步与发展，现在从衣着打扮上判断一个人的难度在无形之中增大了，因为现在的人们提倡张扬个性，不再拘泥于这样那样的形式，所以不能按照传统的一套进行观察和判断。

但也正是由于张扬个性，不拘泥于形式，人可以更加充分地层示自己的心理状况、审美观点等，从而把握其性格特征。

从穿衣风格上看

一般来说，喜欢穿简单朴素衣服的人，性格比较沉着、稳重，为人较真诚和热情。这种人在工作、学习和生活当中，对任何一件事情都比较踏实、肯干，勤奋好学，而且还能够做到客观和理智。但是如果过分地朴素就不太好了，这种情况表明人缺乏主体意识，软弱而易屈服于别人。

喜欢穿过于华丽的衣服的人，有很强的虚荣心和自我显示欲、金钱欲。

喜欢穿单一色调服装的人，多是比较正直、刚强的，理性思维要优于感性思维。

喜欢穿淡色便服的人，多比较活泼、健谈，且喜欢结交朋友。

喜欢穿深色衣服的人，性格比较稳重，显得城府很深，不太爱多说话，凡事深谋远虑，常会有一些意外之举，让人捉摸不定。

喜欢穿式样繁杂、五颜六色、花里胡哨衣服的人，多是虚荣心比较强，爱表现自己而又乐于炫耀的人，他们任性甚至还有些飞扬跋扈。

喜欢穿流行时装的人，最大的特点就是没有自己的主见，不知道自己有什么样的审美观，他们多情绪不稳定，且无法安分守己。

喜欢根据自己的嗜好选择服装而不跟着流行走的人，多是独立性比较强，有果断的决策力的人。

喜爱穿同一款式服装的人，性格大多比较直率和爽朗，他们有很强的自信，爱憎、是非、对错往往都分得很明确。他们的优点是做事不犹豫不决，而是显得非常干脆和利落。言必信，行必果。但他们也有缺点，那就是清高自傲，自我意识比较浓，常常自以为是。

喜欢穿短袖衬衫的人，他们的性格是放荡不羁的，但为人却十分随和、亲切，他们很热衷于享受，凡事率性而为，不墨守成规，喜欢有所创新的突破。

自主意识比较强，常常是以个人的好恶来评定一切。他们虽然看起来有点吊儿郎当，但实际上他们的心思还是比较缜密的，而且什么时候都知道自己是做什么的，所以他们能够三思而后行，小心谨慎，不至于因为任性妄为，而做出错事来。

喜欢穿长袖衣服的人，大多比较传统和保守，为人处世爱循规蹈矩，而不敢有所创新和突破。他们的冒险意识在某一方面来讲是比较缺乏的，但他们又喜爱争名逐利，自己的人生理想定得也很高。

这样的人最大的优点就是适应能力比较强，这得益于他们循规蹈矩的为人处世原则。把他们任意放在哪一个地方，他们很快就会融入其中，所以通常会营造出比较好的人际关系。他们很重视自己在他人心目中的形象，希望得到注意、尊重和赞赏，从而在衣着打扮、言谈举止等各个方面都总是严格地要求自己。

喜爱宽松自然的打扮，不讲究剪裁合身、款式入时的衣着的人，多是内向型的。他们常常以自我为中心，而融入不到其他人的生活圈子里。他们有时候很孤独，也想和别人交往，但在与人交往中，又总会出现许多的不如意，所以到最后还是以失败而告终。

他们多是没有朋友，可一旦有，就会是非常要好的。他们的性格中害羞、胆怯的成分比较多，不容易接近别人，也不易被人接近。他们对团体的活动一般来说是没有兴趣的。

穿着打扮以素雅、实用为原则的人，他们多是比较朴实、大方、心地善良、思想单纯而又具有一定的宽容和忍耐力的人。他们为人十分亲切、随和，做事脚踏实地，从来不会花言巧语地去欺骗和耍弄他人。他们的思想单纯，凡事都往好的方面想，对事物并不缺乏自己独特的见解。他们具有很好的洞察力，总是能把握住事情的实质，而做出最妥善的决定和方案。

喜欢色彩鲜明、缤纷亮丽的服装的人，他们多是比较活泼、开朗的，单纯而善良，性格坦率又豁达，对生活的态度也比较积极、乐观和向上。

他们大多是比较聪明和智慧的，这些体现在外的就是有较强的幽默感。同时，他们的自我表现欲望比较强，常常会制造些意外，给人带来耳目为之一新的感觉，以吸引他人的目光。

从服装颜色的选择喜好上看

同时，每个人在选择服装的色彩上，都与他的个性有关系，因为每个人服装的色彩都是和他当时的心理活动状态有着一定的联系。所以，从一个人对颜色的喜爱上，我们可以观察出他的性格和心理。

红色是一种刺激性较强烈的色彩，它意味着燃烧的愿望。喜欢红色的人多精力充沛，感情丰富，为人热情而奔放。

黄色是一种健康的色彩，意味着健康、单纯、明丽，喜欢黄色的人大多属于乐天派，热爱生活，做事潇洒自如，精力充沛，身心健康。

绿色是一种令人感到稳重、安适的颜色，喜欢绿色的人的性情多较平静，充满了希望和乐观。而且这一类型的人，多具有积极向上的心理和青春的活力。

蓝色本身是一种容易令人产生遐想的色彩，喜欢这种颜色的人多比较严肃和深沉，平时态度比较安定，遇事能保持镇定自若。

紫色是寒色系的代表，它象征权力，是一种表现贵族意味的颜色。喜爱紫色的人多有多愁善感、焦虑不安的性格倾向。

白色是一种洁净，但足以令人产生膨胀感的颜色，它象征纯真、朴素、神圣。喜爱白颜色的人多比较单纯，但有一定的进取心。

黑色是代表死亡的色彩，比较压抑、消极，但它也显得高贵，能隐藏任何缺点。喜爱黑色的人多含有小心谨慎心理，经常会将热情压在心底。

褐色是一种安逸祥和的颜色，喜欢褐色的人多比较安静，没有太大的野心，比较满足于平平安安的没有纷争的生活。

翠绿色给人的感觉比较清爽明快，喜欢翠绿色的人也与常人有很多与众不同之处，他们属于比较高雅和清高的类型。

从T恤样式观察心理

现在，T恤已经成为一种最普及最受欢迎的夏装。在过去，T恤只是用来保暖和吸汗的内衣，可是现在，它已演变成了一面公众告示牌，可以任由自己在上面随便记录或宣泄各种情绪和想法。所以，选择什么样的T恤可以更直观地看出一个人具有什么样的性格。

有的人喜欢穿非常纯朴的白色T恤，这样的人多有自己比较独立的个性，他们不会轻易地向世俗潮流低头。他们往往具有一定程度的叛逆性，但表现的形式往往不是特别的明显和恰当。

有的人喜欢穿没有花样的彩色T恤，这样的人自我表现欲望并不是特别的强烈，他们甚至是可以甘于平凡和普通，做一个默默无闻的人。他们多比较内向，不太爱张扬，而且富有同情心，在自己能力许可的条件下，会去关心和帮助他人。

有的人喜欢在T恤上印上自己的名字，这样的人思想多是比较开放和前卫，能够很轻松地接受一些新鲜的事物，他们对一些陈旧迂腐的老观念多是持一种相当排斥的态度。

他们的性格比较外向，喜爱结交朋友，为人比较真诚和热情，所以通常会有比较不错的人际关系。他们自信心强，善于随机应变。

有的人喜欢穿印有明星图像的T恤，这样的人多是追星族，他们对那些人有无限的崇拜,并且希望自己有朝一日能像他们一样。

有的人喜欢在自己的T恤上印上一段搞笑的话,这样的人多具有一定的幽默感,而且很聪明和智慧。另外,他们也是具有很强的表现欲望,希望自己能够吸引别人的注意。

有的人喜欢穿印有名牌大学或知名大企业标志的T恤,这样的人多比较希望他人知道自己的身份,并且对自己所在的单位和企业具有一定的感情。他们希望能够以此为载体,吸引一些志同道合的人。

有的人喜欢穿印有著名风景图案的T恤,这样的人对旅游总是情有独钟的。他们的性格多是外向型的,对新鲜事物的接受能力很强,而且具有一定的冒险精神。这样的人自我表现欲很强,希望把自己所知道的一切都传达给他人。

提包发出的信号

提包是人们在工作、学习和生活当中非常重要的一件物品,很多时候它几乎与人形影不离。人走到哪里,它们也随之被带到哪里。它们在一定程度上可以向外界传达一定的信息,让外界通过提包来认识提包的主人。

大众化的提包

提包的样式是多种多样的,人们可以根据自己的喜好进行选择。一般来说,选择的提包比较大众化的人,他们的性格也比较大众化,或者是说没有什么特别鲜明的、属于自己的个性。他们在很多时候都是随大流,大家都这样选择,所以我也这样选择,没有自己的主见,目光和思想比较平庸和狭窄。人生中多少有收获，而无大的成就和发展。

有个性的提包

选择的提包特别有特点，甚至是达到那种让人看一眼就难以忘却的程度的人，其性格可能要分两种不同的情况来分析：一种是他们的个性的确特别强，特别突出，对任何事物都能从自己独特的思维、视觉等各方面出发，从而做出选择。这一类型的人有很多具有艺术细胞，他们喜欢我行我素，不被人限制，而且他们标新立异，敢冒风险，具有一定的胆识和魄力。如果不出现什么意外，自己又肯努力，将会在某一领域做出一定的成绩。另外还有一种人，他们并不是真正地有什么个性，也没有什么审美眼光，不过是为了要显示自己的与众不同，故意做出一些与其他人迥然有异的选择，以吸引更多的目光罢了。这一类型的人自我表现欲望及虚荣心都比较强。

休闲式的提包

选择的提包多是休闲式的人，可以看出他们的工作有很大的伸缩性，自由活动的空间比较大。正是由于这样的条件，再加上先天的性格，这类人大多很会懂得享受生活。他们对生活的态度比较随便，不会过分苛刻地要求自己。他们比较积极和乐观，也有一定程度的进取心，能很好地安排工作、学习和生活，做到劳逸结合，在比较轻松惬意的氛围里把属于自己的事情做好，并取得一定的成就。

公文包

选择的提包多是公文包，这也从一个侧面说明了提包主人工作的性质。他们可能是某个企事业单位的老总，如果是普通职员，也是比较正规的单位的。

选择公文包可能是出于工作的一种需要，但在其中多少也能透出一些性格的特征。这样的人大多办事较小心和谨慎，他们不一定非得要不苟言笑，即使是有说有笑，对人也会相当严厉。当然，他们对自己的要求往往更高。

有把手、方形、可作配饰的包

有小把手的方形或长方形的手提包，在有些时候可以当成是一件配饰。这种手提包外形和体积都相对比较小，所以使用起来并不是特别的方便。喜爱这一款式手提包的人，多是没有经历过什么磨难的人。他们比较脆弱和不堪一击，遇到挫折，容易妥协和退让。

中型肩带式包

喜欢中型肩带式手提包的人，在性格上相对比较独立，但在言行举止等各个方面却是相对较传统和保守的。他们有一定相对自由的空间，但不是特别的大，交际圈子比较狭窄，朋友也不是很多。

小巧精致、不实用的包

非常小巧精致，但不实用，装不了什么东西的手提包，一般来说，应该是年纪比较轻，涉世也不深，比较单纯的女孩子的最好选择。但如果已经过了这样的年纪，步入成年，非常成熟了，还热衷于这样的选择，说明这个人对生活的态度是非常积极而又乐观的，对未来充满了美好的期待。

具民族风情、地方特色的包

比较喜欢具有浓郁的民族风味、地方特色的小提包的人，自主意识比较强，是个个人主义者。他们个性突出，往往有着与他人截然不同的衣着打扮、思维方式等等。有些时候显得与他人格格不入，所以说，营造出比较好的人际关系存在着一定的困难。

超大型手提包

喜欢超大型手提包的人，性格多是那种自由自在、无拘无束的，他们很容易与他人建立某种特别的关系，但是关系一旦建立以后，也会很容易就破裂。这也是由他们的性格所决定的，因为他们的生活态度太散漫，缺乏必要的责任感。虽然他们自己感觉无所谓，但却并不是其他所有人都能容忍和接受的。

金属制包

喜欢金属制手提包的人，多是比较敏感的，能够很快跟上流行的脚步，他们对新鲜事物的接受能力是很强的。但是这一类型的人，在很多时候自己并不肯轻易地就付出，而总是希望别人能够付出。

中性色系包

喜欢中性色系手提包的人，其表现欲望并不是很强烈，他们不希望被人注意，目的是减少压力。他们凡事多持得过且过的态度，比较懒散。在对待他人方面，也喜欢保持相对中立的立场。

男性化包

喜欢男性化皮包的人（这里理所当然是针对女性而言），一般来说都是比较坚强、剽悍、能干的，并且趋于外向化的。

口袋多的包

一个手提包，但有很多的袋子，可以把各种东西放到该放的适合位置。选择这样的手提包的人，说明他们的生活是十分有规律性的，而且能在大多数的时候保持头脑的清醒，不会轻易做出糊涂的事情。

当成购物袋的包

把手提包当成购物袋的人，多是希望寻找捷径，在最短的时间内以最少的精力把事情办成的人。

他们很讲究做事的效率，但做起事来又比较杂乱无章，没有一定的规则，很多时候并不能如愿以偿。他们的性格多比较亲切和随和，有很好的耐性，满足于自给自足。在他们的性格中，感性的成分要比理性成分多一些，做事有些喜欢意气用事。独立能力比较强，不太习惯于依赖别人。

里面摆放杂乱无章的包

提包里的东西摆放得乱七八糟，没有一点规则，要找一件东西，需要把提包内的所有东西全部倒出来，这样的人可以看出他们的生活是杂乱无章的，奉行的是"无所谓"的随便态度。

这一类型的人做事多比较含糊，目的性不明确，但对人通常都较热情和亲切。缺点是这类人一般不会体贴人，不够谨慎，办事欠可靠，工作不够细致。

由于他们的生活态度有些过分随便和无所谓，所以常常会导致使自己陷入比较难堪的境地。和这一类型的人相识、相交都比较容易，但是分开也不难。在工作中，具有高度责任感的人很难同这类人合作。

摆放层次分明、井然有序的包

提包内的各种东西摆放得层次分明，想要什么伸手就可以拿到，这说明提包的主人是一个很有原则性的人，他们多有很强的进取心，办事认真可靠，待人也较有礼貌。一般来说，这种人办事认真可靠，生活有条理，善于待人接物，有组织才能。此外，这类人大都很自信，并且善于安排生活，对工作有高度的责任感，组织能力突出。但缺点是他们大多比较严肃、呆板，会过多地拘泥于生活中的某些细节。

里面应有尽有的包

有些人的手提包里应有尽有：比如眼镜、镜子、梳子、首饰盒、指甲刀、电话号码通讯录、手纸和针线，等等。如果携有这种提包的主人是女性，那么，她往往是凡事严格认真，善于处理实际问题，办事仔细。此外，这种人往往很能持家，心地善良，对人体贴入微，并且富有远见。如果上述物品在男人的手提包内发现，则证明他过分拘泥细节。

习惯不带包

不习惯于带手提包的人，其性格要分几种情况来说，有可能是因为他们比较懒惰，觉得带个包是一种负担，太麻烦了。还有一种可能是他们的自主意识比较强，希望独立，而手提包会在无形当中造成一些障碍。两种情况都是把手提包当成是一种负担，可以显示出这种人的责任心并不是特别的强，他们不希望对任何人任何事负责任。

由手表看人的性格

一个人对时间持什么样的看法，这很大程度上是由他的性格决定的，而时间对人具有什么样的影响，很多时候又通过所戴的手表传达出来。这两者之间有着非同一般的关系。

有一种新型的电子表，只要按一下显示时间的键，就会出现红色的数字，如果不按，则表面上一片漆黑，什么也看不见。喜欢戴这一类型手表的人多是有些与众不同之处的。他们独立意识强烈，从来不希望受到他人的约束和控制，而是自由自在、无拘无束地去做自己想做并且也愿意去做的事情。

他们善于掩饰自己的真实情感，所以一般人不能轻易走近去了解他们。在他人看来,他们是非常神秘的,而他们自己也非常喜欢这种神秘感,乐于让他人对自己进行各种猜测。

喜欢液晶显示型手表的人,在生活中多比较节俭,知道精打细算。而且他们的思维比较单纯,对简捷方便的各种事物比较热衷,而对于太抽象的概念则难以理解。他们在为人处世各方面大多都持比较认真的态度,不是显得特别随便。

喜欢戴闹钟型手表的人,他们大多对自己要求比较严格,总是把神经绷得紧紧的,一刻也不肯放松。这一类型的人虽算不上传统和保守,但他们习惯于按一定的规律和规定办事,他们在争取成功的过程中任何一件事都是以相当直接而又有计划的方式完成的。

他们有责任心,有时候会刻意地培养和锻炼自己在这一方面的能力。除此以外,他们还有一定的组织和领导才能。

戴具有几个时区手表的人,他们多是有些不现实的。他们有一定的聪明和智慧,但一切都止于想象而已,不会去付诸实践。做事常常三心二意,这山望着那山高。在一些责任面前,常以逃避的方式面对。

戴古典金表的人,他们多是具有发展眼光和长远打算的人,他们绝对不会为了眼前一些即将得到的利益而放弃一些更有发展前途的事业。他们心思缜密,头脑灵活,往往有很好的预见力。

他们的思想境界比较高,而且很成熟,凡事看得清楚透彻。而且有宽容力和忍耐力,又很重义气,能够与家人朋友同甘共苦,生死与共。他们有坚强的意志力,从来不会轻易向外界的一些困难和压力低头。

喜欢怀表的人,多对时间有很好的控制能力。虽然他们每天的生活都是忙忙碌碌的,但是却并不是时间的奴隶,而是懂得如何在有限的时间里放松自己寻找快乐。

他们善于控制和把握自己，适应能力比较强，能够很好地调整自己的心态。他们多有比较强的怀旧心理，乐于收集一些以往的东西。他们言谈举止高雅，可以显示出一定的文化修养。他们有比较浓厚的浪漫思想，常会制造一些出人意料的惊喜。他们为人处世有耐心，很看重人与人之间的友情。

喜欢戴上发条的表，这一类型的人独立意识多比较强。他们自给自足，很多事情都坚持一定要自己动手。他们乐于做那些可以立竿见影就见到成果的工作，如干某一次体力活。

他们最看重的是自己所获得的那种成就感，但在这个过程，他们又不希望一切都是轻而易举就获得的，这样反而没有了意义和价值。他们并不希望得到他人过多的关心和宠爱。

喜欢戴那种没有数字的表，这一类型的人抽象化的理念较为强烈，他们擅长于观念的表达，而不希望什么事情都说得一清二楚。他们很在意对一个人智力的锻炼和考验，他们认为把一切都说得太明白就没有任何意义了。

他们很喜欢玩益智游戏，而且他们本身就是相当聪明和智慧的。他们对一切实际的事物似乎并不是特别在意。

喜欢戴由设计师特别为自己设计的手表的人，他们多非常在乎自己在他人心目中的形象和地位，并且可以为了迎合他人而改变自己。他们时常会大肆渲染夸张一些事情，以证明和表现自己，吸引他人的注意。

不戴手表的人，大多有比较独立自主的个性，他们不会轻易地被他人支配，而只喜欢做自己想做并且也愿意去做的事情。他们的随机应变能力比较强，能够及时地想出应对的策略，而且非常乐于与人结识和交往。

由戒指识人的心理

戒指是手上最常见的一种饰物,透过它,我们可以看出它的主人的一些性格特征。

一个人戴的如果是结婚戒指,那么,这枚戒指越大越华丽,则表明这个人的自我膨胀感和表现欲望越强烈。如果戒指是紧紧地套在手指上,则表明他对人很忠诚,反之亦然。

戴刻有家族标志的戒指的人,说明他对家庭是相当重视的,而且也有表现、证明是这一家族成员的心理。

戴代表自己生辰标志的戒指的人,他们多很想让他人了解和注意自己,同时也非常想去了解他人,并且会给予他人一定的关注。

喜欢戴钻石戒指的人,他们愿以此引起他人的注意。他们常会为自己所取得的成就沾沾自喜,而且还有一点骄傲自满,常陶醉在过去的美好意境当中。

喜欢戴镶嵌有宝石戒指的人,他们多非常在意自己外在的形象,却忽略了内在的修养,所以虽然外表看起来他们很有实力,但实质则是腹中空空。他们多有较丰富的想象力,而行动的指导则常是这些想象的一时的心血来潮。

乐于戴一枚小戒指的人,多有比较丰富的想象力和突出的创造力,只是这些东西时常不适合生活,他们常怀着非常迫切的心情想向他人说明自己的想法。他们的生活态度相对比较积极,在很多时候知道该如何适当地表现自己。

钟情于手工戒指的人。手工戒指多是非常独特和复杂的，对这种戒指情有独钟的人，他们的性格大多也是如此。他们也有较强烈的表现欲望，为了让他人认识和关注自己，他们可能会花费很大一番心思。他们喜欢标新立异，树立自己独特的风格，并且有十足的信心认为一定会成功。

从来不戴戒指的人，他们并不喜欢杂乱和烦扰的感觉。他们在生活中凡事总是力求自然舒适，这样他们才会感到自由，可以无拘无束地表达自己的各种思想和情绪。

以戴帽样式辨识人心

帽子不仅具有御寒的功能，它还能起到美观和树立人的某种形象的作用。遍布世界各地都在生产形式各异的帽子，出入任何一家娱乐场所或大型酒楼餐馆，都会看到衣帽间的牌子。这说明帽子对于一个人来说，有着很重要的用途，它可以帮人建立某种形象，使人的个性在众人面前得以展现。

爱戴礼帽的人

戴礼帽的人都自认为稳重而有绅士风度。他的愿望是让人觉得他有沉稳和成熟的风格，在别人面前，他经常表现得热爱传统：喜欢听古典音乐和欣赏芭蕾舞等，与流行歌曲无缘，有时他甚至站出来反对这些他自认为是糟粕的东西，要求政府出面制止这些"大逆不道"的行径。

他欣赏一个男人穿西服打领带，一个女人穿套装旗袍，正眼也不瞧一眼袒胸露背、穿超短裙的女人。

他所穿的皮鞋任何时候都擦得锃亮，而且穿的袜子也一定给人以厚实的感觉，即使是炎热的夏季，他也会拒绝穿丝袜，同时他也讨厌凉鞋和穿着拖鞋走路。

由于他看不惯很多东西，所以他的心地很清高，有些自命不凡，认为自己是干大事的人，进入任何一个行业都应该是主管级的人物。

可惜他过分保守并且缺乏冒险精神，成就并不大，所干的事业也不像想象的那么顺心。

在友情上，他的朋友会觉得他保守、呆板、不容易掏真心话，即使他在见面时斯文有礼，也不能加深他们之间的友谊，他和任何一个朋友之间的友谊都不能保持应有的深度。他有时也会想到这些，并试图努力去改变，但他天生的性格使他难以表达自己的心思，有时反而适得其反。

爱戴旅游帽的人

这种帽子既不能御寒也不能抵挡太阳的照射，纯粹是作为装饰之用。用这种帽子来装扮自己，以投射某种气质或形象；或者戴上它另有企图，用来掩饰一些他认为不理想或者有缺陷的东西。

从这些他所表现出来的特点看，他不是一个心地诚实的人，不肯以真面目示人，是个善于投机钻营的人，因此真正了解他的人少之又少，而一般所看到的只是他的表面。

由于他过度聪明，过度自以为是，在别人面前既唱红脸又唱白脸，以为自己做得天衣无缝，其实别人早已看出他是个不可深交的人。因此他真正的朋友不多，多半是与他面和心不和的人。有时他也能看出自己的缺点，但由于他的本性所决定，他无法改变这些事实。在事业上，这种男人也用他那套投机之术去钻营各种空子，有时也会收到不错的效果。当他黔驴技穷时，也就会被他的上司和同事看穿。

爱戴鸭舌帽的人

一般有点年纪的人才戴鸭舌帽，它显示出稳重、办事稳妥的形象。如果男人戴这类帽子，那么他会认为自己是个客观的人，从不虚华。面对问题时，总能从大局着想，不会因为一些旁枝末节而影响整个大局。

有时候他自以为是老练的人，在与别人打交道时，就算对方胸无城府，他还是喜欢与别人兜着圈子玩，即使把对方搞得晕头转向，也不直接说出他的心思。

他之所以这么做，是因为他是个会自我保护的人，不愿轻易让别人了解他的内心。他不是个攻击型的人，但是个很会保护自我的防守型的人，所以他很少伤害别人，但也不容许别人伤害他。

他是个很会聚财的人，相信艰苦创业才是人生的本色，多劳多得是他的信条，他从不相信不劳而获或少劳而获，他认为他所拥有的财富来之不易，所以他从不乱花一分钱。

爱戴彩色帽的人

他清楚在不同的场合，不同颜色的服装应该佩戴不同色彩的帽子。说明他是个天生会搭配且衣着入时的人。他喜欢色彩鲜艳的东西，对时下流行的东西非常敏感，每当社会上出现新鲜玩意，他总是最先尝试的那批人。

他希望人家说他的生活过得多姿多彩，懂得享受人生，并且总是以弄潮儿的身份走在时代前列。

同时，他也是个害怕寂寞的人，因为他精力旺盛朝气蓬勃，那颗不甘寂寞的心，总是使他躁动不安。他经常邀请伙伴们一起玩耍，到歌舞升平之地尽情玩耍。其实天知地知他知我知，当最后一支舞跳完后，曲终人散的那种滋味会马上浸满他的心头。

对于工作，他的热情和消极是成反比例的，有时会为他带来一定的好运。当他热情起来时，就像有使不完的劲。一旦无聊时，空虚感马上袭上他的心头。为什么他不能使他精神生活变得更充盈一点呢？要知道总有一天，内在的空虚感会把他淹没掉的。

爱戴圆顶毡帽的人

这纯粹是一副老百姓的派头，对任何事情都感兴趣，但从不表达自己的看法，即使有看法也是附和别人的论点，好像这类人没有主心骨似的。他确实就是这类人，但他并不是没有主张的人，他只不过是个老好人罢了，不愿随便得罪一个人，哪怕他是个最不起眼的人。

从本质上讲这种男人是个忠实肯干的人，他相信只有付出才有收获的道理。在他平和的外表下，有自己执着的观点，他相当痛恨不劳而获的人，相信君子爱财取之有道，对不义之财他从来不让它玷污他的手指。

对于做每一件事情他都会全力以赴，投入巨大的精力和热情。对于报酬，他只拿属于自己的那一份。他是以自己的美德赢得尊重的。

在选择朋友方面，他表面随和，其实颇为挑剔，他认同"道不同不相为谋"的方针，因此除非对方和他有类似的看法和观点，否则他是不会考虑和他深交的。

从领带打法看男人个性

西装是男人服饰中的佼佼者，而领带则是西装最重要的装饰物，它的作用类似于女士的丝巾。男人的行事原则和人品秉性则可以完完全全地展现在领带的打法与颜色的搭配上。若仔细观察周围的男人，便不难发现他们"本色"的蛛丝马迹。

领带结又小又紧的人

如果有这种喜好的男人身材瘦小枯干，则说明他们是有意凭借小而紧的领带结，让自己在他人匆忙的一瞥时显得"高大"一些。如果他们并无体形之忧，则说明是在暗示他人最好别惹他们，他们不会容忍别人对自己有一点的轻视和怠慢。

这是气量狭小的表现，由于生活和工作中谨言慎行，疑心甚重，他们养成了孤僻的性格。

他们凡事大多先想自己，热衷于物质享受，对金钱很吝啬，一毛不拔，结果几乎没有什么人愿意和他们交朋友，他们也乐于一个人守着自己的阵地，孤军奋战。

领带结不大不小的人

先不考虑领带的色彩和样式，也不管长相和体形如何，男人配上这种领带结，大都会容光焕发，精神抖擞。他们获得了心理上的鼓舞后，会在交往过程中注重自己的言谈举止。所以不管本性如何，都显得彬彬有礼，不轻举妄动了。

由于认识到领带的作用，他们在打领带结的时候常常一丝不苟，把领带打得恰到好处，给人以美感。他们安分守己，把大部分的精力放到工作当中，勤奋上进。

领带结既大又松的人

领带的作用是使男人更加温文尔雅，但打这种领带结的男人所展现的风度翩翩绝不是矫揉造作出来的，而是货真价实，是他们丰富的感情所展露出的风采；他们不喜欢拘束，积极拓展自己的生活空间，主动与他人交往，练就高超的交往艺术，在社交场合深得女人的欢心和青睐。

领带绿色、衬衫黄色的人

绿色象征生命和活力，是点缀大自然的最美妙的色彩；金色代表收获和金钱，是财富与权势的徽章。这样搭配领带和衬衫的男人富有青春活力与朝气，想什么就做什么，不喜欢拖泥带水，对事业充满信心，不过有时鲁莽冲动，自控能力较差。

领带深蓝色、衬衫白色的人

"蓝领"代表职工阶层，"白领"代表管理阶层，他们将两者融合到一起，上下兼顾，少年老成，同时不乏风度翩翩。由于视野宽阔，白领对他们的诱惑远远超过蓝领，所以他们对工资特别专注，事业心极重，结果在奋斗过程中常常出现急功近利的表现。

领带多色、衬衫浅蓝色的人

五彩缤纷是人们对美好事物的形容，充满了迷离和诱惑，普通人和勤奋的人往往对此敬而远之，所以选择这种领带和衬衫的人拥有一股市井脾气，热衷于名利；路边的野花繁多美丽，常常使他们心猿意马，见异思迁的他们对爱情往往不能专心致志，追逐的目标总是换了一个又一个。

领带黑色、衬衫白色的人

黑白分明是对阅历丰富之人的形容，所以喜欢这种打扮的人多为稳健老成之士。由于看得多，感悟也多，他们懂得什么是人生的追求；善于明辨是非，相信"善有善报、恶有恶报"，正义在他们身上得到了最大的展现。

领带黑色、衬衫灰色的人

不用看他们的表情如何，仅这身打扮就让人有种不舒服的感觉。他们在穿着之时必先照镜子，能够接受镜中的压抑则说明他们有很深的忧郁，而这份忧郁是气量狭小所致。他们选择这身打扮，正是为了掩饰这个缺点。在工作当中，老板考虑到其他员工的情绪，常常请他们卷铺盖回家，所以他们经常变换工作。

领带红色、衬衫白色的人

红色象征火焰，代表奔放的热情，更是一种积极和主动的表现，所以男人选择红色领带，无异于想追逐太阳的光辉，以使自己成为关注的焦点。他们本应该属于充满野心的类型，但白色代表纯洁，是和平与祥和的象征，白色衬衫让别人对他们刮目相看，见到他们如火一样的热情和纯洁的心灵。

领带黄色、衬衫绿色的人

用辛勤的耕耘换取丰硕的收获，按照理想设计生活和人生，并勇于实施，他们流露出的是诗人或艺术家的气质。他们相信付出就会有回报，所以不会杞人忧天地担心秋后因为意外的暴风雨而颗粒无收；他们与世无争，保持着柔顺的性情，对人非常和蔼可亲。

不会系领带的人

连系领带这种小事都要人代劳的人，大都心胸豁达而不拘小节。

他们或是有某种常人没有的绝技在身，或是先天具有领袖才能，使他们不屑将精力消耗在系领带这样的细节问题上。他们性情随和，有同情心，朋友甚多，口碑亦好，且夫妻情笃、家庭和睦。

从随身携带的笔考察人心

带自来水笔
他是一个恪守传统的人，对任何事情的看法都有自己的标准。比较懂得用心计去转移别人对他的注意，从某种程度上讲，是个内心藏而不露的人。

带廉价圆珠笔
他是个不注重形式或外表，而只关心实质的人。对他而言，生活得随意是很重要的，希望自己的行为不被无谓的细节所羁绊。他总能与时代的节拍相吻合，从不被过去的阴影束缚，当然也不担心未来的事情。不十分重视得与失，更看重的是能轻轻松松地活着。

带名贵笔
这是个虚荣心极重的人。他佩带名贵笔，不外乎是告诉别人，他有钱或有一定的社会地位。而虚荣心重的人，往往有严重的自卑感。

带黑色圆珠笔
他性格平稳而细心，喜欢将生活复杂化，而且总觉得自己在为人上是个黑白分明的人，如果他是一个公司的主管的话，会将简单的工作程序加进一些不必要的细节。若是一个职员的话，因为细心，在工作中会留意别人容易忽略的细节。

带支铅笔

在人际关系方面,他抱着对人不信任的态度,不仅不易交朋友,而且也容易失去朋友,注定会活在孤独寂寞中。

随身携带一支笔

说明他是个未雨绸缪的人,为一切可能发生的事情作好准备,在处事与为人方面,是个热心、周到的人。跟他交朋友会得到悉心的照顾,也是个很守信用的人,答应了别人的事就肯定会帮忙。

携带多支笔

他是个明显缺乏安全感,或是对自己不信任的人。常常存在一种偏差的心理,那就是现在身上所带的东西,很可能会在不知不觉或无缘无故的情况下丢掉,所以得预备好补救措施。

从不带笔

他相当懂得利用自己的周围环境,并经常高估自己的能力。当然也有相当的承受能力,如果碰到失败时,认为那只是偶然事件。一般来说,朋友们都认为他很有才气,喜欢与他亲近。但他有时表现出的高傲心态也会引起别人的反感。

第四章
日常习惯识人

在日常生活当中，我们每个人都有自己的行为习惯。而这些行为习惯的背后与我们的个性有很大的关系。有时候，即便只是观察一个人如何吃饭或打电话，也可以了解这个人身上的某些特点。如果我们综合研究某个人各种习惯，就能从种种蛛丝马迹中洞悉他们的性格特点和心理活动。

从吸烟看对方微妙心理

心理学家认为,抽烟的习惯和动作,是一个人处理各种生活压力,和表达喜怒哀乐及各式感情的重要表现。因此,仔细观察一个人的抽烟习惯和动作,便可窥见其人的性格和心理。比如使用烟斗吸烟的人就往往比吸卷烟者更为深沉、稳重、老练,这样的人做出某项决定时,往往是经过慎重考虑的。

从烟的类型看

喜欢抽雪茄的人,性情强悍、豪放、敢做敢当。

爱用名贵烟盒但里面却放廉价香烟的人,多半是虚荣心重又不切实际者。抽烟必选高级品牌的人,说明此人好胜心强;或者想说明自己是有钱人;又或者属于那种实际上没钱,骨子里却非常渴望成为有钱人的人。

抽烟不择种类的人,此人尚无烟瘾,抽烟只是为了调剂生活而已。这种人比较容易适应各种环境,随遇而安,但自主性和原则性较弱。

有的人喜欢吸焦油含量比较低的香烟,这样的人大多都是懂得吸烟的害处,想把烟戒掉,但又控制不住自己被之吸引,所以选择低焦油含量。这样既减少了吸烟对身体健康的危害程度,同时也使自己获得了满足,岂不是两全其美?

从对香烟的态度上可以看出这一类型人的基本性格特征:他们缺

乏必要的果断力，凡事不能雷厉风行地做出决定，总是顾虑重重，不肯也不轻易地放弃什么，多打算采用折中的办法使事情得以解决。这种人的意志和信念并不坚定，在遇到挫折和磨难的时候，总喜欢为自己找借口开脱。

有的人喜欢吸无过滤嘴的香烟，这样的朋友大多诚实可信，为人处世比较脚踏实地，人格魅力很突出。他们是很现实的人，不会把时间和精力花费在一些没有意义的事情上面。他们会以一种非常积极和乐观的精神为自己寻找、创造快乐，然后享受。但对于某件事不尽如人意的结果，他们也会感到深深的懊恼。

喜欢吸自己卷的烟，现代都市生活紧张繁忙，自己卷烟抽的人似乎已经不存在了。除了在一些比较偏僻和落后的小山村里还有人卷烟，自己卷烟俨然成了一个很久远的历史。对于那些在小山村里卷烟抽的人，他们很可能是出于一种经济落后的原因所致。而还有一些人，他们的经济非常宽裕，但还热衷于自己卷烟抽，这样的人多有耐性，但很固执，并不会轻易地接受他人的建议和忠告，很有点死不认错、不肯低头的牛脾气。

还有的人搜集香烟却不吸香烟，这样的人可能已经戒烟了，搜集只是为了获取一种心理上的安慰。这样的人性格充满了矛盾与冲突，他们总是在理智与欲望的夹缝中痛苦地挣扎。

和出于某种目的而抽烟的人有几分相似之处，喜欢用烟嘴抽烟的人在性格中也有非常强烈的表现欲望和虚荣心，但这样的人缺乏一定的安全感，所以要与他人保持一定的距离才会觉得比较自在。这样的人也不太自信，总想借助外物来让自己看起来成熟老练一些。

没有在国外生活的历史，却对外国烟情有独钟，而且养成了抽外国烟的习惯,对这一类型的人最好的解释就是这个人表现欲望和虚荣心比较强,爱出风头以吸引别人的目光。他们追求完美,对自己要求特别严格。

有的人喜欢在公众场合吸烟,这样的人是想通过这种方式来展现权力和控制欲。如果一个人需要用这种方式获得自我满足的话,表明他是一个私心相对比较重的人,为自己考虑得多,而基本上不为他人着想。他们习惯于以一种藐视的态度来确定自己的地位。这样会让他人感觉到很不舒服,所以这样的人并不容易营造出良好的人际关系。

吸烟的姿态

吸烟时,有人姿态优雅,有人急慌慌的,有人并不急于满足烟瘾,只为了加入吸烟一族的行列。吸烟的动机各人不同,姿态也因人而异,因此可以从中窥见瘾君子的"烟品"及性格。

把大拇指放在嘴边吸烟的人,意志较为坚强,富有独立性,也较为自负,讨厌别人对他发号施令,无论什么问题,若自己不发表一点意见,就会觉得不对劲。这种人最受不了无所事事地坐在角落,最喜欢在人群中忙碌地穿梭。

敞开手指拿烟的人,这是敏感而细心的人,这种人情绪相当不稳定,非常任性,因为爱逞强,所以不太容易亲近别人,实际上却是随和又喜欢人群的人。他们平时吸烟不是这种姿势,只有在心情不佳或精神紧张时才会这么做。

用指尖夹烟的人,性格温和,做事总会为别人留有余地,对于各种问题多半抱着消极的态度。这种人心地善良,不喜欢冒险,做起事来总要选一条安全而可靠的道路走。不过,他们却很会体贴别人,尽管是区区小事,也会全神贯注地去处理。

用指腹夹烟的人，这种类型的人为人踏实，是毫不含糊且可以信任的人。表面看来和善老实，较为保守；但有时会出乎意料地大干一场。这种人对于自己的生活方式很满意，富有自信，能靠自己的力量切实地完成分内的工作。

抽烟时手掌向外的人，是属于那种跟谁都能谈得来的人，只要独处一会儿，就会忍受不了，十分喜欢和各式各样的人接触。

略扬起头以嘴角抽烟的人，对自己的工作具有信心，可能成为某项专业的专家。不过，处事过于勉强又自视过高，通常与同事格格不入，即使发生纠纷或失败，也具有突破难关的冲劲，将来有发展。

抽烟时伸直拇指顶住下巴的人，具有强烈的阳刚气，不服输。对于工作上的竞争更有热情。对困难的工作具有挑战心。前途有望，属于高级管理人员。

喜欢抿着下唇抽烟的人，这种人性格稳定具有适应性，不会引人注目。处事虽非轰轰烈烈却很少失败，能按部就班地努力前进而获得成功。此类人进公司一两年内，很少有发挥自我才能的机会，三四年后才渐渐受到上司的信赖。不过，这种人欠缺工作主动性。

毫不在意烟灰过长的人，开会中或工作中不少人会忘了弹掉烟灰，这时通常是正在思考。如果平常都是这样的抽法，多半是对自己失去信心、身体状况不佳、感到自卑的人。

啃咬烟嘴的人，被称为自虐型的人，当单位发生问题后，很容易把一切责任归罪在自己身上。虽然有一定办事能力却操之过急，阻碍了个人的发展。

烟嘴容易湿润的人，大多是情绪起伏不定、易热易冷的性格。往往会因异性问题发生纠纷，造成工作上最大的阻碍。

嘴上叼着烟工作的人，是对自己的工作带有自信或繁忙的象征，这种动作常见于记者或律师。如果自己的能力没有受到旁人的认可，他们会强烈反抗或意志消沉。工作的失败与成功呈两极化。

抽烟抽到接近吸口的人，好处心积虑、猜疑心强，是极少暴露真心的孤独型。处理金钱虽不至吝啬却会遭受误解。不过，由于从思考到实践有一段颇长的距离因而常错失良机。

急速吸烟的人，比较性急、易怒，对人的好恶明显。尝试各式各样的工作，比只做同一件工作更能获得成功，对两个以上的工作感兴趣。

吸烟时两眼会不停眨动的人，是一个机警、难以亲近的人。

从吐烟方式看

口中喷烟，使烟浮动且以此为乐者，必定是一个好静而不喜欢动的人。吸烟时向上吐烟者，多是积极、自信、骄傲、有主见、地位优越的表现。

向上吐烟的速度越快，说明其优越感和自信心越强；朝下吐烟，则显示此人情绪消极、意志消沉、心有疑虑、信心不足，企图遮掩某件事情。向下吐烟的速度越快，则越显示他的六神无主，或阴沉、沮丧的心情非常强烈。

吸烟时不向前吐烟，而将烟从嘴角吐出者，给人一种诡秘感，显示其积极和消极两种思绪的极端状态。当然，有时也可能是出于礼貌，怕把烟吐到别人脸上而从嘴角吐出。

吸烟时从鼻孔喷烟的人，这种人往往给人一种自负的感觉。向上喷的烟越高，表明其自信、优越感或得意的心情越强烈。但如果吸烟者总是低着头用鼻孔喷烟，则表现出一种焦虑、愁苦的心理状态。

从鼻孔或嘴角两端吐烟的人，这类人对工作的热情起伏不定，而身体状况也不稳定。喜好能一决胜负的事物，但做任何事都无法顺遂自己的想法，常因欲求不满而烦恼。

从熄烟方法看性格

根据法国动作心理研究家贝尔杰先生的研究，香烟的熄灭方式也能反映一个人的心理状态。换句话说，满足自我欲求后的处理方式最能暴露原有的性格。

把仍然冒烟的烟蒂丢在烟灰缸里的人，多半以自我为本位，性格懒散，不能很好地完成他人所托付的事，对金钱也毫无概念。这种人真实表现自我感情却受人排斥，是经常遗忘东西、遗失物品的疏忽型。

按压烟头熄灭的人，这是欲求不满的动作之一。这类人体力充沛，但因无法适当处理欲望而感到焦虑。不过，他们对工作积极上进，讨厌半途而废，通常受到上司的信赖。

轻轻敲打熄灭的人，处事非常慎重，注意对方的言行举止，对人态度也温和。不过，缺点是不能完全表达自己的意见，有时会举棋不定无法下判断，但具有领导能力。

将在烟灰缸里的烟蒂或用水浇熄的人，神经质、操劳型，总是过于在意他人的注意而终日小心翼翼。如果夫妻争吵或有不快的事情，即影响一整天的情绪。

用脚踩熄烟蒂的人，具攻击性、不服输。有性虐待狂的倾向，喜爱讽刺他人，经常感到不满，在意他人的过失。

没抽几口就把烟捻熄的人，表示想尽快结束谈话，或已下定决心要做某一件事情，或者此人此时处于怒火冲天的情绪中。

吸烟时不断敲打烟灰，每抽一口就敲一次的人，显示出内心有冲突，有什么事正令他心烦，让他忧虑不安。

从饮食习惯认识人的性格

从饮食习惯看，人只要生活在这个世界上，就一天也离不开食物，食物对于人的重要是不用多说的。

我们从一个人喜欢吃什么东西可以观察出他的性格特征，同样，从一个人以什么样的方式来吃东西，也可以观察出他的性格特征。

将食物分割成若干小块，然后一点一点慢慢地吃，这样的人，多是比较传统和保守的，他们为人处世都比较小心和谨慎，不会轻易地得罪人，在很多时候都充当好好先生，保持中立。

这一类型的人由于缺少冒险精神，所以在事业上所取得的成就不是很大。他们在很多时候比较机智和圆滑，有自己的主张，不会轻易地接受他人的建议，但又不会表现得太过于明显。

吃东西时很讲究程序化，总是一项一项地全部做到位以后，才坐下来慢慢地吃。这一类型的人思想多是相当缜密的，一件事情，他们总是会花很多的时间去考虑，把前前后后，左左右右凡是可能出现的问题都想清楚，并做出了适当的应对方法以后，才会动手去做。由于挑食所致，他们的身体可能不会很强壮，但头脑和智慧却是足够用的。

他们习惯于凡事先做好准备，而害怕有意外的事情突然发生，如果是这样，他们就会感到措手不及，不知该如何是好。

饭量很小，吃一点就放下碗筷不吃了的人，多是比较传统和保守的。他们的一举一动都非常小心和谨慎，总是不断地努力处好与他人之间的关系。他们为避免风险，凡事喜欢墨守成规，按照旧的方法去完成。这一类型的人做事稳妥有余，但冲劲不足，所以说他们不适合创业，只适合守业。

狼吞虎咽，风卷残雪，三下五除二，扒拉两下子，一顿饭就吃完了。这样的人大多有较旺盛的精力，他们的性情很坦率和豪爽，待人真诚、热情，做事干脆、果断，自我意识比较强，有些时候常常自以为是，而听不见他人的规劝。他们有很强的竞争心理和进取精神，绝不会轻而易举地就向谁妥协和认输，而总是要与对方拼上一拼，搏上一搏。

吃东西的速度极慢，总是细嚼慢咽的人，在为人处世方面多是相当重视过程的，过程和结果这两者之间常常是过程会给他们带来更大的快乐和满足。他们做事周密严谨，一般时候不会打无把握之仗。他们比较挑剔，对人对己要求都比较严格，有时甚至达到苛刻、残酷的程度。

吃东西不知道加以节制，看到喜欢的就一定要吃个够，这一类型的人，性格大多比较豪爽和耿直，他们多有很好的人际关系，具有一定的组织能力，能使自己的周围经常团结着许多人。他们不懂得也不会掩饰自己的情绪，喜怒哀乐往往全部写在脸上，让人一目了然。

从来不喜欢和他人一起进餐，而乐于自己单独一个人静静地吃，这样的人大多性格比较孤僻，有些自命清高和孤芳自赏。他们比较坚强，做事也很稳重，具有一定的责任心，能保持言行的相对一致，做到言必信，行必果。一般来说，他们在很多时候都能让自己的上司和亲人、朋友感到满意。

由打电话观察人的个性

电话在我们的生活当中占有非常重要的地位。电话几乎达到了每个家庭都必备的程度,电话可以使人与外界进行更好的沟通和交流。一个人使用什么样的电话,在一定程度上表现出他在与人沟通时所采取的一种普遍态度,通过电话的类型,可以看出一个人的性格中友善、谨慎的成分有多大,对人是充满爱意还是心怀敌意。

从喜欢的电话类型上看

有的人使用的是标准黑色电话,这样的人的生活多很节俭,从来不会乱花一分钱。他们对人有一定的戒备心理,并不会轻易地就相信谁,即使给予他人关心和帮助,也会在证实对方确实需要自己的关心和帮助之后才会给予。

他们说话做事干脆、果断,说到做到,拿得起也放得下,从不拖泥带水,而且在任何情况面前都能保持冷静。他们大多没有特别体面的装束,他们喜欢朴素的穿着。

有的人喜欢壁式电话,这样的人多具有较充沛的精力,他们可以在同一时间内做几件事情,而且这几件事情都能做得很好。

他们社交能力很强,也有良好的人际关系。他们在与人交往方面要花费很大一部分的时间和精力,但这并不影响他们对家庭所负的责任和义务,他们能够做到两者兼备。

有的人喜欢用公主型的电话,这样的人大多有浪漫情感。他们大多小时候娇生惯养,所以在长大以后会比较任性。

他们多有较强的虚荣心，喜欢被好听的话和漂亮的东西包围着，而且还好做白日梦，生活有些不切合实际。但他们对生活的态度还是比较积极和乐观的，活得比较快乐。他们乐于把自己的快乐传递给别人。他们大多思维单纯，为人处事不圆滑。

有的人喜欢能够记录电话号码并且能够自动拨号的电话。这样的人多有比较强的依赖心理，总是希望有人能够帮助自己解决一些问题。他们面对压力的时候，常常会有退缩的念头产生。他们的生活总是显得特别忙碌，虽然十分珍惜时间，但到最后却往往见不到什么成效。

有的人喜欢扩音器电话，这样的人多希望自己生活的空间是相当自由和开阔的，狭小或是密闭型的地方，总会让他们感到很不自在。他们在很多时候会保持积极和乐观的生活态度，而且脾气很好，从来不会轻易动怒，对他人富有耐性，较能容忍。

按不同的键会由不同的电子音符奏出不同的音乐，喜欢这种类型电话的人多是易冲动，脾气较暴躁，没有多少耐性的人。

有的人喜欢隐藏式电话，这样的人多比较冷淡和漠然，并不希望与他人有过多的接触，他们不想让他人真正地走近和了解自己，所以在通常情况下都会隐藏自己的真情实感，而把一个虚假的自己呈现在他人面前。

有的人喜欢样式非常奇特的电话，这样的人在很多时候，很多方面都会显得与这个社会整体格格不入，他们言谈举止显得非常古怪和唐突，常常让人感觉无法接受。但是他们却较富有同情心，乐于与人交往。在紧急时刻，应变能力也比较强。

有的人喜欢无绳电话，这样的人多自主意识比较强，从来不希望被任何一件事情捆绑住手脚，这样他们就可以自由自在，随心所欲地想干什么就干什么。他们似乎永远都没有安静下来的时候，总是忙忙碌碌的。这种人往往很精明，懂得如何远离是非。

从抓握电话听筒的方式上看

双手提话筒的人，对暗示很敏感，易受外界的影响。这样握听筒的女性，一谈起恋爱来，很容易受爱人的影响，性格也会随之起变化。这样握听筒的男性，大多会有一些女性气质，对于一些细微的事情，往往也会左思右想，优柔寡断，不知如何是好。

让话筒与耳朵保持一定距离的人，这样的女性，其行动力和社交活动能力往往是相当强的，并且有很强的自信心，十分好胜，也很希望周围的人能够注意她。

但是，这样的女性一旦遇到她所倾爱的男性时，则会一改以往任性的性格。这样握听筒的男性比较少见。

边通话边玩弄电话线的人，多见于女性，她们比较喜欢空想，一方面多愁善感，另一方面又有倔强的脾性，她们在电话中一说起来常常会没完没了。这样的男性较少见。

紧抓话筒下端的人，在男性中较多，他们大都性格干脆、做事爽快；这样握听筒的女性，往往对事物的好恶十分明显，且固执到底。遇事全凭自己的好恶，一点也没有通融的余地，因而不大讨男性的喜欢。

抓紧话筒上端的人，女性较多，这样的女性有一种歇斯底里的特征，只要有一点小事不合心意，就会大发脾气，情绪改变非常快，所以与周围人的关系常常很紧张。这种女性与异性相处时，爱怎么样就怎么样，往往使对方束手无策，陷入困难的处境；而这样握听筒的男性，常常因为头脑灵活，善于应变，而有良好的人际关系。

由打电话方式看

利用电信设备进行人际关系的交流,已经是现代人不可或缺的沟通方式。由于它与面对面的沟通不同,所以我们可以从一些打电话的小习惯中归纳出人的心理。

一心二用型,与人通电话的同时并进行一些琐碎的工作,如擦桌椅、整理文具等。这种人富进取心,爱惜光阴,分秒必争。

悠闲舒适型,通电话时舒服地坐着或躺着,一派悠闲自得。这种人生性沉稳镇定,泰山崩于前而色不改。

以笔代指型,习惯用铅笔或圆珠笔代替手指去拨号码的人,性格急躁,经常处于紧张状态,不让自己有片刻的休息。

电线绕指型,打电话时不停地玩弄电话线的人,生性豁达,玩世不恭,天塌下来当棉被盖,知足地乐天知命。

边走边谈型,通电话时从不坐定在同一地方,喜欢绕着室内踱步的人,好奇心重,喜欢新鲜事物,讨厌任何刻板的工作。

以肩代手型,习惯把听筒夹在头和肩之间的人,生性谨慎,对任何事情必先考虑周详才做出决定,极少犯错。

信手涂鸦型,边与人讲电话时,边在纸张上信笔乱画的人,具有艺术才能和气质,想象力丰富但不切实际。天性乐观的个性,使他们经常可以轻易渡过一切困难。

紧抓话筒型,通电话时紧紧握住话筒的人,生性外圆内方,表面看似怯懦温驯,实则个性坚毅,一旦下定决心,绝不轻易改变。

平淡无奇型,无特殊习惯,一切动作均出于自然,这种人生性友善,富自信心,对自己的生活操控自如,能屈能伸。

从生活习惯了解性格

我们可以从对方日常生活中具有的某些习惯,去认识他是怎样的一个人。

收藏习惯

这是一种追求高层次享受的人,他不但要求温饱、稳定、家庭和睦、事业成功,而且要有丰富充实的休闲生活,以消除紧张的学习、工作之后的疲劳,潜移默化地增长知识,得到美的享受。

一般来说,收藏是根据各人爱好,将某一类物品(或某一专题的物品)精心组织、收集,并妥善保管、储藏,自娱或供人观赏、研究等的一种很有益处的文化娱乐活动。

所谓"物以类聚,人以群分",爱好收藏的人希望通过对某一类感兴趣物品的收集、保藏、鉴赏、研究、玩味、展示等方式,丰富休闲文化生活,得到美的体验,增长知识、开阔视野,加强感情交流,广交朋友。

抽烟习惯

烟是一种帮助我们识人的好工具:嗜烟如命者多意志薄弱,或古道热肠;视烟如敌者多疾恶如仇,或偏激执拗;吸而能戒者多意志坚定,或冷静世故;吸而不多者多宽容随和,或圆滑机巧。吸烟者多性格外向,不吸烟(戒烟除外)者则多内向。

因为外向者多爱交际,爱交际者多爱聊天。就像吃饭时大家互相敬酒一样,聊天时,如果大家都吞云吐雾,又相互递烟,使气氛融洽,谈兴更浓。

相反，如果大家都不抽烟，则久谈必有"枯坐"之感，难得尽兴。吸烟者多大度、豪爽，但也可能马虎、放荡；不吸者多拘谨、吝啬，但也可能严谨、沉稳。

烟还可以帮助我们看出人与人之间关系的深浅。客客气气递烟，说明关系尚浅，还很"生疏"，或说明二者之间有一定的鸿沟；相互抢着递烟，说明双方地位相等，或视为相等，且都愿发展友好关系；随随便便递烟，不计较是否"礼尚往来"，说明双方关系较深，已达到"无论怎样也不计较"的程度；伸手到对方口袋里掏烟，掏出来还要散给别人，那就简直是亲密无间、不分彼此的"铁哥们"了。

品茶习惯

喝茶对平头百姓来说只是为了解渴，不过是一种生理需要。而文人则能从茶中品出文化韵味和审美情趣，又从茶中品出了千篇万章的茶诗茶文。

卢仝的《七碗茶诗》既俗又雅，道出了品茶的无穷风味，他在诗中写道："一碗喉吻润，二碗破孤闷。三碗搜枯肠，唯有文字五千卷。四碗发轻汗，平生不平事，尽向毛孔散。五碗肌骨清，六碗通仙灵。七碗吃不得，唯觉两腋习习清风生。"七碗茶，从生理到心理，从内心到大千世界都通过这神妙的茶一点一滴地细细品味出来。

由烹饪方式观察习性

一个人在准备食物的时候持什么样的态度，往往会透露出他对生活的某种感受。从准备的方法和过程中,可以显示出一个人许多内在的东西。

有的人认为烹饪是一种艺术,更是一种享受,他们愿意自己动手,准备一切。这一类型的人,多独立意识比较强,从来不企图依靠别人来达到自己的某种目的;同时他们对他人也缺乏足够的信任感。他们有强烈的自我意识,不会轻易相信任何人。他们很满足获得成功后的那种成就感。他们自信心极强,即使身处困境也依旧乐观。

有的人在烹饪的时候大多采取剁、揉的方法。这样的人多属于实干型的人,他们很实际,总是能够以非常积极和诚恳的态度来面对生活中的各种问题。他们的生活节奏相当快,生活态度相当积极,对于已经决定的事情,他们会全身心地投入,尽量把事情做好。

有的人喜欢按照有关烹饪的书籍做菜,这样的人显得有些呆板,喜欢依据一定的法则,如果没有这一类指导性的东西,就会显得手足无措,他们习惯于被人领导,而不可能领导别人。

他们总是过分地追求各种细节,精确严谨,从来不会轻易放弃任何一件他们认为重要的事情。他们对自己并没有多少自信心,随机应变能力比较差。他们害怕遇到突发事件,因为那时候他们会手足无措。

有的人只是凭着自己的感觉进行烹饪,这样的人多比较善变,常凭着一时的冲动感情用事。他们不愿受人约束,喜欢随心所欲,为所欲为。他们很少向他人做出承诺,因为他们非常了解自己,知道自己根本无法兑现。

他们的心地还是善良的,并不想去伤害别人,可到最后还是会有许多人受到伤害,他们会为此感到难过,但并不改变自己什么,或许也是改不了。

有的人喜欢给美食家打电话，请教烹饪方面的问题。这样的人多比较有宽容性，能够虚心认真地接纳他人给自己提出的意见和建议，但只是接纳并不是全盘的接受，他们是有着自己独特的思维的，会充分考虑他人的意见和建议，但在此基础之上，最后的决定还是自己。

有的人喜欢烤肉，这样的人性格多是外向的，他们待人热情大方，乐于结交新的朋友，而且富有同情心，做事常不拘小节，马马虎虎，得过且过就好，因此常会制造一些不必要的麻烦，他们乐于向他人介绍自己，以增进了解。

有的人喜欢边看电视上的烹饪节目边动手，这样的人多自主意识强烈，不愿意让他人为自己做决定，他们喜欢把一切都变得简单和方便，他们很容易获得满足，在各方面都不挑剔，但对于一些事情还是有追求完美的心理倾向的。在大多时候，他们活得比较快乐，善于开导自己。

有的人爱在烹饪的时候使用一些小道具，这样的人多有比较重的好奇心理，一旦喜欢上什么，就会想方设法要得到它。做事追求高效率，有较强烈的忧患意识，为了以防万一，会做很多的准备，但事实上，他们经常是杞人忧天。还有的人从来都不自己烹饪，这样的人多缺乏冒险意识，为了安全，他们会选择妥协退让。

由习惯性动作识人

一些人在做某些日常性动作时，有一些习惯性动作带有很浓厚的个性色彩，这对于我们知人识人，客观评价一个人具有重要的参考价值。这种情形是我们一天天地逐渐形成的，它有着极强的稳定性，我们想要一下子改变过来，一时之间却很难办到。

心理学家莱恩曾说过："人们日常做出的各种习惯行为实际反映了客观情况与他们的性格间的一种特殊的对应变化关系。"这大概能为我们从日常习惯行为认识别人提供必要的理论根据。

一个人的所思所想和性格特征都能在举手投足、点头微笑中暴露无遗，那些经验丰富的识人高手往往从一举一动中就能识别人心。有一些习惯动作，可以帮助识人者观察他并轻松地对人认知。下面就是一些识人高手长期的识人经验总结。

习惯性点头者

比较关心他人和体贴别人，知道给予配合的重要性。及时表达自己的认同，可以使说话者增强自信和对谈论话题深入思考，并得以充分发挥，有利于找出最好的解决问题方法，于人于己都有好处。

在生活和工作当中，他们同时也是愿意向他人伸出援手的人，能够尊重对方的弱点，在力所能及的范围内寻求解决方案，具有热心助人的性格特征。能够聆听对方的全部说话内容，并给予认真的思考，让说话者会有被认可的感受，所以会认可和欣赏他们，把他们当成可以深交的伙伴。

他们也是一些爱交朋友的人，这不仅表现在能够给予朋友力所能及的帮助，而且还在内心深处关怀和体贴朋友，处处为朋友着想，时时想着为他们排忧解难，准备随时帮助朋友，最为难得的是经常在尚未得到别人请求协助的时候便伸出了援手。

经常摇头者

经常"摇头"或"点头"以示自己对某件事情看法的肯定或否定。

他们在社交场合很会表现自己，却时常遭到别人的厌恶，引起别人的不愉快。但是，经常摇头或点头的人，自我意识强烈，工作积极，看准了一件事情就会努力去做，不达目的誓不罢休。

手插裤兜者

双脚自然站立，双手插在裤兜里，时不时取出来又插进去，这种人的性格比较谨小慎微，凡事三思而后行。在工作中他们最缺乏灵活性，往往用一种办法去解决很多问题。他们对突如其来的失败或打击心理承受能力差，在逆境中更多的是垂头丧气，怨天尤人。

双手后背者

两脚并拢或自然站立，双手背在背后，这种人大多在感情上比较急躁，但他与人交往时，关系处得比较融洽，其中可能较大的原因是他们很少对别人说"不"。

许多当过兵的人可能都对双手后背这种习惯动作很熟悉。

尽管部队规定在正式场合不许袖手和背手，但还是可以看到，在非正式场合一群新兵聊天的时候，突然老兵班长来了，他往往就是背握着手，昂起下巴，在新兵中走来走去。把老班长这种动作换成语言来表示，就等于他在说："我是老兵，我是班长，你们得听我的。"这是相当自信的姿势。

吐烟圈者

这种人突出的特点是与别人谈话时，总是目不转睛地看着对方，支配欲望强，不喜欢受约束，为人比较慷慨，哥们儿义气重，因此他们周围总是包围着一群相干和不相干的人。

言行不一者

当你给某人递烟或其他食物时，他嘴里说"不用""不要"，但手却伸过来接了，显得很客气的样子。这种人比较聪明，爱好广泛，处事圆滑、老练，不轻易得罪别人。

东拉西扯，频频打断别人话题者

倾向于冒进，欠缺稳重，给人一种毛头小子的感觉。很少有人会和他们长时间地交流，更别提促膝而谈，所以他们很少有真正的朋友和可以依靠的人。除非有求于他们，但必须提防的是他们做事往往虎头蛇尾，雷声大，雨点小，所以千万不要把全部的希望都寄托到他们身上，否则定会吃大亏。

心不在焉者

他们不重视谈话过程，自然不会在意谈话内容。假设用心听了，那也是粗枝大叶，丢三落四。这种结果的外在表现是他们办事容易拖拉，一延再延，因为他们根本就不知道对方让自己做什么，而且得过且过；如果目标已经明确，条件也具备和成熟，他们却又往往无法把精力集中起来，或是一心二用，或是心有旁骛，接到手中的任务往往不了了之，毫无责任感，终身都难以有所成就。

拍打掌心者

人与人谈话时，只要他动动嘴，一定会有一个手部动作，比如相互拍打掌心、摊开双手、摆动手指等等，表示对他说话内容的强调。这种人做事果断、雷厉风行、自信心强，习惯于把自己在任何场合都塑造成一个"领袖"人物，性格大都属于外向型，很有一种男子汉的气派。

触摸头发者

这种人个性突出，性格鲜明，爱憎分明，尤其疾恶如仇。他们经常做一些冒险的事情，喜欢挤眉弄眼，爱拿人当调侃对象。这些人当中有的缺乏内涵修养，但他特别会处理人际关系，处事大方并善于捕捉机会。

抖动腿脚者

喜欢用腿或脚尖使整个腿部颤动，有时候还用脚尖磕打脚尖或者以脚掌拍打地面，这种人很能自我欣赏，性格较保守，很少考虑别人，凡事从利己主义出发，尤其是对妻子的占有欲望特别强。然而当朋友有困难时，他会经常给朋友提出一些意想不到的建议。

手摸颈后者

当一个人习惯用手摸颈后时，往往是出现了恼恨或懊悔等负面情绪。这个姿势称为"防卫式的攻击姿态"，在遇到危险时，人们常常不由自主地用手护住脑后，但在防卫式的攻击姿势中，他们的防卫是伪装，结果手没有放到脑后，而是放到了颈后。女人伸手向后，撩起头发，来掩饰自己的恼恨情绪，并装作毫不在意的样子。

摊开双手者

大部分的人要表示真诚与公开的一个姿势，便是摊开双手。意大利人毫无拘束地使用这种姿势，当他们受挫时，便将摊开的手放在胸前，做出"你要我怎么办"的姿态。他做的事情出现了坏的迹象，别人提出来，而他摊开双手，表示他们自己也没有办法解决，一副无可奈何的样子。摊开双手时，有时耸肩的姿态也会随着张开手和手掌朝上而来。演员常常用到这个姿势，他们不只是表现情绪，即使在说话前，也能显示出这个角色的开放个性。

解开外衣纽扣者

这种人的内心真诚友善，他在陌生人面前表达这种思想时，最直接的动作便是解开外衣的纽扣，甚至脱掉外衣。

在一个商业谈判会议上,当谈判对手开始脱掉外套时,你便可以知道双方正在谈论的某种协定有达成的可能;不管气温多么高,当一个商人觉得问题尚未解决,或尚未达成协议时,他是不会脱掉外套的。那些一会儿解开纽扣,一会儿又系上纽扣的人,做人较优柔寡断,决断事情总是犹豫不决。

拍案击节者

这有两种情形。一种情形是,谈话时,一个人以手在桌上叩击出单调的节奏,或者用笔杆敲打桌面,同时脚跟在地板上打拍子,或抖动脚,或用脚尖轻拍,这种节奏并不中途停止,而是不断地嗒嗒作响,这些就是在告诉你他已经对你所讲的话感到厌烦了。

另外一种情形是,一个人在看书、读报、看电视,尤其是看球赛之类突然拍案击节,表示他对故事情节或运动员的某个动作表示赞赏。这种人一般性格乐观,对烦恼不记挂于心。

坐立不安、手足无措者

精力充沛,给人一种事业型的感觉,而他们也正是按照事业类型打造自己的。由于身边的工作机会很多,为了早日实现自己的目标,他们不允许自己错过任何机会,积极投入身边的所有事情当中,忙完这个忙那个,放下一头又抓起另一头,结果是疲于奔命,造成极度的紧张,无法专心致志于分内工作,得不偿失。

购物方式不同见对方性格

去商场、超市购物是我们每个人都经常有的一种行为。付出一定的金钱就可以得到自己想要的商品，这是一种交易。虽然都是在做同样的交易，但不同的人却有不同的方式。

从购物方式上看

请别人代自己购物的人，多是时间安排得非常紧，工作和学习非常繁忙的人。在他们看来，购物这算不上一件什么大事，不值得自己抽出宝贵的时间亲力亲为。他们在为人处世等各个方面多是比较传统的，会尽量使大家对自己满意。

在商品打折时选购物品的人，他们多比较实际和现实，懂得精打细算，甚至有点唯利是图。他们固执，遇事虽然会与他人协商，但最后却会顽强地坚持自己的观点不放。他们会很满足于自己占优势，而他人在无可奈何的情况下不得不放弃的感受。

看目录购物的人，大多组织性、原则性强，凡事都喜欢按照一定的规律和计划完成，否则的话他们可能会感到手足无措。这一类人比较健忘，所以需要不断地有人提醒他们，在什么时间去做什么事情。他们的随机应变能力并不强，偶发的事件严重的会让他们无法接受。

全家人一同出外购物，这一类型的人多有较传统和保守的价值观，家庭在他们的心目中的地位是无可替代的，他们对家庭有着强烈的责任感和深深的依恋。

家庭很可能是他们一切行为的最基本出发点，家庭直接影响着他们行为处世的习惯，而他们的家庭也是非常和睦的。在他人看来他们整天围着家庭转，生活似乎太乏味了，但他们自己却很满足于目前的这一种生活。他们感觉较有安全感，他们的生活态度是非常实在的，选购的物品多既经济又实惠。

需要的时候没有，不需要了以后购买，这一类型的人似乎在任何一方面行动都要比别人慢一拍,但他们并不为此而恼火。他们的表现欲望很强,希望自己能够引起他人的注意,所以时常会故意耍一些小伎俩。

花一整天时间用来购物,这一类型的人多比较开朗和乐观,他们常常没有理由地就会感觉心情不错。他们较有耐性,总是能够找到很多理由和借口。

安慰自己,使自己坚持到最后。他们有勃勃的野心,常常会为自己设定许多远大的理想和目标,并且实现起来态度也相当积极,可是他们的那些理想和目标,从某种程度上来说并不现实,所以到最后多半无法梦想成真。但在这个过程中,他们所做的事情还是有一些收获的。

从付款方式上看

采用什么样的付款方式,这在很大程度上和处理生活中其他的琐事有相似之处,从中也可以观察出一个人的性格。

喜欢亲自付款的人,他们大多比较传统和保守,对新鲜事物的接受能力比较差,而偏重于循规蹈矩,守着一些过时的东西,缺乏冒险精神。他们缺乏安全感,有自卑心理,但又极希望获得他人的支持和帮助。

能拖多久就拖多久,这一类型的人多有占便宜的心理,比较自私,缺乏公平的观念,总是想着自己少付出或是不付出就得到尽可能多的回报。他们在一般情况下不会轻易地去关心和帮助别人,对人虽不算太冷淡,但也算不上热情。

把付款的任务推给别人,这一类型的人常无法坚持自己的原则和立场。而习惯于服从和听命于他人,被他人领导。他们的责任心并不强,常会找理由和借口为自己进行开脱。在挫折和困难面前,会胆怯、退缩。

收到账单以后就立即付款的人，多是很有魄力的，凡事说到做到，拿得起放得下，当机立断，从来不拖泥带水。他们的个性独立，为人真诚坦率，无论哪一方面，从来不希望自己欠他人的，倒是可以他人欠自己的。

采用电话付费服务的人，对新鲜事物容易接受，并懂得利用它们为自己服务，但由于对某些东西的依赖性太强，常常会使他们丧失一些自我的主动权，而受控于人。除此以外，他们对人是有很强的信任感的。

放松方式不同见对方心态

现代社会，竞争越来越激烈，人的压力也越来越大。为了保持身体和心理的健康，更好地加入竞争中，就要进行很好的自我调节，找到一种放松的方式。用什么样的方法放松要根据自己的实际情况和需要来决定，这可以反映出一个人的性格。

以形态心理疗法来放松自己的人，多是完美主义者，他们凡事总要尽力追求完整，形成一个整体形象，否则的话，就会感到不安。他们自身从整体来看，也是不错的，但却并不能如他们自己所预料的那样，被他人注意。

用运动的方式来放松自己，这是一种很有效的方式，在运动的疲惫中可以暂时忘记一切。这一类型的人多比较内向，缺少朋友，轻易也不会向他人倾诉自己的心事，尤其是比较熟悉的人，不过陌生人倒还是可以考虑一下。

他们意志坚强，在挫折和困难面前，虽然有时也会表现得失望和颓废，但却是暂时的。他们多还能够勇敢地站起来，去面对一切。他们是做得比说得要多的人。

采用自然疗法放松自己的人，他们多是比较开朗和乐观的，很得周围人的喜欢。他们待人真诚、朴实，说话直截了当，有什么说什么，凭着自己的感觉走，不会遮遮掩掩。

但这是在工作之外，他们厌恶工作，所以很难以单纯、自然、放松的心情投入到工作当中。在工作中，他们什么事也没有，就会突然间感到特别烦躁。

采用行为治疗法放松自己，这一类型的人有很多并没有什么主张，他们很容易向他人妥协，听从他人的安排和调度，他们是乐于被他人领导的一群人。

不愿意自己动脑筋思考，而是喜欢他人把一切都安排得好好的，自己只要按着去做就可以了。他们对自己的要求比较严格，会尽力把每一件事情做好。

采用睡觉放松自己的人多是很聪明而且实际的，他们无论在什么时候都知道自己的目标，并且会努力寻找一种最简单最快捷的方法去实现它。

他们有一些固执，并不会轻易地接受他人的意见和建议。但如果请一位权威性的人物对其进行说服，也许会起到一定的作用。他们对一些原则和理论上的东西并不十分看重，而是着眼于非常具体的、看得见摸得着的实例。

不接受任何治疗方法，只是任之顺其自然，这一类型的人，多有较强的独立自主观念。无论发生什么事情，在绝大多数时候，他们并不企图依靠外界的力量来解决，而只是寄希望于自己，并且也对自己充满了信心。他们并不相信谁，尤其是那些被绝大多数人视若神明的，更有点不屑一顾。他们自给自足，很容易满足，而且不希望现状被改变。

从洗澡的方式观察朋友

洗澡是日常生活中一件非常重要的事，有很多人甚至将沐浴视为重生的象征，洗掉每日的污秽，然后再以全新的自我迎接世界。因此，当一个人脱下衣服、卸下扮演的角色时，便还原成真正的自己。

热水浴

有些人喜欢热水浴。热水使人的感情胜过理智。从淋热水浴所得到的热血沸腾感反映出：他偏好"热情"的风格、"热烈"的罗曼史和"辛辣"的食物。他处理每一件事都可能感情用事，如果被对方拒绝，他可能很快面红耳赤，无地自容。

冷水浴

他喜欢保持理性。合乎逻辑的情绪，不让外界的东西强烈影响他的判断。他头脑清楚，而且非常专业，是个冷静的人，总是隐藏自己内心的真实情感。

淋浴按摩

他追求丰富多变的生活情趣。由淋浴按摩中得到各种兴奋和快乐，代表他寻求各式各样的享受。

泡泡浴

他对自己很放纵。他喜欢享受长时间的美容浴。每次他会修一次指甲，做一次脸或修一次脚指甲。因为他很在意外表的吸引力，总是在周末做些按摩和有益健康的活动，必要时，还会做美容手术消除鱼尾纹、双下巴，或凸出的小腹。

热水盆浴

如果他喜欢赤裸裸地和一群人一块儿洗澡，那他是一个追求自然主义的人，不受一般社会常规或旧式道德规范约束。他极端前卫，尤其在自我意识抬头时，更是如此。

海绵浴

科学研究证明，怕水是害怕回到母亲的子宫里，因为在水和母亲的子宫中，都同样有全身被浸湿的无助感。他曾有过精神受创的童年，创痛至今仍深深影响他的行为。他害怕放松自己，对他而言，甚至连轻松一分钟，都是一件很困难的事。他是一个不会游泳的人。

蒸汽浴

如果他觉得蒸汽浴对他来说必不可少的话，那他总是坚持由内向外发掘问题。他深信，只要彻底流一身汗，没有治不好的病症。蒸汽浴是一种放松的方式，好让他把体内的污秽排除掉。

从睡姿体现出的性格

民间传说中，刘伯温即是看了朱元璋的睡相，认为朱元璋是龙形凤姿，才死心塌地地辅弼朱元璋成就帝业。这位俗称臭头皇帝的明太祖朱元璋曾经狂妄为诗云："天为帐幕地为毡，日月星辰伴我眠，夜深不敢长伸脚，恐把山河一脚穿。"

不单单是相士，精神分析师和身体语言研究者也非常重视睡姿，认为占去一生三分之一时间的睡眠，是人们潜意识最容易浮现的时候。不同的睡姿其实是不同性格、深层意识的反射。

另外，身体语言专家们认为，睡姿还可以看出一个人身体较虚弱、有病的部位。例如，胃肠不太好的人习惯瑟缩身体睡觉，手也会不知不觉地放在肚子上。

一个人睡觉的时候不可能维持一个姿势一觉睡到天亮。浅睡或即将醒来时翻身改变姿势较为频繁，但进入沉睡阶段，通常一个睡姿可以维持几十分钟，甚至数小时。因此，以睡姿判断人的性格，要看沉睡时候的睡姿。

在沉睡的过程中，双腿和身体弯曲，向一面侧卧，同时怀中还会抱着枕头或者玩具娃娃之类的物品，像一个胎儿或未成熟的孩子一样，有这样睡眠姿势的人通常都是在生活中非常缺少安全感的人，比较软弱和不堪一击。

他们的独立意识比较差，非常渴望得到他人的保护，当然也不会轻易地去做一些冒险的事情。他们对某一熟悉的人物或环境总是有着极强的依赖心理，而对不熟悉的人物和环境则多恐惧心理。

他们缺乏逻辑思辨能力，做事没有先后顺序，常常是一件事情已经发生了，连准备工作都没有做好。他们责任心不强，在困难面前容易选择逃避。

有的人会将身体半蜷曲起来入睡，这种以半胎儿姿势睡眠的人，通常都有非常强的安全感和自制力。所以，他们对环境的判断力和适应能力都很强。

以仰卧的姿势睡眠的人，通常安全感、自信心都很强，也具有非常坚强的性格,他们的童年也都是非常幸福的,从小就是家庭的焦点。所以,他们的心智会很健全,多是十分开朗和大方的,他们为人比较热情和亲切,而且富有同情心,能够很好地洞察他人的心理,懂得他人的需要。

他们是乐于施舍的人,在思想上他们是相当成熟的,对人对事往往都能分清轻重缓急,知道自己该怎样做才能达到最好的效果。他们的责任心一般都很强,遇事不会推脱责任、选择逃避,而是勇敢地面对,甚至是主动承担。

他们优秀的品质赢得了他人的尊敬,又由于对各种事物能够做出准确的判断,所以很容易得到他人的信赖,也会为自己营造出良好的人际关系。

有些人在睡觉的时候,采取脚踝相交叉且以侧卧的姿势入睡,这表明他们在生活中通常很呆板,处事也不够灵活。所以,在人际关系上会非常地紧张。而且,他们的性格也会很急躁。

睡觉的时候保持侧卧的姿势并且将脚、小腿、膝和脚踝部位完全重合,这样的人非常善于处理生活中的各种关系,也能在生活和工作中保持相当的一致性,会尽量按照他人的要求去做,会很容易地获得他人的好感。

以右侧卧姿势睡眠的人,他们的生活会很有规律,也会比较准时。但是,他们又常常会过分地注重细节,这样的人适合在实验室里工作。

有的人在入睡的时候是跪卧的姿势,说明这个人可能患有失眠症,一般情况下入睡很困难。所以,他们以这样的姿势希望夜晚快点结束,以便自己可以快点回到白天的活动中。

采取俯卧式睡姿的人,多有很强的自信心,并且能力也很突出。

在绝大多数情况下，他们都能很好地把握住自己。他们对自己有非常清楚的认识，知道自己是谁，也知道自己在做些什么。

对于所追求的目标，他们的态度是坚持不懈，有信心也有能力实现它。他们随机应变的能力比较强，懂得如何调整自己。另外，他们还可以很好地掩饰自己的真实感情，而不让他人看出一点破绽。

喜欢睡在床边的人，他们会时常缺乏安全感，理性比较强，能够控制自己，尽量使这种情绪不流露出来，因为他们知道事实可能并不是这个样子，那只是自己一厢情愿的想法。他们具有一定的容忍力，如果没有达到某一极限，轻易不会反击、动怒。

睡觉时整个人成对角线躺在床上，这一类型的人多是相当武断的。他们做事虽然精明干练，但绝不向他人妥协，他说怎样就怎样，旁人不得提出反对的意见。

他们乐于领导别人，使所有的事情在自己的直接监督下完成。他们有很强的权力欲望，一旦抓住就不会轻易放手，而且越抓越紧，绝不愿与他人分享。

双脚放在床外的睡觉姿态是相当使人疲劳的，这一类型的人大多是工作相当繁忙，没有多少时间休息的人。他们的生活态度是相当积极和乐观的，在绝大多数时候显得精力充沛，而且相当活泼，为人也较热情和亲切。他们多具有一定的实力和能力，可以参与到许多事情当中，生活节奏相当快。

脸朝下，头摆在双臂之间，膝盖缩起来，藏在胸部下方，背部朝外，采取这样一种睡姿的人，通常具有很强的防卫心理，并且这种心理时刻存在着，准备随时出击。他们的自主意识多比较强烈，不会听从他人的吩咐和摆布，去做一些自己并不愿意做的事情，更不会向权势低头,如果有人强行要求他们,他们就会采取必要的措施。

双手摆在两旁,两脚伸直坐着睡,这种睡姿在生活当中并不多见,但仍然存在。这一类型的人时刻处在一种高度紧张当中,他们的生活节奏多是相当快的,而且规律性极强。

每天在什么时间做什么事情似乎已固定下来,而他们在这个过程中,身体和思想在自然而然中也形成了一定的规律,俨然条件反射一般。

睡觉时握着拳头,仿佛随时准备应战,这一类型的人如果把拳头放在枕头或是身体下面,表示他正试图控制这种积极的情绪。如果是仰躺着或是侧着睡觉,拳头向外,则有向人示威的意思。

双臂双腿交叉睡觉的人,自我防卫意识多比较强烈,不允许别人侵犯自己。他们的性格是脆弱的,很难承受某种伤害。他们对人比较冷漠,常压抑自己而拒绝真情实感的流露。

对于一个人睡眠时的身体动作,一般只有十分亲密的关系才能观察得到。但是如果我们为了找到更确切的信息,不妨也找些适当的机会观察一下,这也许会让我们知道更多有价值的信息,从而促进我们的目标尽早实现。

喜欢脱光衣服,一丝不挂地赤裸身体睡觉的人,他(她)向往自由和轻盈的东西——被束缚了一天的身体已经够受的了,当他(她)晚上独自回家时,就想到应该彻底解放自己。

从他(她)的行为中知道,他(她)是个靠感性生活的人,一般做事情时,他(她)总是依靠自己的感性去做决定。比如当他(她)新认识一个人时,他(她)不是按照通常的方法去了解这个人,而是完全凭自己的直觉去结识这个人,看其是否值得自己去结识。所以,他(她)在社交上的成功和失败的经验是相差无几的。

这就注定他（她）会受到别人的指责，在工作和生活中，有人会批评他（她）缺乏理性，而喜欢感情用事。但他（她）不为所动，认为过多理性会使自己丧失很多乐趣。

从进餐习惯看性格

专家指出，进餐的仪态，很容易就会泄露一个人的真正性格。

进餐时非常讲究整洁的人，不但注重餐具的清洁，进食当中有少许面包屑掉在餐桌上，也会立刻拾起来，而且会将用过的碟子或点心篮叠起来，以方便侍者收走。

这种人经常赞赏别人所做的努力，若遇上同样爱好整洁的人，很容易与对方成为好友。

喝汤及咀嚼食物时发出声音的人，其饮食习惯不但令旁人产生厌恶的感觉，这样的举动还显出他们根深蒂固的孤僻倾向。他们往往对坐在旁边的人视而不见，也不会考虑旁人的感受。

有些人在食物一端上桌，完全未尝过味道以前，便胡乱添加调味品，这样做不但是对厨师的一种侮辱，还显示出其天生爱冒险的性格。这种人做事比较草率，容易给自己和别人带来无谓的麻烦。

一面进食一面唠叨不停的人，因为急于跟别人交谈，而来不及将食物吞下。这种类型的人在处事时往往比较性急且咄咄逼人。

相反地，进餐时一声不响、专心用餐的人，很可能是美食家，一心一意将心思放在食物上；另一种可能是个性害羞或孤僻，习惯利用进餐时间避开和其他人的交谈应酬。

匆匆进餐后立即离席的人，通常以自我为中心，对于别人为准备食物所花的时间和心思视若无睹。

浅尝即止型的人，这种类型的人食量小，大部分个性保守、行为谨慎、墨守成规、稳重有余而冲劲不足，一般只能是守成者而不是创业者。

风卷残云型的人，此种类型的人进食速度快，近乎狼吞虎咽，多半个性豪放、精力旺盛，具有过人的精力，行事果断、待人真诚，并具有强烈的竞争心和进取精神。

细嚼慢咽型的人，这种类型的人进食速度极慢，喜欢细细咀嚼、慢慢品尝，他们办事周密、严谨，没有把握的事绝对不做，爱挑剔，有时对人近乎冷酷。

饮食过量型的人，这类人进食不加节制，看到爱吃的食物势必大啖一番，他们多半性格直爽，有团结众人的能力，喜怒溢于言表，从不掩饰内心的情绪。

独食难肥型的人，这类人总爱单独进食，不愿与人共同分享，他们大多性格乖僻，孤芳自赏，但坚毅沉稳，责任心强，言行一致，信守诺言，一般来说在工作上的表现往往都能令上司满意。

来者不拒型的人，这类人对食物从不选择，他们个性随和、不拘小节、生命力旺盛、多才多艺，可以同时应付多种工作而游刃有余。

慢条斯理型的人，他们会花时间反复思考某一件事，直到认为没有问题时，才做出最后决定。此外，他们也较挑食，性格上属于乌龟型的人，最怕遇到突如其来的意外状况，这往往令他们措手不及，疲于应付。

第五章
生活细节识人

一个人的日常生活、起居习惯、衣食住行以及社会生活中的礼仪、风俗等具体事物的细枝末节构成我们的生活细节。生活细节能够逼真地再现事物的各种特征，自然贴切地表现人物的地位、教养、习惯、爱好、情绪、气质及心理状态，是我们认识人、理解人最重要的参照内容。

因此，注重生活细节，能够使你成为精准识人的高手。

看破人心从细节入手

中国有句形容人英明的话，就是"明察秋毫之末"。秋毫之末，比针尖还细，但有些事情本质的区别，往往存在于秋毫之末。审理案件者所面临的情况往往很复杂，虚实相间，真假难辨，这就需要审理者能做到"先知"。所谓"先知"就是要进行调查，了解案情。我国春秋时期的政治家子产就是因为辨事精微、观察详细，做到了"先知"，才能准确地断案。

生活中，有许多事物展现给你的不是它最本质的东西，你要善于观察它的细微处，发现它的本质，才不至于犯错误，才能准确地抓住事情的根本，从而确定正确的解决办法。

从小变化看破人心

从小小的变化，可以体察到被认知者实际的心理活动，是看破人心者必须学会的能力。

在美国有个有远见的妇女做了件聪明的事情。一天，这位妇女突然取出了自己多年的在某银行的所有存款，几天之后，这家银行倒闭了。很多人都十分纳闷她到底是怎样猜到的。

后来这位妇女说：在不久前的一次聚会上，她见到这家银行的总经理。她发现这位老板服饰讲究，连指甲都经过高级美容店精心修整。她当即感到，自己的存款有化为乌有的危险，因为一个事业心很强的男子是不会花费这么多精力和钱财来修饰自己的。

这个妇女从小处识人的本领确实不同一般。

尽管是小小的变化，里面一定隐藏着使之发生变化的力，在看人上其作用力就是人的内心世界，而使内心世界发生变化的原因，又是生活的现实问题。那个妇女就学会了这一看人本领，所以她避免了损失。

从小习惯识破人心

一个人的性格特点及一个人的本性往往会通过自身的一些细小习惯，通过言谈举止、表情等流露出来。

如：那些快言快语、举止简捷、眼神锋利、情绪易冲动的人，往往是性格急躁的人；那些直率热情，活泼好动，反应迅速，喜欢交往的人，往往是性格开朗的人；那些表情细腻，眼神稳定，说话慢条斯理，举止注意分寸的人，往往是性格稳重的人；那些口出狂言，自吹自擂，好为人师的人，往往是骄傲自负的人；那些懂礼貌、讲信义，实事求是、心平气和、尊重别人的人，往往是谦虚谨慎的人。对于这些不同性格的对象，一定要具体分析，区别对待。

对于一些小习惯，我们不应为其表象所迷惑，而应洞悉其行为的内在本质。

轻易地许诺他人的要求，看起来似乎很爽快，其实不能实现自己的诺言，成为一个不守信用的人。

对什么事都认为很简单的人，看起来似乎很能干，其实真正做起来，却困难重重，没法办到。

前进急速的人，看起来非常迅猛，其实来得快，退得也快，就像孟子所说的"其进锐者，其退速"，这样干事情不会坚持到底。

处理事情习惯大声呵斥的人，看起来似乎明察秋毫，其实会使事情越弄越糟。

用人喜欢暗中给人施舍小恩小惠，看起来似乎是给予恩惠，其实会增加别人的负担。

表面上对你唯唯诺诺的人，看起来似乎忠诚可靠，其实给你背后一箭，使你受伤，这种人最可怕。

随手涂写显露真性情

我们每个人都有这样的经历：在闲来无聊时在一张纸或是其他的什么东西上随便地涂涂写写。

有心理学家指出，这种无意识的乱涂乱写，往往能显示出一个人的性格来。因为人内心的真实感觉，正是通过涂写这个过程显露出来的。

喜欢画三角形的人，理解能力和逻辑思维能力多比较强。在绝大多数时候能够保持头脑清醒，思路清晰，有很好的判断力和决断力，但缺乏耐心，容易急躁、发脾气。

喜欢画圆形的人，大多对凡事有一定的规划和设计，喜欢按照事先的准备行事。他们多有很强的创造力和很丰富的想象力。

喜欢画多层折线的人，大多分析能力比较强，而且思维敏捷，反应速度快。

喜欢画单式折线的人，在很多时候都处在一种相对紧张的状态之中，情绪不稳定，时好时坏，让人难以捉摸，因为单式折线代表内心不安。

喜欢画连续性环形图案的人，多能够将心比心，站在别人的立场上为别人着想。他们在大多数情况下都对生活充满了信心，而且适应能力很强，无论什么样的环境都能很快地融入其中。他们对现状感到满足。

喜欢在小格子中画上交错混乱线条的人，有恒心有毅力，做什么事情都有一股不达目的誓不罢休的劲头。

喜欢画波浪形曲线的人，个性随和，而且富于弹性，适应能力很强，善于自我安慰，遇事愿意往好的方面想。

喜欢在一个方格内胡乱涂画不规则线条的人，说明他的情绪低落，心理压力很重，但不会产生悲观厌世的想法，对人生还抱有很大的希望，并会寻找办法，解脱自己，朝积极向上的方向努力。

喜欢画不规则曲线和圆形图形的人，心胸多比较开阔，心态也比较平和，对环境的适应能力很强，但有点玩世不恭。

喜欢画不定型但棱角分明图形的人，多竞争意识比较强。争强好胜，总是希望自己能够胜人一筹，而事实上，他们也在不断地为此而努力，并且可以做出巨大的付出和牺牲。

喜欢画尖角的图案或紊乱的平行线的人，表明他的内心总是被愤怒和沮丧充斥着。

喜欢在格子中间画人像的人，朋友很多，但敌人也不少。

喜欢写字句的人，多是知识分子，想象力比较丰富，但常生活在想象当中，有点不切合实际。

喜欢画眼睛的人，其性格中多疑的成分占了很大的比例。这一类型的人有比较浓厚的怀旧心理。

喜欢涂写对称图形的人，做事多比较小心谨慎，而且遵循一定的计划和规则。

小小短短的线,尤其是周围有一大片空白,这些线不是相互平行,就是成直角排列。喜欢顺手画这些东西的人多是性格比较内向的。他们对这个社会和自己所处的环境充满了恐惧感,总是想方设法地逃避。

他们可能也很聪明和智慧,但通常不会有什么好的想法和创意,因为他们总是被一些无形的东西局限了正常的思维和思考,从而使得自己无法进行突破和超越。至于那些使他们受到局限的东西很大程度上完全是他们强加到自己身上的。

习惯于画两度空间的四方形、三角形、五边形等几何图形的人,他们多具有十分严密的逻辑性,而且是善于思考的。他们的组织能力相当强,但有时也会让人产生错觉,认为他们太过于执着自己的信念。

他们对那些想改变自己或否定自己意见、看法的人简直无法容忍。他们在为人处世等方面多少有一些保守,但在面对各种事物时多能够做到胸有成竹,知道自己该做些什么、怎样做。

喜欢画三度空间的正方体、三棱锥、球体等几何图形的人,他们多比较深沉和稳重,比较现实和实际,性格弹性很大,在大多数时候能够做到收发自如。

在面对不同的情况时,他们能够及时地调整自己。他们善于将比较抽象的东西变成具体化、通俗易懂的内容,他们多有很好的经济头脑,是一块做生意的好料子。与人沟通能力也比较强。

像云一样的弯曲造型,又像风扇和羽毛,喜欢顺手涂写这些东西的人对新鲜事物的接收能力往往是很强的,而且也具有很好的适应能力。曲线一条包含着另一条,表示他们对周围的人是相当敏感的。

在遭遇挫折和磨难的时候,他们多能够保持相对的冷静,积极寻找解决的办法，而不是不加思考，贸然动手。这一类型的人时常会沉浸在某种幻想当中，有一点不切合实际。

喜欢画飞机、轮船和火车的人，从所画的图形表面上理解，他们像是旅行爱好者，希望把各个旅游景点全部看完，可实际上，他们这是在发泄自己的愤怒和挫折感。

他们时常会失去希望，而陷入迷茫当中，并且在挫折和困难面前，表现得很消极。自信心并不强，对自己也不抱什么希望，还总是把希望寄托在他人身上。

喜欢画有趣的线条、圆圈和其他的图形，这一类型的人多是极富有创造力的。对于许多未知的领域他们都有相当浓厚的兴趣，并打算进行尝试。

对他们而言，没有什么事情是绝对的，他们时常自相矛盾，一个问题可能会有许多不同的答案。在生活中，他们时常会把自己弄得筋疲力尽，可到最后却还是无法理出一个头绪。他们具有一定的才华，很博学，但却没有几样是十分精通的。

喜欢画各种不同面孔的人，多是借画画的过程发泄自己内心的某种情绪。喜欢画一张笑脸的人多是知足常乐者；皱着眉头的则恰恰相反，可能是永远也不会感到满足；苦瓜脸或是扭曲变形的脸，多代表他们的内心是非常痛苦和混乱不堪的；大眼睛则代表他们的生活态度非常乐观；一脸茫然，用一个平凡的点代表眼睛，或是一条直线代表嘴巴，则表示心里有疏离感。

不断地画同一个图形的人，多有很强的获得欲望。一般来说，这一类型的人的希望变成现实的机会都比较大，因为他们有股不屈不挠的精神，一旦确定下了目标，就不会轻易地改变。

他们在遭遇挫折的时候可能也会失望，但绝对不会放弃，他们会用最快的速度调整自己的心情，再去争取。他们有野心也有干劲，在什么时候都知道自己在做些什么。

画花草树木以及田园景象的人，多性情温和而又非常敏感。他们对形状和颜色往往具有比其他人都突出的鉴赏力。这一类型的人多在文学、艺术等方面具有相当的才华和成就。他们淡泊名利，与世无争，向往安静平和的生活。

不断地写着自己的名字，练习各种新鲜的字体，这一类型的人自我表现欲望是相当强烈的，可能会为此做出一些让人无法接受的事情来。他们会经常感到迷茫和无助，不知道自己该做些什么。他们不断地重复写自己的名字，是一种潜意识的不断的自我肯定，目的是克服目前困扰自己的某种情绪。

从签名观察对方的性格

名字是一个人的身份代号。古往今来，有多少人想名垂青史，可见人们对自己名字的重视。

时至今日，人们的交际圈越来越大，交际也越来越频繁，亮出自己名字的机会越来越多，于是签名成为人们一项重要的交际内容。签名有美有丑，有大气也有小气，千姿百态，让别人不仅获得签名者的个人信息，还把他们的性格读了出来。

名字写得特别大的人

表现欲望强烈，喜欢招摇；注重表面文章，总是将非常多的精力用到衣着打扮上，虽然会给人留下良好的视觉感受，却不会让人对他们念念不忘，因为他们没有办法打动他人的内心。

他们总喜欢将众多的任务揽于一身，但是他们的工作成绩暴露出他们的真实面目，那就是他们能力有限。遇到困难显得软弱无能，更有甚者无法善始善终，中途退却，所以他们没有成就大事的可能。

名字写得特别小的人

他们的性格与签名特别大的人截然相反，不喜欢在大庭广众抛头露面、惹人注意，既不积极用特别的外表吸引他人的注意力，也不主动向他人打招呼和表示什么。他们对自己没有足够的信心，工作上的表现虽然不是十分积极，但属于自己的工作都能集中精力来完成，没有很强的功利心，甘于平淡的生活。

名字向上的人

通常都有雄心壮志。他们不畏艰辛，坚定执着地朝着自己的理想前进，积极乐观，会想尽办法战胜眼前的困难。他们喜欢荣誉和鲜花，对世间的一切享受非常热衷，这也是他们不懈努力的最终目的。他们可以成就大的事业，同样也会将灾难降临到他人的头上。

名字向下的人

通常是消极的等待者或妥协者，总是一副无精打采的样子，犹如大病初愈，又好像经历了什么沉重的打击。他们自信心不足，不敢设计理想，见到他人取得荣誉虽然有时也会热血沸腾，但转眼间又去随波逐流了。

名字向左的人

不喜欢按照常规办事，喜欢标新立异和追求不同凡响。如果他们喜欢某个人，就会对其冷酷到底；如果讨厌某个人，则会热情周到。

他们喜欢表现自我,在陌生人面前直言不讳,而他们认真诚恳而又不失幽默的表现往往会博得大众的喜欢。

名字向右的人

积极乐观,信心十足,总是一副充满朝气、和蔼亲切的样子,在人际交往过程当中经常主动向他人靠拢,别人也会笑脸相迎,和他们愉快地交谈。但这并不是他们成为社交高手的主要原因,他们真正高明之处是"醉翁之意不在酒",在交往的时候表面热心参与,而实际上置身事外,对全局进行缜密的观察,别人的一举一动几乎都逃不过他们的眼睛,所有的发展变化都在他们的预料当中。

从名片看透对方的性格类型

进入社会以后,可以表示自己身份的东西,除了身份证就是名片。有些人的名片寥寥数语就交代了事;有的人琳琅满目,似乎想在小小的一张纸片中,诉说一生所有的故事。换言之,名片其实就是一个人如何看待自己的缩影。

喜欢在名片上用粗大字体印上自己姓名的人,其职业多半是政治家、社会活动者、医生、自由职业者。爱好粗大字体的人,一般是为了强调自我,凸显自己,多半从事个性刚强的行业。

这种人功名心强烈,性情温和且有绅士风度;但个性也很强,其中有些人很难接近;这种人的另一个特点就是善于辞令,懂得把握分寸,同时,待人态度温和。

名片上没有印上任何头衔的人,通常具有特殊的创造力,讨厌被人驾驭驱使，也不喜欢对别人发号施令。

喜欢使用质地、形状和色泽怪异的名片的人，大多属于爱卖弄自我、独来独往、我行我素的人。会使用这种特殊名片的人，大多能言善辩，但很少真正对人发生兴趣。

他们大部分好恶分明，比较任性，喜欢就是喜欢，不喜欢也会明白表示出来。因此，这种类型的人容易遭人诽谤，缺少协调性，且依赖感很强。

喜欢用轻柔质感的材质制作名片的人，多为女性。她们大多性情温和，说话文雅而浪漫，具有敏锐的审美观。不喜欢与人争吵，会主动去照顾、帮助别人，但比较缺乏坚强的意志力，而且很容易招来别人的不满和批评。

喜欢加上覆膜，使名片具光滑效果的人，大部分是神经质、虚荣心强的人。外表看起来，他们显得开朗、爽快，与人交往时也很和善；但实际上这类人喜欢大言不惭、故弄玄虚，疑心病和嫉妒心都很重。

名片上印有绰号或别名的人，处事小心，神经质，叛逆心强，同时具有较丰富的创造力。由于胆小怕事和神经质的关系，这种类型的人通常对自己较缺乏信心，有自卑感，遇到困难和灾祸时，往往想一逃了之，不想承担任何责任，这也是他们下意识想用别名来分散责任的原因。

在名片上附记自家住址、电话的人，责任感较强，精明干练，且有独立意识。一个人如果对本职工作缺乏责任心，就不会在名片上附记自家通讯处，以避免自找麻烦，使家里变成办公室。

此外，从交换名片的方式也可以看出对方的性格类型。

在社会上与人交往最频繁的事情，莫过于交换名片，你可曾想过在那短兵相接的一刻,其实隐含了不少不可言说的性格暗喻。

自己比对方先拿出名片的人,通常是为了向对方表示诚意。当对方将名片拿出来时,用双手接过来,是表示慎重、尊敬、温厚;接过对方名片,自己不递名片且没有任何反应,则表示蛮横、无礼与拒绝。

一般而言,在交换名片时,会在该名片上附记时间、地点的人,是属于头脑灵活,兴趣广泛,能出主意的类型。这种类型的人细心、认真,能广交朋友。

同时持有两张名片的人,一般都有深谋远虑的谋略。他们多有创新精神,往往会有超出常规的壮举。而且除了从事本职工作之外,一般都兼有第二份职业,不但兴趣广泛且神通广大。

经常以"名片用完了"之类的话表示歉意者,对生活和事业缺乏长远计划,为人轻率。当人家把名片递过来时,却说:"很对不起,我的名片正好用完了。"这会使得对方产生不悦,对这个人产生戒备心理。

另外,不分场合、对象,就随便乱发名片的人,多半有野心,喜欢抬举自己,自我表现欲强烈。这种人会忘了何时何地把名片给了谁,因为他们习惯把名片当成宣传单使用。与人相交不够诚实。虽然他们外表看似开朗谨慎,但实际上常有言行不一的地方。

经常若无其事地掏出一大堆别人的名片来,夸耀自己和这些人交情如何的好;或抓出一大把未经整理的名片,从中东翻西找自己的名片。这种带着大量别人名片外出的人,大多属于以自我为中心的类型。他们活动能力强、精力充沛,但过分注重外表。

从拿麦克风的方式轻松识人

提到麦克风,每个人拿麦克风的方式略有差别,而这些动作,在震耳欲聋的声音中,正悄悄地透露着人们内心深层面的性格!

抓着麦克风上端的人

这种人生性多疑、善变,有神经质倾向。情绪起伏明显,经常为一点小小的不如意就任自己束缚在低潮情绪中,心情很容易跌入谷底。

这类人外表强横专制,内心却是怯弱、纤细。生活中充满着矛盾与冲突,非常缺乏安全感,是色厉内荏的人。我行我素,不按牌理出牌,让人觉得很难以捉摸。而这种持麦克风的方法,对他们来说有稳定情绪的作用。

抓着麦克风中端的人

这种人讲求规律、和谐的生活步调,待人处事谦和、亲切。重视公平、均衡、正义,看不惯社会上不平等的事情。一般而言,他们的态度中庸、温和,虽然内心有怒火也不会冲动得立刻表现出来,凡事秉持"人不犯我、我不犯人"的原则。

这一类人重视传统,喜欢遵循前例处理事情,缺乏创新、冒险精神。在爱情方面,这一类人略为消极被动,除非受到好朋友怂恿、鼓励。否则,他们总是裹足不前的。

抓着麦克风下端的人

这种人个性爽快大方,精力充沛,走路步伐迈得很开,具有冒险、犯难精神,是典型的行动派人物。非常够朋友,对自己认同的伙伴好得没话说。爱憎分明，凡是自己厌恶的人与事，谁也没办法影响、改变他们。做事情相当有主见，总凭着一己的意思、喜恶来做决定，缺乏弹性，一点都没有通融的余地。

在爱情方面，这一类人崇尚自然、率真，常常主动向心仪对象示爱，不避讳谈自己的感情世界。缺点就是躁动、激进、脾气不好。

两手同时握着麦克风的人

这种人为了减少内心的紧张、恐惧，增加自信心，握麦克风的手甚至会交握在一起搓揉。就身体语言来说，两手交握横挡在自己面前，即建立一道自我封锁的护栏，强烈暗示着防卫意味。这种人个性敏感，行事谨慎、保守，人际关系偏向冷淡。与其说他们姿态高，向往孤独，不如说他们害怕被拒绝，以至于经常与社交生活保持距离。

有这种性格的人女性气质明显，害羞、内向。遇事优柔寡断，即便是极小的事，也会思忖良久犹豫不决，做事缺少魄力。依赖心强，害怕自己做决定。恋爱的态度既执着又严肃，一旦爱上了某个人，会全心全意对待，付出自己的全部。温柔、敏感，常为单恋所苦。

一手拿着麦克风，另外一手缠弄着麦克风线的人

这种人有浪漫倾向，个性倔强、任性，情感如潮水般汹涌而来，喜欢编织绮丽的梦想。他们热切追求爱情，渴望浪漫情愫。多愁善感，相当专情，如果一天没有和爱人见面或说话，心情就平静不下来，很没有安全感。他们通常是编剧、文艺家笔下的少男少女。

唱歌的时候，麦克风离嘴很近的人，属内向性格；离嘴较远的人属外向性格。用指尖拿麦克风的人，非常注意外表的美观与整洁，常常保持气质优雅的体态，凡事讲求完美。

从敲门的细节辨识人

敲门是生活和交际中经常出现的动作细节。一般来说,我们到朋友家做客或者进入公司、客户的办公室的时候,都需要用这一动作。这也成了生活中应用得非常普遍的一个动作,通过这一动作细节,我们可以推断出很多价值的信息。

当听到一个稳健响亮,犹如在泰山压顶的敲门声,我们可以推断出敲门者是一个办事沉稳的人,也是一个非常讲究礼貌的人,他(她)的敲门声往往也表示出他(她)一定是有非常重要的事情要说明。

当听到一个短促凌乱,响若雷鸣的敲门声,常给我们紧张的感觉,这也表明敲门者是一个急躁的人,他(她)的来访不一定非常重要,但是他(她)的表现却是非常着急的情形。

当听到一个轻软无力,细若蚊声的敲门声,开始都不一定能够引起我们的注意,这表明敲门的人是一个缺乏自信,怯懦的人,他(她)也许是刚刚入行的推销员,也许是一个想提出请求却还没想好怎样开口的人。当听到一个轻柔沉静,却富有节奏的敲门声,给人踏实的感觉,既不让人觉得紧张也不会被忽视,这样的人一般都是很文静的人,他们的来访也许只是一般的公事。

当听到一个沉重迟缓的敲门声,会让我们感觉像干裂的木柴,或者干涸的河床,这样的人多半都是很忧郁的,所以他们会在一些细节的动作中,将他们的忧郁无形地传递给他人。

当听到一个迟缓造作,软弱无力的敲门声音,让我们觉得有些烦,这是因为敲门的人往往都是很好虚伪的人，所以在他们的动作中也会处处体现出一些矫揉造作的成分。

当听到一个热烈激昂的敲门声，会给人余音不绝的感觉，我们可以从这个声音中听出会有好事发生，因为这是一个欣喜的人传达好消息的声音。当听到一个干涩无劲的敲门声，会让我们觉得有一潭死水在那里，这让我们的心情也有些压抑，因为门外是一个非常苦闷的人，也许他（她）是来找我们诉苦的。

当听到清响急脆的敲门声，就像卵石相击那样，我们会明显地感觉到这个人的气势，这时门外也许正站着一位非常好胜的人。

在所有的敲门声音中，干脆利落的声音就像叮咚的泉水，让我们有听觉上的享受，这样的人通常会是一个非常高雅、非常受欢迎的人。

从送礼体察人的性格

在中国，送礼是一个延续了数千年的礼节，特别是逢年过节，送礼更是人人不可不做的事情。送礼会让人头疼和心疼，而送礼也成为人们各种品位、爱好的集合，将人的性格透露出来。经常收礼的人不妨借鉴一下下面的内容。

送便宜礼物的人

追求表面现象，希望通过视觉上的假象让人相信自己是真心诚意的，其实他们的做法只是一种自欺欺人。自控能力较差，常常会心血来潮，凭借一时的兴起而想干出一番轰轰烈烈的业绩来，结果花费了很多时间、精力和金钱后才发现成功和自己实在是无缘。他们胸襟狭隘，经常为鸡毛蒜皮的事大动肝火，总是期望用最少的付出换来巨大的回报，但在现实中总是碰钉子。

喜欢送昂贵礼物的人

认为礼品的价格越高，花的钱越多，价值就越大。他们在送礼之前，要经过认真的考虑，想对方会喜欢什么样的礼物，对方值得自己花多少钱，其实这都是主观臆断，他们根本就不打算了解对方喜欢什么样的礼物。

按自己的喜好选择礼物的人

最典型的特征就是以自我为中心，有很强的自私心理。凡事都按照自己的喜好进行判断，很难考虑到他人的感受。在生活和工作当中，缺乏长远的目光，只注重眼前的既得利益。值得庆幸的是他们有较强的自信心，虽然脾气得不到大众的认可，但不断进取常常使他们获得成功。

选择独特礼物的人

为了能够得到一件与众不同的礼物，常常耗费大量的精力和金钱。但他们送礼不是为了讨好对方，或是让对方替自己做一些关照自己的事情，而是希望对方能够重视和尊重他们。他们喜欢在大庭广众之下使用特殊的方式显露自己，而且不怕经受打击，具有很强的表现欲望。他们野心勃勃，在别人支持的情况下往往能取得成功。

自己制作礼物的人

有丰富的想象力和创造力，能够制作出令人满意的礼品来，而且非常自信自己制作的礼品能博得对方的喜欢。他们善良勤劳，喜欢和人一齐分享劳动后的快乐和成功。

但他们有些传统和保守，特别看重家庭和亲情，富有同情心，在条件允许的情况下周围的人都能得到他们无私的帮助,所以他们常常被人记起。

送幽默礼物的人

如果送一只电动狗,必定会发出鸡的尖叫声,他们选择的礼物通常能给人带来快乐和惊喜。他们热情大方,随和而又善良,富有智慧,而且敏感,能窥透到他人的内心深处。但是他们不善于表达自己的感情,别人在接受了他们快乐的一面后,还要面对他们严肃的一面。

从接受表扬的态度察看内心世界

表扬是对成绩的肯定,表示大众接受他们的行为或某种观点,是人人都期求的一种外界反应,受到表扬的人往往会得到心灵上的愉悦和满足。有的人把表扬看得特别重,甚至胜过生命和财富;也有的人把表扬看得微不足道。因此,我们可以从一个人看待表扬的态度来观察他的内心世界。

危险处境考验的是一个人的勇气,功名利禄能够检验出一个人的德性,一个人的耐性可以从琐事缠身的时候看出来……而一个人在接受表扬的时候所产生的反应,将暴露出什么信息呢?

一听到表扬就面红耳赤

有些人受到表扬的时候面红耳赤,显得很腼腆。他们温顺敏感、感情脆弱,他们不仅对表扬很敏感,对批评也很敏感,更经受不起意外的打击;富有同情心,关注他人的感受,不会用言语或行动主动攻击他人。

一听到表扬就以为自己听错了

听到赞扬的话,他们会用一副非常惊喜的样子来表达自己的喜悦。他们憨厚淳朴,不喜欢与别人产生矛盾,经常以忍让来换取安宁;喜欢参加群体活动,交往过程中的大度和慷慨让他们与别人建立起良好的人际关系,他们与他人能够相处得非常融洽。

对表扬无动于衷

他们对表扬充耳不闻,在工作当中兢兢业业,不喜欢因为受到别人的注意而浪费时间和精力。他们顺其自然,不喜欢争强好胜;奉献是对他们的高度评价,他们宁愿独处一室进行研究和创造,也不愿加入烦乱的集体生活当中。

听到表扬时也去表扬别人

听到别人的表扬,他们立刻会用相应的表扬话语回敬,让对方有被回报的感受;他们有自己的个性,不喜欢依附他人,对自己和生活充满了自信;在人际交往过程中,他们最讲究平等互利,不愿欠他人的情,和他们交往可以毫无后顾之忧,既不必担心吃亏,也不会产生占他们便宜的念头。

听到表扬时极力否定

有些人经常用诙谐的话语回敬别人的表扬,有时否定对自己的表扬。他们极其强调私人空间,不愿受到他人的干扰,将更多的精力和时间用于维护自己的独立空间;幽默含蓄,但又略显放荡不羁,其实这是他们故意封闭自己的一种手段,他们通常不会和别人建立起深厚的情谊。

乐于接受各种表扬

有些人乐于接受表扬,并且会在接受别人表扬的时候用适当的好话称颂对方。他们心地单纯，胸怀坦荡，好助人为乐，经常设身处地为他人着想，能够对别人的优点给予肯定，别人非常愿意和他们相处；慷慨大方，能够给予朋友及时有效的援助，和他们共渡难关。

从来不把表扬放在心上

别人的表扬从不被他们放在心上，他们根本没有心情为表扬浪费过多的时间，所以总是找其他的话语来改变话题。他们反应灵活、机智聪明而且才华横溢，富有眼光，既现实又干练。自信和狂放不羁是他们最明显的性格特征，他们对名利不过度追求，容易成就伟大的事业。

听到表扬时非常平和

对别人的褒扬，既不会沾沾自喜，也不会漠视不理，总是恰到好处地表达出由衷的感谢。他们稳重踏实，讲究实效，富有进取心，善于韬光养晦，经常出其不意地给人以惊喜；有着独立的行事原则，能够按照预定的目标坚持不懈地努力，不受外界环境影响，更不会招摇过市、不可一世。

由处理信件方式知人真心

在现代的社会中，通信设施越来越先进，方便和快捷的通信方式在很多时候使很多人忘记了还有写信这一回事儿，写信进行沟通和交流这仿佛已经是很久远的事情了。

但这是针对一部分人而言的，写信的联系方式虽然在今天已经不如以前了，但在一定范围内还普遍存在着，所以对于从处理信件来观察一个人还是有必要的。另外随着科技的发展，很多人都上了网，到网上去交流，在网上发电子邮件其实也是写信的一种方式。

一收到信就打开并在最短的时间内写好回信的人，他们的时间观念一般来说还是比较强的，希望尽快地把事情做好，然后去做其他的事情，同时也不希望对方等得太久。

但也有一种情况是，他们只是在对信件的处理上表现得比较积极，因为写信的人是他比较重视的，但在其他方面则比较散漫和随便，得过且过就可以了。

接到信以后不开信也不看就把它丢在一边不管，继续做其他的事情。这样的人，如果他不是存心要不看信，就表明他的工作、学习、生活是很忙的，时间被安排得很紧。至于那些不是特别重要的信件，自然就会放在一边，等到时间充裕的时候再处理。当然，可能永远不会有处理的时间。

接到信以后，请别人代自己打开信件，这样的人对别人多是充满信任感的，否则不会让别人替自己打开信，毕竟信是属于比较私人化的东西。并且他们不擅长隐藏自我，可以将许多秘密说出来与他人共同分享。这种人自我意识比较强，人际关系不会太好。但总的来说还是比较不错，他们虽然比较以自我为中心，但还较慷慨，凭这一点可以使自己赢得他人的信任。

在接到信以后，先仔细地看完寄信人的地址以后，再打开信看信的内容。这样的人，生活态度多是比较严肃的，他们做事很有规则性，而且很彻底，要么不做，做就一定要把它做得很好。

在接到信以后，进行一番选择，先把私人信件拣出来，看完以后再去处理其他的信件。这样的人多是感情比较细腻，而且特别重情谊的人。他们一般来说在性格上显得有些脆弱，需要得到别人的安慰和扶持，这也是对私人信件比较看重的一个非常重要的原因。

信箱总是满满的，从这一点就可以看出，其人际关系是相当不错的，有很多可以用写信的方式进行联系的朋友。这种人多属外向型人，为人多比较随和亲切，能够关心人，为他人着想，所以很容易获得他人的信任和依赖，他们很满足于这种什么东西都有很多的良好感觉。

与信箱满满相对，信箱总是空空的人，性格是比较孤僻和内向的，不太容易与他人进行沟通和交流，心里有很多属于自己的隐私，但他们不会将这些说出来与他人分担和分享。这样的人由于性格注定自主意识比较强，凡事不用征求其他人的意见，就有自己的主张，常我行我素。他们常走极端，不是过分坚强，就是过分脆弱。

喜欢阅读垃圾信件的人，其好奇心是比较强烈的，他们希望能够接受一切自己感兴趣的东西。基于这一点，他们对新鲜事物的接收能力特别快。因为有些东西是比较无聊的，他们在看的时候，又练就了自己的忍耐力和宽容力。

与上一种人相反，见到垃圾信件就丢掉的人，他们在为人处世方面，都是比较小心和谨慎的，有自我防卫意识，不会轻易地相信某一个人。这一类型的人多少有些愤世嫉俗，所以显得不够圆滑和世故，所以人际关系会存在着一些不如意之处。

从握杯的方式看人心

即使是拿杯子这种简单的小动作，也有细微的差异。心理学家和行为学家，从每个人握杯子的方式研究发现，不同的握法显示出不同的性格和心理，而且男女有别。

容易兴奋型的女性，总爱把杯子放在手掌上，边喝边滔滔不绝地说话，反映出她们活跃好动的特点。

追求地位的女性，喜欢握住高酒杯的脚，将食指往前伸出；她们只对有钱、有势、有地位的人或事感兴趣。

为琐事繁忙的女性，喜欢玩弄各种杯子。

沉思型的女性，常用一只手紧紧握着杯子，而另一只手则漫无目的地划着杯沿。

喜欢倾听别人谈话的女性，往往紧握杯子，甚至把杯子放在大腿上，以便集中精神听人谈话。

豪爽型男性，喜欢紧紧抓住酒杯，拇指会按住杯。

有主见的男性，会把杯子紧握掌中，拇指用力顶住杯子的边缘。

沉思型的男性，常常用两只手抓住酒杯。

善于伪装的男性，总是用手捂住杯，就好像他们可以用同样办法，巧妙掩盖自己的情感似的。这种类型的人从不轻易在他人面前暴露自己。

从喝酒方式看人性

迷恋杯中物之人，有些并非纯然是为了麻醉自己而买醉，他们有的还有其原则，有所喝有所不喝，绝非来者不拒。这种对酒有所讲究和坚持的现象，道出了喝酒文化外的人性问题。

迷信特定商标、品牌的人，大都隐藏着不满的欲望或内心的创伤。有的人更不顾自己的身份和社会地位，消费一些对其来说属于奢侈品的东西。尤其是在公众场合抽洋烟、喝洋酒的人，他们的内心深处往往隐藏着强烈的表现欲，希望或幻想自己身处比目前的社会地位更高的层次，让自己看起来比实际情况好，这种类型的人大多具有歇斯底里的性格。

嗜好杯中物，以尊敬的人或上司所喜爱的品牌马首是瞻者，是一种"示好"的现象，源于希望自己与上司合而为一的心理。这种现象除了单纯的憧憬之外，可能还存有不满对方的心理，所以会希望借由同化现象来消除这种不满。

喝醉酒后变得爱哭爱笑，脾气暴躁者，大都具有谨慎且神经质的性格。酒后常以半开玩笑的方式数落自己的上司或说上司的闲话，其中多少含有真心话。这些人在酒醒时大多温文儒雅，酒醉时则判若两人。他们在日常生活、工作中，大多是对长辈和上司的命令言听计从，做事一丝不苟，属于认真踏实的人。正因为如此，压抑于内心的不满亦较一般人更为强烈。

无论何种场合都不会喝醉的人，大都具有自我防御性格，并极力避免与人深交。这种类型的人善于隐藏自己的真情，即使喝了酒，也不愿"吐真言"。在人际关系的交往中，他们只满足于泛泛之交，没有真正的知心朋友。他们中有的一旦稍有醉意，便滔滔不绝地大放厥词，习惯以自我为中心，自吹自擂，不仅对自己的现状不满，并有强烈的表现欲。

完全不理会他人猛灌酒者，大都属于外向型性格或极端神经质的特质，不过这种人有自知之明且懂得量力而为。相反地，会一点一滴慢慢品酒的人，大多属于内向性格。